面向新工科的电工电子信息基础课程系列教材

教育部高等学校电工电子基础课程教学指导分委员会推荐教材

机器学习与推理

俞成浦　陈文颉　邓　方　编著

清华大学出版社

北京

内 容 简 介

在人工智能与控制科学产生深度交叉融合的背景下,本书对机器学习和模型推理的经典算法及前沿理论知识进行深度剖析和全面梳理,形成具有理论深度和知识广度的参考资料,旨在支撑"智能科学与技术"和"控制科学与工程"两个一级学科的建设和发展。

本书的主要内容分成两篇。第一篇主要介绍机器学习的主要理论和方法,包括统计决策方法、监督学习方法、无监督学习方法、深度学习方法和近似推理方法。除了总结经典算法之外,第一篇还介绍了最新的集成学习方法(如迁移学习、终身学习和元学习)和深度学习方法(如图神经网络、深度信念网络和深度生成网络),使读者能够掌握机器学习专业方向的前沿理论知识。第二篇主要介绍模型推理的主要理论与方法,包括静态统计模型、概率图模型、马尔可夫模型以及马尔可夫决策过程。在模型知识的驱动下,第二篇聚焦控制领域的状态估计、系统辨识和马尔可夫决策,形成更具理论深度的高层次学习内容。为了帮助读者掌握核心内容和知识点,每章都配备了习题,书后提供了主要参考文献,附录提供了本书学习的必备基础知识。

本书前半部分的知识点相对容易,适合本科教学;后半部分的知识点对矩阵分析和随机过程等数学知识要求较高,适合研究生教学。本书也是机器学习、模式识别和系统辨识等专业研究生科研的重要参考资料。

图书在版编目(CIP)数据

机器学习与推理 / 俞成浦, 陈文颉, 邓方编著.
北京:清华大学出版社,2024.7. --(面向新工科的
电工电子信息基础课程系列教材). -- ISBN 978-7-302
-66865-7

Ⅰ. TP181
中国国家版本馆 CIP 数据核字第 2024BB6911 号

责任编辑:文 怡
封面设计:王昭红
责任校对:王勤勤
责任印制:沈 露

出版发行:清华大学出版社
    网   址:https://www.tup.com.cn, https://www.wqxuetang.com
    地   址:北京清华大学学研大厦 A 座   邮   编:100084
    社 总 机:010-83470000   邮   购:010-62786544
    投稿与读者服务:010-62776969, c-service@tup.tsinghua.edu.cn
    质 量 反 馈:010-62772015, zhiliang@tup.tsinghua.edu.cn
    课 件 下 载:https://www.tup.com.cn, 010-83470236
印 装 者:三河市龙大印装有限公司
经   销:全国新华书店
开 本:185mm×260mm   印 张:20.5   字 数:485 千字
版 次:2024 年 8 月第 1 版   印 次:2024 年 8 月第 1 次印刷
印 数:1~1500
定 价:75.00 元

产品编号:106647-01

近年来，随着人工智能和大数据技术的快速发展，学科之间的交叉融合呈现出井喷之势。作为人工智能的核心，机器学习理论和方法已被广泛应用于解决工程应用和科学领域的复杂问题。机器学习是一门多学科交叉专业，涵盖概率论、统计学、最优化理论和近似理论等专业知识，主要研究如何从巨量数据中获取隐藏的、有效的、可理解的模型和知识，并以此来优化和提升计算机模拟或实现人类智能的能力。

在人工智能领域的机器学习与控制领域的系统辨识产生深度交叉融合的背景下，本书对数据驱动的学习和模型驱动的推理进行了梳理，使得控制领域的学生和工程师能够深刻理解前沿机器学习和传统控制理论之间的异同及优劣，为进一步科研深造和工程实践提供有力支撑。本书作者长期从事动态系统辨识研究，并开设了本科生"机器学习基础"和研究生"模式识别"等课程。通过科研与教学的互融互补，作者对机器学习和模型推理的内涵理解也逐渐加深，因此编写此书，希望能够对机器学习、模式识别和系统辨识相关专业的教学和科研带来新的启发。

机器学习强调如何实现数据驱动的学习和建模，其对应的模型通常由神经网络或者核函数来近似描述。由于该模型结构不具备明确的物理含义，因此神经网络学习通常被认为是黑箱模型学习。反之，控制领域的动态模型往往具有明确物理意义的结构特征，比如多智能体协同中的拓扑结构具有明确的空间关联特性，因此动态模型学习与推理通常被认为是灰箱学习。根据上述理解，全书内容分为通用机器学习部分（着重强调数据驱动的学习方法）和模型推理部分（着重强调特殊结构模型的学习和推理）。面向不同专业背景或者不同层次的本科生/研究生教学，授课教师可以对教学内容有针对性地进行选择。

在本书的第一篇（机器学习部分），除了讲解经典的统计决策方法、监督学习方法和无监督学习方法，还介绍了最新的集成学习方法（如迁移学习、终身学习和元学习）和深度学习方法（如图神经网络、深度信念网络和深度生成网络），使学生能够掌握机器学习专业方向的前沿理论知识。第二篇（模型推理部分）聚焦自动控制领域中的状态估计、系统辨识和马尔可夫决策等内容，形成更高层次的机器推理内容，适合自动化专业的研究生和工程人员参考学习。

机器学习与推理经历了跨越式发展，研究内容广而深，理论和算法日新月异，本书很难涵盖所有相关内容。作者尽力将机器学习与推理相关的知识进行模块化整理，使读者能

前言

够快速了解本门课程的内容架构和知识脉络。由于作者学识有限,书中疏漏和不当之处在所难免。针对机器学习与推理内容的分块化整理,不同专业背景或视角会形成不同的见解,不当之处敬请读者批评指正,不胜感激。

作 者

2024 年 2 月

$\mathbb{Z}$	整数集合
$\mathbb{R}$	实数集合
$\mathbb{R}^m$	m 维实数向量集合
$\mathbb{R}^{m \times n}$	$m \times n$ 实数矩阵集合
$\boldsymbol{x} \in \mathbb{R}^m$	$\boldsymbol{x}$ 为 m 维实数向量
$\boldsymbol{A} \in \mathbb{R}^{m \times n}$	$\boldsymbol{A}$ 为 $m \times n$ 实数矩阵
$\mathrm{tr}(\boldsymbol{A})$	矩阵 $\boldsymbol{A}$ 的迹
$\det(\boldsymbol{A})$ 或 $|\boldsymbol{A}|$	矩阵 $\boldsymbol{A}$ 的行列式
$\mathrm{rank}(\boldsymbol{A})$	矩阵 $\boldsymbol{A}$ 的秩
$\mathrm{ran}(\boldsymbol{A})$	矩阵 $\boldsymbol{A}$ 的列空间
$\boldsymbol{A}^{\mathrm{T}}$	矩阵 $\boldsymbol{A}$ 的转置
$\mathrm{diag}(\boldsymbol{x})$	对角线为 $\boldsymbol{x}$ 的对角矩阵
$\boldsymbol{I}$	单位矩阵
$\boldsymbol{A}^{-1}$	非奇异矩阵 $\boldsymbol{A}$ 的逆
$\boldsymbol{A}^{\dagger}$	矩阵 $\boldsymbol{A}$ 的 Moore-Penrose 伪逆
$\|\boldsymbol{A}\|_F$	矩阵 $\boldsymbol{A}$ 的 Frobenius 范数
$\|\boldsymbol{A}\|_2$	矩阵 $\boldsymbol{A}$ 的谱范数
$\|\boldsymbol{A}\|_*$	矩阵 $\boldsymbol{A}$ 的核范数
$\boldsymbol{A} \otimes \boldsymbol{B}$	矩阵 $\boldsymbol{A}$ 和 $\boldsymbol{B}$ 的 Kronecker 乘积
$\boldsymbol{A} \odot \boldsymbol{B}$	矩阵 $\boldsymbol{A}$ 和 $\boldsymbol{B}$ 的 Hadamard 乘积
$\mathrm{sgn}(\boldsymbol{x})$	向量 $\boldsymbol{x}$ 的符号函数
$\dim(\boldsymbol{x})$	向量 $\boldsymbol{x}$ 的维度
$\boldsymbol{x} \sim \mathcal{N}_{\boldsymbol{x}}(\boldsymbol{\mu}, \boldsymbol{\Sigma})$	随机向量 $\boldsymbol{x}$ 服从均值为 $\boldsymbol{\mu}$、协方差矩阵为 $\boldsymbol{\Sigma}$ 的正态分布
$p(\boldsymbol{x})$	随机向量 $\boldsymbol{x}$ 的联合概率函数
$\mathcal{E}[\boldsymbol{x}]$	随机向量 $\boldsymbol{x}$ 的期望值
$\mathrm{cov}[\boldsymbol{x}]$	随机向量 $\boldsymbol{x}$ 的协方差矩阵
$\delta_{ij} = \begin{cases} 1, & i = j \\ 0, & i \neq j \end{cases}$	克罗内克函数

目录

第一篇　机器学习

目录

目录

目录

目录

目录

第 1 章

绪论

1.1 人工智能发展

人工智能是研究、开发用于模拟、延伸和扩展人类智能理论、方法、技术及应用系统的一门新兴交叉科学，涵盖了信息学、统计学、生物学、材料学、社会学等诸多领域。人类在日常生活中所表现出来的许多活动如聊天、下棋、写作、画画、运动等对于机器而言存在着很高程度的智能，如何研究和开发机器的仿人智能是过去人工智能的重点研究内容。时至今日，在互联网、物联网、大数据、超级计算、脑科学等新理论新技术以及经济社会发展强烈需求的共同驱动下，人工智能的内涵已经被极大地扩展。人们将通过研究人工智能来拓展和延伸人类智能，从而实现机器的自主感知、分析、决策、控制等功能。我国《新一代人工智能发展规划》充分体现了人工智能的内涵式发展规律并构筑了我国人工智能的新型发展战略，为加快建设创新型国家和世界科技强国奠定基础。

人工智能根据不同的层面或维度有着不同的历史发展轨迹，如计算机视觉的发展历史、自然语言处理的发展历史、机器学习算法的发展历史等。大家普遍公认的是 1956 年的达特茅斯会议标志着人工智能学科的诞生，而萨缪尔跳棋程序战胜全美排名第四选手在人工智能领域产生了重大影响。由于神经网络是人工智能领域的一个重要分支，本书将从神经网络发展来侧面剖析人工智能的发展历史（如图 1.1 所示）。神经网络的历史至少可以追溯到 20 世纪 40 年代。由于各个时代背景下数据、硬件和算力等限制，神经网络曾多次遭遇瓶颈而被冷落，然而又一次次取得重大突破而回归到人们的视野中。神经网络发展历史的特征可以用"三起两落"来描述。

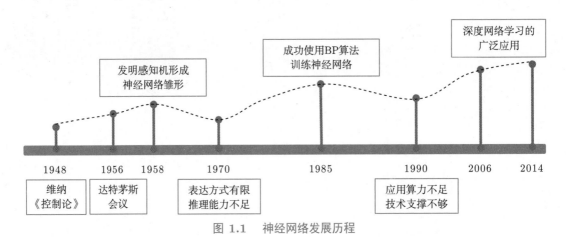

图 1.1 神经网络发展历程

第一次浪潮的标志性事件为 1958 年"感知机"模型的建立和 1961 年 Hebb 学习机制的提出。

第一次低谷的标志性事件为 1969 年发现感知机在解决基本逻辑问题方面存在缺陷。

第二次浪潮的标志性事件为 1985 年反向传播（BP）神经网络的提出，解决了逻辑运算问题；1984 年 Hopfield 神经网络的提出，发现了神经网络的联想记忆能力。

第二次低谷的标志性事件为 1987 年通用计算 Lisp 机器在商业上的失败和 2001 年 BP 算法过拟合现象的发现。

第三次浪潮的标志性事件为 2006 年 Hinton 提出的深度学习能够挖掘大数据复杂结构并提升神经网络训练效果；2014 年 Ian Goodfellow 提出的生成对抗网络，为创建无监督学习模型提供了强有力的框架。

棋类游戏自古以来就是人类智慧的象征，每一次人机对弈都会引起公众的极大关注，并推动人工智能技术的快速发展。历史上具有里程碑意义的三次人机博弈也能从侧面了解人工智能的发展历史：

1962 年，就职于 IBM 公司的萨缪尔研制出了西洋跳棋 AI 程序，并击败了当时全美最强西洋棋选手之一的罗伯特·尼雷，引起了轰动。

1997 年，IBM 公司的深蓝超级计算机战胜了人类国际象棋世界冠军加里·卡斯帕罗夫，成为人工智能发展史上的又一个里程碑。

2016 年，谷歌旗下的 DeepMind 公司的 AlphaGo 战胜了韩国围棋世界冠军九段棋手李世石，再一次掀起了人工智能的浪潮。

随着人工智能的飞速发展，机器学习在复杂博弈对抗中优势也慢慢体现出来，终将使人类社会、经济和国防产生深刻的变革。基于不同历史背景和不同专业视角，人工智能大致分为三大主流学派：

符号主义：用计算机的符号操作来模拟人的认知过程。符号主义学派认为：人类认知和思维的基本单元是符号，而认知过程就是在符号表示上的一种运算。因此，我们能够用计算机来模拟人的智能行为，即用计算机的符号操作来模拟人的认知过程。符号主义是基于逻辑和规则学习的典型代表，通常跟计算机学派紧密联系在一起。

连接主义：强调智能活动是由大量简单的单元通过复杂的相互连接和并行运行的结果。连接主义是神经网络中的信息处理过程，具有分布式、并行化和自适应等特征。连接主义的典型代表为人工神经网络，通常与仿生学派或生理学派紧密联系在一起。

行为主义：通过"感知-行动"以及与环境交互来获取智能。行为主义认为智能行为是有机体用以适应环境变化的各种反应组合，其目标在于以系统方法预测和控制行为，从而与控制学派紧密联系在一起。行为主义的典型代表为新一代人工智能规划中的智能无人系统。

目前，世界主要发达国家把发展人工智能作为提升国家竞争力、维护国家安全的重大战略，加紧出台规划和政策，围绕核心技术、顶尖人才、标准规范等强化部署，力争在新一轮国际科技竞争中掌握主导权。我国国务院发布的《新一代人工智能发展规划》指出，新一代人工智能的研究内容包括大数据智能、跨媒体感知计算、混合增强智能、群体智能、自主协同控制与决策等理论，知识计算引擎、跨媒体分析推理、群体智能、混合增强智能、自主无人控制等技术。力争使我国人工智能理论、技术与应用总体达到世界领先水平，成为世界主要人工智能创新中心，智能经济和智能社会取得明显成效。

1.2　机器学习

1.2.1　机器学习概念

机器学习的对象是如何通过计算手段从已知数据中自动挖掘内在模式或规律，使其能够对未知数据进行预测或者判断。机器学习的目的是构造一类通算法能够处理普适的模式/规律挖掘，而不是针对某个特定问题或某类专门的数据通过编程赋能。比如，神经网络学习是机器学习中一类通用学习方法，只要把样本数据"投喂"给神经网络，就能够实现数据内在模式/规律的建模。机器学习的基本术语包括：

样本：学习/训练过程中所采用的样本，通常用向量 $\boldsymbol{x}_i$ 表示。

标记：样本的类别信息，通常用 y_i 表示。

训练集：样本–标记对的集合 $\{(\boldsymbol{x}_1, y_1) \cdots (\boldsymbol{x}_m, y_m)\}$。

学习/训练：从数据中挖掘模式/规律的过程，即寻找映射函数 $f(\cdot)$ 使得 $f(\boldsymbol{x}_i) = y_i$。若 y_i 为离散值，则其学习过程称为分类；若 y_i 为连续值，则其学习过程称为拟合。

例 1.1（线性分类）

如图 1.2 所示，样本分类器可以用一条直线来表示：位于直线上方的为一类样本，位于直线下方的为另一类样本。其对应的分类器可以用非线性函数 $y_i = \mathrm{sgn}(\boldsymbol{w}^{\mathrm{T}} \boldsymbol{x}_i + b)$ 来表示，其中参数 $(\boldsymbol{w}, b)$ 决定了分类器。

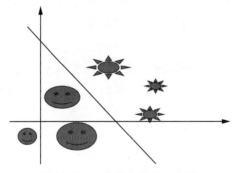

图 1.2　二维样本分类示意图

1.2.2　机器学习方法

机器学习方法由模型、策略和算法三要素构成，可以简单地表示为

$$机器学习方法 = 模型 + 策略 + 算法$$

模型：机器学习首要考虑的问题是学习什么样的模型。模型的本质是一个假设空间，这个假设空间是"输入空间到输出空间所有映射"的集合。模型的假设空间包含所有可能的

条件概率分布或决策函数。条件概率分布集合可表示成

$$\mathcal{F} = \{p|p_{\boldsymbol{\theta}}(y|\boldsymbol{x}), \boldsymbol{\theta} \in \Theta\}$$

式中：$\boldsymbol{x}$ 和 y 分别为输入和输出的随机变量；Θ 为参数向量 $\boldsymbol{\theta}$ 的参数空间。

决策函数的集合可表示成

$$\mathcal{F} = \{f|y = f_{\boldsymbol{\theta}}(\boldsymbol{x}), \boldsymbol{\theta} \in \Theta\}$$

式中：$\boldsymbol{x}$ 和 y 分别为输入样本和输出标记；Θ 为参数向量 $\boldsymbol{\theta}$ 的参数空间。

策略：有了模型的假设空间，机器学习接着需要考虑按照什么样的准则学习或选择最优模型。机器学习的策略就是评判"最优模型"的准则和标准。模型预测的好坏通常用损失函数来度量，常见的损失函数包括 0-1 损失函数和平方损失函数。0-1 损失函数可表示成

$$L\left(y, f(\boldsymbol{x})\right) = \begin{cases} 1, & y = f(\boldsymbol{x}) \\ 0, & \text{其他} \end{cases}$$

平方损失函数可写成

$$L\left(y, f(\boldsymbol{x})\right) = (y - f(\boldsymbol{x}))^2$$

算法：算法是指学习模型和优化策略的具体数值计算方法。机器学习基于训练数据集，根据学习策略从假设空间中选择最优模型，最后考虑用什么样的计算方法求解最优模型。因此，算法部分就是对函数最优解的数值计算方法。常见的优化算法为梯度下降法：

$$\boldsymbol{\theta}^{k+1} = \boldsymbol{\theta}^k - \eta \nabla L(\boldsymbol{\theta}^k)$$

式中：$\boldsymbol{\theta}^k$ 为第 k 步参数向量的估计值；η 为学习率；$\nabla L(\boldsymbol{\theta}^k)$ 为损失函数 L 在 $\boldsymbol{\theta}^k$ 处的梯度值。

优化理论和算法见附录 C.4。

1.2.3　机器学习分类

机器学习根据训练样本类型和学习任务要求的不同通常分为有监督学习、无监督学习和强化学习三类。虽然强化学习通常被认为是机器学习中的一员，但是强化学习通常建立在马尔可夫模型基础之上而且学习难度较大，因此本书将强化学习放在的模型推理部分，作为读者的高级学习内容。

监督学习是给定标注的训练样本，学习一个由样本输入到标记输出的映射模型，再用模型对测试样本进行预测。由于训练样本往往由人工标注，所以该学习模式称为监督学习。监督学习分为学习和预测两个过程，其结构框架如图 1.3 所示。监督学习的典型应用场景包括产品推荐、天气预报等。

图 1.3　监督学习结构框架

无监督学习是指从无标注数据中挖掘数据生成的内在机理以及数据内在的统计规律和潜在结构。无标注数据是自然得到的数据，聚类结果为数据所属类别或概率。其结构框架如图 1.4 所示。典型的应用场景包括顾客聚类、新闻聚类等。

图 1.4　无监督学习结构框架

强化学习是指智能体系统在与环境的交互过程中学习最优行为策略，即在给定历史状态、动作和对应奖励数据的情况下确定当前状态下的最佳行为动作。与前面两类不同的是，强化学习是一个动态学习过程或者序贯决策问题，其结构框架如图 1.5 所示。许多控制决策问题可以看成强化学习，比如通过自适应参数调整来控制无人机稳定飞行，通过在棋类博弈中的各种试错来积累经验等。

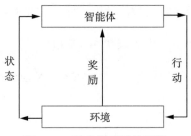

图 1.5　强化学习结构框架

1.3　模型推理

1.3.1　模型分类

监督学习的任务是利用标注样本数据训练模型，并用模型预测新样本的输出。模型的一般形式为决策函数 $y = f(\boldsymbol{x})$ 或者条件概率分布 $p(y|\boldsymbol{x})$。监督学习方法可以分为判别方法和生成方法，所学到的模型分别称为**判别模型**和**生成模型**。

判别方法通过样本数据直接学习决策函数 $f(\boldsymbol{x})$ 或者条件概率模型 $p(y|\boldsymbol{x})$ 作为预测模型或判别模型。由于判别方法是直接学习 $f(\boldsymbol{x})$ 或 $p(y|\boldsymbol{x})$，无需学习联合概率 $p(\boldsymbol{x}, y)$，因

此学习效率和准确度更高。典型的判别模型包括支持向量机（SVM）和 BP 神经网络。

生成方法通过样本数据先学习联合概率分布 $p(\boldsymbol{x}, y)$，然后根据贝叶斯公式计算条件概率分布 $p(y|\boldsymbol{x})$，并将其作为预测模型或生成模型：

$$p(y|\boldsymbol{x}) = \frac{p(\boldsymbol{x}, y)}{p(\boldsymbol{x})}$$

生成方法主要应用于概率模型推理，当存在隐变量时，仍然能够有效处理；同时，生成方法也能得到联合概率分布 $p(\boldsymbol{x}, y)$ 作为其副产品。典型的生成模型有朴素贝叶斯模型和马尔可夫模型。

1.3.2 模型推理概念

模型推理与机器学习有着密切联系，其在科学和技术的各个领域有着举足轻重的作用。从经济学家到工程师，从社会学家到商业管理者，大家或多或少在处理实际物理模型或者管理过程所对应的模型、现象和机理。经济学家需要通过建模来表征宏观经济变量之间的关系，工程师需要对特殊材料和机械结构体的特性进行建模，社会学家对不同人群之间的交互和行为模型比较感兴趣，商业管理者需要依据模型来处理公司事务或者制定决策使得公司的运行效率更高。总而言之，模型推理的目标主要有如下三方面：

（1）**未来状态预测**。在气象学中对天气的预测和金融学中对股市走向的预测可以认为是动态系统的重要应用。虽然短期的预测能够获得较高精度，但长期的预测依然是一大挑战性难题。

（2）**辨识与控制**。动态系统的映射函数往往由一些参数来决定，实现对参数的估计等价于对系统进行建模。基于所获得的系统模型，系统控制是指如何通过系统输出观测来设计控制器使得控制系统达到预期的动力学特性。控制效果的好坏在很大程度上依赖参数辨识和状态估计的准确度。

（3）**物理现象解析**。在观测到系统的运行轨迹后，动态系统分析的核心目标是能够对产生该系统行为的内在物理规律进行解析。这需要利用观测数据对系统进行建模，从而通过数据来解释系统的运动学规律。

数据驱动的学习主要是利用神经网络或者核函数来近似表示复杂的映射函数。由于其网络结构不具备明确的物理含义，因此数据驱动的机器学习通常称为黑箱建模。然而，在系统和控制工程领域，系统模型往往具有典型的机械或电路结构特征，具有明确的结构物理意义，因此模型驱动的推理通常称为灰箱建模。模型推理（reasoning 或 inference）从统计学角度来讲首先建立相关变量的联合概率密度函数，然后根据部分变量的观测值去推断剩余感兴趣变量的条件概率密度或者某种统计意义下的最佳估计。由于模型推理需要涉及系统模型、系统状态、系统输入和输出等要素，因此模型推理的应用可以分成模型参数的估计、系统状态的估计、控制输入的设计等。

1.3.3 模型推理方法

根据模型推理的应用场景不同，其对应的推理方法也有所不同。接下来，将针对模型参数估计、系统状态估计和控制输入设计三类典型的模型推理应用展开讨论。

1. 模型参数估计方法

模型参数估计本质上是对参数化模型进行建模，即根据观测到的系统输入和输出数据对系统模型的参数进行估计。一旦获得模型参数的估计值，系统模型也就随之确定。模型参数通常分为确定性参数或者随机变量，根据模型参数的属性以及先验信息的不同，所对应的估计方法和框架也有所不同。

极大似然估计方法：假设系统模型关于模型参数 $\boldsymbol{\theta}$ 的表示形式为 $p(y|u,\boldsymbol{\theta})$，其中 u、y 分别为系统输入和输出。若观测到的系统输入和输出序列分别为 $\{u_i\}_{i=1}^N$、$\{y_i\}_{i=1}^N$，则极大似然估计方法通过求解如下优化问题来获得参数估计：

$$\arg\max_{\boldsymbol{\theta}} p(y_1,\cdots,y_N|u_1,\cdots,u_N,\boldsymbol{\theta})$$

贝叶斯估计方法：假设模型参数为随机变量且服从概率分布 $p(\boldsymbol{\theta})$，则该概率分布函数可以看成模型参数 $\boldsymbol{\theta}$ 的先验知识。若观测到的系统输入和输出序列分别为 $\{u_i\}_{i=1}^N$、$\{y_i\}_{i=1}^N$，则贝叶斯估计方法通过求解如下优化问题来获得参数估计：

$$\arg\max_{\boldsymbol{\theta}} p(y_1,\cdots,y_N|u_1,\cdots,u_N,\boldsymbol{\theta})p(\boldsymbol{\theta})$$

2. 系统状态估计方法

系统状态被称为系统的内部隐藏变量，通常有明确的物理意义但不一定能被直接观测，表征了系统运动的信息和行为。对于马尔可夫模型，其系统状态起着承上启下的作用，构建起系统历史行为和未来行为的桥梁。由于系统状态能够充分表征系统的行为特征，在不可直接观测的情况下对其进行估计有着重要的理论意义和应用价值。

作为系统的内部隐藏变量，系统状态的估计往往需要已知系统模型并观测系统输入-输出数据。根据不同应用背景，系统状态估计也呈现出不同的形式和方法，主要包括滤波、预测以及平滑三类。假设系统输入、状态和输出序列分别为 $\{u_i\}_{i=1}^N$、$\{x_i\}_{i=1}^N$、$\{y_i\}_{i=1}^N$。

滤波是利用系统的历史输入和输出信息对当前状态进行推断，即计算条件概率 $p(x_t|u_{1:t},y_{1:t})$。常见的滤波方法有（扩展）卡尔曼滤波、无迹卡尔曼滤波、粒子滤波等。

预测是利用系统的历史输入和输出信息对未来状态进行推断，即计算条件概率 $p(x_s|u_{1:t},y_{1:t})$，$s>t$。对于马尔可夫模型，状态预测可以通过联合状态滤波方法和状态演化方程来进行计算。

平滑是利用系统输入和输出信息对过去状态进行推断，即计算条件概率 $p(x_s|u_{1:t},y_{1:t})$，$s<t$。常见的平滑方法有并行平滑方法、纠正平滑方法等。

3. 控制输入设计方法

系统控制输入设计通常是指在系统模型已知的情况下，通过设定系统控制目标函数并优化该目标函数来获得最佳控制输入，通常称为最优控制。若系统模型为马尔可夫模型，则其对应的最优控制称为马尔可夫决策。然而在一些实际应用中，系统和环境模型可能未知，此时需要智能体和环境进行交互，收集样本数据，然后根据这些样本数据来计算最优控制策略。这种模型未知而通过智能体自主采样学习并设计控制策略的模式称为强化学习。

基于模型的马尔可夫决策是针对具有马尔可夫性质的模型序贯地做出决策，即根据系统和环境的当前状态来决定下一个时刻的系统行为。常见的马尔可夫决策方法有策略迭代方法和值迭代方法。

基于采样数据的强化学习是通过智能体与环境进行交互来采集样本数据，然后根据这些样本数据来学习最优策略，即获得在特定环境下的动作概率分布。常见的无模型强化学习方法有时序差分法和演员-评论员算法。

1.4 应用例子

1. 生物特征识别

生物特征识别是根据个人的一些主要生理和行为特征对其进行身份识别，其受人工智能青睐的原因主要有两方面：① 人体生物特征如指纹、人脸、虹膜、掌纹、声音等因人而异，而且随时间的变化很小；② 生物特征识别比传统非活体的识别技术具有更高的安全性和便利性。

根据生物特征采集容易程度和成本的不同，指纹和人脸识别目前在海关和各类门禁系统中有着广泛的应用。指纹识别和人脸识别的基本流程是一致的，主要包括：① 提取指纹或人脸图像的特征；② 将该特征数据与数据库中存储的模板进行相似搜索；③ 通过设定阈值，将超过阈值的匹配搜索结果进行输出并给出身份信息。

指纹识别虽然已经广泛应用，但是其存在如下缺点：① 指纹采集对手指的湿度和清洁度有一定要求，而且指纹磨损也会造成不能识别的后果；② 指纹痕迹容易留存，存在被复制的可能性，安全性会降低。与指纹识别相比，人脸识别具有如下特点：① 采用非接触式的信息采集方式，因此更加便捷易操作；② 人脸特征具有更加丰富的三维数据和几何特征，能够得到更加精确的辨识结果。然而，人脸识别也会面临着因化妆或整容导致无法识别。为此，融合多重生物特征信息进行身份识别会更安全可靠，如图 1.6 所示。

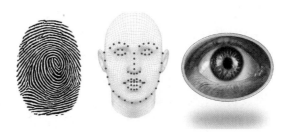

图 1.6　指纹、人脸和虹膜特征

2. 智能决策和规划

智能无人系统包括无人车、无人机、无人艇、机器人等。作为人工智能和机器学习的载体，智能无人系统设计的目的是使其能够模仿和拓展人类智能。智能无人系统的决策和规划可以理解成：智能系统能够执行一系列简单的规定动作，并试图找到能够完成更高层次任务的动作序列，比如探索和巡逻一个充满障碍的房间。

无人系统的智能是指其能够根据所处环境的变化做出响应、调整自身规划来完成复杂任务。对于未知环境下的侦测任务，无人系统在没有任何环境先验信息的情形下需要根据传感器获得的局部观测数据不断调整规划和进一步深入探索。这对于人类来说不用花费太大大力气，但是要完成一个同样任务的计算机程序或者设计一个具有类似功能的无人系统非常具有挑战性。

无人系统的智能决策和规划是通过与环境交互来获得信息和数据，因此它是强化学习的典型代表。当多个无人系统进行协同执行任务时，每个无人系统在底层执行属于它自己的那一部分任务，各无人系统通过交互合作来完成单个无人系统无法独立完成的任务，从而涌现出更高层次的集群智能，如图1.7所示。

（a）　　　　　　　　　　（b）

图 1.7　自然界生物合作和多无人机协同搬运重物

3. 博弈对抗

棋类博弈通常用于检测机器学习算法的性能，其本质问题是状态空间搜索。大多数游戏都有定义好的竞技规则，即状态空间搜索具有规律可循，使研究者能够摆脱那些没有固定结构而产生的复杂性和模糊性。棋类博弈的挑战在于：庞大的状态空间搜索很难在有限存储和计算资源下得到满足，很多时候需要设计启发式智能算法以牺牲最优性能来降低计算量。

2016 年 3 月，DeepMind 公司的 AlphaGo（一个使用深度学习网络评估盘面态势和指导围棋走法的程序）与韩国围棋界 14 次世界冠军获得者李世石进行了 5 场比赛，最终 4:1 获胜。围棋相对国际象棋难度更大：一块 19×19 的围棋棋盘比一块 8×8 的象棋棋盘大得多，这使得围棋可能在不同空间同时发生多处局部对抗，而且不同时间的操作存在长期相互作用，即使是专家也难以准确判断。围棋的合法棋局总数是 10^{170}，远远超过宇宙中的原子数量。

AlphaGo 所取得的惊人成就主要归功于强化学习。除了对盘面的态势评估之外，AlphaGo 还需要解决下棋的时间信用分配问题，即在众多可行下棋策略中选择能够获得最大化预期奖励的行动序列，如图1.8所示。强化学习的数据是通过反复和自己下棋来获得，因此 AlphaGo 被认为是一款自主智能程序，能够在没有积累任何人类知识的条件下学习围棋技能。

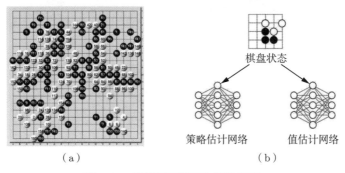

（a） （b）

图 1.8　围棋局面状态和强化学习

4. 复杂动态系统

动态系统的重构可以定义为映射函数的辨识或者动态系统模型的构建，即根据观测得到的序列数据对其产生的机理进行动态建模。2021 年诺贝尔物理学奖被授予"对我们理解复杂系统的开创性贡献"，一半授予真锅淑郎（Syukuro Manabe）和克劳斯·阿塞尔曼（Klaus Hasselmann），表彰他们"对地球气候的物理建模、量化可变性和可靠地预测全球变暖"的贡献，另一半授予乔治·帕里西（Giorgio Parisi），表彰他"发现了从原子到行星尺度的物理系统中无序和涨落之间的相互影响"。气候建模和无序系统通常理解为是复杂系统的混沌行为。混沌系统作为一类特殊的动态系统，其动态行为对初始条件非常敏感。两个相邻的初始点所产生的动态行为轨迹会很快发散，因此混沌系统通常用统计学特征来描述。

Lorenz 系统作为一类最简单的混沌系统，其动力学方程表示为

$$
\begin{cases}
\dfrac{\mathrm{d}}{\mathrm{d}t}x = \sigma(y - x) \\[2mm]
\dfrac{\mathrm{d}}{\mathrm{d}t}y = x(\rho - z) - y \\[2mm]
\dfrac{\mathrm{d}}{\mathrm{d}t}z = xy - \beta z
\end{cases}
$$

式中：$[x, y, z]^{\mathrm{T}}$ 代表状态向量。

当参数设置为 $\sigma = 10, \rho = 28, \beta = 8/3$ 和初始条件定义为 $[0, 1, 20]^{\mathrm{T}}$ 时，其动态行为轨迹如图 1.9 所示，虽然短时间内预测状态（红色曲线）能够跟真实状态（蓝色曲线）基本重合，但是长时间的预测状态与真实状态差别很大。

混沌理论告诉我们，混沌系统具有对初始条件敏感的依赖性，也就是系统的初始条件稍有改变，足够长时间后，系统将达到完全不同的状态。由于初始条件无法精确知道，即使系统的运动规律是严格确定的，人们仍然无法预测系统的长期行为（确定性混沌）。确切

地说，混沌系统是确定的，可以进行短期预测，但不可进行长期预测。虽然气候本质上是一种混沌现象，表现为湍流或非周期现象，但有些情况下也表现出相当程度的周期性或准周期性，这就大大增加了气候的可预测性。

彩图

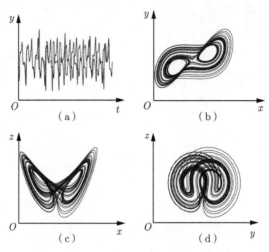

图 1.9   Lorenz 系统的混沌行为轨迹

（a）预测的不确定性（蓝色曲线为真实状态、红色曲线为预测状态）；（b）～（d）三维 Lorenz 系统不同角度的投影

1.5   内容安排

本书主要对人工智能中的机器学习和模型推理两部分内容进行讲授。全书共 10 章，分成绪论、机器学习和模型推理三部分。机器学习部分的主要章节包括统计决策方法、监督学习方法、无监督学习方法、深度学习方法和近似推理方法，如图 1.10 所示。模型推理部分的主要章节包括静态统计模型、概率图模型、马尔可夫模型以及马尔可夫决策过程，如图 1.11 所示。值得注意的是：强化学习通常建立在马尔可夫模型基础之上，因此本书将它放在模型推理部分。

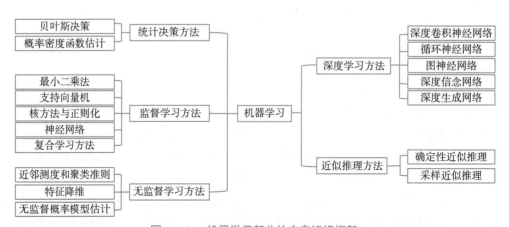

图 1.10   机器学习部分的内容组织框架

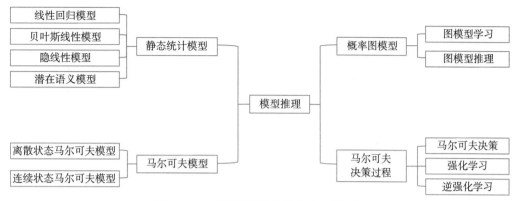

图 1.11　模型推理部分的内容组织框架

本书的前面 6 章内容可以用于本科机器学习课程教学，第 7~10 章内容可以用于更高级别的研究生机器学习课程教学或者自动化领域的系统辨识课程教学。书本的附录简要介绍了学习过程中所需的基础知识，包括概率理论、矩阵理论和优化理论。

习题

1. 简述人工智能和机器学习的联系和区别。
2. 简述生成模型和判别模型的异同。
3. 简述在学习过程中拟合和分类的主要区别。
4. 系统控制策略的设计根据模型是否已知可分为哪两类？
5. 阐述混沌系统的定义和研究难点。

第一篇

机 器 学 习

第 2 章

统计决策方法

机器学习与模式识别的基本问题是分类，即根据待识别对象所具有的属性特征，将其划归到某个类别中。本章介绍的贝叶斯决策是统计决策中的一种基本方法，对模式分析和分类器的设计起指导作用。贝叶斯决策理论的核心问题是当给定具有特征向量 $\boldsymbol{x}$ 的待识别样本时，它属于某一类的可能性有多大？例如：由某一人脸图像构成的特征向量为 $\boldsymbol{x}$。若 $\boldsymbol{x}$ 属于某甲的可能性为 70%，属于某乙的可能性为 30%，则应将图像判决为某甲。这就是贝叶斯决策理论考虑分类问题的出发点。

统计决策的基础为贝叶斯后验概率计算。假设 $\boldsymbol{x}$ 为样本的特征向量，$\{w_i\}_{i=1}^c$ 为 $\boldsymbol{x}$ 可能所属的类别。在给定特征向量 $\boldsymbol{x}$ 的类条件概率 $p(\boldsymbol{x}|w_i)$ 和每个类别的先验概率 $p(w_i)$ 的基础上，可以通过贝叶斯公式计算后验概率：

$$p(w_i|\boldsymbol{x}) = \frac{p(w_i)p(\boldsymbol{x}|w_i)}{p(\boldsymbol{x})}, \quad i = 1, 2, \cdots, c$$

如何获得先验概率 $p(w_i)$ 和类条件概率 $p(\boldsymbol{x}|w_i)$ 是实现统计决策的关键。在实际应用中，先验概率 $p(w_i)$ 可通过频数计算的方式来获得，而类条件概率 $p(\boldsymbol{x}|w_i)$ 需要设计概率密度函数估计方法来完成。为此，本章首先介绍几个概率方面的重要概念，然后在 2.1 节介绍贝叶斯决策理论，最后在 2.2 节讨论类条件概率密度函数的估计方法。

几个重要的概念：

先验概率：若样本可以分为 w_1 和 w_2 两个类别，$p(w_1)$ 和 $p(w_2)$ 表示各类的先验概率，此时满足

$$p(w_1) + p(w_2) = 1$$

推广到 c 类问题，先验概率 $p(w_1), \cdots, p(w_c)$ 需满足

$$p(w_1) + \cdots + p(w_c) = 1$$

在实际的模式识别系统中，先验概率有时也可以作为分类决策的依据。例如，有一个装了双色球的盒子，其中红色球占 80%，蓝色球占 20%。如果用 w_1 代表红色球，w_2 代表蓝色球，则 $p(w_1) = 0.8, p(w_2) = 0.2$。

类条件概率：在已知某种确定类别的条件下，连续空间中样本 x 出现的概率密度分布函数。类条件概率常用 $p(\boldsymbol{x}|w_i), i \in \{1, \cdots, c\}$ 来表示，其对应的先验概率用 $p(w_i)$ 来表示。

后验概率：已知具体模式样本 x 的条件下，其属于某种类别的概率，常用 $p(w_i|\boldsymbol{x}), i \in \{1, \cdots, c\}$ 表示。后验概率可以通过贝叶斯公式进行计算，并作为分类判决的依据：

$$p(w_i|\boldsymbol{x}) = \frac{p(\boldsymbol{x}|w_i)p(w_i)}{p(\boldsymbol{x})} = \frac{p(\boldsymbol{x}|w_i)p(w_i)}{\sum\limits_{i=1}^c p(\boldsymbol{x}|w_i)p(w_i)}$$

很容易看出 $p(w_i)$ 和 $p(w_i|\boldsymbol{x})$ 往往是不相同的。例如，通过对高血压患者家系调查发现，双亲血压正常者的子女患高血压的概率仅为 3%，父母均患有高血压者的子女患高血压概率

高达 45%。父母均患有高血压是指一种条件，在这种家族病史的条件下，子女患高血压的概率就要大得多。

　　贝叶斯决策：在类条件概率和先验概率已知（或可以估计）的情况下，通过贝叶斯公式比较样本属于各类的后验概率，将样本类别判定为后验概率最大（或者错判概率最小）的一类。

2.1　贝叶斯决策

　　问题描述：已知共有 c 类样本 $w_i, i \in \{1, \cdots, c\}$，其先验概率为 $p(w_i)$，类条件概率为 $p(\boldsymbol{x}|w_i)$。对于待识别样本，如何确定其所属类别？

　　由于属于不同类的待识别对象存在着相同观测值的可能，即在 c 类样本中每一类可能包含同一 x 值，这种可能性可用 $p(w_i|\boldsymbol{x}), i \in \{1, \cdots, c\}$ 表示。如何做出合理的判决就是贝叶斯决策理论所要讨论的问题。接下来介绍：最小错误率贝叶斯决策、最小风险贝叶斯决策和 Neyman-Pearson 决策。

2.1.1　最小错误率贝叶斯决策

　　求解分类问题通常希望最小化分类错误率或最大化贝叶斯后验概率，此分类规则称为基于最小错误率的贝叶斯决策。

　　当已知类别出现的先验概率为 $p(w_i)$，类条件概率密度函数为 $p(\boldsymbol{x}|w_i)$，可以求得待分类样本属于每类的后验概率 $p(w_i|\boldsymbol{x}), i \in \{1, \cdots, c\}$，并以此来判定该样本所属类别。

1. 贝叶斯判决准则

二分类问题的判决规则如下：

$$\begin{cases} \text{若 } p(w_1|\boldsymbol{x}) > p(w_2|\boldsymbol{x}), & \text{则 } \boldsymbol{x} \in w_1 \\ \text{若 } p(w_2|\boldsymbol{x}) > p(w_1|\boldsymbol{x}), & \text{则 } \boldsymbol{x} \in w_2 \end{cases}$$

或者简记为

$$\text{若 } p(w_1|\boldsymbol{x}) \gtrless p(w_2|\boldsymbol{x}), \text{ 则 } \boldsymbol{x} \in \begin{cases} w_1 \\ w_2 \end{cases}$$

多分类问题的判决规则如下：

$$\text{若 } p(w_i|\boldsymbol{x}) = \max_{1 \leqslant j \leqslant c} p(w_j|\boldsymbol{x}), \text{ 则 } \boldsymbol{x} \in w_i$$

针对上述判决规则，分类错误的概率为

$$p(e|\boldsymbol{x}) = \sum_{j=1}^{c} p(w_j|\boldsymbol{x}) - \max_{1 \leqslant j \leqslant c} p(w_j|\boldsymbol{x}) = 1 - \max_{1 \leqslant j \leqslant c} p(w_j|\boldsymbol{x})$$

2. 似然比等价形式

由贝叶斯公式

$$p(w_i|\boldsymbol{x}) = \frac{p(\boldsymbol{x}|w_i)p(w_i)}{p(\boldsymbol{x})}$$

可以看出分母 $p(\boldsymbol{x})$ 为归一化量与类别 w_i 无关，后验概率的最大化准则由贝叶斯公式的分子来确定。

对于多分类问题，后验概率的最大化准则为

$$\text{若 } p(w_i|\boldsymbol{x}) = \max_{1\leqslant j\leqslant c}\{p(\boldsymbol{x}|w_j)p(w_j)\}, \text{ 则 } \boldsymbol{x}\in w_i$$

对于二分类问题，后验概率的最大化准则为

$$\text{若 } p(\boldsymbol{x}|w_1)p(w_1) \gtrless p(\boldsymbol{x}|w_2)p(w_2), \text{ 则 } \boldsymbol{x}\in \begin{cases} w_1 \\ w_2 \end{cases}$$

或者

$$\text{若 } l_{12}(\boldsymbol{x}) = \frac{p(\boldsymbol{x}|w_1)}{p(\boldsymbol{x}|w_2)} \gtrless \frac{p(w_2)}{p(w_1)}, \text{ 则 } \boldsymbol{x}\in \begin{cases} w_1 \\ w_2 \end{cases}$$

式中：$l_{12}(\boldsymbol{x})$ 为似然比函数；$\frac{p(w_2)}{p(w_1)}$ 为似然比阈值。

3. 分类决策面

关于最小错误率贝叶斯分类器，其分类决策规则也同时确定了分类决策边界，其边界函数为

$$p(w_1|\boldsymbol{x}) = p(w_2|\boldsymbol{x})$$

所得到的分类器既可能是线性也可能是非线性，如图 2.1 所示。

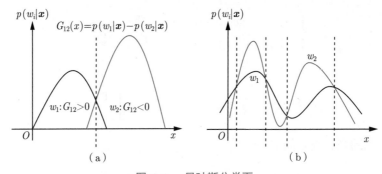

图 2.1 贝叶斯分类面

（a）线性分类器；（b）非线性分类器

例 2.1（最小错误率贝叶斯决策）

在某细胞识别任务中，正常 w_1 和异常 w_2 两类的先验概率分别为 $p(w_1) = 0.9, p(w_2) = 0.1$。现有一待识别细胞的观测值为 $\boldsymbol{x}$，从类条件概率曲线上查得

$$p(\boldsymbol{x}|w_1) = 0.2, \quad p(\boldsymbol{x}|w_2) = 0.4$$

试对该细胞进行分类。

解：先计算各类别的后验概率

$$p(w_1|\boldsymbol{x}) = \frac{p(\boldsymbol{x}|w_1)p(w_1)}{\sum\limits_{j=1}^{2} p(\boldsymbol{x}|w_j)p(w_j)} = 0.818$$

$$p(w_2|\boldsymbol{x}) = 1 - p(w_1|\boldsymbol{x}) = 0.182$$

由于 $p(w_1|\boldsymbol{x}) > p(w_2|\boldsymbol{x})$，所以 $\boldsymbol{x} \in w_1$ 为正常细胞。从例子中可以看出 $p(w_1) \gg p(w_2)$，先验概率起着很大作用。

2.1.2 最小风险贝叶斯决策

最小错误率判别规则没有考虑错误判决带来的"风险"差异。在同一问题中，不同的判决有不同的风险。例如，判断细胞是否为癌细胞，可能有两种错误判决：正常细胞错判为癌细胞；癌细胞错判为正常细胞。两种错误带来的风险并不相同：前一种错误判断会给健康人带来不必要的精神负担，而后一种错误判断会使患者失去进一步检查、治疗的机会，造成严重后果。显然，后一种错误判决的风险大于前一种。

最小风险贝叶斯决策需要最小化错误判决所带来的风险。假定有 c 类问题，用 $w_j(j \in \{1, \cdots, c\})$ 表示类别，用 $\alpha_i(i \in \{1, \cdots, c\})$ 表示做出的判决。对于给定的特征向量 $\boldsymbol{x}$，令 $L(\alpha_i|w_j)$ 表示 $\boldsymbol{x}$ 本属于 w_j 而判决为 α_i 的风险。对于不同的类别和不同的判决有一个 $c \times c$ 风险矩阵，如表 2.1 所示。

表 2.1　风险矩阵

判决	类别			
	w_1	w_2	$\cdots$	w_c
α_1	$L(\alpha_1|w_1)$	$L(\alpha_1|w_2)$	$\cdots$	$L(\alpha_1|w_c)$
α_2	$L(\alpha_2|w_1)$	$L(\alpha_2|w_2)$	$\cdots$	$L(\alpha_2|w_c)$
$\vdots$	$\vdots$	$\vdots$	$\vdots$	$\vdots$
α_c	$L(\alpha_c|w_1)$	$L(\alpha_c|w_2)$	$\cdots$	$L(\alpha_c|w_c)$

1. 最小风险判别规则

假定样本 $\boldsymbol{x}$ 的后验概率 $p(w_i|\boldsymbol{x})$ 已经确定，对于每一种判决 α_i，可求出该判决的条件平均风险或损失：

$$R(\alpha_i|\boldsymbol{x}) = \sum_{j=1}^{c} L(\alpha_i|w_j)p(w_j|\boldsymbol{x}), \quad i = 1, \cdots, c$$

最小风险判别规则为

$$若\ R(\alpha_i|\boldsymbol{x}) = \min_{1 \leqslant k \leqslant c} R(\alpha_k|\boldsymbol{x}), \quad 则\ \boldsymbol{x} \in w_i$$

最小风险判别规则的步骤总结如下:

(1) 给定样本 $\boldsymbol{x}$,计算各类后验概率 $p(w_j|\boldsymbol{x})$, $\quad j = 1, \cdots, c_{\circ}$

(2) 在已知风险矩阵的条件下,求各种判决的条件平均风险:

$$R(\alpha_i|\boldsymbol{x}) = \sum_{j=1}^{c} L(\alpha_i|w_j)p(w_j|\boldsymbol{x}), \quad i = 1, \cdots, c$$

(3) 比较各种判决的条件平均风险,把样本 $\boldsymbol{x}$ 判定为条件平均风险最小的那一类别

$$若\ R(\alpha_i|\boldsymbol{x}) = \min_{1 \leqslant k \leqslant c} R(\alpha_k|\boldsymbol{x}), \quad 则\ \boldsymbol{x} \in w_i$$

2. 等价似然比规则

针对二分类问题,若特征向量 $\boldsymbol{x} \in w_1$,根据最小风险准则有

$$R(\alpha_1 = w_1|\boldsymbol{x}) < R(\alpha_2 = w_2|\boldsymbol{x})$$

考虑到公式

$$R(\alpha_i|\boldsymbol{x}) = \sum_{j=1}^{2} L(\alpha_i|w_j)p(w_j|\boldsymbol{x}), \quad i = 1, 2$$

则有

$$[L(\alpha_2|w_1) - L(\alpha_1|w_1)]p(w_1|\boldsymbol{x}) > [L(\alpha_1|w_2) - L(\alpha_2|w_2)]p(w_2|\boldsymbol{x})$$

或者

$$\frac{p(w_1|\boldsymbol{x})}{p(w_2|\boldsymbol{x})} > \frac{L(\alpha_1|w_2) - L(\alpha_2|w_2)}{L(\alpha_2|w_1) - L(\alpha_1|w_1)}$$

由贝叶斯公式

$$\frac{p(w_1|\boldsymbol{x})}{p(w_2|\boldsymbol{x})} = \frac{p(\boldsymbol{x}|w_1)p(w_1)}{p(\boldsymbol{x}|w_2)p(w_2)}$$

得到如下似然比判决规则:

$$\frac{p(\boldsymbol{x}|w_1)}{p(\boldsymbol{x}|w_2)} > \frac{L(\alpha_1|w_2) - L(\alpha_2|w_2)}{L(\alpha_2|w_1) - L(\alpha_1|w_1)} \frac{p(w_2)}{p(w_1)} = \theta_{12}$$

式中: θ_{12} 为阈值。

例 2.2（最小风险贝叶斯判决）

已知正常细胞先验概率为 $p(w_1) = 0.9$，异常为 $p(w_2) = 0.1$。从类条件概率密度分布曲线上查得 $p(\boldsymbol{x}|w_1) = 0.2$, $p(\boldsymbol{x}|w_2) = 0.4$。令判决风险矩阵的各元素为

$$L_{11} = 0, \; L_{12} = 6, \; L_{21} = 1, \; L_{22} = 0$$

按照最小贝叶斯风险决策进行分类。

解：首先计算后验概率

$$p(w_1|\boldsymbol{x}) = 0.818, \quad p(w_2|\boldsymbol{x}) = 0.182$$

然后计算条件风险

$$R(\alpha_1|\boldsymbol{x}) = L_{12}p(w_2|\boldsymbol{x}) = 1.092$$

$$R(\alpha_2|\boldsymbol{x}) = L_{21}p(w_1|\boldsymbol{x}) = 0.818$$

因为 $R(\alpha_1|\boldsymbol{x}) > R(\alpha_2|\boldsymbol{x})$，所以 $\boldsymbol{x} \in w_2$，被判决为异常细胞。导致该结论的是 $L_{12} = 6$ 比较大，对决策风险起着决定作用。

2.1.3　Neyman-Pearson 决策

Neyman-Pearson 决策针对二分类问题，是将样本空间划分成两个子空间。这时存在着两类错误：第一类错误 $\boldsymbol{x} \in w_2$ 却判为 w_1；第二类错误 $\boldsymbol{x} \in w_1$ 却判为 w_2。在医学诊断上，阴性 w_1 和阳性 w_2 代表两类样本。第一类错误为假阴性，第二类为假阳性。在雷达探测上，无目标 w_1 和有目标 w_2 代表两类样本。第一类错误为漏报，第二类为误报或虚警。Neyman-Pearson 判别思想是在保持重要的一类错误率不变的情况下，最小化另一类错误率。其目的是求出两类后验误差似然比的判决阈值。

如图 2.2 所示，假设 R_1 和 R_2 为决策域，则第一类和第二类错误的概率分别为

$$P_1(e) = \int_{R_2} p(\boldsymbol{x}|w_1)\mathrm{d}\boldsymbol{x}, \quad P_2(e) = \int_{R_1} p(\boldsymbol{x}|w_2)\mathrm{d}\boldsymbol{x}$$

总的错误概率为

$$P(e) = p(w_2)P_2(e) + p(w_1)P_1(e)$$

为了便于理解和推导 Neyman-Pearson 判别规则，将样本特征向量 $\boldsymbol{x}$ 简化成标量。Neyman-Pearson 判别是在固定一类错误率的情况下最小化另一类错误率，即寻找两类样本的最优分界面 t 满足

$$\min_t P_1(e)$$

$$\text{s.t.} \, P_2(e) = \epsilon_0$$

式中

$$P_1(e) = \int_t^\infty p(x|w_1)\mathrm{d}x, P_2(e) = \int_{-\infty}^t p(x|w_2)\mathrm{d}x$$

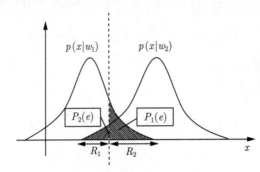

图 2.2　第一类和第二类错误概率

利用概率密度函数性质可得

$$P_1(e) = \int_t^\infty p(x|w_1)\mathrm{d}x = 1 - \int_{-\infty}^t p(x|w_1)\mathrm{d}x$$

令 R_1 和 R_2 两个决策区域的分界面为 t，定义拉格朗日函数

$$
\begin{aligned}
L(t,\lambda) &= P_1(e) + \lambda[P_2(e) - \epsilon_0] \\
&= (1 - \lambda\epsilon_0) + \int_{-\infty}^t [\lambda p(x|w_2) - p(x|w_1)]\mathrm{d}x
\end{aligned}
\tag{2.1}
$$

分别对变量 t 和 λ 求导置零，可得

$$\lambda = \frac{p(t|w_1)}{p(t|w_2)}, \quad \int_{-\infty}^t p(x|w_2)\mathrm{d}x = \epsilon_0$$

通过求解上式中的 t 可得最优分界面，而 λ 为似然比阈值。

　　对于拉格朗日函数 $L(t,\lambda)$，我们的目的是要寻找 R_1 区间或者边界 t 值，使得 $L(t,\lambda)$ 关于 R_1 或者 t 最小化。从式 (2.1) 可以看出，为了使 L 在 R_1 区域内或者类 w_1 判决区域内的值最小，应该使积分内的值为负，即

$$\lambda p(x|w_2) - p(x|w_1) < 0, \quad x \in w_1$$

所以 Neyman-Pearson 判别规则为

$$\frac{p(x|w_1)}{p(x|w_2)} \gtrless \lambda \Rightarrow x \in \left\{ \begin{array}{l} w_1 \\ w_2 \end{array} \right.$$

Neyman-Pearson 判别规则可通过如下步骤来执行：

（1）通过求解方程 $\displaystyle\int_{-\infty}^{t} p(x|w_2)\mathrm{d}x = \epsilon_0$ 得到分界面 t；

（2）将 t 的值代入 $\lambda = \dfrac{p(t|w_1)}{p(t|w_2)}$ 得到似然比阈值；

（3）对于给定的样本 x，

$$\text{若 } \frac{p(x|w_1)}{p(x|w_2)} \gtrless \lambda, \text{ 则 } x \in \left\{ \begin{array}{l} w_1 \\ w_2 \end{array} \right.$$

注：Neyman-Pearson 判别规则不依赖于先验概率，而只用到了类条件概率。

例 2.3（Neyman-Pearson 判别）

两类样本的概率密度函数为正态分布，其均值向量为 $\boldsymbol{\mu}_1 = [-1\ \ 0]^{\mathrm{T}}$，$\boldsymbol{\mu}_2 = [1\ \ 0]^{\mathrm{T}}$，协方差矩阵为单位阵 $\boldsymbol{\Sigma}_1 = \boldsymbol{\Sigma}_2 = \boldsymbol{I}$。给定 $P_2(e) = 0.09$，试确定 Neyman-Pearson 判别阈值。

解：两类样本的类条件概率为

$$p(\boldsymbol{x}|w_1) = \frac{1}{2\pi} \exp\left(-\frac{1}{2}(x_1^2 + 2x_1 + 1 + x_2^2) \right)$$

$$p(\boldsymbol{x}|w_2) = \frac{1}{2\pi} \exp\left(-\frac{1}{2}(x_1^2 - 2x_1 + 1 + x_2^2) \right)$$

可得到似然比判定准则为

$$\text{若 } \frac{p(\boldsymbol{x}|w_1)}{p(\boldsymbol{x}|w_2)} = \exp(-2x_1) \gtrless \lambda, \text{ 则 } \boldsymbol{x} \in \left\{ \begin{array}{l} w_1 \\ w_2 \end{array} \right.$$

或者

$$\text{若 } x_1 \gtrless -\frac{1}{2}\ln\lambda, \text{ 则 } \boldsymbol{x} \in \left\{ \begin{array}{l} w_1 \\ w_2 \end{array} \right.$$

显然，判断边界为平行于 x_2 轴的直线。

按照 Neyman-Pearson 判别方法，首先计算分界面（只与 x_1 的值有关），而边缘概率密度 $p(x_1|w_2)$ 可通过如下计算获得：

$$p(x_1|w_2) = \int_{-\infty}^{\infty} p(x_1, x_2|w_2)\mathrm{d}x_2 = \frac{1}{\sqrt{2\pi}} \exp\left[-\frac{1}{2}(x_1-1)^2 \right]$$

从而

$$\begin{aligned} P_2(e) &= \int_{-\infty}^{t} p(x_1|w_2)\mathrm{d}x_1 = \int_{-\infty}^{t} \frac{1}{\sqrt{2\pi}} \exp\left[-\frac{1}{2}(x_1-1)^2 \right]\mathrm{d}x_1 \\ &= \int_{-\infty}^{t-1} \frac{1}{\sqrt{2\pi}} \exp\left[-\frac{1}{2}\zeta_1^2 \right]\mathrm{d}\zeta_1 \approx 0.09 \end{aligned}$$

通过查表可得 $t = -0.35$，其对应的 $\lambda = \exp(-2t) = 2$。因此，判别准则为

$$\text{若 } x_1 \gtrless -0.35, \text{ 则 } \boldsymbol{x} \in \left\{ \begin{array}{l} w_1 \\ w_2 \end{array} \right.$$

2.1.4 贝叶斯决策规则比较

针对二分类问题，前面所介绍的三种判别准则有着非常相似的似然比形式：

最小错误概率判别准则：

$$\text{若 } \frac{p(\boldsymbol{x}|w_1)}{p(\boldsymbol{x}|w_2)} \gtrless \frac{p(w_2)}{p(w_1)}, \text{ 则 } \boldsymbol{x} \in \left\{ \begin{array}{l} w_1 \\ w_2 \end{array} \right.$$

最小风险判别准则：

$$\text{若 } \frac{p(\boldsymbol{x}|w_1)}{p(\boldsymbol{x}|w_2)} \gtrless \frac{L(\alpha_1|w_2) - L(\alpha_2|w_2)}{L(\alpha_2|w_1) - L(\alpha_1|w_1)} \frac{p(w_2)}{p(w_1)}, \text{ 则 } \boldsymbol{x} \in \left\{ \begin{array}{l} w_1 \\ w_2 \end{array} \right.$$

Neyman-Pearson 判别规则：

$$\text{若 } \frac{p(x|w_1)}{p(x|w_2)} \gtrless \lambda, \text{ 则 } x \in \left\{ \begin{array}{l} w_1 \\ w_2 \end{array} \right.$$

其中，阈值 $\lambda = \dfrac{p(t|w_1)}{p(t|w_2)}$，$t$ 需要满足 $\displaystyle\int_{-\infty}^{t} p(x|w_2)\mathrm{d}x = \epsilon_0$。

可以看出，上述三种似然比阈值根据不同的先验信息有不同的表达形式。

2.1.5 正态分布统计决策

常用的贝叶斯分类决策方法依赖于类条件概率密度函数 $p(\boldsymbol{x}|w_i)$，在实际应用中往往假设 $p(\boldsymbol{x}|w_i)$ 服从多元正态分布。当特征向量 $\boldsymbol{x} \in \mathbb{R}^n$ 时，其正态分布概率密度函数有如下形式：

$$p(\boldsymbol{x}|w_i) = \frac{1}{\sqrt{(2\pi)^n |\boldsymbol{\Sigma}_i|}} \exp\left\{ -\frac{1}{2}(\boldsymbol{x} - \boldsymbol{\mu}_i)^{\mathrm{T}} \boldsymbol{\Sigma}_i^{-1} (\boldsymbol{x} - \boldsymbol{\mu}_i) \right\}$$

式中

$$\boldsymbol{\mu}_i = \mathcal{E}(\boldsymbol{x}|w_i), \boldsymbol{\Sigma}_i = \mathrm{cov}(\boldsymbol{x}|w_i)$$

对于正态分布函数，均值向量 $\boldsymbol{\mu}_i$ 和协方差矩阵 $\boldsymbol{\Sigma}_i$ 决定了概率密度函数。

1. 最小错误率贝叶斯准则

最小错误率贝叶斯判决准则为

$$\text{若 } \frac{p(\boldsymbol{x}|w_1)}{p(\boldsymbol{x}|w_2)} \gtreqless \frac{p(w_2)}{p(w_1)}, \text{ 则 } \boldsymbol{x} \in \left\{ \begin{array}{l} w_1 \\ w_2 \end{array} \right.$$

令判别函数 $g_i(\boldsymbol{x}) = \ln p(\boldsymbol{x}|w_i) + \ln p(w_i)$，可得

$$g_i(\boldsymbol{x}) = -\frac{1}{2}(\boldsymbol{x} - \boldsymbol{\mu}_i)^{\mathrm{T}} \boldsymbol{\Sigma}_i^{-1} (\boldsymbol{x} - \boldsymbol{\mu}_i) - \frac{n}{2} \ln 2\pi - \frac{1}{2} \ln |\boldsymbol{\Sigma}_i| + \ln p(w_i)$$

去掉不影响分类决策的项，判别函数 $g_i(\boldsymbol{x})$ 可简化成

$$g_i(\boldsymbol{x}) = -\frac{1}{2}(\boldsymbol{x} - \boldsymbol{\mu}_i)^{\mathrm{T}} \boldsymbol{\Sigma}_i^{-1} (\boldsymbol{x} - \boldsymbol{\mu}_i) - \frac{1}{2} \ln |\boldsymbol{\Sigma}_i| + \ln p(w_i)$$

由此，两个类别 w_i 和 w_j 的分界面满足 $g_i(\boldsymbol{x}) = g_j(\boldsymbol{x})$ 或者

$$[(\boldsymbol{x} - \boldsymbol{\mu}_i)^{\mathrm{T}} \boldsymbol{\Sigma}_i^{-1} (\boldsymbol{x} - \boldsymbol{\mu}_i) - (\boldsymbol{x} - \boldsymbol{\mu}_j)^{\mathrm{T}} \boldsymbol{\Sigma}_j^{-1} (\boldsymbol{x} - \boldsymbol{\mu}_j)] + [\ln |\boldsymbol{\Sigma}_i| - \ln |\boldsymbol{\Sigma}_j|] - 2 \ln \frac{p(w_i)}{p(w_j)} = 0$$

当协方差矩阵 $\boldsymbol{\Sigma}_i$ 具有特殊形式时，分界面具有较好的几何特性。当 $\boldsymbol{\Sigma}_i = \boldsymbol{\Sigma}_j = \sigma^2 \boldsymbol{I}$ 且 $p(w_i) = p(w_j)$ 时，分界面为连接高维空间中 $\boldsymbol{\mu}_i$ 和 $\boldsymbol{\mu}_j$ 两点的垂直平分面。

2. 分类错误率计算

在分类器设计出来之后，通常是以分类错误率的大小来衡量其性能的优劣。对于二分类问题，定义样本的两个子区域为 R_1 和 R_2（其分界面为 t）。总的错误概率为

$$P(e) = p(w_2)P_2(e) + p(w_1)P_1(e)$$

接下来将讲解如何通过数值计算来获得上述分类错误概率。

首先，最小错误率贝叶斯决策准则的负对数似然比形式可以写成

$$h(\boldsymbol{x}) = -\ln p(\boldsymbol{x}|w_1) + \ln p(\boldsymbol{x}|w_2) \lesseqgtr \ln \frac{p(w_1)}{p(w_2)} = t \Rightarrow \boldsymbol{x} \in \left\{ \begin{array}{l} w_1 \\ w_2 \end{array} \right.$$

然后，通过变量代换 $\boldsymbol{x} \to h(\boldsymbol{x})$，错误概率可用下式计算：

$$P_1(e) = \int_{R_2} p(\boldsymbol{x}|w_1) \mathrm{d}\boldsymbol{x} = \int_t^\infty p(h|w_1) \mathrm{d}h$$

$$P_2(e) = \int_{R_1} p(\boldsymbol{x}|w_2) \mathrm{d}\boldsymbol{x} = \int_{-\infty}^t p(h|w_2) \mathrm{d}h$$

在样本服从正态分布的情况下，$h(\boldsymbol{x})$ 可表示成

$$h(\boldsymbol{x}) = \frac{1}{2}[(\boldsymbol{x} - \boldsymbol{\mu}_i)^{\mathrm{T}} \boldsymbol{\Sigma}_i^{-1}(\boldsymbol{x} - \boldsymbol{\mu}_i) - (\boldsymbol{x} - \boldsymbol{\mu}_j)^{\mathrm{T}} \boldsymbol{\Sigma}_j^{-1}(\boldsymbol{x} - \boldsymbol{\mu}_j)] + \frac{1}{2}\ln\frac{|\boldsymbol{\Sigma}_i|}{|\boldsymbol{\Sigma}_j|}$$

若 $\boldsymbol{\Sigma}_1 = \boldsymbol{\Sigma}_2 = \boldsymbol{\Sigma}$，则上式可以简化成

$$h(\boldsymbol{x}) = (\boldsymbol{\mu}_2 - \boldsymbol{\mu}_1)^{\mathrm{T}} \boldsymbol{\Sigma}^{-1}\boldsymbol{x} + \frac{1}{2}\left(\boldsymbol{\mu}_1^{\mathrm{T}} \boldsymbol{\Sigma}^{-1}\boldsymbol{\mu}_1 - \boldsymbol{\mu}_2^{\mathrm{T}} \boldsymbol{\Sigma}^{-1}\boldsymbol{\mu}_2\right)$$

可以看出，$h(\boldsymbol{x})$ 是关于 $\boldsymbol{x}$ 的线性组合函数，服从一维正态分布，其均值与方差分别为

$$\begin{cases} \eta_1 = \mathcal{E}[h(\boldsymbol{x})|w_1] = -\frac{1}{2}(\boldsymbol{\mu}_1 - \boldsymbol{\mu}_2)^{\mathrm{T}} \boldsymbol{\Sigma}^{-1}(\boldsymbol{\mu}_1 - \boldsymbol{\mu}_2) = -\eta \\ \sigma_1^2 = \mathrm{var}[h(\boldsymbol{x})|w_1] = (\boldsymbol{\mu}_1 - \boldsymbol{\mu}_2)^{\mathrm{T}} \boldsymbol{\Sigma}^{-1}(\boldsymbol{\mu}_1 - \boldsymbol{\mu}_2) = 2\eta \end{cases}$$

$$\begin{cases} \eta_2 = \mathcal{E}[h(\boldsymbol{x})|w_2] = \frac{1}{2}(\boldsymbol{\mu}_1 - \boldsymbol{\mu}_2)^{\mathrm{T}} \boldsymbol{\Sigma}^{-1}(\boldsymbol{\mu}_1 - \boldsymbol{\mu}_2) = \eta \\ \sigma_2^2 = \mathrm{var}[h(\boldsymbol{x})|w_2] = (\boldsymbol{\mu}_1 - \boldsymbol{\mu}_2)^{\mathrm{T}} \boldsymbol{\Sigma}^{-1}(\boldsymbol{\mu}_1 - \boldsymbol{\mu}_2) = 2\eta \end{cases}$$

因此，利用 $p(h|w_1)$ 和 $p(h|w_2)$ 可计算得到 $P_1(e)$ 和 $P_2(e)$：

$$P_1(e) = \int_t^\infty p(h|w_1)\mathrm{d}h = \int_t^\infty \frac{1}{2\sqrt{\pi\eta}}\exp\left(-\frac{1}{4\eta}(h+\eta)^2\right)\mathrm{d}h$$

$$= \int_{\frac{t+\eta}{\sqrt{2\eta}}}^\infty \frac{1}{\sqrt{2\pi}}\exp\left(-\frac{1}{2}\zeta^2\right)\mathrm{d}\zeta$$

$$P_2(e) = \int_{-\infty}^t p(h|w_2)\mathrm{d}h = \int_{-\infty}^{\frac{t-\eta}{\sqrt{2\eta}}} \frac{1}{\sqrt{2\pi}}\exp\left(-\frac{1}{2}\zeta^2\right)\mathrm{d}\zeta$$

式中

$$t = \ln\frac{p(w_1)}{p(w_2)}$$

根据上述表达式，错误分类概率可以通过标准正态分布 $\mathcal{N}(0,1)$ 的累计分布函数表查询得到。

2.2 概率密度函数估计

贝叶斯决策的基础是概率密度函数估计，即利用训练样本来估计统计决策中用到的先验概率 $p(w_i)$ 和类条件概率密度 $p(\boldsymbol{x}|w_i)$。先验概率 $p(w_i)$ 的估计比较简单，由于 w_i 为离散随机变量，其概率通过大量样本计算出各类样本在其中所占的比例。接下来，本节将重点介绍类条件概率密度函数的估计。

概率密度函数的估计主要分为参数估计和非参数估计两大类。参数估计方法针对概率密度函数的形式已知而部分参数未知的情形，利用训练样本来估计这些未知参数。非参数估计方法是针对概率密度函数的形式未知或者概率密度函数不能由已知的分布函数来描述的情形，利用训练样本把概率密度函数通过数值量化的形式表示出来。

2.2.1 参数估计——极大似然法

假设每一个样本数据出现的概率为 $p(\boldsymbol{x}_i|\boldsymbol{\theta})$，所有样本集出现的联合概率为 $p(\boldsymbol{x}_1,\cdots,\boldsymbol{x}_N|\boldsymbol{\theta})$。极大似然（ML）估计方法是去寻找 $\boldsymbol{\theta}$ 的估计值使得样本数据 $\{\boldsymbol{x}_i\}_{i=1}^N$ 出现的概率尽可能大，即

$$\hat{\boldsymbol{\theta}}^{\mathrm{ML}} = \arg\max_{\boldsymbol{\theta}} p(\boldsymbol{x}_1,\cdots,\boldsymbol{x}_N|\boldsymbol{\theta})$$

极大似然估计通常做如下假设：

（1）参数 $\boldsymbol{\theta}$ 为确定性参数但未知。

（2）各样本 $\boldsymbol{x}_i(i=1,\cdots,N)$ 都是按照概率密度函数 $p(\boldsymbol{x}_i|\boldsymbol{\theta})$ 独立生成。

（3）$p(\boldsymbol{x}_i|\boldsymbol{\theta})$ 的表达式已知。

上述假设中的参数 $\boldsymbol{\theta}$ 通常是向量。例如：一维正态分布 $\mathcal{N}(\mu,\sigma^2)$ 的未知参数可能是 $\boldsymbol{\theta} = [\mu\ \sigma^2]^{\mathrm{T}}$。

根据样本的独立性假设，训练样本的联合概率可以写成如下乘积形式，即

$$l(\boldsymbol{\theta}) = p(\boldsymbol{x}_1,\cdots,\boldsymbol{x}_N|\boldsymbol{\theta}) = \prod_{i=1}^N p(\boldsymbol{x}_i|\boldsymbol{\theta})$$

极大似然估计可以简化成

$$\hat{\boldsymbol{\theta}}_N^{\mathrm{ML}} = \arg\max_{\boldsymbol{\theta}} l(\boldsymbol{\theta})$$

为了方便求解，定义如下对数似然函数，即

$$L(\boldsymbol{\theta}) = \ln l(\boldsymbol{\theta}) = \sum_{i=1}^N \ln p(\boldsymbol{x}_i|\boldsymbol{\theta})$$

极大似然估计需要对 $L(\boldsymbol{\theta})$ 关于 $\boldsymbol{\theta}$ 求偏导并置零，即

$$\frac{\partial L(\boldsymbol{\theta})}{\partial \boldsymbol{\theta}} = \sum_{i=1}^N \frac{1}{p(\boldsymbol{x}_i|\boldsymbol{\theta})} \frac{\partial p(\boldsymbol{x}_i|\boldsymbol{\theta})}{\partial \boldsymbol{\theta}} = 0$$

通过上式求解得到的 $\boldsymbol{\theta}$ 值有可能是局部极值点，因此上述等式是极大似然估计的必要但非充分条件。

虽然极大似然估计（全局最优解）有时很难通过数值方法求解，但是其对于理论分析具有重要作用。假定 $\boldsymbol{\theta}_0$ 为参数向量的真值，极大似然估计通常具有如下性质：

（1）极大似然估计是渐近无偏的，即

$$\lim_{N \to \infty} \mathcal{E}(\hat{\boldsymbol{\theta}}_N^{\mathrm{ML}}) = \boldsymbol{\theta}_0$$

由于 $\hat{\boldsymbol{\theta}}_N^{\mathrm{ML}}$ 是一个基于样本的统计量，其值会随训练样本集的不同而不同。若其均值始终等于未知参数的真实值，则认为是无偏估计。

（2）极大似然法是渐近一致的，即

$$\lim_{N \to \infty} p(\|\hat{\boldsymbol{\theta}}_N^{\mathrm{ML}} - \boldsymbol{\theta}_0\| \leqslant \epsilon) = 1$$

式中：ϵ 为任意小的正数。

换言之，估计值依概率 1 收敛。当 N 足够大时，估计结果任意接近真实值，也满足一致性条件

$$\lim_{N \to \infty} \mathcal{E}(\|\hat{\boldsymbol{\theta}}_N^{\mathrm{ML}} - \boldsymbol{\theta}_0\|) = 0$$

这种情况下，估计量 $\hat{\boldsymbol{\theta}}_N^{\mathrm{ML}}$ 被认为是均方收敛的。一致性特征非常重要，因为有时候估计量虽然是无偏的，但仍然会有比较大的方差。

（3）渐近有效：极大似然估计 $\hat{\boldsymbol{\theta}}_N^{\mathrm{ML}}$ 的协方差矩阵达到 Cramer-Rao 下界，即

$$\mathcal{E}[\hat{\boldsymbol{\theta}}_{N,i}^{\mathrm{ML}} - \boldsymbol{\theta}_i]^2 \geqslant \boldsymbol{J}_{ii}^{-1}$$

式中：$\hat{\boldsymbol{\theta}}_{N,i}^{\mathrm{ML}}$ 为 $\hat{\boldsymbol{\theta}}_N^{\mathrm{ML}}$ 的第 i 个元素；$\boldsymbol{J} = -\mathcal{E}\left[\dfrac{\partial^2 l(\boldsymbol{\theta})}{\partial \boldsymbol{\theta} \partial \boldsymbol{\theta}^{\mathrm{T}}}\right]$ 为 Fisher 矩阵。

（4）渐近高斯分布：当 $N \to \infty$ 时，极大似然估计的概率密度函数接近于均值为 $\boldsymbol{\theta}_0$ 而协方差矩阵趋于零的高斯分布。

例 2.4（极大似然估计）

假设 N 个独立生成的样本 $\{x_i\}_{i=1}^N$ 服从一维正态分布 $\mathcal{N}(\mu, \sigma^2)$，用极大似然法估计其均值和方差。

解：令 $\boldsymbol{\theta} = [\mu \ \sigma^2]^{\mathrm{T}}$。该问题的对数似然函数可以写成

$$L(\boldsymbol{\theta}) = \sum_{j=1}^N \ln p(x_j|\boldsymbol{\theta}) = -\frac{N}{2}\ln 2\pi\theta_2 - \frac{1}{2\theta_2}\sum_{j=1}^N (x_j - \theta_1)^2$$

分别对两个参数求导置零，可得

$$\frac{1}{\hat{\theta}_2}\sum_{j=1}^N (\hat{\theta}_1 - x_j) = 0$$

$$-\frac{N}{2}\hat{\theta}_2^{-1} + \frac{\hat{\theta}_2^{-2}}{2}\sum_{j=1}^N (x_j - \hat{\theta}_1)^2 = 0$$

从而得到

$$\hat{\mu} = \hat{\theta}_1^{\text{ML}} = \frac{\sum\limits_{j=1}^{N} x_j}{N}, \quad \hat{\sigma}^2 = \hat{\theta}_2^{\text{ML}} = \frac{\sum\limits_{j=1}^{N} (x_j - \hat{\mu})^2}{N}$$

2.2.2 参数估计——最大后验法

极大似然估计将 $\boldsymbol{\theta}$ 看成确定性参数，而最大后验概率（MAP）估计把 $\boldsymbol{\theta}$ 当作随机参数，并通过已知样本 $\boldsymbol{X}_N = \{\boldsymbol{x}_1, \cdots, \boldsymbol{x}_N\}$ 对其进行估计。

根据贝叶斯公式可以得到

$$p(\boldsymbol{\theta}|\boldsymbol{X}_N) = \frac{p(\boldsymbol{\theta})p(\boldsymbol{X}_N|\boldsymbol{\theta})}{p(\boldsymbol{X}_N)}$$

由于分母 $p(\boldsymbol{X}_N)$ 不依赖参数 $\boldsymbol{\theta}$，因此最大后验概率估计可以写成

$$\hat{\boldsymbol{\theta}}_N^{\text{MAP}} = \arg\max_{\boldsymbol{\theta}} p(\boldsymbol{\theta})p(\boldsymbol{X}_N|\boldsymbol{\theta})$$

通过对对数似然函数求导置零，可得

$$\frac{\partial \ln p(\boldsymbol{\theta}|\boldsymbol{X}_N)}{\partial \boldsymbol{\theta}} = \sum_{i=1}^{N} \frac{1}{p(\boldsymbol{x}_i|\boldsymbol{\theta})} \frac{\partial p(\boldsymbol{x}_i|\boldsymbol{\theta})}{\partial \boldsymbol{\theta}} + \frac{1}{p(\boldsymbol{\theta})} \frac{\partial p(\boldsymbol{\theta})}{\partial \boldsymbol{\theta}} = 0$$

与极大似然估计不同之处在于上式中的 $\dfrac{1}{p(\boldsymbol{\theta})} \dfrac{\partial p(\boldsymbol{\theta})}{\partial \boldsymbol{\theta}}$，这一项来自 $\boldsymbol{\theta}$ 的先验概率，对极大似然估计起到正则化的作用。

例 2.5（最大后验估计）

假设未知均值向量 $\boldsymbol{\mu} \in \mathbb{R}^l$ 且服从正态分布

$$p(\boldsymbol{\mu}) = \frac{1}{(2\pi)^{l/2}\sigma_\mu^l} \exp\left(-\frac{1}{2}\frac{\|\boldsymbol{\mu} - \boldsymbol{\mu}_0\|^2}{\sigma_\mu^2}\right)$$

式中：$\boldsymbol{\mu}_0$ 和 σ_μ^2 为已知参数。

当似然函数 $p(\boldsymbol{x}|\boldsymbol{\mu})$ 服从均值为 $\boldsymbol{\mu}$，协方差矩阵 $\boldsymbol{\Sigma} = \sigma^2\boldsymbol{I}$ 的正态分布时，试用最大后验法估计 $\boldsymbol{\mu}$ 的值。

解：令 $\boldsymbol{X}_N = \{\boldsymbol{x}_i\}_{i=1}^N$。最大化后验概率估计可以写成

$$\max_{\boldsymbol{\mu}} \ln p(\boldsymbol{X}_N|\boldsymbol{\mu}) + \ln p(\boldsymbol{\mu})$$

通过对上式关于 $\boldsymbol{\mu}$ 求导置零，可表示成

$$\sum_{j=1}^{N} \frac{\boldsymbol{x}_j - \boldsymbol{\mu}}{\sigma^2} + \frac{\boldsymbol{\mu}_0 - \boldsymbol{\mu}}{\sigma_\mu^2} = 0$$

从而可以得到

$$\boldsymbol{\mu}_N^{\text{MAP}} = \frac{\boldsymbol{\mu}_0 + \frac{\sigma_\mu^2}{\sigma^2} \sum\limits_{j=1}^{N} \boldsymbol{x}_j}{1 + \frac{\sigma_\mu^2}{\sigma^2} N}$$

从上式可以看出：

若 $\dfrac{\sigma_\mu^2}{\sigma^2} \gg 0$，则

$$\hat{\boldsymbol{\mu}}_N^{\text{MAP}} \to \frac{\sum\limits_{j=1}^{N} \boldsymbol{x}_j}{N} = \hat{\boldsymbol{\mu}}_N^{\text{ML}}$$

若 $\dfrac{\sigma_\mu^2}{\sigma^2} \to 0$，则

$$\hat{\boldsymbol{\mu}}_N^{\text{MAP}} \to \boldsymbol{\mu}_0$$

2.2.3　参数估计——贝叶斯方法

贝叶斯决策和贝叶斯估计都是以贝叶斯风险最小为基础，只是解决的问题不同。前者是要判决样本 $\boldsymbol{x}$ 的类别归属，而后者是要估计样本集 $\boldsymbol{X}_N$ 所属类别概率分布的参数，本质上两者是统一的（如表 2.2 所示）。

表 2.2　贝叶斯决策和贝叶斯估计的对应关系

决策问题	估计问题
样本 $\boldsymbol{x}$	样本集 $\boldsymbol{X}_N$
决策 α_i	估计量 $\hat{\boldsymbol{\theta}}$
真实类别 w_i	真实参数 $\boldsymbol{\theta}$
离散状态空间 W	连续参数空间 Θ
先验概率 $P(w_i)$	先验分布 $p(\boldsymbol{\theta})$

最小风险贝叶斯判决的条件平均风险定义为

$$R(\alpha_i | \boldsymbol{x}) = \sum_{j=1}^{c} L(\alpha_i | w_j) p(w_j | \boldsymbol{x}), \quad i = 1, \cdots, c$$

类似地，贝叶斯估计定义在观测样本集 $\boldsymbol{X}_N = \{\boldsymbol{x}_1, \cdots, \boldsymbol{x}_N\}$ 的条件下，用 $\hat{\boldsymbol{\theta}}_N$ 作为 $\boldsymbol{\theta}$ 的估计，其对应的期望损失为

$$R(\hat{\boldsymbol{\theta}}_N | \boldsymbol{X}_N) = \int_{\boldsymbol{\theta} \in \Theta} L(\hat{\boldsymbol{\theta}}_N, \boldsymbol{\theta}) p(\boldsymbol{\theta} | \boldsymbol{X}_N) \mathrm{d}\boldsymbol{\theta}$$

贝叶斯估计定义为

$$\hat{\boldsymbol{\theta}}_N = \arg\min_{\hat{\boldsymbol{\theta}}} R(\hat{\boldsymbol{\theta}} | \boldsymbol{X}_N) = \int_{\boldsymbol{\theta} \in \Theta} L(\hat{\boldsymbol{\theta}}, \boldsymbol{\theta}) p(\boldsymbol{\theta} | \boldsymbol{X}_N) \mathrm{d}\boldsymbol{\theta}$$

式中：$L(\hat{\boldsymbol{\theta}}, \boldsymbol{\theta})$ 为损失函数，常用的损失函数为平方误差函数，即

$$L(\hat{\boldsymbol{\theta}}, \boldsymbol{\theta}) = \|\hat{\boldsymbol{\theta}} - \boldsymbol{\theta}\|^2$$

若采用上述平方误差损失函数，则贝叶斯估计为

$$\hat{\boldsymbol{\theta}}_N = \mathcal{E}(\boldsymbol{\theta} | \boldsymbol{X}_N) = \int_{\boldsymbol{\theta} \in \Theta} \boldsymbol{\theta} \cdot p(\boldsymbol{\theta} | \boldsymbol{X}_N) \mathrm{d}\boldsymbol{\theta}$$

综上所述，贝叶斯估计的具体步骤包括：

（1）确定 $\boldsymbol{\theta}$ 的先验概率 $p(\boldsymbol{\theta})$。

（2）由样本集 $\boldsymbol{X}_N$ 求出样本联合概率密度函数，也就是 $\boldsymbol{\theta}$ 的似然函数 $p(\boldsymbol{X}_N | \boldsymbol{\theta})$。

（3）由贝叶斯公式求出 $\boldsymbol{\theta}$ 的后验概率密度函数

$$p(\boldsymbol{\theta} | \boldsymbol{X}_N) = \frac{p(\boldsymbol{\theta}) p(\boldsymbol{X}_N | \boldsymbol{\theta})}{\int_{\boldsymbol{\theta} \in \Theta} p(\boldsymbol{\theta}) p(\boldsymbol{X}_N | \boldsymbol{\theta}) \mathrm{d}\boldsymbol{\theta}}$$

（4）贝叶斯估计为

$$\hat{\boldsymbol{\theta}}_N = \mathcal{E}(\boldsymbol{\theta} | X_N) = \int_{\boldsymbol{\theta} \in \Theta} \boldsymbol{\theta} \cdot p(\boldsymbol{\theta} | \boldsymbol{X}_N) \mathrm{d}\boldsymbol{\theta}$$

例 2.6（贝叶斯估计）

假设一维正态分布的均值 μ 为待估计参数，方差 σ^2 已知，分布函数可写成

$$p(x | \mu) = \frac{1}{\sqrt{2\pi}\sigma} \exp\left(-\frac{1}{2\sigma^2}(x - \mu)^2\right)$$

假设均值的先验概率为正态分布，即

$$p(\mu) = \frac{1}{\sqrt{2\pi}\sigma_0} \exp\left(-\frac{1}{2\sigma_0^2}(\mu - \mu_0)^2\right)$$

求均值 μ 的贝叶斯估计。

解：令 $\boldsymbol{X}_N = \{x_i\}_{i=1}^N$。后验概率服从如下正态分布：

$$p(\mu|\boldsymbol{X}_N) \propto p(\boldsymbol{X}_N|\mu)p(\mu) = p(\mu)\prod_{j=1}^N p(x_j|\mu) = \alpha \exp\left[-\frac{1}{2}\left(\frac{\mu - \mu_N}{\sigma_N}\right)^2\right]$$

式中：α 是与 μ 无关的归一化常数；且有

$$\sigma_N^2 = \frac{\sigma^2\sigma_0^2}{N\sigma_0^2 + \sigma^2}$$

$$\mu_N = \frac{N\sigma_0^2}{N\sigma_0^2 + \sigma^2}\frac{\sum_{j=1}^N x_j}{N} + \frac{\sigma^2}{N\sigma_0^2 + \sigma^2}\mu_0$$

最终，后验概率为

$$p(\mu|\boldsymbol{X}_N) = \frac{1}{\sqrt{2\pi}\sigma_N}\exp\left[-\frac{1}{2}\left(\frac{\mu - \mu_N}{\sigma_N}\right)^2\right]$$

贝叶斯估计为

$$\hat{\theta}_N = \mathcal{E}(\mu|\boldsymbol{X}_N) = \mu_N$$

根据例 2.4 ~ 例 2.6 所给出三种不同均值向量估计结果，进行如下比较：

极大似然估计：

$$\hat{\boldsymbol{\mu}}^{\text{ML}} = \frac{\sum_{j=1}^N \boldsymbol{x}_j}{N}$$

最大后验概率估计（对应于最小错误概率贝叶斯决策）：

$$\hat{\boldsymbol{\mu}}_N^{\text{MAP}} = \frac{\boldsymbol{\mu}_0 + \frac{\sigma_\mu^2}{\sigma^2}\sum_{j=1}^N \boldsymbol{x}_j}{1 + \frac{\sigma_\mu^2}{\sigma^2}N}$$

贝叶斯估计（对应于最小风险贝叶斯决策）：

$$\hat{\boldsymbol{\mu}}_N = \frac{N\sigma_0^2}{N\sigma_0^2 + \sigma^2}\frac{\sum_{j=1}^N \boldsymbol{x}_j}{N} + \frac{\sigma^2}{N\sigma_0^2 + \sigma^2}\boldsymbol{\mu}_0$$

可以看出，当 $N \to \infty$ 时，上述三种方法都趋于极大似然估计。对于有限长度的数据集，极大似然估计和最大后验估计的使用则更加简单。

2.2.4　概率密度函数估计———贝叶斯学习

贝叶斯估计方法旨在获得概率密度函数的参数估计，然而我们期望获得样本集合的概率密度函数。实际应用中，我们并不一定需要通过参数估计才能得到概率密度函数。贝叶斯学习的目的是在获得后验概率 $p(\boldsymbol{\theta}|\boldsymbol{X}_N)$ 的基础上直接推断得到总体概率密度 $p(\boldsymbol{x}|\boldsymbol{X}_N)$。由于贝叶斯学习不需要将 $\boldsymbol{\theta}$ 看成固定值，因此具有更广泛的应用。

后验概率密度函数可以写成

$$p(\boldsymbol{\theta}|\boldsymbol{X}_N) = \frac{p(\boldsymbol{\theta})p(\boldsymbol{X}_N|\boldsymbol{\theta})}{\displaystyle\int_{\boldsymbol{\theta}\in\Theta} p(\boldsymbol{\theta})p(\boldsymbol{X}_N|\boldsymbol{\theta})\mathrm{d}\boldsymbol{\theta}}$$

假设样本独立同分布，利用关系式 $p(\boldsymbol{X}_N|\boldsymbol{\theta}) = p(\boldsymbol{x}_N|\boldsymbol{\theta})p(\boldsymbol{X}_{N-1}|\boldsymbol{\theta})$，后验概率可通过如下递推公式得到

$$p(\boldsymbol{\theta}|\boldsymbol{X}_N) = \frac{p(\boldsymbol{x}_N|\boldsymbol{\theta})p(\boldsymbol{X}_{N-1},\boldsymbol{\theta})}{\displaystyle\int_{\boldsymbol{\theta}\in\Theta} p(\boldsymbol{x}_N|\boldsymbol{\theta})p(\boldsymbol{X}_{N-1},\boldsymbol{\theta})\mathrm{d}\boldsymbol{\theta}} = \frac{p(\boldsymbol{x}_N|\boldsymbol{\theta})p(\boldsymbol{\theta}|\boldsymbol{X}_{N-1})}{\displaystyle\int_{\boldsymbol{\theta}\in\Theta} p(\boldsymbol{x}_N|\boldsymbol{\theta})p(\boldsymbol{\theta}|\boldsymbol{X}_{N-1})\mathrm{d}\boldsymbol{\theta}}$$

上式可以看出：$p(\boldsymbol{x}_N|\boldsymbol{\theta})$ 是给定 $\boldsymbol{\theta}$ 值的似然函数，积分可以理解为不同参数 $\boldsymbol{\theta}$ 的似然函数加权和，其中加权权重为 $p(\boldsymbol{\theta}|\boldsymbol{X}_{N-1})$。

贝叶斯学习/推理的具体递推迭代方法如下。

（1）基于先验概率 $p(\boldsymbol{\theta}|\boldsymbol{X}_0) = p(\boldsymbol{\theta})$，进行如下更新：

$$p(\boldsymbol{\theta}|\boldsymbol{X}_i) = \frac{p(\boldsymbol{x}_i|\boldsymbol{\theta})p(\boldsymbol{\theta}|\boldsymbol{X}_{i-1})}{\displaystyle\int_{\boldsymbol{\theta}\in\Theta} p(\boldsymbol{x}_i|\boldsymbol{\theta})p(\boldsymbol{\theta}|\boldsymbol{X}_{i-1})\mathrm{d}\boldsymbol{\theta}}$$

（2）估计真实的概率密度函数

$$p(\boldsymbol{x}|\boldsymbol{X}_N) = \int_{\boldsymbol{\theta}\in\Theta} p(\boldsymbol{x},\boldsymbol{\theta}|\boldsymbol{X}_N)\mathrm{d}\boldsymbol{\theta} = \int_{\boldsymbol{\theta}\in\Theta} p(\boldsymbol{x}|\boldsymbol{\theta})p(\boldsymbol{\theta}|\boldsymbol{X}_N)\mathrm{d}\boldsymbol{\theta}$$

例 2.7（贝叶斯学习）

假设一维正态分布的均值 μ 为待估计参数，方差 σ^2 已知，分布函数可写成

$$p(x|\mu) = \frac{1}{\sqrt{2\pi}\sigma} \exp\left(-\frac{1}{2\sigma^2}(x-\mu)^2\right)$$

假设均值的先验概率为正态分布，即

$$p(\mu) = \frac{1}{\sqrt{2\pi}\sigma_0} \exp\left(-\frac{1}{2\sigma_0^2}(\mu-\mu_0)^2\right)$$

求样本的概率密度函数。

解：后验概率 $p(\mu|\boldsymbol{X}_N)$ 可以写成

$$p(\mu|\boldsymbol{X}_N) = \frac{1}{\sqrt{2\pi}\sigma_N} \exp\left[-\frac{1}{2}\left(\frac{\mu - \mu_N}{\sigma_N}\right)^2\right]$$

式中

$$\mu_N = \frac{N\sigma_0^2}{N\sigma_0^2 + \sigma^2}\frac{\sum_{j=1}^{N} x_j}{N} + \frac{\sigma^2}{N\sigma_0^2 + \sigma^2}\mu_0, \quad \sigma_N^2 = \frac{\sigma^2\sigma_0^2}{N\sigma_0^2 + \sigma^2}$$

贝叶斯学习是通过后验概率 $p(\mu|\boldsymbol{X}_N)$ 计算类概率密度函数：

$$p(x|\boldsymbol{X}_N) = \int_{-\infty}^{\infty} p(x|\mu)p(\mu|\boldsymbol{X}_N)\mathrm{d}\mu = \frac{1}{\sqrt{2\pi}\sqrt{\sigma^2 + \sigma_N^2}} \exp\left[-\frac{(x - \mu_N)^2}{2(\sigma^2 + \sigma_N^2)}\right]$$

其中，均值为 μ_N（与贝叶斯估计相同），方差变为 $\sigma^2 + \sigma_N^2$（由于 μ 用估计值代替真实值，引起不确定性的增加）。

2.2.5 非参数概率密度函数估计——k 近邻法

极大似然估计、最大后验估计和贝叶斯估计这三种参数估计方法的共同特点是样本概率密度函数的分布形式已知，而表征函数的参数未知，因此需要利用训练样本估计参数值。但在实际应用中很多概率密度函数并不能写成参数化形式，所以非常有必要研究如何从样本数据出发，直接推断其概率密度函数。直接用样本数据来估计总体分布的方法称为非参数估计方法。

直方图方法是非参数概率密度函数估计的最简单方法（图 2.3），其基本做法如下：

（1）把 $\boldsymbol{x}$ 的每个分量分成 k 个等间隔区间（$\boldsymbol{x} \in \mathbb{R}^d$ 则形成 d^k 个小舱）；

（2）统计落入各个小舱内的样本数 q_i；

（3）相应小舱的概率密度为 $\frac{q_i}{NV}$，其中 N 为样本总数，V 为小舱体积。

接下来分析非参数估计的基本原理。问题描述：已知样本集 $\boldsymbol{X}_N$，其中样本按照分布 $p(\boldsymbol{x})$ 独立抽取，试估计 $p(\boldsymbol{x})$。假设随机向量 $\boldsymbol{x}$ 落入区域 R 的概率 $P_R = \int_R p(\boldsymbol{x})\mathrm{d}\boldsymbol{x}$。$\boldsymbol{X}_N$ 中恰好有 k 个样本落入区域 R 的概率为

$$P_k = \mathrm{C}_N^k P_R^k (1 - P_R)^{N-k}$$

其中，k 的期望值为 $\mathcal{E}(k) = NP_R$。当该区域内实际落入了 k 个样本时，P_R 的一个简单估计为

$$\hat{P}_R = \frac{k}{N}$$

当 $p(\boldsymbol{x})$ 连续且区域 R 的体积 V 足够小时, 假定 $p(\boldsymbol{x})$ 在该小区域内为常数:

$$\hat{p}(\boldsymbol{x}) = \frac{k}{NV}$$

小舱的选择应该与样本总数相适应。若区域选择过大, 则估计变得粗糙; 若区域选择过小, 则某些区域可能无样本。理论上讲, 假定样本总数为 N, 小舱体积为 V_N, 在 $\boldsymbol{x}$ 附近落入小舱的样本数量为 k_N。当样本趋于无穷多时, $\hat{p}(\boldsymbol{x})$ 收敛于 $p(\boldsymbol{x})$ 的条件是

$$\lim_{N\to\infty} V_N = 0, \quad \lim_{N\to\infty} k_N = \infty, \quad \lim_{N\to\infty} \frac{k_N}{N} = 0 \tag{2.2}$$

k 近邻估计的基本思想: 为了计算 $\boldsymbol{x}$ 处的概率密度, 预先确定 N 的一个函数 k_N, 然后在 $\boldsymbol{x}$ 点近邻选择一个小舱, 并使其不断增大直到捕获 k_N 个样本为止, 这 k_N 个样本就是 $\boldsymbol{x}$ 点的近邻。显然, 若 $\boldsymbol{x}$ 点附近的概率密度较大, 则包含 k_N 个样本的小舱体积较小; 若 $\boldsymbol{x}$ 点附近的概率密度较小, 则包含 k_N 个样本的小舱体积较大。k 近邻估计方法使用基本估计公式为

$$\hat{p}_N(\boldsymbol{x}) = \frac{k_N}{NV_N}$$

为了取得较好的估计效果, 需要根据收敛性条件式 (2.2) 来选择 k_N 和 N 的关系, 比如选取

$$k_N \sim k\sqrt{N}$$

式中: k 为某一固定常数。

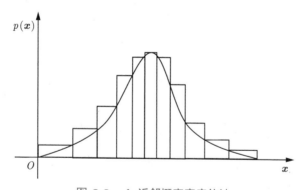

图 2.3 k 近邻概率密度估计

2.2.6 非参数概率密度函数估计——Parzen 窗法

在固定小舱体积情况下, 用滑动的小舱来估计每个点上的概率密度。假设 $\boldsymbol{x} \in \mathbb{R}^d$, 每个小舱是一个超立方体, 它在每一维的棱长为 h, 则小舱的体积 $V = h^d$。计算每个小舱内的样本数目, 可定义如下单位方窗函数:

$$\psi(u_1, \cdots, u_d) = \begin{cases} 1, & |u_i| \leqslant 1/2, \quad i = 1, \cdots, d \\ 0, & \text{其他} \end{cases}$$

该函数在以原点为中心的 d 维单位超立方体内取值为 1，其余地方取值为 0。现在有 N 个观测样本 $\boldsymbol{X}_N = \{\boldsymbol{x}_1, \cdots, \boldsymbol{x}_N\}$，落入以 $\boldsymbol{x}$ 为中心的超立方体内的样本数量可以写成

$$k_N = \sum_{i=1}^{N} \psi\left(\frac{\boldsymbol{x}_i - \boldsymbol{x}}{h}\right)$$

由此可以得到如下密度函数估计：

$$\hat{p}(\boldsymbol{x}) = \frac{1}{Nh^d} \sum_{i=1}^{N} \psi\left(\frac{\boldsymbol{x}_i - \boldsymbol{x}}{h}\right) = \frac{1}{N} \sum_{i=1}^{N} \frac{1}{V} \psi\left(\frac{\boldsymbol{x}_i - \boldsymbol{x}}{h}\right)$$

Parzen 窗的估计函数实际上是一系列基函数叠加而成的（图 2.4）。显然，概率密度函数与样本的密集度有关，样本在该区域越密集，叠加函数越大，也意味着概率密度函数的估计值越大。

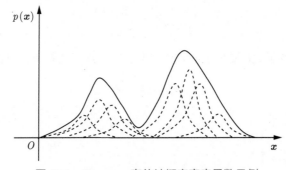

图 2.4　Parzen 窗估计概率密度函数示例

定义广义窗函数（核函数）

$$\kappa(\boldsymbol{x}, \boldsymbol{x}_i) = \frac{1}{V} \psi\left(\frac{\boldsymbol{x} - \boldsymbol{x}_i}{h}\right)$$

它反映了观测样本 $\boldsymbol{x}_i$ 在 $\boldsymbol{x}$ 处对概率密度估计的贡献，与样本 $\boldsymbol{x}_i$ 和 $\boldsymbol{x}$ 的距离有关。上述核函数需要满足密度函数的要求，即

$$\kappa(\boldsymbol{x}, \boldsymbol{x}_i) \geqslant 0, \quad \int \kappa(\boldsymbol{x}, \boldsymbol{x}_i)\mathrm{d}\boldsymbol{x} = 1$$

在定义了核函数 $\kappa(\boldsymbol{x}, \boldsymbol{x}_i)$ 之后，在 $\boldsymbol{x}$ 点处的概率密度估计如下：

$$\hat{p}(\boldsymbol{x}) = \frac{1}{N} \sum_{i=1}^{N} \kappa(\boldsymbol{x}, \boldsymbol{x}_i)$$

常用的核函数有如下三种：

方窗函数：

$$\kappa(\boldsymbol{x}, \boldsymbol{x}_i) = \begin{cases} \dfrac{1}{h^d}, & |x^j - x_i^j| \leqslant h/2, \quad j = 1, \cdots, d \\ 0, & \text{其他} \end{cases}$$

高斯窗：

$$\kappa(\boldsymbol{x}, \boldsymbol{x}_i) = \frac{1}{\sqrt{(2\pi)^d |\boldsymbol{Q}|}} \exp\left(-\frac{(\boldsymbol{x} - \boldsymbol{x}_i)^{\mathrm{T}} \boldsymbol{Q}^{-1} (\boldsymbol{x} - \boldsymbol{x}_i)}{2}\right)$$

式中：$\boldsymbol{x}_i$ 为均值；$\boldsymbol{Q}$ 为协方差矩阵。

超球窗：

$$\kappa(\boldsymbol{x}, \boldsymbol{x}_i) = \begin{cases} V^{-1}, & \|\boldsymbol{x} - \boldsymbol{x}_i\| \leqslant \rho \\ 0, & \text{其他} \end{cases}$$

式中：V 为超球体的体积；ρ 为超球体半径。

在这些窗函数中，每个表示窗口的函数均含有表示窗口宽度的参数，反映了一个样本对多大范围内的密度估计产生影响。对于方窗函数，h 的取值对概率密度函数估计的影响很大：若 h 较大，则 $\hat{p}(\boldsymbol{x})$ 变成 N 个宽度较大的缓慢变化函数的叠加，造成估计值 $\hat{p}(\boldsymbol{x})$ 较平滑，有时跟不上函数 $p(\boldsymbol{x})$ 的剧烈变化，导致估计分辨率较低；若 h 选得较小，则方窗变成了脉冲，脉冲叠加的波动较大，从而使估计不稳定。

窗宽的选择与样本数量成反比：样本数少时，窗宽选大一些；反之，窗宽选小一些。通常，窗宽定义成 $h = N^{-\eta/d}, \eta \in (0, 1)$。

习题

1. 在二维分类任务中，类 w_1 和 w_2 的特征向量分别服从如下分布：

$$p(\boldsymbol{x}|w_1) = \frac{1}{\sqrt{2\pi\sigma_1^2}} \exp\left(-\frac{1}{2\sigma_1^2} (\boldsymbol{x} - \boldsymbol{\mu}_1)^{\mathrm{T}} (\boldsymbol{x} - \boldsymbol{\mu}_1)\right)$$

$$p(\boldsymbol{x}|w_2) = \frac{1}{\sqrt{2\pi\sigma_2^2}} \exp\left(-\frac{1}{2\sigma_2^2} (\boldsymbol{x} - \boldsymbol{\mu}_2)^{\mathrm{T}} (\boldsymbol{x} - \boldsymbol{\mu}_2)\right)$$

式中

$$\boldsymbol{\mu}_1 = \begin{bmatrix} 1 \\ 1 \end{bmatrix}, \boldsymbol{\mu}_2 = \begin{bmatrix} 1.5 \\ 1.5 \end{bmatrix}, \sigma_1^2 = \sigma_2^2 = 0.2$$

假设先验概率满足 $p(w_1) = p(w_2)$，按照以下条件分别设计贝叶斯分类器：

（1）设计最小错误率分类器。

（2）设计最小化平均风险分类器，其中风险矩阵为

$$\boldsymbol{L} = \begin{bmatrix} 0 & 1 \\ 0.5 & 0 \end{bmatrix}$$

2. 对于高斯混合模型

$$p(\boldsymbol{x}) = \sum_{i=1}^{N} p_i \mathcal{N}_{\boldsymbol{x}}(\boldsymbol{\mu}_i, \boldsymbol{\Sigma}_i)$$

试证明

$$\mathcal{E}[\boldsymbol{x}] = \sum_{i=1}^{N} p_i \boldsymbol{\mu}_i$$

$$\mathrm{cov}(\boldsymbol{x}) = \sum_{i=1}^{N} p_i (\boldsymbol{\Sigma}_i + \boldsymbol{\mu}_i \boldsymbol{\mu}_i^{\mathrm{T}}) - \left(\sum_{i=1}^{N} p_i \boldsymbol{\mu}_i\right) \left(\sum_{j=1}^{N} p_j \boldsymbol{\mu}_j^{\mathrm{T}}\right)$$

3. 针对一维二分类问题, 假设 $p(w_1) = p(w_2)$ 而且每类样本服从瑞利分布, 即

$$p(x|w_i) = \begin{cases} \dfrac{x}{\sigma_i^2} \exp\left(-\dfrac{x^2}{2\sigma_i^2}\right), & x \geqslant 0 \\ 0, & x < 0 \end{cases}$$

试确定二分类决策边界 $p(w_1|x) = p(w_2|x)$。

4. 假设 $x_k = \mu + \epsilon_k$, 其中 $\epsilon_k \sim \mathcal{N}(0, \sigma^2)$ 为加性白噪声。试证明如下方差估计是无偏的:

$$\hat{\sigma}^2 = \frac{1}{N-1} \sum_{k=1}^{N} (x_k - \hat{\mu})^2$$

式中

$$\hat{\mu} = \frac{1}{N} \sum_{k=1}^{N} x_k$$

5. 随机变量 x 服从 Erlang 概率密度函数:

$$p(x; \theta) = \theta^2 x \cdot \exp(-\theta x) u(x)$$

式中: $u(x)$ 为单位阶跃函数, 且有

$$u(x) = \begin{cases} 1, & x > 0 \\ 0, & x < 0 \end{cases}$$

给定随机变量 x 的 N 个测量值 $x_1, \cdots, x_N$, 试证明 θ 的极大似然估计为

$$\hat{\theta} = \frac{2N}{\displaystyle\sum_{k=1}^{N} x_k}$$

6. 随机变量 x 服从正态分布 $\mathcal{N}(\mu, \sigma^2)$，其中 μ 为未知参数并服从如下瑞利分布：

$$p(\mu) = \frac{\mu \exp\left(-\dfrac{\mu^2}{2\sigma_\mu^2}\right)}{\sigma_\mu^2}$$

试证明 μ 的最大后验概率估计值为

$$\hat{\mu} = \frac{Z}{2R}\left(1 + \sqrt{1 + \frac{4R}{Z^2}}\right)$$

式中

$$Z = \frac{1}{\sigma^2}\sum_{k=1}^{N} x_k, \quad R = \frac{N}{\sigma^2} + \frac{1}{\sigma_\mu^2}$$

7. 假设随机变量 x 服从 $p(x) = \mathcal{N}(0, \sigma_0^2)$，其对应的 N 个带噪声观测 $y_1, y_2, \cdots, y_N$ 独立同分布，即 $p(y_i|x) = \mathcal{N}(x, \sigma^2)$。试证明条件概率密度函数 $p(x|y_1, \cdots, y_N)$ 服从高斯分布，其均值和方差为

$$\bar{\mu} = \frac{n\sigma_0^2}{n\sigma_0^2 + \sigma^2}\frac{\sum\limits_{i=1}^{N} y_i}{N}, \quad \bar{\sigma}^2 = \left(\frac{n}{\sigma^2} + \frac{1}{\sigma_0^2}\right)^{-1}$$

8. 证明正态分布的乘积公式

$$\mathcal{N}_{\boldsymbol{x}}(\boldsymbol{a}, \boldsymbol{A})\mathcal{N}_{\boldsymbol{x}}(\boldsymbol{b}, \boldsymbol{B}) = \mathcal{N}_{\boldsymbol{a}}(\boldsymbol{b}, \boldsymbol{A} + \boldsymbol{B})\mathcal{N}_{\boldsymbol{x}}\left[(\boldsymbol{A}^{-1} + \boldsymbol{B}^{-1})^{-1}(\boldsymbol{A}^{-1}\boldsymbol{a} + \boldsymbol{B}^{-1}\boldsymbol{b}), (\boldsymbol{A}^{-1} + \boldsymbol{B}^{-1})^{-1}\right]$$

9. 给定训练样本集 $\mathcal{D} = \{(\boldsymbol{x}^n, c^n), n = 1, 2, \cdots, n\}$，其中 $\boldsymbol{x}^n$ 为向量，c^n 为标量。假设判别模型为

$$p(c = 1|\boldsymbol{x}) = \sigma(v_0 + v_1 g(\boldsymbol{w}_1^{\mathrm{T}}\boldsymbol{x} + b_1) + v_2 g(\boldsymbol{w}_2^{\mathrm{T}}\boldsymbol{x} + b_2))$$

式中

$$g(x) = \exp(-0.5x^2), \quad \sigma(x) = \mathrm{e}^x/(1 + \mathrm{e}^x)$$

基于训练集样本相互独立的假设，试写出极大似然函数以及关于参数 $\boldsymbol{w}_1, \boldsymbol{w}_2, b_1, b_2, v_0, v_1, v_2$ 的导数。

10. 试阐述贝叶斯估计和贝叶斯学习的区别与联系。

第 **3** 章

监督学习方法

监督学习是指利用带有标记的样本数据来完成拟合或者分类任务。第 2 章介绍的统计学习方法需要已知先验概率 $p(w_i)$ 和类条件概率密度 $p(\boldsymbol{x}|w_i)$ 的形式，其中类条件概率需要通过参数化或者非参数化方法进行估计。然而，在特征维数较高、内在关系复杂或者样本数量较少时，很难精确估计类条件概率密度。若能够直接通过样本数据生成拟合函数或者判别函数，则能够在一定程度上避免统计学习方法的局限。

基于样本数据的拟合函数或者分类器设计需要确定三个要素：① 拟合函数或者分类器类型（参数化函数集合）；② 拟合或分类的目标准则，即最优化模型的目标函数；③ 拟合函数或者分类模型的参数值，即设计最优化算法。不同的函数类型、不同的目标准则以及不同的优化算法决定了不同的拟合或分类效果。

本章内容分成 5 节：

3.1 节介绍的最小二乘法主要用于解决线性回归问题，而线性概率回归方法主要用于解决逻辑回归（或分类）问题。

3.2 节首先介绍支持向量机，主要用于解决线性二分类问题；接着介绍软间隔支持向量机，用于处理少量样本无法线性分类的情形；最后介绍支持向量回归，用于解决鲁棒线性回归问题。

3.3 节介绍的核方法主要用于解决非线性拟合或分类问题。其主要思路是将低维空间的非线性回归或分类问题转换成高维空间的线性回归或分类问题，然后设计核函数并使用最小二乘法或者支持向量机来实现拟合或分类功能。

3.4 节介绍神经网络以及误差反向传播算法。由于神经网络的强大拟合能力，其能够实现复杂非线性拟合或分类功能，并广泛应用于语音和图像处理。

3.5 节介绍复合学习方法，通过构建多个学习器来实现稳定可靠的学习或分类任务。复合方法包括空间上的并行方式、时间上的序贯方式以及在结构上的嵌套方式。除了基本的集成学习算法外，本节还简要介绍了迁移学习、终身学习和元学习的基本原理。

3.1 最小二乘法

3.1.1 线性回归

统计回归是指在给定自变量 $x_1, \cdots, x_d$ 观测值的情况下对因变量 y 进行预测，在社会和科学领域有着很多应用。若因变量表示庄稼的收成，则自变量可以是雨量、光照、土质等因素。在动态系统中，因变量往往是系统输出，而自变量是系统的过去行为表现。

令 $\boldsymbol{x} = [x_1, \cdots, x_d]^{\mathrm{T}}$。从数学描述来看，统计回归是指寻找一个回归量 $g(\boldsymbol{x})$ 使其跟因变量的观测值 y 尽量接近，即 $|y - g(\boldsymbol{x})|$ 的值尽量小。$\hat{y} = g(\boldsymbol{x})$ 称为预测值。在没有 $\boldsymbol{x}$ 和 y 的先验信息时，线性回归通常有如下形式：

$$g(\boldsymbol{x}) = \boldsymbol{x}^{\mathrm{T}}\boldsymbol{\theta}, \quad \boldsymbol{x}, \boldsymbol{\theta} \in \mathbb{R}^d \tag{3.1}$$

假如在 $t = 1, 2, \cdots, N$ 时刻能够获得自变量和因变量的观测值，分别记为 $\boldsymbol{x}_t$ 和 y_t，则线性回归的拟合函数可定义为

$$
\begin{aligned}
V_N(\boldsymbol{\theta}) &= \frac{1}{N} \sum_{t=1}^{N} [y_t - \boldsymbol{x}_t^{\mathrm{T}} \boldsymbol{\theta}]^2 \\
&= \frac{1}{N} \|\boldsymbol{Y}_N - \boldsymbol{X}_N \boldsymbol{\theta}\|^2
\end{aligned} \tag{3.2}
$$

式中

$$
\boldsymbol{Y}_N = \begin{bmatrix} y_1 \\ \vdots \\ y_N \end{bmatrix}, \quad \boldsymbol{X}_N = \begin{bmatrix} \boldsymbol{x}_1^{\mathrm{T}} \\ \vdots \\ \boldsymbol{x}_N^{\mathrm{T}} \end{bmatrix}
$$

线性拟合的目的是去寻找 $\boldsymbol{\theta}$ 值使 $V_N(\boldsymbol{\theta})$ 达到最小，即

$$
\hat{\boldsymbol{\theta}} = \arg\min_{\boldsymbol{\theta}} V_N(\boldsymbol{\theta})
$$

$$
\text{s.t.} \quad V_N(\boldsymbol{\theta}) = \frac{1}{N} \|\boldsymbol{Y}_N - \boldsymbol{X}_N \boldsymbol{\theta}\|^2
$$

上述优化问题的最优解也称为最小二乘估计。

1. 最小二乘解

通过对函数 $V_N(\boldsymbol{\theta})$ 求导置零，得到如下正规方程：

$$
\boldsymbol{X}_N^{\mathrm{T}} \boldsymbol{X}_N \boldsymbol{\theta} = \boldsymbol{X}_N^{\mathrm{T}} \boldsymbol{Y}_N
$$

当矩阵 $\boldsymbol{X}_N$ 列满秩时，上述正规方程有唯一解：

$$
\hat{\boldsymbol{\theta}}_N = (\boldsymbol{X}_N^{\mathrm{T}} \boldsymbol{X}_N)^{-1} \boldsymbol{X}_N^{\mathrm{T}} \boldsymbol{Y}_N = \boldsymbol{X}_N^{\dagger} \boldsymbol{Y}_N
$$

式中："†" 为 Moore-Penrose 伪逆。

2. 最优解的几何意义

上述线性拟合的最小二乘解可以从几何角度进行解释。正规方程等式可以写成如下等价形式：

$$
\boldsymbol{X}_N^{\mathrm{T}} (\boldsymbol{X}_N \hat{\boldsymbol{\theta}}_N - \boldsymbol{Y}_N) = 0
$$

从上式可以看出，回归向量 $\boldsymbol{X}_N$ 和残差向量 $\boldsymbol{E}_N = \boldsymbol{Y}_N - \boldsymbol{X}_N \hat{\boldsymbol{\theta}}_N$ 正交。因此，可以通过建立上述正交方程来获得最小二乘解。

3.1.2 逻辑回归

针对二值分类问题，假设训练数据集为 $\{\boldsymbol{X}_N, C_N\} = \{\boldsymbol{x}_n, c_n\}_{n=1}^N$，其中 $c_n \in \{0, 1\}$。令 $\boldsymbol{x}_n$ 属于类别 $c_n = 1$ 的概率为

$$p(c_n = 1|\boldsymbol{x}_n) = \sigma(\boldsymbol{w}^{\mathrm{T}}\boldsymbol{x}_n + b) = \frac{\mathrm{e}^{\boldsymbol{w}^{\mathrm{T}}\boldsymbol{x}_n + b}}{1 + \mathrm{e}^{\boldsymbol{w}^{\mathrm{T}}\boldsymbol{x}_n + b}} = \frac{1}{1 + \mathrm{e}^{-\boldsymbol{w}^{\mathrm{T}}\boldsymbol{x}_n - b}}$$

式中：$\sigma(\cdot) \in [0, 1]$ 为 Logistic 或者 Sigmoid 函数。

根据上述概率定义可得

$$\log \frac{p(c_n = 1|\boldsymbol{x}_n)}{p(c_n = 0|\boldsymbol{x}_n)} = \boldsymbol{w}^{\mathrm{T}}\boldsymbol{x}_n + b$$

由于概率似然比的对数为线性函数，因此求解 $\boldsymbol{w}$ 和 b 的问题称为线性概率回归。

二项逻辑回归可以推广到多项逻辑回归。若离散型随机变量 c_n 的取值集合为 $\{1, 2, \cdots, K\}$，则多项逻辑回归模型可写成

$$
\begin{aligned}
p(c_n = k|\boldsymbol{x}_n) &= \frac{\mathrm{e}^{\boldsymbol{w}_k^{\mathrm{T}}\boldsymbol{x}_n + b_k}}{1 + \sum_{k=1}^{K-1} \mathrm{e}^{\boldsymbol{w}_k^{\mathrm{T}}\boldsymbol{x}_n + b_k}}, \quad k = 1, \cdots, K-1 \\
p(c_n = K|\boldsymbol{x}_n) &= \frac{1}{1 + \sum_{k=1}^{K-1} \mathrm{e}^{\boldsymbol{w}_k^{\mathrm{T}}\boldsymbol{x}_n + b_k}}
\end{aligned}
\tag{3.3}
$$

1. 逻辑回归的优化

对于二分类问题，假设各训练数据相互独立，似然函数可写成

$$
\begin{aligned}
p(C_N|\boldsymbol{X}_N, \boldsymbol{w}, b) &= \prod_{n=1}^N p(c_n|\boldsymbol{x}_n, \boldsymbol{w}, b) \\
&= \prod_{n=1}^N p^{c_n}(c_n = 1|\boldsymbol{x}_n, \boldsymbol{w}, b) p^{1-c_n}(c_n = 0|\boldsymbol{x}_n, \boldsymbol{w}, b)
\end{aligned}
$$

相应的对数似然函数可以写成

$$
\begin{aligned}
L(\boldsymbol{w}, b) &= \sum_{n=1}^N c_n \log \sigma(\boldsymbol{w}^{\mathrm{T}}\boldsymbol{x}_n + b) + (1 - c_n)\log(1 - \sigma(\boldsymbol{w}^{\mathrm{T}}\boldsymbol{x}_n + b)) \\
&= \sum_{n=1}^N \log(1 - \sigma(\boldsymbol{w}^{\mathrm{T}}\boldsymbol{x}_n + b)) + \sum_{n=1}^N c_n(\boldsymbol{w}^{\mathrm{T}}\boldsymbol{x}_n + b)
\end{aligned}
$$

通过极大似然法可获得最优参数 $\boldsymbol{w}, b$：

$$\{\boldsymbol{w}^*, b^*\} = \arg\max_{\boldsymbol{w}, b} \quad L(\boldsymbol{w}, b)$$

由于上述最优化问题不能直接得到闭式解，因此用梯度上升法来迭代计算，其中涉及的梯度信息包括

$$\partial_{\boldsymbol{w}} L(\boldsymbol{w}, b) = \sum_{n=1}^{N} \left[c_n \boldsymbol{x}_n - \sigma(\boldsymbol{w}^{\mathrm{T}} \boldsymbol{x}_n + b) \boldsymbol{x}_n \right]$$

$$\partial_b L(\boldsymbol{w}, b) = \sum_{n=1}^{N} \left[c_n - \sigma(\boldsymbol{w}^{\mathrm{T}} \boldsymbol{x}_n + b) \right]$$

利用关系式 $\partial_x \sigma(x) = \sigma(x)[1 - \sigma(x)]$ 可简化上式的梯度计算。梯度上升法通过如下公式进行迭代更新：

$$\boldsymbol{w}^{k+1} = \boldsymbol{w}^k + \eta \partial_{\boldsymbol{w}} L(\boldsymbol{w}^k, b^k)$$

$$b^{k+1} = b^k + \eta \partial_b L(\boldsymbol{w}^k, b^k)$$

式中：η 为迭代步长，k 为迭代次数。

2. 逻辑回归的凹函数特性

当 $b = 0$ 时，对数似然函数 $L(\boldsymbol{w})$ 是关于 $\boldsymbol{w}$ 的凹函数，因此梯度上升法能够收敛到全局最优解。接下来将证明 $L(\boldsymbol{w})$ 为凹函数。$L(\boldsymbol{w})$ 的 Hessian 矩阵为

$$H_{i,j} = \frac{\partial^2 L}{\partial w_i \partial w_j} = -\sum_{n=1}^{N} x_{n,i} x_{n,j} \sigma(\boldsymbol{w}^{\mathrm{T}} \boldsymbol{x}_n) [1 - \sigma(\boldsymbol{w}^{\mathrm{T}} \boldsymbol{x}_n)]$$

对于任意的向量 $\boldsymbol{z}$，如下不等式成立：

$$\sum_{i,j} z_i H_{i,j} z_j = -\sum_{i,j,n} z_i x_{n,i} z_j x_{n,j} \sigma(\boldsymbol{w}^{\mathrm{T}} \boldsymbol{x}_n) [1 - \sigma(\boldsymbol{w}^{\mathrm{T}} \boldsymbol{x}_n)]$$

$$\leqslant -\sum_{n} \sigma(\boldsymbol{w}^{\mathrm{T}} \boldsymbol{x}_n) [1 - \sigma(\boldsymbol{w}^{\mathrm{T}} \boldsymbol{x}_n)] \left(\sum_{i} z_i x_{n,i} \right)^2 \leqslant 0$$

因此，$L(\boldsymbol{w})$ 是关于 $\boldsymbol{w}$ 的凹函数。

3.1.3 均方误差估计

对于线性拟合模型 $y = \boldsymbol{x}^{\mathrm{T}} \boldsymbol{w}$，其中 $\boldsymbol{x}$ 为随机输入向量，$\boldsymbol{w}$ 为权重向量，y 为期望输出。权重向量 $\boldsymbol{w}$ 通过最小化期望输出和实际输出之间的均方误差进行求解：

$$\hat{\boldsymbol{w}} = \arg\min_{\boldsymbol{w}} J(\boldsymbol{w})$$

$$\text{s.t.} \quad J(\boldsymbol{w}) = \mathcal{E}[\|y - \boldsymbol{x}^{\mathrm{T}} \boldsymbol{w}\|^2]$$

通过对 $J(\boldsymbol{w})$ 关于 $\boldsymbol{w}$ 求导置零得到

$$\frac{\partial J(\boldsymbol{w})}{\partial \boldsymbol{w}} = 2\mathcal{E}[\boldsymbol{x}(y - \boldsymbol{x}^{\mathrm{T}}\boldsymbol{w})] = 0 \tag{3.4}$$

由此得到

$$\hat{\boldsymbol{w}} = \mathcal{E}^{-1}[\boldsymbol{x}\boldsymbol{x}^{\mathrm{T}}]\mathcal{E}[\boldsymbol{x}y] \tag{3.5}$$

式中：$\mathcal{E}[\boldsymbol{x}\boldsymbol{x}^{\mathrm{T}}]$ 和 $\mathcal{E}[\boldsymbol{x}y]$ 分别为自相关矩阵和互相关矩阵，通常需要知道概率分布函数来计算理论期望值或者通过对大量样本计算经验期望值。Robbins 和 Monro 利用随机逼近理论提供了一种解决方案。考虑如下形式方程：

$$\mathcal{E}[f(\boldsymbol{x}_k, \boldsymbol{w})] = 0$$

式中：$f(\cdot)$ 为非线性函数；$\boldsymbol{x}_k(k = 1, 2, \cdots)$ 为满足同分布的随机向量序列；$\boldsymbol{w}$ 为未知参数向量。

可以看出，线性方程 (3.4) 是上述方程一类特殊形式。随机逼近算法采用如下迭代策略：

$$\hat{\boldsymbol{w}}(k) = \hat{\boldsymbol{w}}(k-1) + \rho_k f(\boldsymbol{x}_k, \hat{\boldsymbol{w}}(k-1))$$

式中：ρ_k 为时变步长。

针对上述迭代方程，当序列 ρ_k 满足条件

$$\sum_{k=1}^{\infty} \rho_k \to \infty, \quad \sum_{k=1}^{\infty} \rho_k^2 < \infty$$

时，估计值 $\hat{\boldsymbol{w}}_k$ 将均方收敛到方程 $\mathcal{E}[f(\boldsymbol{x}_k, \boldsymbol{w})] = 0$ 的真实解 $\boldsymbol{w}^*$，即

$$\lim_{k \to \infty} \mathcal{E}[\|\hat{\boldsymbol{w}}(k) - \boldsymbol{w}^*\|^2] = 0$$

例 3.1（随机逼近）

考虑简单方程 $\mathcal{E}[\boldsymbol{x}_k - \boldsymbol{w}] = 0$。令 $\rho_k = 1/k$，则迭代策略为

$$\hat{\boldsymbol{w}}(k) = \hat{\boldsymbol{w}}(k-1) + \frac{1}{k}[\boldsymbol{x}_k - \hat{\boldsymbol{w}}(k-1)] = \frac{k-1}{k}\hat{\boldsymbol{w}}(k-1) + \frac{1}{k}\boldsymbol{x}_k$$

可以看出，当 k 值趋向于无穷时，有 $\hat{\boldsymbol{w}}(k) \to \sum_{i=1}^{k} \dfrac{\boldsymbol{x}_i}{k}$。

对于线性方程(3.4)，随机逼近的迭代方程可写成

$$\hat{\boldsymbol{w}}(k) = \hat{\boldsymbol{w}}(k-1) + \rho_k \boldsymbol{x}_k \left(y_k - \boldsymbol{x}_k^{\mathrm{T}}\hat{\boldsymbol{w}}(k-1)\right)$$

上述迭代算法将收敛到最小均方估计值。

3.2 支持向量机

支持向量机最初由学者 Vapnik 提出，其基本模型主要用于解决二分类问题。SVM 分类器不同于一般的分类器，具有更好的鲁棒性和泛化能力，因此被广泛应用于线性分类和非线性分类。

3.2.1 标准支持向量机

给定一个二分类数据集 $\mathcal{D} = \{\boldsymbol{x}_t, y_t\}_{t=1}^N$，其中 $y_t \in \{+1, -1\}$。若两类样本是线性可分的，则存在一个超平面

$$\boldsymbol{w}^{\mathrm{T}}\boldsymbol{x}_t + b = 0$$

使得

$$y_t = \begin{cases} 1, & \boldsymbol{w}^{\mathrm{T}}\boldsymbol{x}_t + b > 0 \\ -1, & \boldsymbol{w}^{\mathrm{T}}\boldsymbol{x}_t + b < 0 \end{cases}$$

若两类样本线性可分，则意味存在 $\boldsymbol{w}$ 和 b 使得任意样本对 $\{(\boldsymbol{x}_t, y_t)\}_{t=1}^N$ 都满足 $y_t[\boldsymbol{w}^{\mathrm{T}}\boldsymbol{x}_t + b] > 0$。

1. 支持向量机模型

数据集 $\mathcal{D}$ 中每个样本 $\boldsymbol{x}_t$ 到分类超平面的距离为

$$\gamma_t = \frac{|\boldsymbol{w}^{\mathrm{T}}\boldsymbol{x}_t + b|}{\|\boldsymbol{w}\|} = \frac{y_t[\boldsymbol{w}^{\mathrm{T}}\boldsymbol{x}_t + b]}{\|\boldsymbol{w}\|}$$

定义间隔 $\boldsymbol{\gamma}$ 为整个数据集 $\mathcal{D}$ 中所有样本到超平面的最短距离：

$$\boldsymbol{\gamma} = \min_t |\boldsymbol{\gamma}_t|$$

若间隔 γ 越大，则分割超平面对两类数据的划分越稳定，不容易受到观测噪声等因素的影响（如图 3.1 所示）。支持向量机的设计目标是寻找超平面的参数 $(\boldsymbol{w}, b)$ 使得最小间隔 γ 最大化，即

$$\max_{\boldsymbol{w}, b} 2\gamma$$

$$\text{s.t.} \quad \frac{y_t[\boldsymbol{w}^{\mathrm{T}}\boldsymbol{x}_t + b]}{\|\boldsymbol{w}\|} > \gamma, \quad \forall t = 1, \cdots, N$$

由于满足 $\boldsymbol{w}^{\mathrm{T}}\boldsymbol{x}_t + b = 0$ 的 $(\boldsymbol{w}, b)$ 值存在尺度不确定性，为此可以限制 $\|\boldsymbol{w}\|\gamma = 1$，使得上述优化问题等价转换成

$$\max_{\boldsymbol{w}, b} \frac{2}{\|\boldsymbol{w}\|}$$

$$\text{s.t.} \quad y_t[\boldsymbol{w}^{\mathrm{T}}\boldsymbol{x}_t + b] \geqslant 1, \quad \forall t = 1, \cdots, N$$

或者

$$\min_{\boldsymbol{w},b} \frac{\|\boldsymbol{w}\|^2}{2}$$

$$\text{s.t.} \quad y_t[\boldsymbol{w}^{\mathrm{T}}\boldsymbol{x}_t + b] \geqslant 1, \ \forall t = 1, \cdots, N \tag{3.6}$$

不难看出，上述优化问题为凸优化问题。当两类样本线性可分时，该优化问题具有强对偶性。

数据集中所有满足 $y_t[\boldsymbol{w}^{\mathrm{T}}\boldsymbol{x}_t + b] = 1$ 的样本点称为支持向量。由于支持向量机是具有间隔最大的分类超平面，因此其通常具有唯一性。

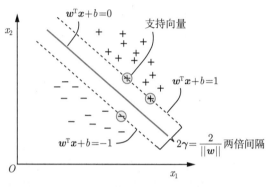

图 3.1　分类间隔与最优超平面

2. 支持向量机的优化

对支持向量机所对应的优化问题式 (3.6) 采用拉格朗日方法进行求解。其对应的拉格朗日函数可以写成

$$L(\boldsymbol{w}, b, \boldsymbol{\lambda}) = \frac{\|\boldsymbol{w}\|^2}{2} + \sum_{t=1}^{N} \lambda_t \left(1 - y_t[\boldsymbol{w}^{\mathrm{T}}\boldsymbol{x}_t + b]\right), \lambda_t \geqslant 0 \tag{3.7}$$

分别计算 L 关于 $\boldsymbol{w}$、b 的导数并置零，得到

$$\boldsymbol{w} = \sum_{t=1}^{N} \lambda_t y_t \boldsymbol{x}_t \tag{3.8}$$

$$0 = \sum_{t=1}^{N} \lambda_t y_t \tag{3.9}$$

将式 (3.8) 代入式 (3.7)，然后利用式 (3.9) 得到如下拉格朗日对偶函数：

$$J(\boldsymbol{\lambda}) = -\frac{1}{2} \sum_{t=1,k=1}^{N,N} \lambda_t \lambda_k y_t y_k \boldsymbol{x}_t^{\mathrm{T}} \boldsymbol{x}_k + \sum_{t=1}^{N} \lambda_t$$

由此，支持向量机的对偶优化问题可以写成

$$
\max_{\boldsymbol{\lambda}} \quad -\frac{1}{2}\sum_{t=1,k=1}^{N,N}\lambda_t\lambda_k y_t y_k \boldsymbol{x}_t^{\mathrm{T}}\boldsymbol{x}_k + \sum_{t=1}^{N}\lambda_t
$$
$$
\mathrm{s.t.} \quad \sum_{t=1}^{N}\lambda_t y_t = 0 \tag{3.10}
$$
$$
\lambda_t \geqslant 0
$$

当原优化问题 (3.6) 具有强对偶性或者数据集线性可分时，可以通过最大化对偶优化问题来进行求解。不难看出对偶问题的目标函数是凹函数，而约束条件为线性约束。因此，最大化对偶优化问题能获得全局最优解。通常采用比较高效的序贯最小优化算法。每次迭代选择变量 λ_i 和 λ_j，在固定其他参数后，对偶优化问题式 (3.10) 仅需优化两个参数，其对应的约束可重写成

$$
\lambda_i y_i + \lambda_j y_j = c \tag{3.11}
$$

式中：$c = -\sum\limits_{t\neq i,j}\lambda_t y_t$。

通过上述等式可以消去变量 λ_j，得到一个关于 λ_i 的单变量二次规划问题，仅存在的约束为 $\lambda_i \geqslant 0$。由此可以得到单变量二次规划问题的闭式解，从而提高优化效率。

根据优化理论中的 KKT 互补松弛条件，最优解 $(\lambda_t^*, \boldsymbol{w}^*, b^*)$ 需要满足

$$
\lambda_t^*[1 - y_t(\boldsymbol{w}^{*\mathrm{T}}\boldsymbol{x}_t + b^*)] = 0
$$

若样本不在约束边界上，即 $1 - y_t(\boldsymbol{w}^{*\mathrm{T}}\boldsymbol{x}_t + b^*) < 0$，则对应的 $\lambda_t = 0$；若样本在约束边界上，则 λ_t 可以不为零。

支持向量机的最优权重向量 $\boldsymbol{w}$ 需满足式 (3.8)，即 $\boldsymbol{w}$ 的最优值依赖 λ_t，而非零的 λ_t 值只发生在支持向量上。因此，支持向量机的分类超平面表达式只依赖支持向量，具有很好的稀疏特性。这就是该分类器称为"支持向量机"的原因。

通过求解对偶优化问题式 (3.10) 获得对偶变量 λ_t 的最优值后，根据式 (3.8) 得到最优权重 $\boldsymbol{w}^*$。到目前为止，如何求解偏置 b 的最优值还没有得到解决。通过互补松弛分析，非零 λ_t 所对应的样本 $\boldsymbol{x}_t$ 被确定为支持向量。若 $\boldsymbol{x}_t$ 为支持向量，则最优偏置 b 通过求解如下方程来获得：

$$
y_t[\boldsymbol{w}^{*\mathrm{T}}\boldsymbol{x}_t + b^*] = 1
$$

或者

$$
b^* = y_t - \boldsymbol{w}^{*\mathrm{T}}\boldsymbol{x}_t \tag{3.12}
$$

最终的支持向量分类器可以写成

$$
y_t = \mathrm{sgn}[\boldsymbol{w}^{*\mathrm{T}}\boldsymbol{x}_t + b^*]
$$

3. 支持向量机算法描述及示例

综上所述，给定线性可分训练数据集合，支持向量机的分类超平面可以通过算法 3.1 来获得。

算法 3.1（支持向量机学习算法）

输入：线性可分训练数据集合 $\{\boldsymbol{x}_t, y_t\}_{t=1}^N$。

（1）构造并求解对偶优化问题式 (3.10)，得到最优解 $\{\lambda_t^*\}_{t=1}^N$。

（2）通过式 (3.8) 计算权重向量 $\boldsymbol{w}^*$，确定非零 λ_t^* 对应的样本为支持向量，并通过式 (3.12) 得到最优偏置 b^*。

（3）求得分类超平面 $\boldsymbol{w}^{*\mathrm{T}}\boldsymbol{x} + b^* = 0$。

输出：分类决策函数 $y_t = \mathrm{sgn}[\boldsymbol{w}^{*\mathrm{T}}\boldsymbol{x}_t + b^*]$。

接下来将通过一个简单例子来阐述支持向量机的应用。

例 3.2（支持向量机示例）

给定正样本点 $\boldsymbol{x}_1 = (3,3)$，$\boldsymbol{x}_2 = (4,3)$ 和负样本点 $\boldsymbol{x}_3 = (1,1)$，试设计线性可分支持向量机。

解：该问题可以采用几何方法或代数方法来求解。

第一种方法为几何方法。根据支持向量机的基本原理，首先确定支持向量 $(3,3)$ 和 $(1,1)$，然后根据支持向量确定最优分类面为

$$x_1 + x_2 = 4$$

第二种方法为代数方法，即采用算法 3.1 进行求解。首先，根据给定数据对偶优化问题可以写成

$$\min_{\boldsymbol{\lambda}} \frac{1}{2}\sum_i\sum_j\frac{1}{2}(18\lambda_1^2 + 25\lambda_2^2 + 2\lambda_3^2 + 42\lambda_1\lambda_2 - 12\lambda_1\lambda_3 - 14\lambda_2\lambda_3) - \lambda_1 - \lambda_2 - \lambda_3$$

$$\text{s.t.} \quad \lambda_1 + \lambda_2 - \lambda_3 = 0$$

$$\lambda_i \geqslant 0, \ i = 1,2,3$$

求解上述优化问题可得最优解 $\boldsymbol{\lambda} = (1/4, 0, 1/4)$。然后，根据式 (3.8) 和式 (3.12) 可得最优权重向量 $(1/2, 1/2)$ 和最优偏置值 -2。由此可以得到如下分类决策函数：

$$y = \mathrm{sgn}\left(\frac{x_1}{2} + \frac{x_2}{2} - 2\right)$$

3.2.2 软间隔与正则化

标准支持向量机主要是针对线性可分的数据集，即约束条件相对比较严格。当数据集线性不可分时，标准支持向量机无法找到最优解（如图 3.2 所示）。为解决该问题，引入松弛变量 ξ_t 来容忍不满足约束条件的样本，但是需要对其进行惩罚。根据该思想，改进支持向量机的优化问题可以写成

$$\min_{\boldsymbol{w},b,\boldsymbol{\xi}} \frac{\|\boldsymbol{w}\|^2}{2} + c\sum_{t=1}^{N}\xi_t$$

$$\text{s.t.} \quad y_t[\boldsymbol{w}^{\mathrm{T}}\boldsymbol{x}_t + b] \geqslant 1 - \xi_t$$

$$\xi_t \geqslant 0, \quad \forall t = 1, \cdots, N$$

$$\text{(3.13)}$$

其中，参数 $c > 0$ 用来控制间隔和松弛变量惩罚之间的平衡。引入松弛变量的间隔称为软间隔。

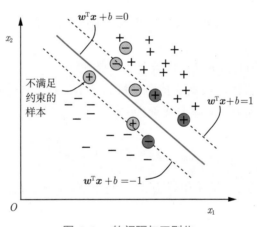

图 3.2　软间隔与正则化

类似于标准支持向量机的求解方式，构建如下拉格朗日函数：

$$L(\boldsymbol{w},b,\boldsymbol{\xi},\boldsymbol{\lambda},\boldsymbol{\alpha}) = \frac{\|\boldsymbol{w}\|^2}{2} + c\sum_{t=1}^{N}\xi_t$$

$$+ \sum_{t=1}^{N}\lambda_t[1 - \xi_t - y_t(\boldsymbol{w}^{\mathrm{T}}\boldsymbol{x}_t + b)] - \sum_{t=1}^{N}\alpha_t\xi_t$$

式中：$\lambda_t, \alpha_t \geqslant 0$ 为拉格朗日乘子。

对上述拉格朗日函数关于 $\boldsymbol{w}$、b、ξ_t 求偏导置零，得到

$$\begin{cases} \boldsymbol{w} = \sum_{t=1}^{N} \lambda_t y_t \boldsymbol{x}_t \\[2mm] 0 = \sum_{t=1}^{N} \lambda_t y_t \\[2mm] c = \lambda_t + \alpha_t \end{cases} \tag{3.14}$$

将上式代入拉格朗日函数后得到如下对偶优化问题：

$$\begin{aligned} \max_{\boldsymbol{\lambda}} \quad & \sum_{t=1}^{N} \lambda_t - \frac{1}{2} \sum_{t=1,k=1}^{N,N} \lambda_t \lambda_k y_t y_k \boldsymbol{x}_t^{\mathrm{T}} \boldsymbol{x}_k \\ \text{s.t.} \quad & \sum_{t=1}^{N} \lambda_t y_t = 0 \\ & 0 \leqslant \lambda_t \leqslant c, \quad \forall t = 1, \cdots, N \end{aligned} \tag{3.15}$$

通过最大化上述凹优化问题可以获取 λ_t 的全局最优解，然后将其代入式 (3.14) 得到权重向量的 $\boldsymbol{w}$ 最优解。接下来将讨论如何求解最优偏置 b。

根据优化理论的 KKT 互补松弛条件，可以得到

$$\lambda_t \left(y_t[\boldsymbol{w}^{\mathrm{T}} \boldsymbol{x}_t + b] + \xi_t - 1 \right) = 0$$

$$\alpha_t \xi_t = 0$$

$$c = \lambda_t + \alpha_t$$

通过 λ_t 的值可以判断样本 $\boldsymbol{x}_t$ 是否为支持向量。若 $\lambda_t > 0$，则样本 $\boldsymbol{x}_t$ 满足 $y_t[\boldsymbol{w}^{\mathrm{T}} \boldsymbol{x}_t + b] + \xi_t = 1$。同时，根据约束 $\lambda_t + \alpha_t = c$，判断出当 $0 < \lambda_t < c$ 时，$\alpha_t > 0$ 并且 $\xi_t = 0$。因此，若 $0 < \lambda_t < c$，偏置 b 的最优解可以从其对应的样本和标记得到

$$b^* = \frac{1}{y_t} - \boldsymbol{w}^{*\mathrm{T}} \boldsymbol{x}_t = y_t - \boldsymbol{w}^{*\mathrm{T}} \boldsymbol{x}_t \tag{3.16}$$

最终，基于软间隔正则化的支持向量分类器可以写成

$$y_t = \mathrm{sgn}[\boldsymbol{w}^{*\mathrm{T}} \boldsymbol{x}_t + b^*]$$

算法 3.2（软间隔支持向量机学习算法）

输入：训练数据集合 $\{\boldsymbol{x}_t, y_t\}_{t=1}^{N}$。

（1）选择惩罚参数 c，构造并求解对偶优化问题式 (3.15)，得到最优解 $\{\lambda_t^*\}_{t=1}^{N}$。

（2）通过式 (3.14) 计算权重向量 $\boldsymbol{w}^*$，确定 $0 < \lambda_t^* < c$ 对应的样本为支持向量，并通过

式 (3.16) 得到最优偏置 b^*。

（3）求得分类超平面 $\boldsymbol{w}^{*\mathrm{T}}\boldsymbol{x} + b^* = 0$。

输出：分类决策函数 $y_t = \mathrm{sgn}[\boldsymbol{w}^{*\mathrm{T}}\boldsymbol{x}_t + b^*]$。

3.2.3　支持向量回归

具有软间隔的支持向量机式 (3.13) 可以表示成经验风险 + 正则化的形式：

$$\min_{\boldsymbol{w},b} \sum_{t=1}^{N} \max(0, 1 - y_t[\boldsymbol{w}^{\mathrm{T}}\boldsymbol{x}_t + b]) + \frac{\|\boldsymbol{w}\|^2}{2c}$$

式中：$\max(0, 1 - y_t[\boldsymbol{w}^{\mathrm{T}}\boldsymbol{x}_t + b])$ 为损失函数；$\dfrac{\|\boldsymbol{w}\|^2}{2c}$ 为正则化项。

接下来将基于上述正则化形式设计支持向量回归模型。

不同于分类问题，我们希望获得一个回归模型 $\boldsymbol{w}^{\mathrm{T}}\boldsymbol{x}_t + b$，使其与 y_t 尽可能接近。支持向量回归与传统回归不同的地方在于容许 $\boldsymbol{w}^{\mathrm{T}}\boldsymbol{x}_t + b$ 和 y_t 之间存在最多 ϵ 的偏差，当 $|y_t - \boldsymbol{w}^{\mathrm{T}}\boldsymbol{x}_t - b| > \epsilon$ 时才计算损失（如图 3.3 所示）。

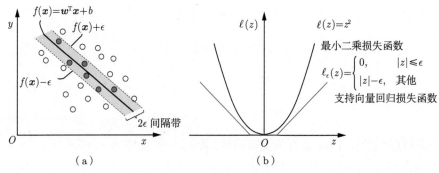

图 3.3　支持向量回归

支持向量回归的优化形式可以写成

$$\min_{\boldsymbol{w},b} \sum_{t=1}^{N} \max\{0, |y_t - \boldsymbol{w}^{\mathrm{T}}\boldsymbol{x}_t - b| - \epsilon\} + \frac{\|\boldsymbol{w}\|^2}{2c}$$

或者

$$\min_{\boldsymbol{w},b,\bar{\boldsymbol{\xi}},\underline{\boldsymbol{\xi}}} \frac{\|\boldsymbol{w}\|^2}{2} + c\sum_{t=1}^{N}(\bar{\xi}_t + \underline{\xi}_t)$$

$$\mathrm{s.t.}\quad y_t - \boldsymbol{w}^{\mathrm{T}}\boldsymbol{x}_t - b \leqslant \epsilon + \bar{\xi}_t$$

$$\boldsymbol{w}^{\mathrm{T}}\boldsymbol{x}_t + b - y_t \leqslant \epsilon + \underline{\xi}_t$$

$$\bar{\xi}_t \geqslant 0, \underline{\xi}_t \geqslant 0, \quad \forall t = 1, \cdots, N$$

对应的拉格朗日函数可以写成

$$L(\boldsymbol{w}, b, \bar{\boldsymbol{\xi}}, \underline{\boldsymbol{\xi}}, \bar{\boldsymbol{\lambda}}, \underline{\boldsymbol{\lambda}}, \bar{\boldsymbol{\alpha}}, \underline{\boldsymbol{\alpha}})$$

$$= \frac{\|\boldsymbol{w}\|^2}{2} + c \sum_{t=1}^{N} (\bar{\xi}_t + \underline{\xi}_t) - \sum_{t=1}^{N} \bar{\alpha}_t \bar{\xi}_t - \sum_{t=1}^{N} \underline{\alpha}_t \underline{\xi}_t$$

$$+ \sum_{t=1}^{N} \bar{\lambda}_t [y_t - \boldsymbol{w}^{\mathrm{T}} \boldsymbol{x}_t - b - \epsilon - \bar{\xi}_t] + \sum_{t=1}^{N} \underline{\lambda}_t [\boldsymbol{w}^{\mathrm{T}} \boldsymbol{x}_t + b - y_t - \epsilon - \underline{\xi}_t]$$

式中：$\bar{\boldsymbol{\lambda}}, \underline{\boldsymbol{\lambda}}, \bar{\boldsymbol{\alpha}}, \underline{\boldsymbol{\alpha}} \geqslant 0$ 为拉格朗日乘子。

对上述拉格朗日函数关于 $\boldsymbol{w}$、b、$\bar{\boldsymbol{\xi}}$、$\underline{\boldsymbol{\xi}}$ 求导置零，可得

$$\boldsymbol{w} = \sum_{t=1}^{N} (\bar{\lambda}_t - \underline{\lambda}_t) \boldsymbol{x}_t$$

$$0 = \sum_{t=1}^{N} (\bar{\lambda}_t - \underline{\lambda}_t) \tag{3.17}$$

$$c = \bar{\lambda}_t + \bar{\alpha}_t$$

$$c = \underline{\lambda}_t + \underline{\alpha}_t$$

将上式代入拉格朗日函数，得到如下对偶优化问题：

$$\max_{\bar{\boldsymbol{\lambda}}, \underline{\boldsymbol{\lambda}}} \sum_{t=1}^{N} y_t [\bar{\lambda}_t - \underline{\lambda}_t] - \epsilon (\bar{\lambda}_t + \underline{\lambda}_t)$$

$$- \frac{1}{2} \sum_{t=1, k=1}^{N, N} (\bar{\lambda}_t - \underline{\lambda}_t)(\bar{\lambda}_k - \underline{\lambda}_k) \boldsymbol{x}_t^{\mathrm{T}} \boldsymbol{x}_k \tag{3.18}$$

$$\text{s.t.} \quad \sum_{t=1}^{N} (\bar{\lambda}_t - \underline{\lambda}_t) = 0$$

$$0 \leqslant \bar{\lambda}_t, \underline{\lambda}_t \leqslant c, \quad \forall t = 1, \cdots, N$$

通过求解上述对偶优化问题得到 $\bar{\lambda}_t$、$\underline{\lambda}_t$ 的最优值，代入式 (3.17) 进一步得到 $\boldsymbol{w}$ 的最优解。接下来讨论如何获偏置 b 的最优解。

根据优化理论的 KKT 松弛互补条件可以得到

$$\bar{\lambda}_t [y_t - \boldsymbol{w}^{\mathrm{T}} \boldsymbol{x}_t - b - \epsilon - \bar{\xi}_t] = 0$$

$$\underline{\lambda}_t [\boldsymbol{w}^{\mathrm{T}} \boldsymbol{x}_t + b - y_t - \epsilon - \underline{\xi}_t] = 0$$

$$(c - \bar{\lambda}_t)\bar{\xi}_t = 0, \quad (c - \underline{\lambda}_t)\underline{\xi}_t = 0$$

$$c = \bar{\lambda}_t + \bar{\alpha}_t$$

$$c = \underline{\lambda}_t + \underline{\alpha}_t$$

若 $0 < \bar{\lambda}_t < c$，则有 $\bar{\xi}_t = 0$。因此，最优偏置可以从上述第一个等式计算得到

$$b = y_t + \epsilon - \boldsymbol{w}^{*\mathrm{T}}\boldsymbol{x}_t \tag{3.19}$$

最终得到支持向量回归模型：$y_t = \boldsymbol{w}^{*\mathrm{T}}\boldsymbol{x}_t + b^*$。

算法 3.3（支持向量回归学习算法）

输入：训练数据集合 $\{\boldsymbol{x}_t, y_t\}_{t=1}^N$，回归容许偏差 ϵ。

（1）选择惩罚参数 c，构造并求解对偶优化问题式 (3.18)，得到最优解 $\{\bar{\lambda}_t^*, \underline{\lambda}_t^*\}_{t=1}^N$。

（2）通过式 (3.17) 计算权重向量 $\boldsymbol{w}^*$，确定 $0 < \bar{\lambda}_t^* < c$ 对应的样本为支持向量，并通过式 (3.19) 得到最优偏置 b^*。

输出：支持向量回归模型 $y_t = \boldsymbol{w}^{*\mathrm{T}}\boldsymbol{x}_t + b^*$。

3.3 核方法与正则化

不同于线性回归，非线性映射通常具有比较复杂的几何特征，其通常记成

$$y = f(\boldsymbol{x})$$

为了能够便于处理，通常需要寻找 $f(\cdot)$ 函数的参数化形式，使得该参数化回归函数具有灵活表示形式，而且能够覆盖所有合理的非线性行为。接下来讨论如何采用基函数或者核函数来实现非线性函数的参数化表示。

3.3.1 广义线性模型

给定样本 $(\boldsymbol{x}, y)$，广义线性估计可以表示成

$$\hat{y} = g(\boldsymbol{x}, \boldsymbol{\alpha}) = \sum_{k=1}^K \alpha_k \phi_k(\boldsymbol{x}) \tag{3.20}$$

式中：$\phi_k(\cdot)$ 为预先选择的基函数。

通常，基函数的选择有不同的形式，它们赋予了非线性函数研究的统一框架。

若采用泰勒展开来获得非线性函数的近似线性化表示，则其对应的基函数为

$$\phi_k(\boldsymbol{x}) = \boldsymbol{x}^k := \left\{ \prod_{i=1}^d x_i^{\beta_i} \Big| \sum_{i=1}^d \beta_i = k, \beta_i \geqslant 0 \right\}$$

这类基函数也称为多项式基函数。多项式或者泰勒展开通常由 Weierstrass 定理来保证其拟合精度：任何定义在有界闭区间上的连续函数，总能够找到多项式展开使得其误差处处（一致）小于某一固定值。上述多项式展开有时也称为 Volterra 展开。

常见的基函数包括多尺度基函数 $\phi_k(x)$，具有如下特征：

（1）所有的基函数 $\phi_k(x)$ 均由一个母函数生成，该母函数表示为 $\kappa(\cdot) : \mathbb{R} \to \mathbb{R}$;

（2）基函数 $\phi_k(x)$ 可以表示成

$$\phi_k(x) = \kappa[\beta_k(x - \gamma_k)]$$

式中：β_k 为尺度膨胀参数；γ_k 为平移参数。

常见的母函数包括傅里叶级数、高斯钟函数、分段定常函数和 Sigmoid 函数。

采用多尺度基函数，非线性映射函数 $f(x)$ 可以近似表示成

$$f(x) = \sum_{k=1}^{K} \alpha_k \kappa[\beta_k(x - \gamma_k)] \tag{3.21}$$

值得注意的是，单变量的基函数可以分为局部基函数和全局基函数。局部基函数是指函数值在局部发生剧烈变化，如高斯钟、分段定常和 Sigmoid 函数。全局基函数是指函数值对定义域上的所有值均会产生较大变化，如傅里叶变换和 Volterra 展开。

1. 有限维空间的线性可分容量

广义线性拟合能够解决复杂的非线性拟合问题，同时也能够解决低维空间不可分的分类问题。比如二维空间中的四点 $\{(0,0), (0,1), (1,0), (1,1)\}$，若映射函数为异或运算，则 $(0,0)$ 和 $(1,1)$ 为一类，而 $(0,1)$ 和 $(1,0)$ 为另一类。显然，这两类数据不能简单地由一条直线分割开来。低维空间中的不可分问题通常用以下方法来解决：先通过非线性方法将回归向量变换到高维空间，再进行线性分类。上述方法的合理性用模式可分性 Cover 定理来说明："假设样本空间不是稠密分布的，将复杂的模式分类问题非线性地投影到高维空间，比投影到低维空间更容易线性可分。"

考虑 l 维空间中的 N 个点，若任意 $l+1$ 个点不在 $(l-1)$ 维超平面上时，则这些点具有良态分布。通常，具有良态分布的 3 个样本点不会出现在二维平面上的同一条直线上。

定理 3.1（Function Counting 定理）　若采用 $l-1$ 维的超平面对具有良态分布的 N 个 l 维样本进行二分类，其分类结果数 $\mathcal{P}(N, l)$ 可以表示成

$$\mathcal{P}(N, l) = \begin{cases} 2 \sum_{i=0}^{l} \binom{N-1}{i}, & N > l+1 \\ 2^N, & N \leqslant l+1 \end{cases}$$

式中

$$\binom{N-1}{i} = \frac{(N-1)!}{(N-1-i)!i!}$$

考虑到 N 个样本所有可能的二分类组合数有 2^N 种，而且当 $N \leqslant l+1$ 时有 $\mathcal{P}(N, l) = 2^N$。因此，N 个 l 维样本可线性分类的概率为

$$P_N^l = \frac{\mathcal{P}(N, l)}{2^N} = \begin{cases} \dfrac{1}{2^{N-1}} \displaystyle\sum_{i=0}^{l} \begin{pmatrix} N-1 \\ i \end{pmatrix}, & N > l+1 \\ 1, & N \leqslant l+1 \end{cases}$$

通过对 Function Counting 定理的分析得到结论：在给定样本数量 N 的情况下，若式 (3.21) 中基函数的数量 K 越大，则线性可分的概率越大。因此，使用非线性函数将低维回归向量投影到高维空间行进线性分类的方法具有基本理论支撑。

2. 核函数

当 d 维回归向量通过 $\phi(\boldsymbol{x})$ 转换到很高维新特征向量时，其对应的拟合计算量就会增加，从而导致维数灾难。基于新特征向量 $\phi(\boldsymbol{x})$，接下来将考虑如何设计支持向量机。

类似于标准支持向量机的推导，新特征向量对应的最优权重 $\boldsymbol{w}$ 可以表示成

$$\boldsymbol{w}^* = \sum_{t=1}^{N} \lambda_t y_t \phi(\boldsymbol{x}_t)$$

在新特征空间中，对新样本 $\boldsymbol{x}_{t+1}$ 的分类可以表示成

$$y_{t+1} = \text{sgn}\left(\sum_{t=1}^{N} \lambda_t y_t \phi^{\text{T}}(\boldsymbol{x}_t) \phi(\boldsymbol{x}_{t+1}) + b^* \right)$$

从上述分类器可以看出，虽然 $\phi(\boldsymbol{x})$ 可能维度很高而且难以表示，但是分类器中与 $\phi(\boldsymbol{x})$ 相关的项 $\phi^{\text{T}}(\boldsymbol{x}_t) \phi(\boldsymbol{x}_{t+1})$ 是一个标量。因此，若知道 $\phi^{\text{T}}(\boldsymbol{x}) \phi(\boldsymbol{z})$ 的表达式，特征空间的分类器就能够快速计算。在这里，$\kappa(\boldsymbol{x}, \boldsymbol{z}) = \phi^{\text{T}}(\boldsymbol{x}) \phi(\boldsymbol{z})$ 称为内积核函数。

定理 3.2 对称函数 $\kappa(\boldsymbol{x}, \boldsymbol{z}) = \kappa(\boldsymbol{z}, \boldsymbol{x})$ 为正定核函数的充分必要条件为任意数据集 $\{\boldsymbol{x}_1, \cdots, \boldsymbol{x}_m\}$ 所对应的如下核矩阵总是半正定的：

$$\boldsymbol{K} = \begin{bmatrix} \kappa(\boldsymbol{x}_1, \boldsymbol{x}_1) & \kappa(\boldsymbol{x}_1, \boldsymbol{x}_2) & \cdots & \kappa(\boldsymbol{x}_1, \boldsymbol{x}_m) \\ \kappa(\boldsymbol{x}_2, \boldsymbol{x}_1) & \kappa(\boldsymbol{x}_2, \boldsymbol{x}_2) & \cdots & \kappa(\boldsymbol{x}_2, \boldsymbol{x}_m) \\ \vdots & \vdots & \ddots & \vdots \\ \kappa(\boldsymbol{x}_m, \boldsymbol{x}_1) & \kappa(\boldsymbol{x}_m, \boldsymbol{x}_2) & \cdots & \kappa(\boldsymbol{x}_m, \boldsymbol{x}_m) \end{bmatrix}$$

上述定理表明，若核函数所对应的核矩阵是半正定的，它就能作为核函数使用。反之，对于任意一个半正定核矩阵，总能找到一个与之对应的特征映射函数 $\phi(\cdot)$。

采用核函数能够避免对高维特征向量的直接计算，然而核函数的选择对分类器的性能至关重要。在不知道特征映射函数的情况下，并不知道什么样的核函数是合适的。常用的核函数有如下几类：

高斯核：

$$\kappa(\boldsymbol{x}, \boldsymbol{z}) = \exp\left(-\frac{\|\boldsymbol{x}-\boldsymbol{z}\|^2}{2\sigma^2}\right)$$

式中：σ 为参数。

线性核：

$$\kappa(\boldsymbol{x}, \boldsymbol{z}) = (\boldsymbol{x}^{\mathrm{T}}\boldsymbol{z})^r$$

式中：r 为参数。

多项式核：

$$\kappa(\boldsymbol{x}, \boldsymbol{z}) = (\boldsymbol{x}^{\mathrm{T}}\boldsymbol{z} + c)^r$$

式中：r 为参数。

拉普拉斯核：

$$\kappa(\boldsymbol{x}, \boldsymbol{z}) = \exp(-t\|\boldsymbol{x}-\boldsymbol{z}\|)$$

式中：t 为参数。

Spline 核：

$$\kappa(\boldsymbol{x}, \boldsymbol{z}) = B_{2p+1}(\|\boldsymbol{x}-\boldsymbol{z}\|^2)$$

式中：B_n 样条曲线由 $n+1$ 个单位区间函数 $[-1/2, 1/2]$ 卷积得到。

Sigmoid 核：

$$\kappa(\boldsymbol{x}, \boldsymbol{z}) = \tanh(\beta\boldsymbol{x}^{\mathrm{T}}\boldsymbol{z} + \theta), \quad \beta > 0, \theta < 0$$

基于上述几种基本核函数，通过如下一系列组合操作可以得到新的核函数：

（1）线性组合 $\alpha_1\kappa_1(\boldsymbol{x}, \boldsymbol{z}) + \alpha_2\kappa_2(\boldsymbol{x}, \boldsymbol{z}), \forall\alpha_1, \alpha_2 > 0$ 是核函数；

（2）直积组合 $\kappa_1(\boldsymbol{x}, \boldsymbol{z})\kappa_2(\boldsymbol{x}, \boldsymbol{z})$ 是核函数；

（3）对于任意函数 $g(\boldsymbol{x}): \mathbb{R}^d \to \mathbb{R}$, $g(\boldsymbol{x})g(\boldsymbol{z})$ 和 $g(\boldsymbol{x})\kappa(\boldsymbol{x}, \boldsymbol{z})g(\boldsymbol{z})$ 是核函数；

（4）指数和多项式组合：$\exp[\kappa(\boldsymbol{x}, \boldsymbol{z})]$ 和 $[\kappa(\boldsymbol{x}, \boldsymbol{z})]^r$ 是核函数。

3. 表示定理

表示定理在实际应用中具有重要作用：通过有限训练样本能够对经验损失函数进行快速优化，即使待估计函数具有很高维度。

定理 3.3（表示定理）　令 $\Omega: [0, +\infty) \to \mathbb{R}$ 为任意严格单调增函数，$L: \mathbb{R}^2 \to \mathbb{R}$ 为任意非负损失函数，$\mathbb{H}$ 为再生核希尔伯特空间。下列最小正则化问题

$$\min_{f\in\mathbb{H}} \sum_{t=1}^{N} L[y_t, f(\boldsymbol{x}_t)] + \lambda\Omega(\|f\|^2) \tag{3.22}$$

的最优解具有如下表示形式：

$$f(\boldsymbol{x}) = \sum_{t=1}^{N} \theta_t \kappa(\boldsymbol{x}, \boldsymbol{x}_t)$$

上述表示定理对损失函数没有限制，对正则化项仅要求单调递增，甚至不要求其为凸函数。这意味着对于一般损失函数和正则化项，最优解都能表示为核函数的线性组合，这体现了核函数在实际应用中的重要性。

例 3.3（核表示的最小平方解）

令 $(\boldsymbol{x}_i, y_i)(i = 1, 2, \cdots, N)$ 为训练样本。试设计最小平方线性分类器，即

$$\min_{g \in \mathbb{H}} \sum_{i=1}^{N} (y_i - g(\boldsymbol{x}_i))^2$$

解：由表示定理能够得到

$$g(\boldsymbol{x}) = \sum_{j=1}^{N} a_j \kappa(\boldsymbol{x}, \boldsymbol{x}_j)$$

因此，函数 g 的求解转换成参数 $\boldsymbol{a}$ 的求解。令

$$J(\boldsymbol{a}) = \sum_{i=1}^{N} \left(y_i - \sum_{j=1}^{N} a_j \kappa(\boldsymbol{x}_i, \boldsymbol{x}_j) \right)^2$$
$$= (\boldsymbol{y} - \boldsymbol{K}\boldsymbol{a})^{\mathrm{T}}(\boldsymbol{y} - \boldsymbol{K}\boldsymbol{a})$$

则最优 $\boldsymbol{a}$ 可通过求解如下最小二乘问题获得：

$$\boldsymbol{a}^* = \arg\min_{\boldsymbol{a}} J(\boldsymbol{a})$$

通过对 $\boldsymbol{a}$ 求导置零得到

$$\boldsymbol{a}^* = \boldsymbol{K}^{-1}\boldsymbol{y}$$

从而最优函数 $g(\boldsymbol{x})$ 可以写成

$$g(\boldsymbol{x}) = \boldsymbol{a}^{\mathrm{T}} p(\boldsymbol{x}) = \boldsymbol{y}^{\mathrm{T}} \boldsymbol{K}^{-1} p(\boldsymbol{x})$$

式中

$$p(\boldsymbol{x}) = [\kappa(\boldsymbol{x}, \boldsymbol{x}_1), \cdots, \kappa(\boldsymbol{x}, \boldsymbol{x}_N)]^{\mathrm{T}}$$

3.3.2　核支持向量机

核方法的思想可以拓展标准支持向量机并用于解决非线性分类问题。类似于标准支持向量机的求解步骤，首先将对偶问题式 (3.10) 改写成

$$\max_{\lambda} -\frac{1}{2}\sum_{t=1,k=1}^{N,N}\lambda_t\lambda_k y_t y_k \kappa(\boldsymbol{x}_t,\boldsymbol{x}_k) + \sum_{t=1}^{N}\lambda_t$$

$$\text{s.t.}\quad \sum_{t=1}^{N}\lambda_t y_t = 0$$

$$\lambda_t \geqslant 0$$

式中：$\kappa(\boldsymbol{x}_t,\boldsymbol{x}_k)$ 为选择的核函数。

如式 (3.8) 所示，标准支持向量机的权重向量依赖特征 $\boldsymbol{x}_t$。若采用转换后的高维特征向量 $\phi(\boldsymbol{x}_t)$，则权重向量具有很高的维度，很难进行计算或存储。为此，在核支持向量机处理过程中，往往不显式表示最优权重向量，而是给出如下形式的分类器：

$$y = \text{sgn}\left(\sum_{t=1}^{N}\lambda_t y_t \kappa(\boldsymbol{x}_t,\boldsymbol{x}) + b\right)$$

类似于式 (3.12)，上式中偏置 b 的值由支持向量来获得。若 $\lambda_{t_0} \neq 0$，则 $\boldsymbol{x}_{t_0}$ 或者 $\phi(\boldsymbol{x}_{t_0})$ 为支持向量。为了避免对高维特征向量 $\phi(\boldsymbol{x}_{t_0})$ 直接处理，最优偏置通过如下核函数计算得到：

$$b^* = y_{t_0} - \sum_{t=1}^{N}\lambda_t y_t \kappa(\boldsymbol{x}_t,\boldsymbol{x}_{t_0})$$

由于核函数的强大能力，可以构造如下核函数来解决异或逻辑函数线性不可分的难题：

$$\kappa(\boldsymbol{x},\boldsymbol{z}) = (1 + \boldsymbol{x}^{\mathrm{T}}\boldsymbol{z})^2 = \phi^{\mathrm{T}}(\boldsymbol{x})\phi(\boldsymbol{z})$$

该核函数所对应的特征变换函数为

$$\phi(\boldsymbol{x}) = [1, \sqrt{2}x_1, \sqrt{2}x_2, \sqrt{2}x_1x_2, x_1^2, x_2^2]^{\mathrm{T}}$$

3.3.3　正则化理论

式 (3.22) 给出一个正则化优化问题的广义表示形式，其中包含误差项和正则化项。给定样本集合 $\{\boldsymbol{x}_t, y_t\}_{t=1}^{N}$，岭回归优化问题可以写成

$$\min_{\boldsymbol{w}} \frac{1}{2}\sum_{t=1}^{N}\|y_t - \boldsymbol{w}^{\mathrm{T}}\boldsymbol{x}_t\|^2 + \frac{\lambda}{2}\|\boldsymbol{w}\|^2 \tag{3.23}$$

式中：x_t 为增广的回归向量；λ 为非负正则化参数。

根据式 (3.2) 的定义，岭回归问题式 (3.23) 的最优解可以表示成

$$
\boldsymbol{w}^* = \left(\boldsymbol{X}_N^{\mathrm{T}}\boldsymbol{X}_N + \lambda\boldsymbol{I}\right)^{-1}\boldsymbol{X}_N^{\mathrm{T}}\boldsymbol{Y}_N
$$

$$
= \boldsymbol{X}_N^{\mathrm{T}}\left(\boldsymbol{X}_N\boldsymbol{X}_N^{\mathrm{T}} + \lambda\boldsymbol{I}\right)^{-1}\boldsymbol{Y}_N
$$

上式中的矩阵 $\boldsymbol{X}_N\boldsymbol{X}_N^{\mathrm{T}}$ 可看成简单核矩阵。给定一个新的样本 $\boldsymbol{x}_{t+1}$，其输出预测值为

$$
\hat{y}_{t+1} = \boldsymbol{x}_{t+1}^{\mathrm{T}}\boldsymbol{w}^* = \boldsymbol{x}_{t+1}^{\mathrm{T}}\boldsymbol{X}_N^{\mathrm{T}}\left(\boldsymbol{X}_N\boldsymbol{X}_N^{\mathrm{T}} + \lambda\boldsymbol{I}\right)^{-1}\boldsymbol{Y}_N \tag{3.24}
$$

式中：$\boldsymbol{x}_{t+1}^{\mathrm{T}}\boldsymbol{X}_N^{\mathrm{T}}$ 和 $\boldsymbol{X}_N\boldsymbol{X}_N^{\mathrm{T}}$ 都用核函数表示。

从岭回归的最优解可以看出，正则化的作用主要体现在对核矩阵的求逆操作。由于核矩阵的半正定特性，对其求逆可能造成病态计算。然而，加上矩阵 $\lambda\boldsymbol{I}$ 后，其对应的求逆就能够可靠计算。为此，正则化的一个目的是利用先验知识来解决欠定或者病态方程的求解。常用的正则项除了权重向量的 l_2 范数平方，还有表示稀疏特征的 l_1 范数 $\|\boldsymbol{w}\|_1$。

针对优化问题式 (3.23)，正则化参数 λ 用于控制误差项和正则项之间的平衡。λ 越大，正则项起到的作用越大；反之，误差项起到的作用越大。考虑岭回归问题，若 $\lambda \to \infty$，则最优权重变为 0；若 $\lambda \to 0$，则岭回归退化称为最小二乘问题。因此，正则化参数 λ 的选择对优化问题的最优解起着关键作用。接下来讨论如何选择正则化参数 λ。

记 $R(\lambda)$ 为回归函数 $f(\boldsymbol{x})$ 和采用正则化参数 λ 所获得的最优逼近函数 $f_\lambda(\boldsymbol{x})$ 之间的均方误差，即

$$
R(\lambda) = \frac{1}{N}\sum_{t=1}^{N}\left[f(\boldsymbol{x}_t) - f_\lambda(\boldsymbol{x}_t)\right]^2
$$

最优正则化参数值是指 $R(\lambda)$ 取最小值时所对应的 λ 值。

针对岭回归问题式 (3.23)，其关于正则化参数 λ 的输出预测值为

$$
\hat{\boldsymbol{Y}}_N = \boldsymbol{X}_N\boldsymbol{X}_N^{\mathrm{T}}(\boldsymbol{X}_N\boldsymbol{X}_N^{\mathrm{T}} + \lambda\boldsymbol{I})^{-1}\boldsymbol{Y}_N
$$

$$
= \boldsymbol{A}(\lambda)\boldsymbol{Y}_N
$$

其中：矩阵 $\boldsymbol{A}(\lambda)$ 只依赖于 $\boldsymbol{x}_t$ 和 λ，称为影响矩阵。利用上述符号，$R(\lambda)$ 可以写成

$$
R(\lambda) = \frac{1}{N}\|\boldsymbol{X}_N\boldsymbol{w} - \boldsymbol{A}(\lambda)\boldsymbol{Y}_N\|^2
$$

$$
= \frac{1}{N}\|(\boldsymbol{Y}_N - \boldsymbol{W}_N) - \boldsymbol{A}(\lambda)\boldsymbol{Y}_N\|^2
$$

$$
= \frac{1}{N}\|(\boldsymbol{I} - \boldsymbol{A}(\lambda))\boldsymbol{Y}_N - \boldsymbol{W}_N\|^2
$$

对上式求期望可以得到

$$
\mathcal{E}[R(\lambda)] \approx \frac{1}{N}\|(\boldsymbol{I} - \boldsymbol{A}(\lambda))\boldsymbol{Y}_N\|^2 + \frac{\sigma^2}{N}\sum_{i=1}^{d}\frac{\sigma_i^2 - \lambda}{\sigma_i^2 + \lambda}
$$

式中：σ_i 为矩阵 $\boldsymbol{X}_N$ 的非零奇异值。

由于上式中的第一项包含观测数据，未对其进行求期望操作，因此上式是期望的近似。上式主要用于确定 λ 的最佳值。然而，实际应用例子中很难得到噪声方差 σ^2，因此上述方法有一定局限性。

广义交叉验证方法提供了对线性最小二乘问题的近似留一交叉验证。留一法是指在 N 个训练样本中去掉一个样本后再进行拟合，然后将去掉的样本作为测试样本进行误差计算。例如，去掉第 i 个样本的线性拟合为

$$\boldsymbol{w}^*_{-i}(\lambda) = \arg\min_{\boldsymbol{w}} \frac{1}{2}\|\boldsymbol{E}_{-i}(\boldsymbol{Y}_N - \boldsymbol{X}_N\boldsymbol{w})\|^2 + \frac{\lambda}{2}\|\boldsymbol{w}\|^2 \tag{3.25}$$

式中：$\boldsymbol{E}_{-i}$ 为将单位矩阵第 i 行置零后的矩阵。

在获得最优权重向量之后，计算测试样本对应的预测误差，记为

$$r^-_{\lambda}(i) = y_i - \boldsymbol{x}_i^{\mathrm{T}}\boldsymbol{w}^*_{-i}(\lambda) \tag{3.26}$$

定理 3.4 令矩阵 $\boldsymbol{A}(\lambda) = \boldsymbol{X}_N(\boldsymbol{X}_N^{\mathrm{T}}\boldsymbol{X}_N + \lambda\boldsymbol{I})^{-1}\boldsymbol{X}_N^{\mathrm{T}}$，其中第 i 个对角元素为 $A_{ii}(\lambda)$。假设 $r_{\lambda}(i)$ 为采用 N 个样本进行训练所得到的第 i 个样本的预测误差，而 $r^-_{\lambda}(i)$ 为采用留一法所得到的第 i 个样本的预测误差，如式 (3.26) 所示。$r_{\lambda}(i)$ 和 $r^-_{\lambda}(i)$ 之间存在如下关系：

$$r^-_{\lambda}(i) = \frac{r_{\lambda}(i)}{1 - A_{ii}(\lambda)}$$

证明： 定义 $\boldsymbol{E}_{-i}$ 为单位矩阵第 i 行置零，$\boldsymbol{E}_i = \boldsymbol{I} - \boldsymbol{E}_{-i}$ 为单位矩阵第 i 行非零，$\boldsymbol{e}_i$ 为单位矩阵的第 i 列向量。由上述定义可以得到

$$r_{\lambda}(i) = \boldsymbol{e}_i^{\mathrm{T}}[\boldsymbol{Y}_N - \boldsymbol{X}_N(\boldsymbol{X}_N^{\mathrm{T}}\boldsymbol{X}_N + \lambda\boldsymbol{I})^{-1}\boldsymbol{X}_N^{\mathrm{T}}\boldsymbol{Y}_N]$$

$$r^-_{\lambda}(i) = \boldsymbol{e}_i^{\mathrm{T}}[\boldsymbol{Y}_N - \boldsymbol{X}_N(\boldsymbol{X}_N^{\mathrm{T}}\boldsymbol{E}_{-i}\boldsymbol{X}_N + \lambda\boldsymbol{I})^{-1}\boldsymbol{X}_N^{\mathrm{T}}\boldsymbol{E}_{-i}\boldsymbol{Y}_N]$$

两者之差为

$$r_{\lambda}(i) - r^-_{\lambda}(i) = \boldsymbol{e}_i^{\mathrm{T}}\boldsymbol{X}_N[(\boldsymbol{X}_N^{\mathrm{T}}\boldsymbol{E}_{-i}\boldsymbol{X}_N + \lambda\boldsymbol{I})^{-1}\boldsymbol{X}_N^{\mathrm{T}}\boldsymbol{E}_{-i} - (\boldsymbol{X}_N^{\mathrm{T}}\boldsymbol{X}_N + \lambda\boldsymbol{I})^{-1}\boldsymbol{X}_N^{\mathrm{T}}]\boldsymbol{Y}_N$$

$$= \boldsymbol{e}_i^{\mathrm{T}}\boldsymbol{X}_N(\boldsymbol{X}_N^{\mathrm{T}}\boldsymbol{X}_N + \lambda\boldsymbol{I})^{-1}\boldsymbol{X}_N^{\mathrm{T}}[-\boldsymbol{E}_i + \boldsymbol{E}_i\boldsymbol{X}_N(\boldsymbol{X}_N^{\mathrm{T}}\boldsymbol{E}_{-i}\boldsymbol{X}_N + \lambda\boldsymbol{I})^{-1}\boldsymbol{X}_N^{\mathrm{T}}\boldsymbol{E}_{-i}]\boldsymbol{Y}_N$$

$$= -A_{ii}(\lambda)r^-_{\lambda}(i)$$

从上式可以得到

$$r^-_{\lambda}(i) = \frac{r_{\lambda}(i)}{1 - A_{ii}(\lambda)}$$

根据上述定理的结论，采用留一法可以得到所有样本的平均预测误差：

$$V(\lambda) = \frac{1}{N}\sum_{t=1}^{N}\left(\frac{y_t - \boldsymbol{A}_t(\lambda)\boldsymbol{Y}_N}{1 - A_{tt}(\lambda)}\right)^2$$

式中

$$\boldsymbol{A}(\lambda) = \boldsymbol{X}_N (\boldsymbol{X}_N^{\mathrm{T}} \boldsymbol{X}_N + \lambda \boldsymbol{I})^{-1} \boldsymbol{X}_N^{\mathrm{T}}$$

$V(\lambda)$ 称为关于参数 λ 的广义交叉验证函数。在实际应用中，选择使得 $V(\lambda)$ 最小的 λ 值作为最优正则化参数。有时，广义交叉验证函数也可以近似成如下表达式：

$$V^0(\lambda) = \frac{1}{N} \sum_{t=1}^{N} \left(\frac{y_t - \boldsymbol{A}_t(\lambda) Y_N}{1 - \mathrm{tr}(\boldsymbol{A}(\lambda))/N} \right)^2 = \frac{\frac{1}{N} \|[\boldsymbol{I} - \boldsymbol{A}(\lambda)] Y_N\|^2}{\left(\dfrac{\mathrm{tr}\,(\boldsymbol{I} - \boldsymbol{A}(\lambda))}{N} \right)^2}$$

3.4 神经网络

神经网络在机器学习以及人工智能的历史发展沿革中起着关键作用。从神经元感知模型到 BP 神经网络再到深度神经网络，人工智能发展呈现出"三起两落"的趋势。神经网络是连接主义学派的典型代表，它是模拟生物神经系统的运行原理和机制，利用神经元按照一定拓扑结构连接和作用形成的具有适应性强、结构灵活、功能多元的网络系统。目前，神经网络在很多机器学习任务上已经取得重大突破，特别是在语音、图像等感知信号的处理上。

3.4.1 感知器

神经元是构成神经网络的基本单元，其主要是模拟生物神经元的结构和特性。生物神经元有多个树突和一条轴突，树突用于接收信号，而轴突产生响应信号。当神经元得到的输入累积信号超过某个阈值时，它会进入兴奋状态并释放电脉冲。

根据生物神经元的工作原理，单个神经元模型可表示成

$$z = f(\boldsymbol{w}^{\mathrm{T}} \boldsymbol{x} + b) \tag{3.27}$$

式中：$f(\cdot)$ 为神经元激活函数；$\boldsymbol{w}^{\mathrm{T}} \boldsymbol{x} + b$ 为神经元的输入累积信号，$\boldsymbol{w}$ 和 b 分别为权重向量和偏置；$\boldsymbol{x}$ 和 z 分别为神经元的输入向量和输出值。

激活函数 $f(\cdot)$ 通常有如下五种类型：

sgn 函数：

$$\mathrm{sgn}(x) = \begin{cases} 1, & x > 0 \\ -1, & \text{其他} \end{cases}$$

Logistic 函数：

$$\sigma(x) = \frac{1}{1 + \exp(-x)}$$

Tanh 函数：

$$\tanh(x) = \frac{\exp(x) + \exp(-x)}{\exp(x) + \exp(-x)} = 2\sigma(2x) - 1$$

ReLU（Rectified Linear Unit，线性修正单元）：

$$\text{ReLU}(x) = \max(0, x) = \begin{cases} x, & x > 0 \\ 0, & \text{其他} \end{cases}$$

Softplus 函数：

$$\text{Softplus}(x) = \log(1 + \exp(x))$$

图 3.4 显示了不同激励函数的曲线，可以看出：Tanh 函数和 Softplus 函数分别为 sgn 函数和 ReLU 函数的近似函数，具有较好的平滑特性；Tanh 函数和 sgn 函数为零中心化的，而其他函数的输出恒大于或等于 0；Softplus 函数的导数刚好是 Logistic 函数，具有单侧抑制的特性，同时也能够有效避免 ReLU 函数梯度消失的问题。

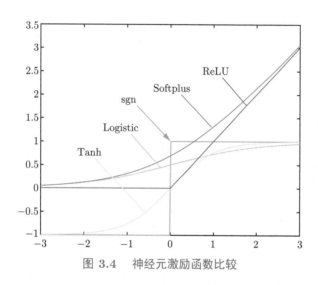

图 3.4　神经元激励函数比较

感知器在机器学习和模式识别历史上扮演了重要的角色，它是多层感知神经网络和各种深度学习网络的基础。为了简化符号表示，对向量 $\boldsymbol{x}$ 进行扩维得到

$$\bar{\boldsymbol{x}} = [1, \boldsymbol{x}^{\text{T}}]^{\text{T}}$$

式中：$\bar{\boldsymbol{x}}$ 为增广的样本向量。

相应地，定义增广权向量为

$$\boldsymbol{\alpha} = [w_0, \boldsymbol{w}^{\text{T}}]^{\text{T}}$$

线性判别函数转换为

$$g(\bar{\boldsymbol{x}}) = \boldsymbol{\alpha}^{\text{T}} \bar{\boldsymbol{x}}$$

决策规则：若 $g(\bar{\boldsymbol{x}}) > 0$，则 $\bar{\boldsymbol{x}} \in w_1$；若 $g(\bar{\boldsymbol{x}}) < 0$，则 $\bar{\boldsymbol{x}} \in w_2$。

1. 感知器学习

对于一组样本 $\bar{\boldsymbol{x}}_1, \cdots, \bar{\boldsymbol{x}}_N$，若存在权向量 $\boldsymbol{\alpha}$ 使得样本集中的任意样本 $\bar{\boldsymbol{x}}_i(i = 1, \cdots, N)$ 满足

$$\begin{cases} \boldsymbol{\alpha}^{\mathrm{T}} \bar{\boldsymbol{x}}_i > 0, & \bar{\boldsymbol{x}}_i \in w_1 \\ \boldsymbol{\alpha}^{\mathrm{T}} \bar{\boldsymbol{x}}_i < 0, & \bar{\boldsymbol{x}}_i \in w_2 \end{cases}$$

则该样本集是线性可分的，即在样本的特征空间中，至少存在一个超平面能够把两类样本完全分开。

定义一个新的样本集合 $\{\bar{\boldsymbol{x}}_1', \cdots, \bar{\boldsymbol{x}}_N'\}$：

$$\bar{\boldsymbol{x}}_i' = \begin{cases} \bar{\boldsymbol{x}}_i, & \bar{\boldsymbol{x}}_i \in w_1 \\ -\bar{\boldsymbol{x}}_i, & \bar{\boldsymbol{x}}_i \in w_2 \end{cases}, \quad i = 1, 2, \cdots, N$$

则样本线性可分条件变成存在 $\boldsymbol{\alpha}$ 使得如下不等式成立：

$$\boldsymbol{\alpha}^{\mathrm{T}} \bar{\boldsymbol{x}}_i' > 0, \quad i = 1, 2, \cdots, N$$

$\bar{\boldsymbol{x}}_i'$ 称为规范化增广样本向量。为了简化符号标记，接下来把 $\bar{\boldsymbol{x}}_i'$ 仍然记作 $\bar{\boldsymbol{x}}_i$。

对于权向量 $\boldsymbol{\alpha}$，若某个样本 $\bar{\boldsymbol{x}}_k$ 被错误分类，则 $\boldsymbol{\alpha}^{\mathrm{T}} \bar{\boldsymbol{x}}_k \leqslant 0$。若对所有错分样本进行惩罚，则定义如下感知准则函数：

$$J(\boldsymbol{\alpha}) = \sum_{\boldsymbol{\alpha}^{\mathrm{T}} \bar{\boldsymbol{x}}_k \leqslant 0} \left(-\boldsymbol{\alpha}^{\mathrm{T}} \bar{\boldsymbol{x}}_k \right)$$

当且仅当 $J(\boldsymbol{\alpha}^*) = \min_{\boldsymbol{\alpha}} J(\boldsymbol{\alpha}) = 0$ 时，能够实现准确分类且 $\boldsymbol{\alpha}^*$ 是最优解。

感知器准则的最小化可用梯度下降方法进行迭代求解：

$$\boldsymbol{\alpha}_{t+1} = \boldsymbol{\alpha}_t - \rho_t \nabla J(\boldsymbol{\alpha}_t)$$

即下一时刻的权向量是由当前时刻的权向量向目标函数的负梯度方向调整得到，其中 ρ_t 为调整的步长。代入梯度 $\nabla J(\boldsymbol{\alpha}) = \sum_{\boldsymbol{\alpha}^{\mathrm{T}} \bar{\boldsymbol{x}}_k \leqslant 0} (-\bar{\boldsymbol{x}}_k)$ 可得如下迭代方程：

$$\boldsymbol{\alpha}_{t+1} = \boldsymbol{\alpha}_t + \rho_t \sum_{\boldsymbol{\alpha}_t^{\mathrm{T}} \bar{\boldsymbol{x}}_k \leqslant 0} \bar{\boldsymbol{x}}_k \tag{3.28}$$

即在每一步迭代时把错分的样本按照某个系数加到权重上。通常情况下，一次将所有错误样本都进行修正的做法并不高效，更常用的是每次只修正一个样本，其对应的固定增量法为

$$\boldsymbol{\alpha}_{t+1} = \boldsymbol{\alpha}_t + \rho_t \bar{\boldsymbol{x}}_k, \ \boldsymbol{\alpha}_t^{\mathrm{T}} \bar{\boldsymbol{x}}_k \leqslant 0 \tag{3.29}$$

2. 感知器算法总结及收敛性分析

感知器训练算法总结如下：

算法 3.4（感知器学习算法）

输入：训练数据集合 $\{\boldsymbol{x}_t, y_t\}_{t=1}^N$，更新步长 ρ。

（1） 选择权重向量初始值 $\boldsymbol{\alpha}_0$。

（2） 在第 k 次迭代，随机选择数据对 $(\boldsymbol{x}_t, y_t)$。

（3） 若 $y_t \cdot \left(\boldsymbol{\alpha}_k^{\mathrm{T}} \begin{bmatrix} 1 \\ \boldsymbol{x}_t \end{bmatrix} \right) \leqslant 0$，则进行如下更新：

$$\boldsymbol{\alpha}_{k+1} \leftarrow \boldsymbol{\alpha}_k + \rho \cdot y_t \cdot \begin{bmatrix} 1 \\ \boldsymbol{x}_t \end{bmatrix}$$

（4） 转至步骤（2）：$k \leftarrow k+1$，直到没有错误分类样本。

输出：感知器模型 $f(x) = \boldsymbol{\alpha}^{*\mathrm{T}} \begin{bmatrix} 1 \\ \boldsymbol{x} \end{bmatrix}$。

感知器算法的收敛性分析如下：

定理 3.5 假设给定样本集合是线性可分的，采用如式(3.29) 所示的单样本固定增量法进行线性分类器设计。当调整步长 ρ_t 满足 $\sum_{t=1}^{\infty} \rho_t = \infty$ 且 $\sum_{t=1}^{\infty} \rho_t^2 < \infty$ 时，权重向量序列 $\boldsymbol{\alpha}_t$ 将收敛到一个固定值。

证明： 假设 η 为正实数，$\boldsymbol{\alpha}^*$ 是一个解且满足 $\boldsymbol{\alpha}^{*\mathrm{T}} \bar{\boldsymbol{x}}_i > 0, i \in \{1, 2, \cdots, N\}$。由式 (3.28) 可得

$$\boldsymbol{\alpha}_{t+1} - \eta \boldsymbol{\alpha}^* = \boldsymbol{\alpha}_t - \eta \boldsymbol{\alpha}^* + \rho_t \sum_X (\bar{\boldsymbol{x}}_i)$$

式中：$X = \{\bar{\boldsymbol{x}}_i : \boldsymbol{\alpha}_t^{\mathrm{T}} \bar{\boldsymbol{x}}_i \leqslant 0\}$。

对上式两边取模的平方，可得

$$\|\boldsymbol{\alpha}_{t+1} - \eta \boldsymbol{\alpha}^*\|^2 = \|\boldsymbol{\alpha}_t - \eta \boldsymbol{\alpha}^*\|^2 + 2(\boldsymbol{\alpha}_t - \eta \boldsymbol{\alpha}^*)^{\mathrm{T}} \rho_t \sum_X \bar{\boldsymbol{x}}_i + \rho_t^2 \|\sum_X \bar{\boldsymbol{x}}_i\|^2$$

令 $\beta^2 = \max\limits_{\tilde{X} \subset w_1 \cup w_2} \|\sum_{\tilde{X}} \bar{\boldsymbol{x}}_i\|^2$，利用 $\sum_X {}' \boldsymbol{\alpha}_t^{\mathrm{T}} \bar{\boldsymbol{x}}_i \leqslant 0$，通过上式推导出

$$\|\boldsymbol{\alpha}_{t+1} - \eta \boldsymbol{\alpha}^*\|^2 \leqslant \|\boldsymbol{\alpha}_t - \eta \boldsymbol{\alpha}^*\|^2 - 2\eta \rho_t \sum_X (\boldsymbol{\alpha}^{*\mathrm{T}} \bar{\boldsymbol{x}}_i) + \rho_t^2 \beta^2$$

令 $\gamma = \min\limits_{\tilde{X} \subset w_1 \cup w_2} \sum_{\tilde{X}} \boldsymbol{\alpha}^{*\mathrm{T}} \bar{\boldsymbol{x}}_i$，上述不等式可进一步写成

$$\|\boldsymbol{\alpha}_{t+1} - \eta \boldsymbol{\alpha}^*\|^2 \leqslant \|\boldsymbol{\alpha}_t - \eta \boldsymbol{\alpha}^*\|^2 - 2\eta \rho_t \gamma + \rho_t^2 \beta^2$$

令 $\eta = \beta^2/(2\gamma)$，则有

$$
\begin{aligned}
\|\boldsymbol{\alpha}_{t+1} - \eta\boldsymbol{\alpha}^*\|^2 &\leqslant \|\boldsymbol{\alpha}_t - \eta\boldsymbol{\alpha}^*\|^2 - \rho_t\beta^2 + \rho_t^2\beta^2 \\
&= \|\boldsymbol{\alpha}_t - \eta\boldsymbol{\alpha}^*\|^2 + \beta^2\left(\rho_t^2 - \rho_t\right)
\end{aligned}
\tag{3.30}
$$

或者

$$
\|\boldsymbol{\alpha}_{t+1} - \eta\boldsymbol{\alpha}^*\|^2 \leqslant \|\boldsymbol{\alpha}_0 - \eta\boldsymbol{\alpha}^*\|^2 + \beta^2\left(\sum_{k=0}^{t}\rho_k^2 - \sum_{k=0}^{t}\rho_k\right)
$$

若步长序列 ρ_t 满足 $\sum_{k=0}^{\infty}\rho_k = \infty$，$\sum_{k=0}^{\infty}\rho_k^2 < \infty$，则存在一个时间 t_0 使得上述不等式右侧为负，由此可得

$$
0 \leqslant \|\boldsymbol{\alpha}_{t_0+1} - \eta\boldsymbol{\alpha}^*\| \leqslant 0
$$

或者

$$
\boldsymbol{\alpha}_{t_0+1} = \eta\boldsymbol{\alpha}^*
$$

通过上述证明可以看出，当 $\rho_t = c/t$，其中 c 为常数时，上述算法能收敛。当步长 $\rho_t = \rho$ 为固定值时，需要合理选择 ρ 的值才能收敛。

3.4.2 神经网络结构

神经网络的结构决定了神经元的协作模式，从某种程度上直接决定了该神经网络的复杂功能。到目前为止，神经网络的结构主要有如下三种形式（图 3.5）。

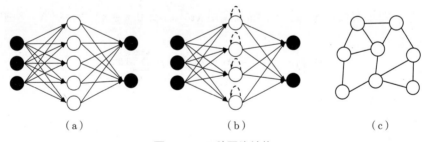

（a）　　　　　　　　　（b）　　　　　　　　　（c）

图 3.5　三种网络结构
（a）前馈网络；（b）记忆网络；（c）图网络

（1）**前馈网络**：网络中的神经元分成很多层，每一层的神经元接收到前一层神经元的输出，并向下一层神经元输入响应信息。整个网络的信息都朝一个方向传播，没有反向信息传播，通常用一个无环图来表示。前馈网络可以看成简单非线性函数的复合函数，实现从输入空间到输出空间的复杂映射。BP 神经网络就是前馈网络的典型代表。

（2）**记忆网络**：网络中的神经元不但可以接收其他神经元的信息，还可以接收自己的历史信息，从而形成了一个有向循环图。记忆功能来源于历史信息的继续使用，具有记忆功能的网络具有更强的计算和泛化能力。常见的记忆网络有 Hopfield 网络和玻耳兹曼网络。

为了增强网络的记忆容量,可以引入外部记忆单元和读写机制来保存一些网络的中间状态,称为记忆增强神经网络,常见的有神经图灵机和记忆网络。

（3）**图网络**：定义在图结构数据上的神经网络。图中每个节点都由一个或一组神经元构成。节点之间的连接可以是有向或者无向的。每个节点可以收到来自相邻节点或自身的信息。总的来说,图网络是前馈网络和记忆网络的泛化。常见的有图卷积网络、图注意力网络、消息传递神经网络等。

本节将学习前馈神经网络,其他网络结构将在第 5 章深入讨论。

为了能够描述前馈神经网络模型,引入表 3.1 中的符号定义。

表 3.1　前馈网络的符号定义

记号	定义
L	神经网络层数
n_l	第 l 层神经元个数
$f_l(\cdot)$	第 l 层神经元的激活函数
$\boldsymbol{W}^l \in \mathbb{R}^{n_l \times n_{l-1}}$	第 $l-1$ 层到第 l 层的权重矩阵
$\boldsymbol{b}^l \in \mathbb{R}^{n_l}$	第 l 层神经元的偏置
$\boldsymbol{z}^l \in \mathbb{R}^{n_l}$	第 l 层神经元的净输入
$\boldsymbol{a}^l \in \mathbb{R}^{n_l}$	第 l 层神经元的净输出

令 $\boldsymbol{a}^0 = \boldsymbol{x}$ 为神经网络的输入向量,前馈网络通过如下迭代进行信息传播:

$$\boldsymbol{z}^l = \boldsymbol{W}^l \boldsymbol{a}^{l-1} + \boldsymbol{b}^l$$

$$\boldsymbol{a}^l = f_l(\boldsymbol{z}^l)$$

上述迭代公式说明了每层神经网络的操作可以看成一个仿射变换和一个非线性变换的组合。采用复合算子,每层神经网络的响应函数可以表示成

$$\boldsymbol{z}^l = \boldsymbol{W}^l f_{l-1}(\boldsymbol{z}^{l-1}) + \boldsymbol{b}^l$$

或者

$$\boldsymbol{a}^l = f_l(\boldsymbol{W}^l \boldsymbol{a}^{l-1} + \boldsymbol{b}^l)$$

更进一步,整个网络可以看作一个复合函数 $\phi(\boldsymbol{x} : \boldsymbol{W}, \boldsymbol{b})$,其中 $\boldsymbol{W} = \{\boldsymbol{W}^l\}_{l=1}^L$ 和 $\boldsymbol{b} = \{\boldsymbol{b}^l\}_{l=1}^L$ 表示网络中所有层的连接权重和偏置。

神经网络具有很强的拟合能力,这可以由一个非线性输入-输出映射的通用逼近定理来说明。

定理 3.6（通用逼近定理）　令 $\phi(\cdot)$ 是一个有界且单调增的连续函数,$\boldsymbol{I}_{m_0}$ 表示 m_0 维单位超立方体 $[0,1]^{m_0}$,在定义域 $\boldsymbol{I}_{m_0}$ 上的连续函数空间用 $C(\boldsymbol{I}_{m_0})$ 表示。给定任何函数 $f \in C(\boldsymbol{I}_{m_0})$ 和任意小的 $\epsilon > 0$,存在整数 m_1 和一组常实数 $\{\alpha_i, \beta_i, \boldsymbol{w}_i\}_{i=1}^{m_1}$ 使得 $F(x) = \sum_{i=1}^{m_1} \alpha_i \phi(\boldsymbol{w}_i^{\mathrm{T}} \boldsymbol{x} + \beta_i)$ 满足

$$|F(\boldsymbol{x}) - f(\boldsymbol{x})| < \epsilon, \quad \forall \boldsymbol{x} \in \boldsymbol{I}_{m_0}$$

通用逼近定理说明任何有界连续函数都可以通过有界、单调增的基函数来无限近似。它是一个存在性定理,如何去选择激活函数和其对应的参数比较具有挑战性。另外,通用逼近定理也说明了单隐层网络足够来拟合任意一个非线性函数。

给定样本 $(\boldsymbol{x}, \boldsymbol{y})$ 和神经网络输出预测 $\hat{\boldsymbol{y}} = \phi(\boldsymbol{x} : \boldsymbol{W}, \boldsymbol{b})$,神经网络的拟合准则可定义为均方误差函数:

$$\mathcal{L}(\boldsymbol{W}, \boldsymbol{b}) = \frac{1}{2} \sum_{t=1}^{N} \| \boldsymbol{y}_t - \phi(\boldsymbol{x}_t : \boldsymbol{W}, \boldsymbol{b}) \|^2$$

或者交叉熵损失函数:

$$\mathcal{L}(\boldsymbol{W}, \boldsymbol{b}) = - \sum_{t=1}^{N} \boldsymbol{y}_t^{\mathrm{T}} \log[\phi(\boldsymbol{x}_t : \boldsymbol{W}, \boldsymbol{b})]$$

在实际应用中,为了防止过拟合,在拟合准则函数上加正则化项,得到如下结构化风险函数:

$$\mathcal{R}(\boldsymbol{W}, \boldsymbol{b}) = \mathcal{L}(\boldsymbol{W}, \boldsymbol{b}) + \frac{\lambda}{2} \| \boldsymbol{W} \|_F^2$$

式中:λ 为正则化参数。

λ 值越大,$\boldsymbol{W}$ 越接近于 0。若正则项改成 l_1 范数,则能够获得一个稀疏的神经网络。

有了上述目标函数之后,第 l 层的网络参数用梯度下降法来进行学习:

$$\begin{cases} \boldsymbol{W}^l \leftarrow \boldsymbol{W}^l - \alpha \dfrac{\partial \mathcal{R}(\boldsymbol{W}, \boldsymbol{b})}{\partial \boldsymbol{W}^l} \\ \boldsymbol{b}^l \leftarrow \boldsymbol{b}^l - \alpha \dfrac{\partial \mathcal{R}(\boldsymbol{W}, \boldsymbol{b})}{\partial \boldsymbol{b}^l} \end{cases} \tag{3.31}$$

式中:α 为学习率。α 选择为固定常数,也可以为随时间变化的函数:

$$\alpha_t = \frac{\alpha_0}{1 + t/\tau}$$

式中,α_0 和 τ 是参数的经验值使得在迭代的初始阶段与最小均方算法接近,而在后期迭代阶段与传统的随机逼近算法类似。

3.4.3 反向传播算法

由于目标函数 $\mathcal{L}$ 和结构化风险函数 $\mathcal{R}$ 非常复杂,若用链式法则计算目标函数的导数会比较低效,而反向传播算法可以高效地计算神经网络训练中的梯度。对于第 l 层中的参数 $\boldsymbol{W}^l$ 和 $\boldsymbol{b}^l$ 求导,有如下链式法则:

$$\frac{\partial \mathcal{L}}{\partial W_{ij}^l} = \frac{\partial \boldsymbol{z}^l}{\partial W_{ij}^l} \frac{\partial \mathcal{L}}{\partial \boldsymbol{z}^l}$$

$$\frac{\partial \mathcal{L}}{\partial \boldsymbol{b}^l} = \frac{\partial \boldsymbol{z}^l}{\partial \boldsymbol{b}^l} \frac{\partial \mathcal{L}}{\partial \boldsymbol{z}^l}$$

鉴于上述表达式，只需要计算偏导数 $\dfrac{\partial \boldsymbol{z}^l}{\partial \boldsymbol{W}^l}$、$\dfrac{\partial \boldsymbol{z}^l}{\partial \boldsymbol{b}^l}$ 和 $\dfrac{\partial \mathcal{L}}{\partial \boldsymbol{z}^l}$。

计算 $\dfrac{\partial \boldsymbol{z}^l}{\partial W_{ij}^l}$：

由 $\boldsymbol{z}^l = \boldsymbol{W}^l \boldsymbol{a}^{l-1} + \boldsymbol{b}^l$ 可得

$$\frac{\partial \boldsymbol{z}^l}{\partial W_{ij}^l} = a_j^{l-1} \boldsymbol{e}_i^{\mathrm{T}}$$

式中：$\boldsymbol{e}_i$ 为单位矩阵的第 i 列。

计算 $\dfrac{\partial \boldsymbol{z}^l}{\partial \boldsymbol{b}^l}$：

由 $\boldsymbol{z}^l = \boldsymbol{W}^l \boldsymbol{a}^{l-1} + \boldsymbol{b}^l$ 可得

$$\frac{\partial \boldsymbol{z}^l}{\partial \boldsymbol{b}^l} = \boldsymbol{I}_{n_l}$$

式中：$\boldsymbol{I}_{n_l}$ 为单位矩阵。

计算 $\dfrac{\partial \mathcal{L}}{\partial \boldsymbol{z}^l}$：

由 $\boldsymbol{z}^{l+1} = \boldsymbol{W}^{l+1} \boldsymbol{a}^l + \boldsymbol{b}^{l+1}$ 和 $\boldsymbol{a}^l = f_l(\boldsymbol{z}^l)$ 可得

$$\frac{\partial \boldsymbol{z}^{l+1}}{\partial \boldsymbol{a}^l} = \left(\boldsymbol{W}^{l+1} \right)^{\mathrm{T}}$$

$$\frac{\partial \boldsymbol{a}^l}{\partial \boldsymbol{z}^l} = \mathrm{diag}[f_l'(\boldsymbol{z}^l)]$$

再通过链式法则可得

$$
\begin{aligned}
\boldsymbol{\sigma}^l &= \frac{\partial \mathcal{L}}{\partial \boldsymbol{z}^l} \\
&= \frac{\partial \boldsymbol{a}^l}{\partial \boldsymbol{z}^l} \frac{\partial \boldsymbol{z}^{l+1}}{\partial \boldsymbol{a}^l} \frac{\partial \mathcal{L}}{\partial \boldsymbol{z}^{l+1}} \\
&= \mathrm{diag}(f_l'(\boldsymbol{z}^l)) \left(\boldsymbol{W}^{l+1} \right)^{\mathrm{T}} \boldsymbol{\sigma}^{l+1}
\end{aligned}
$$

综合上述三个式子可以得到反向传播算法：

$$
\begin{cases}
\dfrac{\partial \mathcal{L}}{\partial \boldsymbol{W}^l} = \boldsymbol{\sigma}^l (\boldsymbol{a}^{l-1})^{\mathrm{T}} \\[2mm]
\dfrac{\partial \mathcal{L}}{\partial \boldsymbol{b}^l} = \boldsymbol{\sigma}^l \\[2mm]
\boldsymbol{\sigma}^l = \mathrm{diag}[f_l'(\boldsymbol{z}^l)] \left(\boldsymbol{W}^{l+1} \right)^{\mathrm{T}} \boldsymbol{\sigma}^{l+1}
\end{cases}
\tag{3.32}
$$

式中：$\boldsymbol{\sigma}^l$ 为第 l 层神经元的误差项，体现了最终损失函数对第 l 层神经元的敏感程度。

式 (3.31) 和式 (3.32) 给出了多层前馈神经网络梯度下降算法的统一框架。选择不同的激励函数会导致不同的算法，若 $f(x)$ 为 Logistic 函数，其导数 $f'(x) = f(x)[1 - f(x)]$，这也是前馈网络最常用的激励函数。

神经网络的学习问题本质上是一个复杂的非凸优化问题，而反向传播算法本质上是（随机）梯度下降算法。因此，采用反向传播算法来解决神经网络学习问题存在着诸多难点，主要包括：

（1）局部最优解：神经网络训练是复杂非凸优化问题，存在很多局部最优解。若采用梯度下降法进行求解，当梯度值为零时停止迭代，很大概率只能收敛到局部最优解。在现实任务中，通常采用以下策略来进一步接近全局最优解：

① 选择多组不同初始值，按照梯度下降方法训练后，取其中目标函数值最小的解作为参数估计值。采用该策略更有可能获得接近全局最优的结果。

② 采用模拟退火方法，在每一步以一定概率接受比当前解更差的结果，从而有助于跳出局部极值点。在每步迭代过程中，接受次优解的概率要随着时间的推移而减小，从而保证算法稳定。

③ 采用随机梯度下降方法，在计算梯度时加入随机因素，即使陷入局部极小点其梯度值也不等于零，从而有机会跳出局部极值点。

（2）梯度消失或爆炸：反向传播算法本质上是梯度下降法，通过迭代计算神经网络各层的误差以及梯度，接着利用梯度下降公式对网络各层参数进行更新。在反向传播过程中，前面层的梯度值有时会接近 0 （梯度消失）或不断变大（梯度爆炸）。梯度消失会导致参数更新停止，梯度爆炸会导致参数溢出，都会使学习无法正常进行。为了防止梯度消失和爆炸的问题，常见的技巧如下：

① 对神经网络的权重参数进行随机初始化，并采用类线性函数作为激活函数，有效防止饱和激活函数带来梯度消失。

② 使用特定网络架构，如采用残差网络和长短时记忆网络等，避免反向传播时只依赖矩阵乘积。

③ 采用批量归一化方法，对前馈网络的每一层净输入在每一个批量的样本上进行归一化，加快学习收敛速度，并有效防止梯度消失或爆炸。

（3）大规模网络过拟合：神经网络的过度参数化会导致过拟合问题，这里的过度参数化是指神经网络的参数量级大于或等于训练数据量级。实际应用中常用的防止过拟合方法如下：

① 正则化方法：对神经网络权重进行 L_1 或 L_2 正则化，用尽量少的权重参数实现网络训练任务。

② 早停法：在学习中使用验证集进行评估，判断训练的终止点，进行模型选择，是一种隐式的正则化方法。

③ 暂退法：在训练过程中的每一步随机选择一些神经元，让它们不参与训练。学习结束后，对权重进行调整，然后将整体网络用于预测。暂退法是一种经验性方法，实际应用

比较有效。

3.5 复合学习方法

3.5.1 集成学习

集成学习通过构建并结合多个学习器来完成给定的学习任务或分类任务，比单一学习器具有更好的学习性能和更强的泛化能力。集成学习的一般结构如图 3.6 所示，通过如下两步来实现：一是根据给定的训练样本，利用 SVM 或者 BP 算法训练出一组"个体学习器"；二是设计某种组合策略将这些学习器结合起来实现更好的拟合或分类效果。

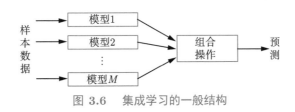

图 3.6　集成学习的一般结构

首先做一个简单的分析。考虑二分类问题 $y = \{\pm 1\}$ 和真实函数 f。假设单个分类器 f_i 的错误率为 ϵ，则有

$$p(f_i(\boldsymbol{x}) \neq f(\boldsymbol{x})) = \epsilon$$

采用简单投票法，若 M 个分类器中至少有一半分类器正确，则集成分类器就分类正确：

$$F(\boldsymbol{x}) = \text{sgn}\left(\sum_{i=1}^{M} f_i(\boldsymbol{x})\right)$$

假设分类器相互独立，则集成错误率为

$$p(F(\boldsymbol{x}) \neq f(\boldsymbol{x})) = \sum_{k=0}^{\lfloor M/2 \rfloor} \text{C}_M^k (1-\epsilon)^k \epsilon^{M-k} \leqslant \exp\left(-M(1-2\epsilon)^2/2\right)$$

从上式可以看出，随着集成学习中分类器数目 M 的增加，集成错误率将呈指数级下降。

根据单个学习器之间的依赖关系，集成学习方法大致分成两类：一是若学习器之间存在着依赖关系，则将采用串行结合模式，典型的代表为 AdaBoost 算法和分类决策树；二是若学习器之间相互独立，则可以用并行结合模式，典型代表为随机森林。

1. AdaBoost 算法

AdaBoost 算法是 Boosting 类算法中最具代表性的一种方法，其目标是学习一个加性模型：

$$F(\boldsymbol{x}) = \sum_{k=1}^{M} \alpha_k f_k(\boldsymbol{x})$$

式中：$f_k(\cdot)$ 为弱分类器；α_k 为集成权重；$F(\cdot)$ 为集成学习器。

接下来将讨论如何训练每个弱分类器 $f_k(\cdot)$ 及其权重 α_k。为了提高集成的效果，每个弱分类器的差异尽可能大。

AdaBoost 算法通过改变数据分布来提高弱分类器的差异，即在每轮训练中增加错分样本的权重，减少正确分类样本的权重，从而得到一个新的数据分布，如图 3.7 所示。

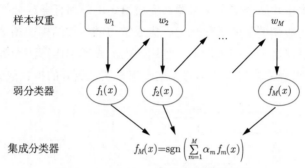

图 3.7　AdaBoost 集成学习示意图

AdaBoost 算法从最小化如下指数损失函数推导得到：

$$L(F) = \mathcal{E}_{\boldsymbol{x}}\left[\exp(-yF(\boldsymbol{x}))\right] = \mathcal{E}_{\boldsymbol{x}}\left[\exp\left(-y\sum_{k=1}^{M}\alpha_k f_k(\boldsymbol{x})\right)\right], \quad y, f_k(\boldsymbol{x}) \in \{\pm 1\}$$

假设经过 $m-1$ 次串行迭代得到

$$F_{m-1}(\boldsymbol{x}) = \sum_{k=1}^{m-1}\alpha_k f_k(\boldsymbol{x})$$

第 m 次迭代的目标是寻找 α_m 和 $f_m(\boldsymbol{x})$ 使得如下损失函数最小：

$$L(\alpha_m, f_m) = \sum_{t=1}^{N}\exp\left[-y_t(F_{m-1}(\boldsymbol{x}_t) + \alpha_m f_m(\boldsymbol{x}_t))\right]$$

令 $w_{mt} = \exp[-y_t F_{m-1}(\boldsymbol{x}_t)]$，则损失函数可以写成

$$L(\alpha_m, f_m) = \sum_{t=1}^{N} w_{mt}\exp\left[-\alpha_m y_t f_m(\boldsymbol{x}_t)\right] \tag{3.33}$$

因为 $y_t, f_m(\boldsymbol{x}_t) \in \{\pm 1\}$，所以有

$$y_t f_m(\boldsymbol{x}_t) = 1 - 2I(y_t \neq f_m(\boldsymbol{x}_t))$$

式中：$I(\cdot)$ 为指示函数。

损失函数也可以表示成

$$L(\alpha_m, f_m) = \sum_{t:y_t=f_m(\boldsymbol{x}_t)} w_{mt}\exp(-\alpha_m) + \sum_{t:y_t\neq f_m(\boldsymbol{x}_t)} w_{mt}\exp(\alpha_m)$$

$$= \exp(-\alpha_m)\sum_{t=1}^{N}w_{mt} + [\exp(\alpha_m)-\exp(-\alpha_m)]\sum_{t=1}^{N}w_{mt}I[y_t\neq f_m(\boldsymbol{x}_t)]$$

当 α_m 固定时，最优分类器 f_m 可以通过求解如下优化问题得到：

$$f_m = \arg\min_g \sum_{t=1}^{N} w_{mt}I[y_t\neq g(\boldsymbol{x}_t)] \tag{3.34}$$

当 f_m 固定时，α_m 的值可以通过如下计算得到：

$$\alpha_m = \frac{1}{2}\ln\frac{1-\mathrm{err}_m}{\mathrm{err}_m} \tag{3.35}$$

式中

$$\mathrm{err}_m = \frac{\displaystyle\sum_{t=1}^{N} w_{mt}I[y_t\neq f_m(\boldsymbol{x}_t)]}{\displaystyle\sum_{t=1}^{N} w_{mt}}$$

在获得 α_m 和 f_m 之后，每个样本的权重值更新为

$$w_{m(t+1)} = w_{mt}\cdot\exp\left[-\alpha_m y_t f_m(\boldsymbol{x}_t)\right], \forall t=1,\cdots,N$$

可以发现，当样本错分或者 $f_m(\boldsymbol{x}_t)y_t = -1$ 时，其相应的权重在下一轮迭代中会增加，从而有利于提升集成分类器的准确度。

算法 3.5（二分类 AdaBoost 算法）

输入：训练样本 $\{\boldsymbol{x}_t, y_t\}_{t=1}^{N}$，迭代次数 M。

设置初始权重 $w_{1t}\leftarrow 1/N, \forall t=1,\cdots,N$。

for $m=1,\cdots,M$

  （1）按照样本权重 w_{mt} 学习弱分类器 f_m，如式 (3.34) 所示。

  （2）计算弱分类器在数据集上的分类误差 err_m 和权重 α_m，如式 (3.35) 所示。

  （3）调整样本权重 $w_{m(t+1)} = w_{mt}\cdot\exp\left[-\alpha_m y_t f_m(\boldsymbol{x}_t)\right], \forall t=1,\cdots,N$。

end

输出：$F(\boldsymbol{x}) = \mathrm{sgn}\left(\displaystyle\sum_{m=1}^{M}\alpha_m f_m(\boldsymbol{x})\right)$。

例 3.4（AdaBoost 示例）

给定表 3.2 所示的训练数据。假设弱分类器由 $x \geqslant v$ 生成，其阈值 v 使该分类器在训练数据集上分类错误率最低。试用 AdaBoost 算法学习一个强分类器。

表 3.2 训练数据

序号	1	2	3	4	5	6	7	8	9	10
x	0	1	2	3	4	5	6	7	8	9
y	1	1	1	−1	−1	−1	1	1	1	−1

解：初始化数据权值分布 $w_{1,i} = 0.1$ $(i = 1, 2, \cdots, 10)$。

当 $m = 1$ 时：

（1）根据权值分布 $\boldsymbol{w}_1$ 得到阈值为 $v = 2.5$ 的弱分类器：

$$f_1(x) = \begin{cases} 1, & x \leqslant 2.5 \\ -1, & x > 2.5 \end{cases}$$

（2）该弱分类器产生的错误率 $e_1 = P(y_i \neq f_1(x_i)) = 0.3$。

（3）计算 $f_1(x)$ 的系数：$\alpha_1 = \dfrac{1}{2} \log \dfrac{1 - e_1}{e_1} \approx 0.42$。

（4）更新训练数据的权值分布 $w_{2i} \propto w_{1i} \exp(-\alpha_1 y_i f_1(x_i)), i = 1, 2, \cdots, 10$，得到

$$\boldsymbol{w}_2 = (0.07, 0.07, 0.07, 0.07, 0.07, 0.07, 0.17, 0.17, 0.17, 0.07)$$

当 $m = 2$ 时：

（1）根据权值分布 $\boldsymbol{w}_2$ 得到阈值为 $v = 8.5$ 的弱分类器：

$$f_2(x) = \begin{cases} 1, & x \leqslant 8.5 \\ -1, & x > 8.5 \end{cases}$$

（2）该弱分类器产生的错误率 $e_2 = 0.21$。

（3）计算 $f_2(x)$ 的系数：$\alpha_2 = \dfrac{1}{2} \log \dfrac{1 - e_2}{e_2} \approx 0.65$。

（4）更新训练数据的权值分布 $w_{3i} \propto w_{2i} \exp(-\alpha_2 y_i f_2(x_i)), i = 1, 2, \cdots, 10$，得到

$$\boldsymbol{w}_3 = (0.04, 0.04, 0.04, 0.17, 0.17, 0.17, 0.11, 0.11, 0.11, 0.04)$$

当 $m = 3$ 时：

（1）根据权值分布 $\boldsymbol{w}_3$ 得到阈值为 $v = 5.5$ 的弱分类器

$$f_3(x) = \begin{cases} 1, & x > 5.5 \\ -1, & x \leqslant 5.5 \end{cases}$$

（2）该弱分类器产生的错误率 $e_3 = 0.18$。

（3）计算 $f_2(x)$ 的系数：$\alpha_3 = \dfrac{1}{2} \log \dfrac{1 - e_3}{e_3} \approx 0.75$。

最终分类器可以表示成

$$F(x) = \text{sgn}[0.42 f_1(x) + 0.65 f_2(x) + 0.75 f_3(x)]$$

---

2. 分类树和多分类逻辑回归

在非线性逻辑回归中，通过基函数或者核函数可以构造复杂的决策边界。若把非线性函数的定义域划分成若干子区域，则每个子区域上的决策边界函数相对简单（可以用线性超平面决策函数来近似）。利用该思想，另一种构造复杂决策边界的方法是把数据空间分割成不同区域，然后在每个子区域上应用不同的学习器。

考虑如下由阶跃函数加权和表示的逻辑回归模型：

$$f(\boldsymbol{x}) = w_0 + \sum_{i=1}^{K} w_i I^{+}[\boldsymbol{\alpha}_i^{\mathrm{T}} \boldsymbol{x}]$$

式中：$I^{+}(\cdot)$ 为阶跃函数。

若把阶跃函数看成一种弱分类器，则上述集成模型可视为一个强分类器。针对该模型，也可以通过 AdaBoost 的训练模式对上述逻辑回归模型中的 w_i 和 $\boldsymbol{\alpha}_i$ 进行估计，从而实现复杂的分类器。本质上，该逻辑回归将整个空间分成若干子空间，并对每个子空间定义一个简单学习器。根据上述逻辑回归或者集成学习的思想构造决策树分类器。决策树的生成通过递归过程实现：决策树的根节点包含所有样本，对样本集进行分析和划分；若当前节点的样本属于同一类型，则该节点作为叶节点，并停止往下生长树，反之，通过一定准则选择最优划分属性（可以为某个特征分量，或者特征向量的组合），将该节点样本进行划分；反复对每个节点进行分析和划分，直到所有节点均不能划分为止。

不同决策树的不同之处在于如何设计分支节点的分类准则。假如每个分支节点只通过选择一个特征分量来进行分类，此时特征分量的好坏往往用信息熵来度量。若样本集合 $\mathcal{D}$ 中第 k 类样本所占的比例为 p_k，则信息熵为

$$H_D = -\sum_{k=1}^{K} p_k \log_2 p_k$$

假如利用某一分类属性将样本集合 $\mathcal{D}$ 划分成 V 个子集合 $\{\mathcal{D}^1, \cdots, \mathcal{D}^V\}$。计算出每个子集合的信息熵，记为 $H_{D^v}, v \in \{1, \cdots, V\}$。然后，定义信息增益来评估该分类属性的好坏：

$$\text{Gain} = H_D - \sum_{v=1}^{V} \frac{|D^v|}{|D|} H_{D^v}$$

根据上述信息增益的计算，选择每个树节点的最优划分属性，并建立起一棵分类决策树。

假如决策树的每个分支节点分类器通过分支逻辑回归模型来进行描述，则各分支判别函数能够并行优化。传统分支逻辑回归模型可表示成

$$y = (1 - g(\boldsymbol{x}, \boldsymbol{w}))[\boldsymbol{\alpha}_0^T \boldsymbol{x}] + g(\boldsymbol{x}, \boldsymbol{w})[\boldsymbol{\alpha}_1^T \boldsymbol{x}]$$

式中：$g(\boldsymbol{x}, \boldsymbol{w})$ 为门限函数，其函数值范围为 $[0, 1]$。门限函数通常设置成逻辑函数 $g(\boldsymbol{x}, \boldsymbol{w}) = \text{sgn}[\boldsymbol{w}^T \boldsymbol{x}]$。因此，该分支逻辑回归模型的学习意味着通过训练数据对参数向量 $\{\boldsymbol{w}, \boldsymbol{\alpha}_0, \boldsymbol{\alpha}_1\}$ 进行估计。通过门限函数 $g(\boldsymbol{x}, \boldsymbol{w})$ 的作用，上述模型可以看成一个切换模型或者分类树中的节点分支，使得不同（区域的）样本运用不同的回归模型。

3. 随机森林

Bagging 算法的基本思想是对多个近似无偏模型进行平均，从而减少分类或者拟合误差。其基本做法：在给定的 N 个样本中随机有放回地抽取 N_0 个样本集合，然后训练出一个基学习器，重复上述操作 M 次，得到 M 个基学习器。在对新样本进行预测输出时，Bagging 算法通常对分类任务设计一种结合策略，如平均法、投票法或者次学习法。次学习法是将 M 个基学习器的输出作为样本再设计一个分类器来实现待解决的分类任务。因此，平均法和投票法在一定程度上都属于次学习法。

随机森林是 Bagging 的扩展，其基分类器专指决策树。决策树的训练过程中，引入随机属性选择，即决策树每个节点的属性集合是随机选择的：先从该节点的属性集合中随机选择 k 个属性，再根据它们的性能比较找出一个最优属性用于该节点的划分。这里的 k 值若跟回归参数数目 d 相同，则所构建的基决策树退化成传统决策树。一般情况下，推荐 $k = \log_2 d$。

与 Bagging 比较，随机森林不仅采用了样本扰动（通过对初始样本集的有放回的随机采样），而且采用了属性扰动（在设计决策树过程中，随机选择树节点的属性），这使得最终集成的分类器泛化性能进一步提升。

由于采用有放回的随机采样，其样本集合之间存在的相关性，因此训练得到的基分类器之间也存在着相关性。对于 N 个独立同分布随机变量的平均，其方差为 σ^2/N；但是，假如每对变量之间的相关系数为 ρ，则 N 个变量平均的方差为 $\rho\sigma^2 + \dfrac{1 - \rho}{N}\sigma^2$。从这可以看出，相关性越小，泛化性能越好。这给随机采样提供指导。

训练样本集合的随机性导致了基学习器的多样性。假如集成学习器是通过对 M 个基分类器加权平均得到

$$F(\boldsymbol{x}) = \sum_{i=1}^{M} w_i f_i(\boldsymbol{x})$$

式中：$\sum_{i=1}^{M} w_i = 1$。

定义单个学习器的多样性度量为

$$A(f_i(\boldsymbol{x})) = [f_i(\boldsymbol{x}) - F(\boldsymbol{x})]^2$$

则多个学习器加权多样性度量为

$$\bar{A}(f) = \sum_{m=1}^{M} w_i A(f_i(\boldsymbol{x})) = \sum_{m=1}^{M} w_i (f_i(\boldsymbol{x}) - F(\boldsymbol{x}))^2$$

习器和集成学习器的平方误差记为

$$E(f_i|\boldsymbol{x}) = (g(\boldsymbol{x}) - f_i(\boldsymbol{x}))^2$$

$$E(F|\boldsymbol{x}) = (g(\boldsymbol{x}) - F(\boldsymbol{x}))^2$$

基学习器的均方误差，则有

$$w_i E(f_i|\boldsymbol{x}) - E(F|\boldsymbol{x}) = \bar{E}(f|\boldsymbol{x}) - E(F|\boldsymbol{x})$$

$$E(F|\boldsymbol{x}) = \bar{E}(f|\boldsymbol{x}) - \bar{A}(f|\boldsymbol{x})$$

准确性越高、多样性越大（训练样本集越不相关）时，集成

务学习是指同时学习多个相关任务，充分利用多个任务间的相
泛化性能。针对多个相关任务的学习器设计，其难点在于如何
制。通常，多个任务之间的共享通过模型共享来实现。因此，不
型部分也需要有私有模型部分，如图 3.8 所示。

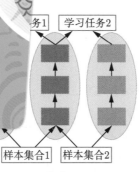

图 3.8　多任务学习模式

（a）并行共享模式；（b）串行共享模式

假设有 M 个学习任务，第 m 个任务对应的训练集为 $\mathcal{D}_m$，包含 N_m 个样本

$$\mathcal{D}_m = \{\boldsymbol{x}_m(t), y_m(t)\}_{t=1}^{N_m}$$

若这 M 个任务对应的模型分别为 $f_m(\boldsymbol{x}, \boldsymbol{\theta}, \boldsymbol{\theta}_m)$，其中 $\boldsymbol{\theta}$ 为共享模型参数，$\boldsymbol{\theta}_m$ 为第 m 个任务的私有参数。多任务学习的联合目标函数为所有任务损失函数的线性加权：

$$L(\boldsymbol{\theta}, \boldsymbol{\theta}_1, \cdots, \boldsymbol{\theta}_M) = \sum_{m=1}^{M} \sum_{t=1}^{N_m} \eta_m L_m[f_m(\boldsymbol{x}_m(t), \boldsymbol{\theta}, \boldsymbol{\theta}_m), y_m(t)]$$

式中：$L_m(\cdot)$ 为第 m 个任务的损失函数；η_m 为第 m 个任务的权重，权重选取的方式会直接影响多任务学习器的物理含义和性能。通常情况下，权重值会根据任务情况直接设置，而不再进行优化。

在对多任务学习器进行联合训练的过程中，为了避免过大计算量，可以从任务中随机选择一些训练样本。对于共享模型，可以在其他任务学习的基础上进行更新，而私有模型则通过任务自身数据进行训练。

3.5.3　迁移学习

传统机器学习的前提假设是训练数据和测试数据的分布相同。若不满足这个假设，则训练出来的学习器在测试集上效果会比较差。很多实际场景中，为实现特定学习任务进行数据标注的任务重、成本高，为此可以采用相关任务的大量标注数据，将其学习得到的知识进行泛化，并协助目标任务完成学习功能。如何将相关任务的训练数据中可泛化知识迁移到目标任务上，就是迁移学习要解决的问题。

假设一些机器学习任务的样本空间为 $\mathcal{X} \times \mathcal{Y}$，其概率密度函数 $p(\boldsymbol{x}, y)$。定义领域 $\mathcal{D} = \{\mathcal{X}, \mathcal{Y}, p(\boldsymbol{x}, y)\}$。若两个领域的输入空间、输出空间或者概率分布有差异，则认为这两个领域是不同的。通常把一个机器学习任务定义为在领域 $\mathcal{D}$ 上的条件概率函数 $p(y|\boldsymbol{x})$ 建模问题。

根据任务领域的不同，迁移学习的方式也多种多样。在这里，我们所考虑的迁移学习是指原领域和目标领域的输入边际不同 $p_S(\boldsymbol{x}) \neq p_T(\boldsymbol{x})$，但是条件概率（学习任务）相同 $p_S(y|\boldsymbol{x}) = p_T(y|\boldsymbol{x})$。解决该问题的关键在于如何获得领域无关的表示。假设学习模型 $f : \mathcal{X} \to \mathcal{Y}$ 使得如下损失函数最小：

$$
\begin{aligned}
\mathcal{R}_T(\boldsymbol{\theta}_f) &= \mathcal{E}_{(\boldsymbol{x}, y) \sim p_T(\boldsymbol{x}, y)}[L(f(\boldsymbol{x}, \boldsymbol{\theta}_f), y)] \\
&= \mathcal{E}_{(\boldsymbol{x}, y) \sim p_S(\boldsymbol{x}, y)} \frac{p_T(\boldsymbol{x}, y)}{p_S(\boldsymbol{x}, y)}[L(f(\boldsymbol{x}, \boldsymbol{\theta}_f), y)] \\
&= \mathcal{E}_{(\boldsymbol{x}, y) \sim p_S(\boldsymbol{x}, y)} \frac{p_T(\boldsymbol{x})}{p_S(\boldsymbol{x})}[L(f(\boldsymbol{x}, \boldsymbol{\theta}_f), y)]
\end{aligned}
\tag{3.36}
$$

式中：$L(\cdot)$ 为损失函数；$\boldsymbol{\theta}_f$ 为模型参数；最后一个等式是通过相同条件概率假设推导得到。

如果能够学习一个映射函数 $g : \mathcal{X} \to \mathbb{R}^d$，将 $\boldsymbol{x}$ 映射到一个新特征空间，使其在新特征空间中的原领域和目标领域的边际分布相同 $p_S(g(\boldsymbol{x}, \boldsymbol{\theta}_g)) = p_T(g(\boldsymbol{x}, \boldsymbol{\theta}_g))$，那么式 (3.36) 中的目标函数可以近似成

$$
\begin{aligned}
\mathcal{R}_T(\boldsymbol{\theta}_f, \boldsymbol{\theta}_g) &= \mathcal{E}_{(\boldsymbol{x}, y) \sim p_T(\boldsymbol{x}, y)}[L(f(\boldsymbol{x}, \boldsymbol{\theta}_f), y)] \\
&\approx \mathcal{E}_{(\boldsymbol{x}, y) \sim p_S(\boldsymbol{x}, y)}[L(f(g(\boldsymbol{x}, \boldsymbol{\theta}_g), \boldsymbol{\theta}_f), y)] + \gamma d_g(S, T) \\
&= \mathcal{R}_S(\boldsymbol{\theta}_f, \boldsymbol{\theta}_g) + \gamma d_g(S, T)
\end{aligned}
$$

式中：$\mathcal{R}_S(\boldsymbol{\theta}_f, \boldsymbol{\theta}_g)$ 为原领域上的期望风险函数；$d_g(S, T)$ 为用于度量在新特征空间中原领域和目标领域的分布函数差异。

学习的目的是优化参数 $\boldsymbol{\theta}_f$、$\boldsymbol{\theta}_g$ 使得特征提取是领域无关的，并且在原领域上的损失最小。

解决上述问题，可采用串行或者并行方法。串行方法是先实现两个领域的映射，即找到最优参数 $\boldsymbol{\theta}_g$ 使得映射后两个领域的输入域分布差异最小，其中分布差异用 KL 函数表示。在完成映射之后，再优化 $\boldsymbol{\theta}_f$ 使得原领域上的期望风险最小。并行方法采用领域对抗学习来实现。领域迁移的目标函数可以分解为两个对抗的目标：学习参数 $\boldsymbol{\theta}_c$ 使得判别器能够尽可能区分出特征向量来自哪个领域；学习参数 $\boldsymbol{\theta}_g$ 使得特征向量无法被判别器识别，同时学习参数 $\boldsymbol{\theta}_f$ 使得损失函数 $f(g(\boldsymbol{x}, \boldsymbol{\theta}_g), \boldsymbol{\theta}_f)$ 最小。

3.5.4 终身学习

终身学习也叫持续学习，是指像人类一样具有持续不断的学习能力。在历史学习任务中不断积累经验和知识，并应用到新任务的学习。终身学习和多任务学习很相似，不同之处在于：终身学习并不在所有任务上同时学习，而是按照一定顺序逐个学习。在终身学习中，一个关键问题是如何避免灾难性遗忘，即在学习新任务时不忘记先前学习和积累的经验知识。

解决灾难性遗忘的方法有很多，这里介绍弹性权重巩固方法。以两个任务的持续学习为例，假设任务 $\mathcal{T}_A$ 和 $\mathcal{T}_B$ 的数据集分别为 $\mathcal{D}_A$ 和 $\mathcal{D}_B$。采用贝叶斯估计方法，将模型参数 $\boldsymbol{\theta}$ 作为学习任务。假设两个任务的独立同分布数据集的并集 $\mathcal{D} = \mathcal{D}_A \cup \mathcal{D}_B$ 的后验分布为

$$
\begin{aligned}
\log p(\theta | \mathcal{D}) &= \log p(\mathcal{D} | \boldsymbol{\theta}) + \log p(\boldsymbol{\theta}) - \log p(\mathcal{D}) \\
&= \log p(\mathcal{D}_A | \boldsymbol{\theta}) + \log p(\mathcal{D}_B | \boldsymbol{\theta}) + \log p(\boldsymbol{\theta}) - \log p(\mathcal{D}_A) - \log p(\mathcal{D}_B) \qquad (3.37) \\
&= \log p(\mathcal{D}_B | \boldsymbol{\theta}) + \log p(\boldsymbol{\theta} | \mathcal{D}_A) - \log p(\mathcal{D}_B)
\end{aligned}
$$

其中：$p(\boldsymbol{\theta} | \mathcal{D}_A)$ 包含了在执行任务 $\mathcal{T}_A$ 上学习到的信息。从上式可以看出，当顺序执行学习任务 $\mathcal{T}_B$ 时，参数在两个任务上的后验概率和其在 $\mathcal{T}_A$ 上的后验分布有关。这可以认为是知识的传递和影响的过程。

在后验概率表达式 (3.37) 中，任务 $\mathcal{T}_A$ 所对应的后验概率 $p(\boldsymbol{\theta}|\mathcal{D}_A)$ 比较难以建模，通常用高斯分布来近似表达，即

$$p(\boldsymbol{\theta}|\mathcal{D}_A) = \mathcal{N}(\boldsymbol{\theta}_A, \boldsymbol{F}^{-1})$$

式中：$\boldsymbol{F}$ 为 Fisher 信息矩阵，其通常用于度量似然函数 $p(\boldsymbol{x};\boldsymbol{\theta})$ 携带关于参数 $\boldsymbol{\theta}$ 的信息量。Fisher 信息矩阵的对角值反映了对应参数的极大似然估计值的不确定性：其值越大，参数估计的方差越小，估计越可靠。

在给定似然函数 $p(\boldsymbol{x};\boldsymbol{\theta})$ 的情况下，Fisher 矩阵定义为

$$\boldsymbol{F}(\boldsymbol{\theta}) = \mathcal{E}[\nabla_{\boldsymbol{\theta}} \log p(\boldsymbol{x};\boldsymbol{\theta}) \nabla_{\boldsymbol{\theta}}^{\mathrm{T}} \log p(\boldsymbol{x};\boldsymbol{\theta})]$$

在不知道 $p(\boldsymbol{x};\boldsymbol{\theta})$ 但给定任务 $\mathcal{T}_A$ 的数据集 $\mathcal{D}_A$ 的情况下，Fisher 矩阵可以近似为

$$\boldsymbol{F}^A(\boldsymbol{\theta}) = \frac{1}{N_A} \sum_{t=1}^{N_A} \nabla_{\boldsymbol{\theta}} \log p(\boldsymbol{x}_t;\boldsymbol{\theta}) \nabla_{\boldsymbol{\theta}}^{\mathrm{T}} \log p(\boldsymbol{x}_t;\boldsymbol{\theta})$$

通过对后验概率密度函数的高斯近似表达，训练任务 $\mathcal{T}_B$ 所对应的损失函数为

$$L(\boldsymbol{\theta}) = L_B(\boldsymbol{\theta}) + \frac{\lambda}{2} \|\boldsymbol{\theta} - \boldsymbol{\theta}_A\|_{\boldsymbol{F}^A(\boldsymbol{\theta}_A)}^2$$

式中：$\boldsymbol{\theta}_A$ 为训练任务 $\mathcal{T}_A$ 学习得到的参数；λ 为平衡两个任务重要性的参数（或者使用经验知识的权重）。

上述损失函数的第二项可以看成贝叶斯估计的先验知识部分，因此从训练任务 $\mathcal{T}_A$ 中获得的关于 $\boldsymbol{\theta}$ 的先验信息，可以供后续训练任务使用。

3.5.5　元学习

在面对不同的任务时，人脑的学习机制并不相同。即使面对同一个新任务，人们往往能很快找到其学习方式。这种可以动态调整的学习方式称为元学习，也称为学习的学习。元学习的目的是从已有任务中学习一种学习方法或元知识，可以加速新任务的学习。这里介绍基于优化器的元学习。

神经网络的学习方法主要是定义一个目标损失函数 $L(\boldsymbol{\theta})$，并通过梯度下降算法来最小化 $L(\boldsymbol{\theta})$：

$$\boldsymbol{\theta}_t \leftarrow \boldsymbol{\theta}_{t-1} - \alpha \nabla L(\boldsymbol{\theta}_{t-1})$$

式中：α 为学习率。

针对不同的任务，需要选择不同的学习率和优化方法（或不同参数更新方法），而元学习可以用于自动学习一种更新参数的规则，即用神经网络对梯度下降的过程进行建模。用

函数 $g_t(\cdot)$ 来预测第 t 步参数更新的差值 $\delta\boldsymbol{\theta}_t = \boldsymbol{\theta}_t - \boldsymbol{\theta}_{t-1}$。函数 $g_t(\cdot)$ 称为优化器，其输入为当前时刻的梯度值，输出是参数的更新差值 $\delta\boldsymbol{\theta}_t$。这样，第 t 步的更新规则可以写成

$$\boldsymbol{\theta}_t = \boldsymbol{\theta}_{t-1} + g_t(\nabla L(\boldsymbol{\theta}_{t-1}); \boldsymbol{\phi})$$

式中：$\boldsymbol{\phi}$ 为优化器 $g_t(\cdot)$ 的参数。

学习优化器 $g_t(\cdot)$ 的过程可以看作元学习过程，其目标是找到一个适用于多个不同任务的优化器。不同于普通梯度下降法使得目标函数值 $L(\boldsymbol{\theta})$ 下降，优化器元学习的每步迭代目标是使得函数值 $L(\boldsymbol{\theta})$ 最小。

更一般化，第 t 步的参数估计 $\boldsymbol{\theta}_t$ 也可以由参数 $\boldsymbol{\phi}$ 决定的长短时记忆网络得到，表达式如下：

$$\boldsymbol{\theta}_t = \boldsymbol{\theta}_{t-1} + \boldsymbol{g}_t$$

$$[\boldsymbol{g}_t, \boldsymbol{h}_t] = \mathrm{LSTM}(\nabla L(\boldsymbol{\theta}_{t-1}), \boldsymbol{h}_{t-1}; \boldsymbol{\phi})$$

LSTM 网络能够记忆梯度的历史信息，学习到的优化器可以看成一个高阶递归模型。上述基于优化器的元学习方法，其目的是寻找神经网络的参数 $\boldsymbol{\phi}$（或者优化器）使得多个任务函数的加权值最小。

习题

1. 已知类 w_1 包含二维向量 $\begin{bmatrix} 0.2 \\ 0.7 \end{bmatrix}, \begin{bmatrix} 0.3 \\ 0.3 \end{bmatrix}, \begin{bmatrix} 0.4 \\ 0.5 \end{bmatrix}, \begin{bmatrix} 0.6 \\ 0.5 \end{bmatrix}, \begin{bmatrix} 0.1 \\ 0.4 \end{bmatrix}$，类 w_2 包含二维向量 $\begin{bmatrix} 0.4 \\ 0.6 \end{bmatrix}, \begin{bmatrix} 0.6 \\ 0.2 \end{bmatrix}, \begin{bmatrix} 0.7 \\ 0.4 \end{bmatrix}, \begin{bmatrix} 0.8 \\ 0.6 \end{bmatrix}, \begin{bmatrix} 0.7 \\ 0.5 \end{bmatrix}$。试设计误差平方和最小的线性分类器 $w_1 x_1 + w_2 x_2 + w_0 = 0$。

2. 给定 $\boldsymbol{x}$ 的值和条件概率分布 $p(y|\boldsymbol{x})$，试证明均方估计

$$y^* = \arg\min_{\hat{y}} \mathcal{E}[\|y - \hat{y}\|^2]$$

满足如下关系式：

$$y^* = \mathcal{E}[y|\boldsymbol{x}] = \int_{-\infty}^{\infty} y p(y|\boldsymbol{x}) \mathrm{d}y$$

3. 考虑如下正则优化问题：

$$\min_{\boldsymbol{\theta}} \|\boldsymbol{y} - \boldsymbol{X}\boldsymbol{\theta}\|^2 + \boldsymbol{\theta}^{\mathrm{T}} \boldsymbol{D} \boldsymbol{\theta}$$

式中：$\boldsymbol{D}$ 为正定矩阵。试证明其最优解满足

$$\hat{\boldsymbol{\theta}} = (\boldsymbol{X}^{\mathrm{T}} \boldsymbol{X} + \boldsymbol{D})^{-1} \boldsymbol{X}^{\mathrm{T}} \boldsymbol{y}$$

4. 考虑如下两类样本点:

$$w_1: \begin{bmatrix} 1 \\ 1 \end{bmatrix}, \begin{bmatrix} 1 \\ -1 \end{bmatrix}$$

$$w_2: \begin{bmatrix} -1 \\ 1 \end{bmatrix}, \begin{bmatrix} -1 \\ -1 \end{bmatrix}$$

采用 SVM 方法,试证明最优分类面为 $x_1 = 0$。

5. 令 x_1 和 x_2 为 l 维空间中的两点。试证明:垂直平分线段 x_1-x_2 的超平面可以表示成

$$(x_1 - x_2)^{\mathrm{T}} x - \frac{1}{2}\|x_1\|^2 + \frac{1}{2}\|x_2\|^2 = 0$$

其中: x_1 位于超平面正侧。

6. 从低维输入空间到较高维度空间的映射为 $x \in \mathbb{R} \to \phi(x) \in \mathbb{R}^{2k+1}$,其中

$$\phi(x) = \begin{bmatrix} \dfrac{1}{\sqrt{2}} & \cos x & \cdots & \cos(kx) & \sin(x) & \cdots & \sin(kx) \end{bmatrix}^{\mathrm{T}}$$

证明其对应的内积核为

$$\phi^{\mathrm{T}}(x_i)\phi(x_j) = \kappa(x_i, x_j) = \frac{\sin\left((k+1/2)(x_i - x_j)\right)}{2\sin\left(\dfrac{x_i - x_j}{2}\right)}$$

7. 试设计一个由 3 个神经元构成的神经网络来实现逻辑"异或"运算。

8. 给定如表 3.3 所示的客户购买计算机统计数据。① 计算每个属性的信息增益量,然后选择信息增益最大的属性;② 建立整个决策树;③ 试判断收入高信用等级差的老年学生是否会购买计算机。

表 3.3 客户购买计算机数据统计表

序号	年龄	收入	学生	信用	购买
1	青年	高	否	差	否
2	青年	高	否	优	否
3	中年	高	否	差	是
4	老年	中	否	差	是
5	老年	低	是	差	是
6	老年	低	是	优	否
7	中年	低	是	优	是
8	青年	中	否	差	否
9	青年	低	是	差	是
10	老年	中	是	差	是
11	青年	中	是	优	是

序号	年龄	收入	学生	信用	购买
12	中年	中	否	优	是
13	中年	高	是	优	是
14	老年	中	否	优	否

9. 考虑如下线性回归模型

$$\boldsymbol{y} = \boldsymbol{X}\boldsymbol{\theta} + \boldsymbol{\eta}$$

式中: $\boldsymbol{\theta} \in \mathbb{R}^l$ 为参数向量; $\boldsymbol{\eta} \in \mathbb{R}^N$ 为观测噪声。若 $\boldsymbol{X}$ 和 $\boldsymbol{y}$ 的观测值均受噪声影响, 试求解如下总体最小二乘优化问题:

$$\min_{\boldsymbol{e}, \boldsymbol{E}} \|[\boldsymbol{E} \quad \boldsymbol{e}]\|_F$$

$$\text{s.t.}\, \boldsymbol{y} - \boldsymbol{e} \in \text{ran}(\boldsymbol{X} - \boldsymbol{E})$$

假设 $\boldsymbol{X}$ 的奇异值满足 $\sigma_1 \geqslant \cdots \geqslant \sigma_l > 0$, $[\boldsymbol{X} \quad \boldsymbol{y}]$ 的奇异值满足 $\bar{\sigma}_1 \geqslant \cdots \geqslant \bar{\sigma}_{l+1} > 0$, 而且有 $\bar{\sigma}_{l+1} < \sigma_l$ 和 $\bar{\sigma}_l > \bar{\sigma}_{l+1}$。证明参数 $\boldsymbol{\theta}$ 的最优解满足

$$\hat{\boldsymbol{\theta}} = (\boldsymbol{X}^{\mathrm{T}}\boldsymbol{X} - \bar{\sigma}_{l+1}^2\boldsymbol{I})^{-1}\boldsymbol{X}^{\mathrm{T}}\boldsymbol{y}$$

10. 针对感知器算法式 (3.28), 如果 $\rho_t = \rho$ 为固定步长, 试证明算法在第 $k_0 = \dfrac{\|\boldsymbol{\alpha}_0 - \eta\boldsymbol{\alpha}^*\|}{\beta^2\rho(2-\rho)}$ 步之后收敛, 其中 $\eta = \dfrac{\beta^2}{\gamma}$ 和 $\rho < 2$。

第

4 章

无监督学习方法

无监督学习中的训练样本不带任何标记信息，其目标是通过对无标记训练样本的学习来揭示数据生成的内在规律和模式结构，主要包括聚类、降维和概率估计，为进一步数据分析或者监督学习提供基础。

无监督学习的基本思想是对给定（矩阵）数据进行压缩，从而找到数据的潜在结构。假设训练数据集由 N 个样本组成，每个样本为 M 维向量。训练数据由如下矩阵表示，每一行对应一个特征，每一列对应一个样本：

$$
\boldsymbol{X} = \begin{bmatrix} x_{11} & \cdots & x_{1N} \\ \vdots & \ddots & \vdots \\ x_{M1} & \cdots & x_{MN} \end{bmatrix}
$$

若对数据矩阵 $\boldsymbol{X}$ 的纵向结构进行发掘，把相似的样本聚到同类，则可以实现数据的**聚类**；若对数据矩阵 $\boldsymbol{X}$ 的横向结构进行发掘，把高维空间的向量转换为低维空间的向量，则可以实现数据的**降维**；假设数据由含有隐式结构的概率模型生成，若同时对数据矩阵 $\boldsymbol{X}$ 的横向和纵向结构进行发掘，则可以学习数据生成的**概率模型**。

4.2 节介绍的聚类是指将样本集合中相似的样本划分到同一类别，不相似的样本划分到不同类别。对于聚类任务，类别不是事先给定的，而是在数据分析过程中自动发现。聚类在无监督学习任务中有着广泛的应用，例如在一些商业应用中需对新用户的类型进行判断：先根据新用户的数据进行聚类，再针对每个聚类结果训练模型并判断新用户的类型。不同的聚类策略会有不同的聚类结果，因此聚类性能的好坏具有一定的主观性。针对不同的聚类任务，往往需要事先给定聚类准则或相似性度量。若一个样本只属于一个类，则称为硬聚类；若一个样本属于多个类，则称为软聚类。聚类任务一般需要遵循如下步骤：近邻测度，特征选择，聚类算法，结果验证。假设 $\boldsymbol{X} = [\boldsymbol{x}_1, \cdots, \boldsymbol{x}_N]$ 为数据集，m 聚类是将 $\boldsymbol{X}$ 分割成 m 个互不重合的非空子集 $C_1, \cdots, C_m$ 使其满足 $\bigcup_{i=1}^{m} C_i = \boldsymbol{X}$。在同一聚类 C_i 中的向量"相似"，而不同聚类中的向量"不相似"。利用模糊函数，聚类可分成 m 个类并用 m 个隶属度函数 $\{u_j\}_{j=1}^m$ 来表示：

$$
u_j : \boldsymbol{x} \to [0,1], \quad j = 1, \cdots, m
$$

且

$$
\sum_{j=1}^{m} u_j(\boldsymbol{x}_i) = 1, \quad 0 < \sum_{i=1}^{N} u_j(\boldsymbol{x}_i) < N
$$

若某两个特征向量所对应的隶属函数值接近，则认为它们是相似的。

4.3 节介绍的降维是将训练数据中的样本从高维空间转换到低维空间。假设原始样本存在于高维空间，通过降维则能够更好地表示样本数据的结构，即更好揭示样本之间的关系。高维空间往往是欧几里得空间（简称欧氏空间），而低维空间往往是流形空间。低维空间不是事先给定，而是从数据中自动发现。从高维空间到低维空间的压缩过程中，要保证样本的信息损失最小。降维有线性降维和非线性降维，其有两个目的：一是通过降维可以帮助发现数据中隐藏的横向结构，即特征之间的空间关联结构；二是通过降维可以大大减少计算量，从而提升相关算法的大数据处理能力。

4.4 节介绍的概率模型估计简称为概率估计。假设训练数据是由一个概率模型生成，则概率模型估计旨在利用训练数据学习概率模型的结构和参数。概率模型的结构类型或模型集合是事先给定，而模型的具体结构和参数需要从数据中学习。概率模型通常表示成条件概率分布 $p(\boldsymbol{x}|z;\boldsymbol{\theta})$，其中随机变量 $\boldsymbol{x}$ 表示观测数据，随机变量 z 表示隐式结构，随机变量 $\boldsymbol{\theta}$ 表示参数。当概率模型为混合模型时，z 表示成分的个数；当模型为概率图模型时，z 表示图的结构。

4.1 近邻测度和聚类准则

1. 不相似性测度

数据集 X 上的不相似测度或者距离度量 d 需要满足如下基本性质：

非负性：$d(\boldsymbol{x}_i, \boldsymbol{x}_j) \geqslant 0$

同一性：$d(\boldsymbol{x}_i, \boldsymbol{x}_i) = 0$

对称性：$d(\boldsymbol{x}_i, \boldsymbol{x}_j) = d(\boldsymbol{x}_j, \boldsymbol{x}_i)$

直递性：$d(\boldsymbol{x}_i, \boldsymbol{x}_j) \leqslant d(\boldsymbol{x}_i, \boldsymbol{x}_k) + d(\boldsymbol{x}_j, \boldsymbol{x}_k)$

最常用的度量为 l_p 或者 Minkowski 距离

$$d_p(\boldsymbol{x}_i, \boldsymbol{x}_j) = \left(\sum_{k=1}^{M} |x_{ik} - x_{jk}|^p \right)^{1/p}$$

不同 p 值有着不同的距离定义：

$p = 1$，Manhattan 距离：$d_1(\boldsymbol{x}_i, \boldsymbol{x}_j) = \sum_{k=1}^{M} w_k |x_{ik} - x_{jk}|$

$p = 2$，欧几里得距离：$d_2(\boldsymbol{x}_i, \boldsymbol{x}_j) = \sqrt{(\boldsymbol{x}_i - \boldsymbol{x}_j)^{\mathrm{T}} \boldsymbol{W} (\boldsymbol{x}_i - \boldsymbol{x}_j)}$

$p = \infty$：$d_\infty(\boldsymbol{x}_i, \boldsymbol{x}_j) = \max_{1 \leqslant k \leqslant M} w_k |x_{ik} - x_{jk}|$

式中：w_k 和 $\boldsymbol{W}$ 均为加权参数。

2. 相似性测度

两个向量之间最常用的相似测度为归一化内积或者余弦相似测度：

$$\cos(\angle \boldsymbol{x}_1, \boldsymbol{x}_2) = \frac{\boldsymbol{x}_1^{\mathrm{T}} \boldsymbol{x}_2}{\|\boldsymbol{x}_1\| \|\boldsymbol{x}_2\|}$$

若两个向量的方向一致，则上述余弦测度达到最大值 1；若两个向量方向正交，则余弦测度达到最小值 0。这个测度是旋转不变的。

Pearson 相关系数是去中心化的余弦相似测度：

$$r(\boldsymbol{x}_1, \boldsymbol{x}_2) = \frac{\tilde{\boldsymbol{x}}_1^{\mathrm{T}} \tilde{\boldsymbol{x}}_2}{\|\tilde{\boldsymbol{x}}_1\| \|\tilde{\boldsymbol{x}}_2\|}$$

式中

$$\tilde{\boldsymbol{x}}_1 = [x_{11} - \bar{x}_1, \cdots, x_{1M} - \bar{x}_1], \ \tilde{\boldsymbol{x}}_2 = [x_{21} - \bar{x}_2, \cdots, x_{2M} - \bar{x}_2]$$

其中

$$\bar{x}_1 = \frac{1}{M} \sum_{k=1}^{M} x_{1k}, \ \bar{x}_2 = \frac{1}{M} \sum_{k=1}^{M} x_{2k}$$

Tanimoto 相似测度定义为

$$s_{\mathrm{T}}(\boldsymbol{x}_1, \boldsymbol{x}_2) = \frac{\boldsymbol{x}_1^{\mathrm{T}} \boldsymbol{x}_2}{\|\boldsymbol{x}_1\|^2 + \|\boldsymbol{x}_2\|^2 - \boldsymbol{x}_1^{\mathrm{T}} \boldsymbol{x}_2}$$

通过一系列代数转换可得

$$s_{\mathrm{T}}(\boldsymbol{x}_1, \boldsymbol{x}_2) = \frac{1}{1 + \dfrac{(\boldsymbol{x}_1 - \boldsymbol{x}_2)^{\mathrm{T}} (\boldsymbol{x}_1 - \boldsymbol{x}_2)}{\boldsymbol{x}_1^{\mathrm{T}} \boldsymbol{x}_2}}$$

直观地说，Tanimoto 测度与加权欧几里得距离平方成反比。因此，$\boldsymbol{x}_1$ 和 $\boldsymbol{x}_2$ 越相关，s_{T} 值就越大。

3. 点和集合间的近邻函数

通常有两种方法定义点 $\boldsymbol{x}$ 与聚类 C 之间的近邻函数：

第一种方法，聚类 C 中所有点对近邻函数有贡献，包括：

最大近邻函数 $d_{\max}(\boldsymbol{x}, C) = \max\limits_{\boldsymbol{y} \in C} d(\boldsymbol{x}, \boldsymbol{y})$。

最小近邻函数 $d_{\min}(\boldsymbol{x}, C) = \min\limits_{\boldsymbol{y} \in C} d(\boldsymbol{x}, \boldsymbol{y})$。

平均近邻函数 $d_{\mathrm{avg}}(\boldsymbol{x}, C) = \dfrac{1}{n_c} \sum\limits_{\boldsymbol{y} \in C} d(\boldsymbol{x}, \boldsymbol{y})$。

第二种方法，将聚类 C 看成一种表达模式，如聚类点表达、超平面表达、超球面表达等。

聚类点表达是将聚类 C 看成一个均值点 $\boldsymbol{x}_c = \dfrac{1}{n_c} \sum\limits_{\boldsymbol{y} \in C} \boldsymbol{y}$，然后点 $\boldsymbol{x}$ 到聚类 C 的距离定义为 $d(\boldsymbol{x}, \boldsymbol{x}_c)$。

超平面表达是将聚类 C 看成一个超平面 $\boldsymbol{a}^{\mathrm{T}} \boldsymbol{x} + a_0 = 0$，然后点 $\boldsymbol{x}$ 到聚类 C 的欧几里得距离定义为 $d(\boldsymbol{x}, C) = \dfrac{|\boldsymbol{a}^{\mathrm{T}} \boldsymbol{x} + a_0|}{\|\boldsymbol{a}\|}$。

超球面表达是将聚类 C 看成一个超球面 $(\boldsymbol{x} - \boldsymbol{c})^{\mathrm{T}} (\boldsymbol{x} - \boldsymbol{c}) = r^2$，然后点 $\boldsymbol{x}$ 到聚类 C 的距离定义为 $d(\boldsymbol{x}, C) = \min\limits_{\boldsymbol{y} \in C} d(\boldsymbol{x}, \boldsymbol{y})$。

4. 集合与集合间的近邻函数

假如 C_1, C_2 为两个向量集合，通用的近邻函数包括：

最大近邻函数 $d_{\max}(C_1, C_2) = \max\limits_{\boldsymbol{x} \in C_1, \boldsymbol{y} \in C_2} d(\boldsymbol{x}, \boldsymbol{y})$。

最小近邻函数 $d_{\min}(C_1, C_2) = \min\limits_{\boldsymbol{x} \in C_1, \boldsymbol{y} \in C_2} d(\boldsymbol{x}, \boldsymbol{y})$。

平均近邻函数 $d_{\mathrm{avg}}(x, C) = \dfrac{1}{n_{c_1} n_{c_2}} \sum\limits_{\boldsymbol{x} \in C_1, \boldsymbol{y} \in C_2} d(\boldsymbol{x}, \boldsymbol{y})$，其中 n_{c_1} 和 n_{c_2} 分别为集合 C_1 和 C_2 中的样本点数。

5. 基于类内和类间距离的可分性判据

定义类内散布矩阵：

$$\boldsymbol{S}_w = \sum_{i=1}^{M} p_i \boldsymbol{\Sigma}_i$$

式中：$\boldsymbol{\Sigma}_i = \mathcal{E}[(\boldsymbol{x} - \boldsymbol{\mu}_i)(\boldsymbol{x} - \boldsymbol{\mu}_i)^{\mathrm{T}}]$ 和 $p_i = \dfrac{N_i}{N}$ 分别为第 i 类样本的协方差矩阵和先验概率。显然，$\mathrm{tr}[\boldsymbol{S}_w]$ 代表了类内方差的平均测度。

定义类间散布矩阵：

$$\boldsymbol{S}_b = \sum_{i=1}^{M} p_i (\boldsymbol{\mu}_i - \boldsymbol{\mu}_0)(\boldsymbol{\mu}_i - \boldsymbol{\mu}_0)^{\mathrm{T}}$$

式中：$\boldsymbol{\mu}_0 = \sum\limits_{i=1}^{M} p_i \boldsymbol{\mu}_i$ 为全局均值向量。显然，$\mathrm{tr}[\boldsymbol{S}_b]$ 代表了每一类样本均值与全局均值之间平均距离的测度。

定义混合散布矩阵：

$$\boldsymbol{S}_m = \mathcal{E}[(\boldsymbol{x} - \boldsymbol{\mu}_0)(\boldsymbol{x} - \boldsymbol{\mu}_0)^{\mathrm{T}}] = \boldsymbol{S}_w + \boldsymbol{S}_b \tag{4.1}$$

为所有样本的全局协方差矩阵。

类可分性的一个简单准则是：同类样本之间尽可能相似，即类内协方差尽可能小；异类样本之间尽可能远离，即类间协方差尽可能大。融合类内和类间散布矩阵信息，定义如下类可分性准则：

（1）$J_1 = \dfrac{\mathrm{tr}[\boldsymbol{S}_b]}{\mathrm{tr}[\boldsymbol{S}_w]}$：当每一类样本聚集在其均值周围，而且不同类完全分离时，该准则的值最大。

（2）$J_2 = \dfrac{|\boldsymbol{S}_b|}{|\boldsymbol{S}_w|}$：矩阵行列式的值为其所有特征值的乘积，其物理意义跟 J_1 类似。

（3）$J_3 = \mathrm{tr}[\boldsymbol{S}_w^{-1} \boldsymbol{S}_b]$：该准则同 J_2 类似，具有线性变换不变的特征。

对于二分类问题，$|\boldsymbol{S}_w|$ 与 $\sigma_1^2 + \sigma_2^2$ 成正比，$|\boldsymbol{S}_b|$ 与 $(\mu_1 - \mu_2)^2$ 成正比，合并两者可以得到 $J_2 = \dfrac{(\mu_1 - \mu_2)^2}{\sigma_1^2 + \sigma_2^2}$，称为 Fisher 判别率。

6. 基于概率分布的可分性判据

在无概率分布先验信息的情况下，样本间的距离可以用来分类。由于距离判据不能反映不同类别样本在空间上的交叠，因此研究基于概率分布的可分性判据显得尤为必要。如果不考虑各类别的先验概率（或假设两类样本的先验概率相等），若在 $p(\boldsymbol{x}|w_2) \neq 0$ 处都有 $p(\boldsymbol{x}|w_1) = 0$，则这两类完全可分。另一种极端情况是对所有特征向量 $\boldsymbol{x}$ 都有 $p(\boldsymbol{x}|w_1) = p(\boldsymbol{x}|w_2)$，则两类就完全不可分。

两类样本分布的交叠程度可用 $p(\boldsymbol{x}|w_1)$ 和 $p(\boldsymbol{x}|w_2)$ 这两个概率密度函数之间的距离来描述：

$$J_p = \int g[p(\boldsymbol{x}|w_1), p(\boldsymbol{x}|w_2), p(w_1), p(w_2)]\mathrm{d}\boldsymbol{x}$$

式中：$p(w_1)$ 和 $p(w_2)$ 分别为两个类别的先验概率。

概率分布函数之间的距离 J_p 应满足如下条件：

（1）$J_p \geqslant 0$；

（2）两类样本完全不交叠时 J_p 取最大值；

（3）当 $p(\boldsymbol{x}|w_1) = p(\boldsymbol{x}|w_2)$ 时，应满足 $J_p = 0$。

常用的概率分布函数之间的距离有 Cheroff 界和散度。

Cheroff 界：两类贝叶斯分类器的最小分类误差为

$$P_e = \int \min[p(w_i)p(\boldsymbol{x}|w_i), p(w_j)p(\boldsymbol{x}|w_j)]\mathrm{d}\boldsymbol{x}$$

考虑不等式 $\min[a,b] \leqslant a^s b^{1-s}$，$a, b \geqslant 0$，$0 \leqslant s \leqslant 1$，可得 Cheroff 界为

$$P_e \leqslant p^s(w_i)p^{1-s}(w_j) \int p^s(\boldsymbol{x}|w_1)p^{1-s}(\boldsymbol{x}|w_2)\mathrm{d}\boldsymbol{x}$$

当 $s = 1/2$ 时，有

$$P_e \leqslant \sqrt{p(w_i)p(w_j)} \int_{-\infty}^{+\infty} \sqrt{p(\boldsymbol{x}|w_1)p(\boldsymbol{x}|w_2)}\mathrm{d}\boldsymbol{x} = \sqrt{p(w_i)p(w_j)} \exp(-B)$$

式中

$$B = -\ln\left(\int p^{1/2}(\boldsymbol{x}|w_1)p^{1/2}(\boldsymbol{x}|w_2)\mathrm{d}\boldsymbol{x}\right)$$

B 为 Bhattacharyya 距离，当两类概率密度函数重合时，$B = 0$；当两类概率密度函数完全不重合时，$B = \infty$。

散度：两类概率的似然比对分类很重要，散度定义为

$$J_D = \int [p(\boldsymbol{x}|w_1) - p(\boldsymbol{x}|w_2)] \ln \frac{p(\boldsymbol{x}|w_1)}{p(\boldsymbol{x}|w_2)}\mathrm{d}\boldsymbol{x}$$

$$= \int p(\boldsymbol{x}|w_1) \ln \frac{p(\boldsymbol{x}|w_1)}{p(\boldsymbol{x}|w_2)}\mathrm{d}\boldsymbol{x} + \int p(\boldsymbol{x}|w_2) \ln \frac{p(\boldsymbol{x}|w_2)}{p(\boldsymbol{x}|w_1)}\mathrm{d}\boldsymbol{x}$$

J_D 也称为 JS 散度（见附录 A.5）。在两类样本都服从正态分布的情况下，散度为

$$J_D = \frac{1}{2}\text{tr}[\boldsymbol{\Sigma}_1^{-1}\boldsymbol{\Sigma}_2 + \boldsymbol{\Sigma}_2^{-1}\boldsymbol{\Sigma}_1 - 2\boldsymbol{I}] + \frac{1}{2}(\boldsymbol{\mu}_1 - \boldsymbol{\mu}_2)^{\text{T}}(\boldsymbol{\Sigma}_1^{-1} + \boldsymbol{\Sigma}_2^{-1})(\boldsymbol{\mu}_1 - \boldsymbol{\mu}_2)$$

当两类协方差矩阵相等时，Bhattacharyya 距离和散度关系如下：

$$J_D = (\boldsymbol{\mu}_1 - \boldsymbol{\mu}_2)^{\text{T}}\boldsymbol{\Sigma}^{-1}(\boldsymbol{\mu}_1 - \boldsymbol{\mu}_2) = 8J_B$$

J_D 也称为两类均值之间的 Mahalanobis 距离。

4.2 聚类方法

聚类是针对给定的样本，依据它们特征的相似度或距离，将其归并到若干"类"或"簇"的数据分析问题。直观上，相似的样本聚集在同一类，不相似的样本分散在不同的类。聚类的目的是通过得到的类或簇来发现数据的特点或对数据进行处理，在机器学习、模式识别等领域有着广泛的应用。聚类属于无监督学习，因为我们只根据样本的相似度或距离将其进行归类，且类或簇的信息事先未知。

聚类算法是指采用特定相似度测度和聚类准则对数据集合进行分类并揭示数据集的内在结构特征。聚类方法主要包含：**层次聚类算法**，该类算法采用矩阵理论和图论的方法，对数据集合进行合并或分裂：合并为自下而上操作，分裂为自上而下操作；**最优化聚类算法**，该类方法用特定代价函数来量化分类准则，通常聚类数量是固定的，根据代价函数的特征该类算法又分为硬聚类算法和模糊聚类算法；**图谱聚类算法**，该类方法是一种基于图论的聚类方法，利用关联矩阵的谱信息对数据进行聚类，图谱聚类对数据分布的适应性更强，聚类效果也更佳。

4.2.1 层次聚类算法

聚类分析是把 N 个没有标签的样本分成一些合理的类；在极端情况下，最多分成 N 类，每个样本自成一类；最少只有一个类，即全部样本属于一类。从 N 个类到 1 个类逐级地进行分类，得到类别数从多到少的划分方案，然后选择中间某个适当的划分方案作为聚类结果。这就是层次聚类的基本思想。层次聚类通常包含合并和分裂两类算法。合并算法是自下而上的方法，将每个样本初始化成一个聚类，然后计算任意两类之间的距离，把最小距离的两类进行合并，重复合并步骤直到所有样本都被合并到两个聚类中。分裂算法是自上而下的方法，初始聚类包含所有样本，然后第一步将原始聚类分成两类，再把两类中的每一类继续分成两类，以此类推直到每个样本均为一类。

接下来将重点介绍基于图论的聚类合并原理和方法。给定图 $G = (V, E)$，任意两个向量 $\boldsymbol{x}_1, \boldsymbol{x}_2 \in V$ 之间的距离度量定义为 $d(\boldsymbol{x}_1, \boldsymbol{x}_2)$。令 a 为不相似度阈值，定义阈值图 $G(a)$，其包含如下边：

$$(\boldsymbol{x}_i, \boldsymbol{x}_j) \in G(a), \quad d(\boldsymbol{x}_i, \boldsymbol{x}_j) \leqslant a$$

这就意味着阈值图 $G(a)$ 任意一条边所对应的两个特征向量之间的不相似度小于 a。对于同一样本集合，选择不同阈值会形成不同的阈值图。

假设 $h(k)$ 为图的性质，其定义通常有如下三种：

（1）节点连通性为 k：图的任何两个节点之间至少有 k 条连接路径，而且这 k 条路径没有公共点。

（2）边连通性为 k：图的任何两个节点之间至少有 k 条连接路径，而且这 k 条路径没有公共边。

（3）节点度为 k：图的任何一个节点至少有 k 条相连的边。

根据上述图性质 $h(k)$ 的定义，令聚类 C_r 和 C_s 关于图性质 $h(k)$ 的相似度为

$$g_{h(k)}(C_r, C_s) = \min_{\boldsymbol{x}_i \in C_r, \boldsymbol{x}_j \in C_s} \{d(\boldsymbol{x}_i, \boldsymbol{x}_j) = a :$$

$$由 C_r \cup C_s 定义的阈值图 G(a) 满足 h(k) 特性\}$$

上式可以解释成寻找最小的阈值 a，使得生成的阈值图 $G(a)$ 满足 $h(k)$ 特性。当 $k=1$ 时，$h(1)$ 代表图的单连通特性。此时，两个聚类的相似度通过如下公式进行计算：

$$g_{h(1)}(C_r, C_s) = \min_{\boldsymbol{x}_i \in C_r, \boldsymbol{x}_j \in C_s} \{d(\boldsymbol{x}_i, \boldsymbol{x}_j) = a : 由 C_r \cup C_s 定义的阈值图 G(a) 连通\}$$

定义了两个聚类在图上的相似性度量和图性质 $h(k)$ 之后，基于图论的合并算法描述如下：

（1）计算各节点间的不相似度矩阵 $\boldsymbol{P}_0$，其中 $[\boldsymbol{P}_0]_{ij} = d(\boldsymbol{x}_i, \boldsymbol{x}_j)$。令每个节点为一个集合：$C_i = \{\boldsymbol{x}_i\}, i = 1, \cdots, N$。

（2）找到距离最相似的两类并聚类：$g_{h(k)}(C_i, C_j) = \min_{r \neq s} g_{h(k)}(C_r, C_s)$。

（3）重复合并操作，一直到所有节点归为一类为止。

采用上述合并算法，能够得到一个层次聚类的树图。然后，根据实际工程需求，选择中间某个适当阈值可以得到满意的聚类结果。

例 4.1（基于图论的合并方法）

考虑如下距离（不相似）矩阵

$$\boldsymbol{P}_0 = \begin{bmatrix} 0 & 1 & 9 & 18 & 19 & 20 & 21 \\ 1 & 0 & 8 & 13 & 14 & 15 & 16 \\ 9 & 8 & 0 & 17 & 10 & 11 & 12 \\ 18 & 13 & 17 & 0 & 5 & 6 & 7 \\ 19 & 14 & 10 & 5 & 0 & 3 & 4 \\ 20 & 15 & 11 & 6 & 3 & 0 & 4 \\ 21 & 16 & 12 & 7 & 4 & 2 & 0 \end{bmatrix} \tag{4.2}$$

该矩阵所对应的 $G(13)$ 阈值图如图 4.1所示。根据不同的 $h(k)$ 定义，所产生的（不相似）树图也不一样（如图 4.2所示），从而导致聚类结果也会有所不同。

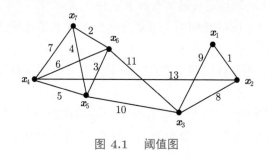

图 4.1   阈值图

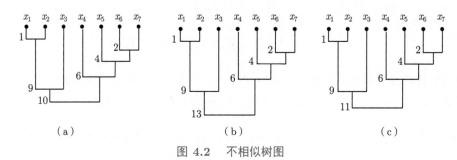

（a）   （b）   （c）

图 4.2   不相似树图

（a）$h(k)$ 表示节点度 $k = 2$ 时产生的不相似树图；（b）$h(k)$ 表示节点连通性 $k = 2$ 时产生的不相似树图；
（c）$h(k)$ 表示边连通性 $k = 2$ 时产生的不相似树图

4.2.2　最优化方法聚类算法

最优化聚类方法通常选择某一代价函数来量化可分性，而且聚类数目 m 通常固定。由于聚类优化问题的非凸特性，该类算法通常采用迭代优化的模式，不断更新聚类结果，直到聚类结果不再变化为止。

1. k 均值聚类

k 均值聚类是基于样本集合划分的聚类算法，将样本集合划分为 k 个子集，构成 k 个类，并将所有样本分到 k 个类别中，使每个样本到其所属类的中心（均值）的距离最小。该算法的核心是使用最小误差平方和准则。令 N_i 为第 i 聚类 Γ_i 样本数目，$\boldsymbol{m}_i$ 是这些样本的均值，即

$$\boldsymbol{m}_i = \frac{1}{N_i} \sum_{\boldsymbol{x} \in \Gamma_i} \boldsymbol{x}$$

误差总平方和聚类准则为

$$J_e = \sum_{i=1}^{k} \sum_{\boldsymbol{x} \in \Gamma_i} \|\boldsymbol{x} - \boldsymbol{m}_i\|^2 \tag{4.3}$$

上述度量用 k 个聚类中心 $\boldsymbol{m}_1, \cdots, \boldsymbol{m}_k$ 代表 k 个样本子集 $\Gamma_1, \cdots, \Gamma_k$ 所产生的总误差平方。

式(4.3)的误差平方和最小化问题是 NP 难问题, 无法用解析的方法最小化, 往往采用迭代优化的方法不断调整样本的类别归属。接下来介绍两种迭代优化方法。

（1）**批处理方法**：该方法在每次迭代过程中对所有的样本分类进行调整。首先选择 k 个类的均值, 将每个样本指派到与其最近的均值所对应的类；然后更新每个类的样本均值, 作为该类新的中心；重复以上步骤, 直到收敛为止。具体过程如下：

首先对于给定的均值 $\boldsymbol{m}_1, \cdots, \boldsymbol{m}_k$, 通过极小化如下目标函数对所有样本进行划分：

$$\min_{\Gamma_i} \sum_{i=1}^{k} \sum_{\boldsymbol{x} \in \Gamma_i} \|\boldsymbol{x} - \boldsymbol{m}_i\|^2$$

也就是说, 在类均值确定的情况下, 将每个样本分类到其中一个类, 使样本和其所属的中心之间距离总和最小。上述优化问题的最优解为每个样本指派到与其最近均值所对应的类别。

然后对于给定的样本划分 $\Gamma_1, \cdots, \Gamma_k$, 通过极小化如下目标函数求解各类的均值（中心）：

$$\min_{\boldsymbol{m}_i} \sum_{i=1}^{k} \sum_{\boldsymbol{x} \in \Gamma_i} \|\boldsymbol{x} - \boldsymbol{m}_i\|^2$$

也就是说, 在样本划分给定的情况下, 使样本和其所属中心之间的距离总和最小。上述优化问题的最优解为

$$\boldsymbol{m}_l = \frac{1}{n_l} \sum_{\boldsymbol{x} \in \Gamma_l} \boldsymbol{x}, \quad l \in \{1, 2, \cdots, m\}$$

重复上述两个步骤, 直到分类结果不再改变为止, 最终得到聚类结果。

（2）**单样本处理方法**：该方法在每次迭代过程中只对选中的单个样本进行调整。如果把样本 $\boldsymbol{x}$ 从 Γ_i 类移到 Γ_j 类中, 则 Γ_i 少了一个样本变成 $\tilde{\Gamma}_i$, 而 Γ_j 多了一个样本变成 $\tilde{\Gamma}_j$。调整后两类均值变为

$$\tilde{m}_i = \frac{N_i \boldsymbol{m}_i - \boldsymbol{x}}{N_i - 1} = \boldsymbol{m}_i + \frac{1}{N_k - 1}(\boldsymbol{m}_i - \boldsymbol{x})$$

$$\tilde{m}_j = \frac{N_j \boldsymbol{m}_j + \boldsymbol{x}}{N_j + 1} = \boldsymbol{m}_j + \frac{1}{N_j + 1}(\boldsymbol{x} - \boldsymbol{m}_j)$$

两类各自的误差平方和也变为

$$\tilde{J}_i = J_i - \frac{N_i}{N_i - 1}\|\boldsymbol{x} - \boldsymbol{m}_i\|^2$$

$$\tilde{J}_j = J_j + \frac{N_j}{N_j + 1}\|\boldsymbol{x} - \boldsymbol{m}_j\|^2$$

因此, 总误差平方和取决于这两者变化值。若误差平方和的减少量大于增加量, 则有利于总体误差平方和的减少, 需要进行样本移动；否则, 该样本不移动。

针对上述两种 k 均值聚类算法，批处理方法适合小样本数据处理，而单样本处理方法适合大样本数据处理。本质上，k 均值聚类算法为局部搜索算法，不能保证收敛到全局最优解。算法的结果受到初始划分和样本调整顺序的影响。为了能够得到较好的结果，需要对样本进行合适的初始划分，一般是先选择一些代表点作为聚类的中心，再把其余的点按照某种方法分到各类中。初始代表点通常有如下两种选择方法：

（1）用密度法选择代表点。以每个样本为球心，用某个半径为 r 的球形邻域，选落在球内样本数最多的中心点为代表点；然后，在离开第一个代表点距离 r 外的次大密度点作为第二个代表点，以此类推。

（2）从 $k-1$ 聚类划分问题中产生代表点。先把全部样本看作 1 聚类，代表点为总均值；然后确定两聚类问题的代表点分别是 1 聚类划分的总均值和离它最远的样本点；以此类推，k 聚类划分问题的代表点就是 $k-1$ 聚类划分后的各均值，再加上离所有均值最远的点。

对于 k 均值算法，一般需要事先知道分类数目。若不能事先知道，则可计算不同分类数目下聚类结果的准则函数值，取其曲线拐点作为 k 均值聚类的最佳分类数（见图 4.3）。

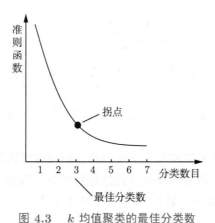

图 4.3　k 均值聚类的最佳分类数

例 4.2（k 均值算法示例）

给定含有 5 个样本的集合

$$\boldsymbol{X} = \begin{bmatrix} 0 & 0 & 1 & 5 & 5 \\ 2 & 0 & 0 & 0 & 2 \end{bmatrix}$$

试用 k 均值聚类算法将样本聚到两个类中。

解：记 $\boldsymbol{x}_1 = (0,2), \boldsymbol{x}_2 = (0,0), \boldsymbol{x}_3 = (1,0), \boldsymbol{x}_4 = (5,0), \boldsymbol{x}_5 = (5,2)$。按照 k 均值的批处理方法，首先选择聚类中心 $\boldsymbol{m}_1 = (0,2), \boldsymbol{m}_2 = (0,0)$，通过均值和样本划分的不断交替迭代可以得到如下结果：

迭代次数	均值	样本划分
1	$\boldsymbol{m}_1 = (0,2), \boldsymbol{m}_2 = (0,0)$	$\Gamma_1 = \{\boldsymbol{x}_1, \boldsymbol{x}_5\}, \Gamma_2 = \{\boldsymbol{x}_2, \boldsymbol{x}_3, \boldsymbol{x}_4\}$
2	$\boldsymbol{m}_1 = (2.5, 2.0), \boldsymbol{m}_2 = (2,0)$	$\Gamma_1 = \{\boldsymbol{x}_1, \boldsymbol{x}_5\}, \Gamma_2 = \{\boldsymbol{x}_2, \boldsymbol{x}_3, \boldsymbol{x}_4\}$

由于在第二次迭代之后样本分类不再改变，因此聚类停止。最终聚类结果为 $\Gamma_1 = \{\boldsymbol{x}_1, \boldsymbol{x}_5\}, \Gamma_2 = \{\boldsymbol{x}_2, \boldsymbol{x}_3, \boldsymbol{x}_4\}$。

2. 模糊 k 均值聚类

传统的 k 均值聚类是把 N 个样本划分到 k 个类中，使各样本与其所在类均值的误差平方和最小：

$$J_e = \sum_{j=1}^{k} \sum_{\boldsymbol{x}_i \in \Gamma_j} \|\boldsymbol{x}_i - \boldsymbol{m}_j\|^2$$

上述方法属于硬分类。若把硬分类变成模糊分类，则能得到模糊 k 均值方法。符号约定：样本集 $\{\boldsymbol{x}_i, i = 1, \cdots, N\}$，聚类中心 $\{\boldsymbol{m}_j, j = 1, \cdots, k\}$，$\mu_j(\boldsymbol{x}_i)$ 第 i 个样本属于第 j 类的隶属函数。一个样本隶属于各聚类之和为 1，即 $\sum_{j=1}^{k} \mu_j(\boldsymbol{x}_i) = 1$。

模糊聚类损失函数为

$$J_e = \sum_{i=1}^{N} \sum_{j=1}^{k} [\mu_j(\boldsymbol{x}_i)]^b \|\boldsymbol{x}_i - \boldsymbol{m}_j\|^2$$

其中：$b > 1$ 用于控制聚类结果模糊程度的常数。加上隶属度函数的归一化约束，可得如下优化问题：

$$\min_{\mu_j, \boldsymbol{m}_j} \sum_{i=1}^{N} \sum_{j=1}^{k} [\mu_j(\boldsymbol{x}_i)]^b \|\boldsymbol{x}_i - \boldsymbol{m}_j\|^2$$

$$\text{s.t.} \quad \sum_{j=1}^{k} \mu_j(\boldsymbol{x}_i) = 1, \quad i = 1, \cdots, N$$

分别对 μ_j 和 $\boldsymbol{m}_j$ 求导置零，可得

$$\boldsymbol{m}_j = \frac{\sum\limits_{i=1}^{N} [\mu_j(\boldsymbol{x}_i)]^b \boldsymbol{x}_i}{\sum\limits_{i=1}^{N} [\mu_j(\boldsymbol{x}_i)]^b}$$

$$\mu_j(\boldsymbol{x}_i) = \frac{(1/\|\boldsymbol{x}_i - \boldsymbol{m}_j\|^2)^{1/(b-1)}}{\sum\limits_{j=1}^{k} (1/\|\boldsymbol{x}_i - \boldsymbol{m}_j\|^2)^{1/(b-1)}}$$

式中：$j = 1, \cdots, k; i = 1, \cdots, N$。

因此，通过重复计算隶属度函数并更新聚类中心，可以实现模糊 k 均值聚类。

模糊 k 均值算法的缺点：归一化条件 $\sum\limits_{j=1}^{k} \mu_j(\boldsymbol{x}_i) = 1$ 会导致某些奇异样本的隶属度较大，从而影响聚类结果。改进模糊 k 均值聚类方法采用的策略是放松归一化条件为

$$\sum_{i=1}^{N} \sum_{j=1}^{k} \mu_j(\boldsymbol{x}_i) = N$$

在这个约束条件下可得

$$\boldsymbol{m}_j = \frac{\sum\limits_{i=1}^{N} [\mu_j(\boldsymbol{x}_i)]^b \boldsymbol{x}_i}{\sum\limits_{i=1}^{N} [\mu_j(\boldsymbol{x}_i)]^b}$$

$$\mu_j(\boldsymbol{x}_i) = \frac{N \left(1/\|\boldsymbol{x}_i - \boldsymbol{m}_j\|^2\right)^{1/(b-1)}}{\sum\limits_{i=1}^{N} \sum\limits_{j=1}^{k} \left(1/\|\boldsymbol{x}_i - \boldsymbol{m}_j\|^2\right)^{1/(b-1)}}$$

算法步骤与模糊 k 均值类似。

3. 边界检测算法

k 均值算法是用样本与类之间的距离来度量相似性，而边界检测算法通过估计聚类边界曲面来进行聚类。在实际应用中，边界检测方法很适合致密聚类。

令 $g(\boldsymbol{x}, \boldsymbol{\theta}) = 0$ 是两个聚类之间的分界面，其中 $\boldsymbol{\theta}$ 为描述分界曲面的未知参数向量。因此，寻找分界面可以通过确定未知向量 $\boldsymbol{\theta}$ 的值来实现。参数向量 $\boldsymbol{\theta}$ 的调整主要依赖样本向量到分界曲面的距离。为了寻找分界面，定义代价函数 $J(\boldsymbol{\theta})$，并最大化该函数来寻找最优解：

$$\max_{\boldsymbol{\theta}} J(\boldsymbol{\theta})$$

$$\text{s.t.} \quad J(\boldsymbol{\theta}) = \frac{1}{N} \sum_{i=1}^{N} f^2[g(\boldsymbol{x}_i, \boldsymbol{\theta})] - \left(\frac{1}{N} \sum_{i=1}^{N} f[g(\boldsymbol{x}_i, \boldsymbol{\theta})]\right)^2$$

式中：$f(x)$ 为单调递增函数，满足

$$\lim_{x \to \infty} f(x) = 1, \quad \lim_{x \to -\infty} f(x) = -1, \quad f(0) = 0$$

通常，$f(x)$ 选如下双曲正切函数：

$$f(x) = \frac{1 - \mathrm{e}^{-x}}{1 + \mathrm{e}^{-x}}$$

目标函数 $J(\boldsymbol{\theta})$ 中的两项均小于或等于 1，同时通过下面的詹森（Jensen）不等式可以证明 $J(\boldsymbol{\theta})$ 非负：

$$\frac{1}{N}\sum_{i=1}^{N}f^2[g(\boldsymbol{x}_i,\boldsymbol{\theta})]-\left(\frac{1}{N}\sum_{i=1}^{N}f[g(\boldsymbol{x}_i,\boldsymbol{\theta})]\right)^2\geqslant 0$$

可以看出：函数 $J(\boldsymbol{\theta})$ 第一项随着样本 x 远离边界而趋于 1，这里会出现一种极端情况，即所有样本都在同一侧而且远离分界面；函数 $J(\boldsymbol{\theta})$ 的第二项主要是防止同侧样本的出现，因为同侧样本的出现会导致第二项的值趋于 1 或者 $J(\boldsymbol{\theta})$ 值趋于 0。当分界面处在两个致密聚类之间时，第二项的值就会变得很小。

为了最大化 $J(\boldsymbol{\theta})$，将采用梯度上升法：

$$\boldsymbol{\theta}_j(t+1)=\boldsymbol{\theta}_j(t)+\mu\left.\frac{\partial J(\boldsymbol{\theta})}{\partial \boldsymbol{\theta}}\right|_{\boldsymbol{\theta}=\boldsymbol{\theta}_j(t)}$$

对于最简单的超平面情形 $g(\boldsymbol{x}_i,\boldsymbol{\theta})=\boldsymbol{\theta}^{\mathrm{T}}\boldsymbol{x}_i$，参数的更新公式如下：

$$\boldsymbol{\theta}_j(t+1)=\boldsymbol{\theta}_j(t)+\frac{2\mu}{N}\left(\sum_{i=1}^{N}f[g(\boldsymbol{x}_i,\boldsymbol{\theta})]\frac{\partial f}{\partial g}x_{ij}-\left(\frac{1}{N}\sum_{i=1}^{N}f[g(\boldsymbol{x}_i,\boldsymbol{\theta})]\right)\sum_{i=1}^{N}\frac{\partial f}{\partial g}x_{ij}\right)$$

在迭代计算的时候，$\boldsymbol{\theta}$ 坐标不应以无界方式增长，需要加约束条件 $\|\boldsymbol{\theta}\|\leqslant\alpha$。

4.2.3　图谱聚类算法

谱聚类是从图论中演化出来的算法，后来在聚类中得到了广泛应用。它的主要思想是把所有的数据看成空间中的点，这些点之间用边连接起来。距离较远的两个点之间的边权重值较低，而距离较近的两个点之间的边权重值较高，通过对所有数据点组成的图进行切割，让切割后不同的子图间边权重和尽可能小，而子图内的边权重和尽可能大，从而达到聚类的目的。

在样本数据所形成的邻接矩阵中，矩阵元素代表了样本之间的相似度。为了方便描述，将样本集合 X 进行二分类，具体步骤如下：

（1）创建一个图 $G=(V,E)$，图中每个节点对应于样本集合中的一个样本 $\boldsymbol{x}_i(i=1,\cdots,N)$；

（2）计算该图的邻接矩阵，其矩阵元素值为图中每条边的权重：

$$W_{ij}=\begin{cases}\exp\left(-\dfrac{\|\boldsymbol{x}_i-\boldsymbol{x}_j\|^2}{2\sigma^2}\right),&\|\boldsymbol{x}_i-\boldsymbol{x}_j\|\leqslant\epsilon\\0,&\text{其他}\end{cases}$$

样本数据的二分类可以看成将图节点集合 V 分成 A 和 B 两类使得 $A\cup B=V$ 和 $A\cap B=0$。在给定加权图的情形下，基于图的聚类方法通常选择合适的聚类准则和采用有效的策略来执行划分。一种经常采用的聚类准则称为"割"。如果 A 和 B 为节点集合 V 的两个聚类，其对应的关联割定义为

$$\mathrm{cut}(A, B) = \sum_{i \in A, j \in B} W_{ij}$$

最小割意味着连接两个聚类之间所有边的加权和最小，也就是说 A 和 B 之间的相似性比其他二分类更小。这种简单方法会导致小样本的聚类。为了弥补这个不足，需要改进聚类准则。首先，定义图 G 所对应的对角矩阵 $\boldsymbol{D}$：

$$D_{ii} = \sum_{j \in V} W_{ij}$$

若 D_{ii} 越大，则第 i 个节点与图中其他节点的相似性更高。同时，定义

$$\Lambda(A) = \sum_{i \in A} D_{ii} = \sum_{i \in A, j \in V} W_{ij}$$

式中：$\Lambda(A)$ 代表集合 A 的容量或者度。

可以知道，小样本集合对应着小 Λ 值。由此，定义归一化割为

$$\mathrm{Ncut}(A, B) = \frac{\mathrm{cut}(A, B)}{\Lambda(A)} + \frac{\mathrm{cut}(A, B)}{\Lambda(B)}$$

由于最小化上述归一化割 Ncut 为 NP 难问题，很难获得最优解。为了能够获得一个近似解，定义

$$y_i = \begin{cases} \dfrac{1}{\Lambda(A)}, & i \in A \\[2mm] -\dfrac{1}{\Lambda(B)}, & i \in B \end{cases}$$

和

$$\boldsymbol{y} = [y_1, \cdots, y_N]^{\mathrm{T}}$$

式中：y_i 为样本点 $\boldsymbol{x}_i$ 的聚类标记。

由此可得

$$\boldsymbol{y}^{\mathrm{T}} \boldsymbol{L} \boldsymbol{y} = \frac{1}{2} \sum_{i, j \in V} (y_i - y_j)^2 W_{ij}$$

$$= \sum_{i \in A, j \in B} \left(\frac{1}{\Lambda(A)} + \frac{1}{\Lambda(B)} \right)^2 W_{ij}$$

$$\approx \left(\frac{1}{\Lambda(A)} + \frac{1}{\Lambda(B)} \right)^2 \mathrm{cut}(A, B)$$

式中：$\boldsymbol{L} = \boldsymbol{D} - \boldsymbol{W}$ 为拉普拉斯矩阵，并且第二个等式的推导依赖当 i、j 属于同一聚类时有 $y_i - y_j = 0$。另外，还可以得到

$$\boldsymbol{y}^{\mathrm{T}}\boldsymbol{D}\boldsymbol{y} = \sum_{i \in A} y_i^2 D_{ii} + \sum_{j \in B} y_j^2 D_{jj}$$

$$= \frac{1}{\Lambda^2(A)}\Lambda(A) + \frac{1}{\Lambda^2(B)}\Lambda(B)$$

$$= \frac{1}{\Lambda(A)} + \frac{1}{\Lambda(B)}$$

结果表明，最小化割 $\mathrm{Ncut}(A, B)$ 等价于最小化

$$J = \frac{\boldsymbol{y}^{\mathrm{T}}\boldsymbol{L}\boldsymbol{y}}{\boldsymbol{y}^{\mathrm{T}}\boldsymbol{D}\boldsymbol{y}}$$

其约束为 $y_i \in \left\{ \dfrac{1}{\Lambda(A)}, -\dfrac{1}{\Lambda(B)} \right\}$。为了减小 NP 难问题的求解难度，需要对离散变量约束进行松弛，得到

$$\boldsymbol{y}^{\mathrm{T}}\boldsymbol{D}\boldsymbol{1} = 0$$

定义 $\boldsymbol{z} = \boldsymbol{D}^{1/2}\boldsymbol{y}$ 和 $\tilde{\boldsymbol{L}} = \boldsymbol{D}^{-1/2}\boldsymbol{L}\boldsymbol{D}^{-1/2}$，分类问题转换成求解如下带约束优化问题：

$$\min_{\boldsymbol{z}} \frac{\boldsymbol{z}^{\mathrm{T}}\tilde{\boldsymbol{L}}\boldsymbol{z}}{\boldsymbol{z}^{\mathrm{T}}\boldsymbol{z}}$$

$$\mathrm{s.t.} \quad \boldsymbol{z}^{\mathrm{T}}\boldsymbol{D}^{1/2}\boldsymbol{1} = 0$$

因此，图谱聚类方法的步骤总结如下：

算法 4.1（图谱聚类算法）

输入：训练样本集合 $\boldsymbol{X} = [\boldsymbol{x}_1, \cdots, \boldsymbol{x}_N]$。

（1）通过样本集合 $\boldsymbol{X}$ 建立加权图 $G = (V, E)$，并设计相似度量的邻接矩阵 $\boldsymbol{W}$。

（2）构建对角矩阵 $\boldsymbol{D}$，拉普拉斯矩阵 $\boldsymbol{L} = \boldsymbol{D} - \boldsymbol{W}$，并改进拉普拉斯矩阵 $\tilde{\boldsymbol{L}} = \boldsymbol{D}^{-1/2}\boldsymbol{L}\boldsymbol{D}^{-1/2}$。利用本征分析式 $\tilde{\boldsymbol{L}}\boldsymbol{z} = \lambda\boldsymbol{z}$，计算出对应于次小本征值的本征向量 $\boldsymbol{z}_1$。

（3）计算 $\boldsymbol{y} = \boldsymbol{D}^{-1/2}\boldsymbol{z}_1$ 并根据一定的阈值来进行二值化，从而得到聚类结果。

输出：样本集合的二分类结果。

4.3 特征降维

在很多应用场景中，高维样本数据存在大量冗余信息而且距离难以计算，从而导致机器学习算法面临维数灾难。解决维数灾难的一个重要途径是降维，即通过某种数学变换将

原始高维特征空间转换成一个低维子空间，使得低维数据依然保持原始高维数据的内部特征。例如，细胞图像的处理，所以将 256×256 的图像作为特征（即 65536 维向量），也可以将对图像认知计算出来的胞核面积、总光密度、核浆比、细胞形状、核内纹理等作为特征（维度远小于像素数目，同时更好反映样本性质）。该例子说明：为了避免维数灾难，减少计算复杂度，需要选择有效的特征作为分类判决依据。

特征向量降维通常有两种模式：一是特征选择，从一组特征中挑选出有效特征，以达到降低特征空间维数的目的；二是特征提取，通过映射方法将高维特征映射到低维空间进行表示。

4.3.1　特征选择

特征选择的任务是从一组数量为 D 的特征中选择出数量为 d 的一组最优特征，需要解决两个问题：一是特征选择评价标准 $J(\cdot)$，二是特征子集搜索机制，以便在允许的时间内找出最优的那一组特征。若把每个特征单独使用时的可分性判据都计算出来，并按从大到小的顺序排队：

$$J(x_1) \geqslant \cdots \geqslant J(x_d) \geqslant \cdots \geqslant J(x_D) \tag{4.4}$$

则从 D 个特征中选择 d 个最优特征共有 $\begin{pmatrix} D \\ d \end{pmatrix}$ 种组合。当特征数量 D 很大时，穷举法由于计算复杂度高而变得不可行。

常见的特征选择方法大致分为以下三类。

1. 过滤式特征选择

过滤式特征选择的基本做法是先定义类别可分性判据，再用适当的算法选择一组在该判据意义下的最优特征。对于最优特征子集的选择，除了穷举法仍能取得全局最优的方法是分支定界法。这种方法是自上而下的方法，即从包含所有候选特征开始，逐步去掉不被选中的特征。其基本思想是设法将所有可能特征组合构建成一个树状结构，按照特定的规则对树进行搜索，以最快速度完成搜索并达到全局最优解，而不必遍历整棵树。

分支定界算法要求具有包含关系的特征组序列，其判据值具有如下单调性：

$$X_1 \supset X_2 \supset \cdots \supset X_i \ \Rightarrow J(X_1) \geqslant \cdots \geqslant J(X_i)$$

下面以从 $D = 6$ 个特征中选择 $d = 2$ 个最优特征为例来描述分支定界法的使用。我们期望找到 $d = 2$ 个特征实现分类判据的最大化。假设特征 1、2、3、4、5、6 对可分性判据值从大到小排序。整个过程用一棵树来表示：根节点包含全部特征称为 0 级。每一级节点在其父节点基础上去掉一个特征，并把去掉特征的序号写在旁边。因此，该特征选择问题只需要展开到 $D - d$ 级即可，最底层的每个叶节点就代表最终特征选择的一种组合。

特征选择的过程就是树生长和回溯过程，具体步骤如下：

（1）对于第 l 层节点 i，假设包含 D_i 个候选特征，在同一层按照去掉单个特征后的准则函数值对各个节点进行排序。若去掉某个特征之后准则函数的损失量最大，则认为这个特征是最不可能被去掉的，把它放在该层的最左侧节点，以此类推。即从左到右，准则函数值由小到大，意味着左边特征更重要。

（2）第 $l+1$ 层的展开沿第 l 层最右侧节点开始，在其同层（第 l 层）左侧节点的特征不予舍弃。因此，第 $l+1$ 层的某一节点上的候选特征就是它上一层 D_i 个候选特征减去本节点上舍弃的特征和同层（第 l 层）左侧已舍弃的特征（如图 4.4所示）。从每一树枝的最右侧开始向下生长，当到达叶节点时计算当前达到的准则函数值，记作界限 B。

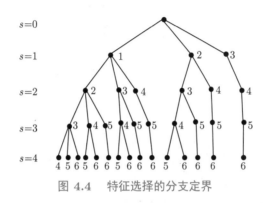

图 4.4　特征选择的分支定界

（3）到达叶节点后算法向上回溯，每回溯一步把相应节点上舍弃的特征收回来，遇到最近分支节点时停止回溯，从这个分支节点向下搜索左侧最近的一个分支。如果在搜索到某个节点时，其准则函数值已经小于界限值 B，则说明最优解不可能在本节点之下的叶节点，因此停止沿本节点向下搜索，从此节点继续往上回溯。若搜索到一个叶节点，则更新界限 B 的值，向上回溯。重复上述过程一直到了根节点而且不能再向下搜索后，算法停止。最后一次更新界限 B 时取得的特征组合就是特征选择的结果（图 4.5）。

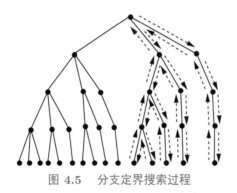

图 4.5　分支定界搜索过程

在上述介绍的分支定界法里面需要做如下几点说明：

（1）从第 l 层第 i 个节点进行生长时，其左侧已经删除节点不予考虑的原因是避免产生重复的叶节点。

（2）回溯过程从右向左的原因是需要快速找到一组具有最大准则函数值的特征组合，而且同一父节点下的右侧子节点具有较大准则函数值。

（3）该分支定界法不会把整棵树都遍历完，其往往在回溯过程的中间遇到终止条件，因此比穷举法节省了不少计算量。

过滤式特征选择方法除了全局最优的分支定界法，还包括很多计算量相对较小的次优搜索方法。次优搜索方法基于直观分析获得，实现起来比较方便，在很多实际问题中也能取得很好的效果。常见的次优算法包括单独最优特征组合、顺序前进法、顺序后退法和增 l 减 r 法。

分支定界算法或者次优算法都是确定性（启发式）搜索算法，其出发点是比较所有可能的组合。遗传算法作为智能优化算法的典型代表，采用随机搜索的方式来选择最佳特征组合。遗传算法虽然不能保证收敛到全局最优解，但是在多数情况下能够得到不错的次优解。当选择空间很大时，遗传算法往往能够获得不错的效果。

2. 包裹式特征选择

过滤式特征选择算法的基本做法是先定义类别可分性判据，再用适当的算法选择一组在该判据意义下的最优特征。然而，选择特征的目的是后续识别或分类。因此，如果分类方法能够处理全部候选特征，就可以直接用分类器的错误率来作为特征选择的依据，即从候选特征中选择使分类器性能最好的一组特征。把分类器和特征选择集成在一起，利用分类器进行特征选择的方法称为包裹法。这一思想有两个前提条件：一是分类器能够处理高维的特征向量；二是分类器能够在特征维数很高但样本数有限时仍能得到很好的分类效果。

下面介绍两种非常相似的方法，分别为递归支持向量机（R-SVM）和支持向量机递归特征剔除（SVM-RFE）。这两类算法的核心都是线性支持向量机，特征选择与分类采用同样的算法步骤。在算法开始之前，需要首先确定特征选择的递归策略。常用的做法有每次选择或剔除特征总数的一个比例，或者人为规定的特征数目序列（如 1000，800，500，200，100，50，25，10）。两种算法的基本步骤如下：

（1）用当前所有候选特征训练线性支持向量机；

（2）评估当前所有特征在支持向量机中的相对贡献，并按贡献大小排序；

（3）根据事先确定的递归选择特征的数目选择出排序在前面的特征，用这组特征构成新的候选特征，转到步骤（1），直到达到所规定的特征选择数目。

两种算法的区别是评估特征在分类器中贡献的量化准则不同。

支持向量机的输出函数为

$$f(\boldsymbol{x}) = \boldsymbol{w}^{\mathrm{T}}\boldsymbol{x} + b = \sum_{i=1}^{n} \alpha_i y_i (\boldsymbol{x}_i^{\mathrm{T}} \boldsymbol{x}) + \boldsymbol{b}$$

式中：n 为样本数目。

R-SVM 方法把特征选择的目标看作寻找那些使两类样本在这个 SVM 输出上分离最

开的特征。用两类样本的平均 SVM 输出值作为代表，分离程度定义为

$$S = \frac{1}{n_1} \sum_{\boldsymbol{x}^+ \in \omega_1} f(\boldsymbol{x}^+) - \frac{1}{n_2} \sum_{\boldsymbol{x}^- \in \omega_2} f(\boldsymbol{x}^-)$$

式中：n_1 为类别 ω_1 中的样本数目；n_2 为类别 ω_2 中的样本数目。

考虑线性支持向量机 $f(\boldsymbol{x}) = \boldsymbol{w}^{\mathrm{T}}\boldsymbol{x} + b$，定义 m_j^+ 和 m_j^- 分别为两类样本在第 j 维上的均值。其分离程度可以写成

$$S = \sum_{j=1}^{d} w_j m_j^+ - \sum_{j=1}^{d} w_j m_j^- = \sum_{j=1}^{d} w_j (m_j^+ - m_j^-)$$

式中：d 为特征维数；w_j 为权向量 $\boldsymbol{w}$ 中第 j 个分量；m_j^+ 和 m_j^- 分别为两类样本在第 j 维特征上的均值。

这样每个特征在分离程度上的贡献为

$$s_j = w_j (m_j^+ - m_j^-), \quad j = 1, 2, \cdots, d$$

R-SVM 就是用上式来衡量各个特征在当前 SVM 模型中的贡献，它不但取决于每个特征在线性分类器中对应的权重，而且考虑到两类样本在各个特征上均值的差别。

SVM-RFE 采用了灵敏度准则来推导各个特征在 SVM 分类器中的贡献，把 SVM 输出与正确类别标号之间均方误差作为 SVM 分类的损失函数：

$$J = \sum_{i=1}^{n} \|\boldsymbol{w}^{\mathrm{T}} \boldsymbol{x}_i - y_i\|^2$$

根据各个权值对损失函数的影响，各个特征的贡献量记为

$$s_j = w_j^2, \quad j = 1, 2, \cdots, d$$

R-SVM 和 SVM-RFE 从分类上看性能基本相同，但 R-SVM 在选择特征的稳定性和对未来样本的推广能力方面具有一定优势。总体而言，从最终学习器的性能来看，包裹式特征选择比过滤式特征选择更好；另外，由于在特征选择过程中需要多次训练学习器，因此包裹式特征选择的计算开销通常比较大。

3. 嵌入式特征选择

过滤式和包裹式特征选择方法中，特征选择过程与学习器训练过程有明显的区别。嵌入式特征选择是将特征选择过程与学习器训练过程融为一体，两者在同一个优化过程中完成，在学习器训练过程中自动地进行特征选择。

针对如下简单线性回归模型

$$\min_{\boldsymbol{w}} \sum_{t=1}^{T} (y_t - \boldsymbol{w}^{\mathrm{T}} \boldsymbol{x}_t)^2$$

当特征维数很大而样本数目很少时，很容易陷入过拟合。为了缓解该问题，引入 l_1 范数正则化项形成如下 LASSO 优化问题：

$$\min_{\boldsymbol{w}} \sum_{t=1}^{T} (y_t - \boldsymbol{w}^{\mathrm{T}}\boldsymbol{x}_t)^2 + \lambda \|\boldsymbol{w}\|_1$$

上述 l_1 范数正则化有助于降低过拟合风险，同时 l_1 范数正则化将更易于获得稀疏解，即 $\boldsymbol{w}$ 最优解包含少量非零分量。若 $\boldsymbol{w}$ 为稀疏解，则 $\boldsymbol{w}$ 中的非零分量才会出现在最终模型中，意味着在学习的过程中进行了特征选择。

上述 LASSO 优化方法只针对监督训练问题。若只给定数据集 $\{\boldsymbol{x}_t\}_{t=1}^{T}$，稀疏编码或者字典学习是指如何对稠密样本进行合适的稀疏表示从而使学习任务得以简化。字典学习的简单形式可以写成

$$\min_{\boldsymbol{B},\boldsymbol{\alpha}} \sum_{t=1}^{T} \|\boldsymbol{x}_t - \boldsymbol{B}\boldsymbol{\alpha}_t\|_2^2 + \lambda \sum_{t=1}^{T} \|\boldsymbol{\alpha}_t\|_1$$

式中：$\boldsymbol{B} \in \mathbb{R}^{d \times k}$ 为字典矩阵，k 为字典的词汇量。

显然，上式第一项为拟合项而第二项为稀疏正则项。由于上式中 $\boldsymbol{B}$ 和 $\boldsymbol{\alpha}_t$ 耦合在一起，其优化问题为非凸优化，可以采用变量交替优化策略进行迭代求解。

4.3.2 特征提取

不同于特征选择，特征提取（变换）是将 D 维特征变为 d 维新特征。其目的是降低维度，减少计算量，并消除特征之间相关性，使新的特征更有利于分类。

经常采用的特征变换是线性变换，$\boldsymbol{x} \in \mathbb{R}^D$ 是原始特征，变换后的新特征 $\boldsymbol{y} \in \mathbb{R}^d$，$\boldsymbol{y} = \boldsymbol{W}^{\mathrm{T}}\boldsymbol{x}$，其中 $\boldsymbol{W}$ 为变换矩阵。特征提取就是根据训练样本寻找合适的 $\boldsymbol{W}$ 使某种特征变换的准则最优。某些情况下也可以采用非线性变换 $\boldsymbol{y} = W(\boldsymbol{x})$，其中 $W(\cdot)$ 为非线性函数。

1. 线性判别分析

根据 4.1 节所描述的样本类可分性准则，经过 $\boldsymbol{y} = \boldsymbol{W}^{\mathrm{T}}\boldsymbol{x}$ 的线性变换之后，类内和类间的散度矩阵分别变成 $\boldsymbol{W}^{\mathrm{T}}\boldsymbol{S}_w\boldsymbol{W}$ 和 $\boldsymbol{W}^{\mathrm{T}}\boldsymbol{S}_b\boldsymbol{W}$。特征提取问题就是寻找最优的 $\boldsymbol{W}^*$：

$$\boldsymbol{W}^* = \arg\max_{\boldsymbol{W}} J(\boldsymbol{W})$$

若采用准则 $J(\boldsymbol{W}) = \mathrm{tr}[(\boldsymbol{W}^{\mathrm{T}}\boldsymbol{S}_w\boldsymbol{W})^{-1}(\boldsymbol{W}^{\mathrm{T}}\boldsymbol{S}_b\boldsymbol{W})]$，由于其最优解具有尺度可变性，上述优化问题可转化为求解如下带约束优化问题：

$$\max_{\boldsymbol{W}} \mathrm{tr}[\boldsymbol{W}^{\mathrm{T}}\boldsymbol{S}_b\boldsymbol{W}]$$

$$\text{s.t.} \quad \boldsymbol{W}^{\mathrm{T}}\boldsymbol{S}_w\boldsymbol{W} = \boldsymbol{I}$$

记拉格朗日函数为

$$L(\boldsymbol{W}, \boldsymbol{\Lambda}) = \mathrm{tr}[\boldsymbol{W}^\mathrm{T} \boldsymbol{S}_b \boldsymbol{W}] + \mathrm{tr}[\boldsymbol{\Lambda}(\boldsymbol{I} - \boldsymbol{W}^\mathrm{T} \boldsymbol{S}_w \boldsymbol{W})]$$

对 $\boldsymbol{W}$ 求导置零可得 $\boldsymbol{S}_w^{-1} \boldsymbol{S}_b \boldsymbol{W} = \boldsymbol{W} \boldsymbol{\Lambda}$，该关系式可认为是矩阵 $\boldsymbol{S}_w^{-1} \boldsymbol{S}_b$ 的特征值分解。由此可得，$\boldsymbol{W}$ 由矩阵 $\boldsymbol{S}_w^{-1} \boldsymbol{S}_b$ 的 d 个最大特征值 $\{\lambda_1, \cdots, \lambda_d\}$ 所对应的特征向量组成。由等式 $\boldsymbol{S}_w^{-1} \boldsymbol{S}_b \boldsymbol{W} = \boldsymbol{W} \boldsymbol{\Lambda}$ 可以得到 $(\boldsymbol{W}^\mathrm{T} \boldsymbol{S}_w \boldsymbol{W})^{-1}(\boldsymbol{W}^\mathrm{T} \boldsymbol{S}_b \boldsymbol{W}) = \boldsymbol{\Lambda}$，因此线性分类判据的最大值为

$$J(\boldsymbol{W}^*) = \mathrm{tr}[(\boldsymbol{W}^{*\mathrm{T}} \boldsymbol{S}_w \boldsymbol{W}^*)^{-1}(\boldsymbol{W}^{*\mathrm{T}} \boldsymbol{S}_b \boldsymbol{W}^*)] = \sum_{i=1}^{d} \lambda_i$$

类似地，可以证明其他分类判据也能得到相同的结果，例如：

$$J_1(\boldsymbol{W}) = \mathrm{tr}[\boldsymbol{W}^\mathrm{T}(\boldsymbol{S}_w + \boldsymbol{S}_b)\boldsymbol{W}], \quad J_2(\boldsymbol{W}) = \frac{\mathrm{tr}[\boldsymbol{W}^\mathrm{T} \boldsymbol{S}_b \boldsymbol{W}]}{\mathrm{tr}[\boldsymbol{W}^\mathrm{T} \boldsymbol{S}_w \boldsymbol{W}]}, \cdots$$

2. 主成分分析

类似于线性判别分析，主成分分析的核心思想是寻找一个低维的坐标体系，使其能够近似表示高维数据。假如有 N 个高维数据向量组成的一个矩阵 $\boldsymbol{X} = [\boldsymbol{x}_1, \cdots, \boldsymbol{x}_N]$，希望寻找 M 个基向量 $\boldsymbol{B} = [\boldsymbol{b}_1, \cdots, \boldsymbol{b}_M]$ 来近似表示 $\boldsymbol{x}_i$，其中 $\boldsymbol{b}_i$ 和 $\boldsymbol{x}_i$ 具有相同维度且 $M \ll N$：

$$\boldsymbol{x}_i = \sum_{j=1}^{M} y_{ij} \boldsymbol{b}_j + \boldsymbol{c}$$

式中：$\boldsymbol{c}$ 为常数向量；y_{ij} 为低维坐标。

由于上式的右边 y_{ij}、$\boldsymbol{b}_j$、$\boldsymbol{c}$ 都是未知待估计的参数，比较难以求解。通常约定 $\boldsymbol{c}$ 为所有样本的均值，即 $\boldsymbol{c} = \frac{1}{N} \sum_{n=1}^{N} \boldsymbol{x}_n$。这意味着将所有数据 $\boldsymbol{x}_i$ 去除均值之后再求解基向量和其对应的坐标。接下来，假设向量 $\boldsymbol{c}$ 为零，并关注求解如下优化问题：

$$E(\boldsymbol{B}, \boldsymbol{Y}) = \sum_{n=1}^{N} \left\| \boldsymbol{x}_n - \sum_{j=1}^{M} y_{nj} \boldsymbol{b}_j \right\|^2 = \| \boldsymbol{X} - \boldsymbol{B}\boldsymbol{Y} \|_F^2 \tag{4.5}$$

由于 $\boldsymbol{B}$ 和 $\boldsymbol{Y}$ 耦合在一起，其最优值不能唯一确定，因此做如下归一化假设：

$$\boldsymbol{B}^\mathrm{T} \boldsymbol{B} = \boldsymbol{I} \tag{4.6}$$

对 $E(\boldsymbol{B}, \boldsymbol{Y})$ 关于 $\boldsymbol{Y}$ 求导置零，得到 $\boldsymbol{Y}$ 的最优表达式：

$$\boldsymbol{Y} = \boldsymbol{B}^\mathrm{T} \boldsymbol{X}$$

将上述表达式代入 $E(\boldsymbol{B}, \boldsymbol{Y})$，得到

$$\| \boldsymbol{X} - \boldsymbol{B}\boldsymbol{Y} \|_F^2 = \mathrm{tr}\left[\boldsymbol{X}\boldsymbol{X}^\mathrm{T}(\boldsymbol{I} - \boldsymbol{B}\boldsymbol{B}^\mathrm{T}) \right] \tag{4.7}$$

因此，只需要最大化如下函数：

$$E'(\boldsymbol{B}) = \mathrm{tr}\left[\boldsymbol{X}\boldsymbol{X}^{\mathrm{T}}\boldsymbol{B}\boldsymbol{B}^{\mathrm{T}}\right] \tag{4.8}$$

针对带归一化约束式(4.6)的优化问题式(4.8)，用拉格朗日方法来进行优化，其对应的拉格朗日函数为

$$\mathcal{L}(\boldsymbol{B}, \boldsymbol{L}) = \mathrm{tr}\left[\boldsymbol{X}\boldsymbol{X}^{\mathrm{T}}\boldsymbol{B}\boldsymbol{B}^{\mathrm{T}}\right] + \mathrm{tr}\left[\boldsymbol{L}(\boldsymbol{B}^{\mathrm{T}}\boldsymbol{B} - \boldsymbol{I})\right]$$

式中：拉格朗日乘子 $\boldsymbol{L}$ 为对角矩阵。通过导数置零可以得到

$$\boldsymbol{X}\boldsymbol{X}^{\mathrm{T}}\boldsymbol{B} = \boldsymbol{B}\boldsymbol{L}$$

上述方程的一个直观解：$\boldsymbol{B}$ 的列向量为 $\boldsymbol{X}\boldsymbol{X}^{\mathrm{T}}$ 的特征向量，而 $\boldsymbol{L}$ 为特征值构成的对角矩阵。利用关系式 $\boldsymbol{B}^{\mathrm{T}}\boldsymbol{B} = \boldsymbol{I}$，可以推导得

$$\mathrm{tr}(\boldsymbol{B}^{\mathrm{T}}\boldsymbol{X}\boldsymbol{X}^{\mathrm{T}}\boldsymbol{B}) = \mathrm{tr}(\boldsymbol{X}\boldsymbol{X}^{\mathrm{T}}\boldsymbol{B}\boldsymbol{B}^{\mathrm{T}}) = \mathrm{tr}(\boldsymbol{L}) = \sum_{i=1}^{M}\lambda_i(\boldsymbol{X}\boldsymbol{X}^{\mathrm{T}})$$

这意味着 $E'(\boldsymbol{B})$ 的值为 $\boldsymbol{L}$ 的迹（或者对角元素之和）。为了最大化 $E'(\boldsymbol{B})$，需要选取 $\boldsymbol{L}$ 的对角元素为矩阵 $\boldsymbol{X}\boldsymbol{X}^{\mathrm{T}}$ 的最大 M 个特征值，其对应的最优解 $\boldsymbol{B}$ 由最大 M 个特征值所对应的特征向量组成。将最优解代入误差函数式(4.5)可以得到

$$\mathrm{tr}\left[\boldsymbol{X}\boldsymbol{X}^{\mathrm{T}}(\boldsymbol{I} - \boldsymbol{B}\boldsymbol{B}^{\mathrm{T}})\right] = \sum_{i=M+1}^{D}\lambda_i(\boldsymbol{X}\boldsymbol{X}^{\mathrm{T}})$$

式中：$\{\lambda_i(\boldsymbol{X}\boldsymbol{X}^{\mathrm{T}})\}_{i=M+1}^{D}$ 为最小的 $D - M$ 个特征值之和。

总而言之，主成分分析是对去均值后的样本数据计算协方差矩阵 $\boldsymbol{\Sigma} = \dfrac{1}{N}\boldsymbol{X}\boldsymbol{X}^{\mathrm{T}}$，然后对协方差矩阵进行特征值分解提取最大 M 个特征值对应的特征向量作为基向量形成矩阵 $\boldsymbol{B}$，最后低维空间的特征提取可以表示成

$$\boldsymbol{Y} = \boldsymbol{B}^{\mathrm{T}}\boldsymbol{X} \tag{4.9}$$

值得注意的是：主成分分析是对协方差矩阵进行特征值分解；Karhunen-Loeve（K-L）变换形式上与 PCA 相同，但是其对相关矩阵进行特征值分解，即不需要对数据去均值，从而在某些应用场合更具使用价值。

1）本征主成分分析

假设有 m 张 $N \times N$ 的人脸图像 $\boldsymbol{x}_i \in \mathbb{R}^{N^2}$，其中 $i = 1, 2, \cdots, m$。用所有样本估计总协方差矩阵为

$$\boldsymbol{\Sigma} = \frac{1}{m}\sum_{i=1}^{m}(\boldsymbol{x}_i - \boldsymbol{\mu})(\boldsymbol{x}_i - \boldsymbol{\mu})^{\mathrm{T}} = \frac{1}{m}\boldsymbol{X}\boldsymbol{X}^{\mathrm{T}}$$

式中：$\boldsymbol{X} = [\boldsymbol{x}_1 - \boldsymbol{\mu}_1, \cdots, \boldsymbol{x}_m - \boldsymbol{\mu}_m]$。

若 $N^2 \gg m$，直接对大规模协方差矩阵 $\boldsymbol{\Sigma}$ 进行矩阵分解，其计算量会很大。为了避免直接对 $\boldsymbol{\Sigma}$ 进行分解，考虑另外一个矩阵 $\boldsymbol{R} = \boldsymbol{X}^{\mathrm{T}} \boldsymbol{X} \in \mathbb{R}^{m \times m}$。该矩阵的规模较小，其特征值分解如下：

$$\boldsymbol{X}^{\mathrm{T}} \boldsymbol{X} \boldsymbol{v}_i = \lambda_i \boldsymbol{v}_i$$

式中：λ_i 和 $\boldsymbol{v}_i$ 为矩阵 $\boldsymbol{R}$ 的特征值和特征向量。

对上式两边同时左乘矩阵 $\boldsymbol{X}$，得到

$$\boldsymbol{X} \boldsymbol{X}^{\mathrm{T}} \underbrace{\boldsymbol{X} \boldsymbol{v}_i}_{\boldsymbol{u}_i} = \lambda_i \underbrace{\boldsymbol{X} \boldsymbol{v}_i}_{\boldsymbol{u}_i}$$

从上式可以看出：λ_i 和 $\boldsymbol{u}_i = \boldsymbol{X} \boldsymbol{v}_i$ 为大规模矩阵 $\boldsymbol{\Sigma}$ 的特征值和本征向量。通过上述方法能够高效地获取大规模矩阵 $\boldsymbol{\Sigma}$ 的本征向量，该方法称为本征主成分分析。

从线性代数角度来看，本征主成分分析的巧妙之处在于采用如下性质：矩阵 $\boldsymbol{X} \boldsymbol{X}^{\mathrm{T}}$ 和 $\boldsymbol{X}^{\mathrm{T}} \boldsymbol{X}$ 具有相同的非零特征值。

2）核主成分分析

前面讲了线性变换方法，很多情况下数据可能会按照某种非线性的规律分布，需要采用非线性变换提取数据分布中的非线性规律。核主成分分析（KPCA）的基本思想：对样本进行非线性变换，通过在变换空间进行主成分分析来实现原空间的非线性主成分分析。其基本步骤包括：

（1）根据训练样本计算核函数矩阵 $\boldsymbol{K} \in \mathbb{R}^{N \times N}$，其元素为

$$K_{ij} = \langle \phi(\boldsymbol{x}_i), \phi(\boldsymbol{x}_j) \rangle = \kappa(\boldsymbol{x}_i, \boldsymbol{x}_j)$$

式中：$\kappa(\cdot, \cdot)$ 为核函数；$\phi(\cdot)$ 为特征变换函数。

（2）求解矩阵 $\boldsymbol{K}$ 的特征方程：

$$\boldsymbol{K} \boldsymbol{\alpha}_i = \lambda_i \boldsymbol{\alpha}_i, \quad \lambda_1 \geqslant \lambda_2 \geqslant \cdots$$

式中：λ_i 和 $\boldsymbol{\alpha}_i$ 分别为第 i 个特征值和特征向量。

（3）根据需要选择前若干个本征值对应的本征向量作为非线性主成分，第 l 个非线性主成分 $\boldsymbol{v}^l = \begin{bmatrix} \phi(\boldsymbol{x}_1) & \cdots & \phi(\boldsymbol{x}_n) \end{bmatrix} \boldsymbol{\alpha}_l$。对于样本 $\boldsymbol{x}$，它在第 l 个非线性主成分上的投影为

$$z^l(\boldsymbol{x}) = \langle \boldsymbol{v}^l, \phi(\boldsymbol{x}) \rangle = \sum_{i=1}^{n} \kappa(\boldsymbol{x}_i, \boldsymbol{x}) \alpha_{li}$$

若选择 m 个非线性主成分，则样本 $\boldsymbol{x}$ 在前 m 个非线性主成分上的坐标构成样本在新空间的表示 $[z^1(\boldsymbol{x}) \ \cdots \ z^m(\boldsymbol{x})]^{\mathrm{T}}$。

3）不完备数据的主成分分析

假如矩阵 $\boldsymbol{X}$ 中的某些数据丢失，标准 PCA 算法不能够直接使用，因为在含未知元素的情况下矩阵分解无法进行。一种比较直接的方法是对已知元素的拟合误差尽量小：

$$E(\boldsymbol{B}, \boldsymbol{Y}) = \sum_{n=1}^{N} \sum_{i=1}^{D} \gamma_{n,i} \left(x_{n,i} - \sum_{j=1}^{M} y_{n,j} b_{j,i} \right)^2$$

式中：$\gamma_{n,i} = 1$ 代表该位置元素是存在的，$\gamma_{n,i} = 0$ 代表元素缺失；$\boldsymbol{X} \in \mathbb{R}^{N \times D}$，$\boldsymbol{Y} \in \mathbb{R}^{N \times M}$，$\boldsymbol{B} \in \mathbb{R}^{M \times D}$，$M$ 为低秩数值。假设 $\boldsymbol{\Gamma} = [\gamma_{ij}]$ 为指示矩阵，则 $E(\boldsymbol{B}, \boldsymbol{Y})$ 可以写成如下矩阵形式：

$$E(\boldsymbol{B}, \boldsymbol{Y}) = \|\boldsymbol{\Gamma} \odot (\boldsymbol{X} - \boldsymbol{B}\boldsymbol{Y})\|_F^2$$

常用的解决思路是采用交替迭代更新的方法，主要分成两步：

（1）固定 $\boldsymbol{B}$，更新 $\boldsymbol{Y}$ 矩阵：

$$E(\hat{\boldsymbol{B}}, \boldsymbol{Y}) = \sum_{n=1}^{N} \sum_{i=1}^{D} \gamma_{n,i} \left(x_{n,i} - \sum_{j=1}^{M} y_{n,j} \hat{b}_{j,i} \right)^2$$

可以看出，上式对于 $\boldsymbol{Y}$ 来说是一个二次型函数。通过对 $\boldsymbol{Y}$ 中元素 $y_{n,k}$ 求导置零，可以得到

$$\sum_{i=1}^{D} \gamma_{n,i} \left(x_{n,i} - \sum_{l=1}^{M} y_{n,l} \hat{b}_{l,i} \right) \hat{b}_{k,i} = 0, \quad k = 1, \cdots, M$$

或者

$$\sum_{i=1}^{D} \gamma_{n,i} x_{n,i} \hat{b}_{k,i} = \sum_{i,l} \gamma_{n,i} y_{n,l} \hat{b}_{l,i} \hat{b}_{k,i}, \quad k = 1, \cdots, M$$

通过求解上述线性方程，能够将矩阵 $\boldsymbol{Y}$ 的第 n 行计算出来。

（2）固定 $\boldsymbol{Y}$，更新矩阵 $\boldsymbol{B}$：

$$E(\boldsymbol{B}, \hat{\boldsymbol{Y}}) = \sum_{n=1}^{N} \sum_{i=1}^{D} \gamma_{n,i} \left(x_{n,i} - \sum_{j=1}^{M} \hat{y}_{n,j} b_{j,i} \right)^2$$

可以看出，上式对于 $\boldsymbol{B}$ 来说是一个二次型函数。通过对 $\boldsymbol{B}$ 中元素 $b_{k,i}$ 求导置零，可以得到

$$\sum_{n=1}^{N} \gamma_{n,i} \left(x_{n,i} - \sum_{l=1}^{M} \hat{y}_{n,l} b_{l,i} \right) \hat{y}_{n,k} = 0, \quad k = 1, \cdots, M$$

或者

$$\sum_{n=1}^{n} \gamma_{n,i} x_{n,i} \hat{y}_{n,k} = \sum_{n,l} \gamma_{n,i} \hat{y}_{n,l} b_{l,i} \hat{y}_{n,k}, \quad k = 1, \cdots, M$$

通过求解上述线性方程，能够将矩阵 $\boldsymbol{B}$ 的第 i 列计算出来。

通过上述迭代计算，能够使得误差函数 $E(\boldsymbol{B}, \boldsymbol{Y})$ 不断减小，一直到收敛为止。

3. 独立成分分析

主成分分析（PCA）是通过正交变换得到最大方差的方向，各个成分是正交的。若以维数降低为目的，则主成分分析得到的结果是最优的。然而，独立成分分析（ICA）方法

主要面向解决如下问题：给定一个输入样本集 $x = Ay$，确定一个可逆矩阵 W 使得变换后的向量 $y = Wx$ 的各成分相互独立。因此，ICA 需要寻找最大独立的方向，各个成分是独立的。统计独立是比不相关条件更加严格，只有对于高斯随机变量，这两个条件才等价。

寻找独立而非不相关的特征提供了更多信息挖掘的方法，这些信息隐藏在数据的统计中。为了方便分析，通常假定随机向量 y 的均值为 0，协方差矩阵为单位矩阵（y 为白化噪声向量）。ICA 模型可辨识的条件包含：

（1）所有 y 的分量最多有一项为正态分布，其余的为非正态分布。

（2）矩阵 A 为可逆矩阵。

其中条件（1）为必要条件，因为任意白化噪声向量通过正交矩阵变换之后仍为白化噪声向量，从而导致结果的不确定性。

1）基于 2 次和 4 次累积量的 ICA

对于 PCA，要求得到的 y 各成分互不相关，即 $\mathcal{E}[y_i y_j] = 0$；对于 ICA，要求 y 的各分量相互独立，要求高阶交叉累积量也为 0，即

$$\kappa_1[y_i] = 0$$

$$\kappa_2[y_i y_j] = \mathcal{E}[y_i y_j] = 0$$

$$\kappa_3[y_i y_j y_k] = \mathcal{E}[y_i y_j y_k] = 0$$

$$\kappa_4[y_i y_j y_k y_l] = \mathcal{E}[y_i y_j y_k y_l] - \mathcal{E}[y_i y_j]\mathcal{E}[y_k y_l] - \mathcal{E}[y_i y_k]\mathcal{E}[y_j y_l] - \mathcal{E}[y_i y_l]\mathcal{E}[y_j y_k]$$

因此，需要去寻找矩阵 W 使得 $y = Wx$ 的上述 4 阶累积量为 0。当交叉累积量表达式中所有变量都相同时，称之为自累积量，记 $\kappa_4(y_i) = \kappa_4(y_i, y_i, y_i, y_i)$。当概率密度分布函数关于 0 点对称时，所有奇数阶累积量为 0；因此，我们主要关心偶数阶矩的特性。ICA 算法的主要步骤如下：

（1）计算输入数据 x 的 PCA，即

$$\hat{y} = A^{\mathrm{T}} x$$

式中：A 为 KL 变换矩阵，使得 $\mathcal{E}[\hat{y}\hat{y}^{\mathrm{T}}] = I$，即转换后随机向量 $\hat{y}$ 的各成分互不相关。

（2）计算正交变换矩阵 $\hat{A}$，使得变换后随机向量各分量间 4 次累积量为 0，即

$$y = \hat{A}^{\mathrm{T}} \hat{y}$$

这等价于寻找矩阵 $\hat{A}$ 使得 4 次自累积量的平方和最大，即

$$\max_{\hat{A}\hat{A}^{\mathrm{T}} = I} \sum_{i=1}^{d} [\kappa_4(y_i)]^2$$

在步骤（1）中，各成分不相关代表着二阶交叉累积量为 0。在步骤（2）中，由于 y 是由 $\hat{y}$ 通过正交变换得到，因此其 4 阶累积量是固定不变的。当自累积量最大化时，交叉累

量为最小化。通过上述方法，恢复出的 $\boldsymbol{y}$ 为

$$\boldsymbol{y} = (\boldsymbol{A}\hat{\boldsymbol{A}})^{\mathrm{T}}\boldsymbol{x} = \boldsymbol{W}\boldsymbol{x}$$

由于 $\hat{\boldsymbol{A}}$ 为正交矩阵，随机向量 $\boldsymbol{y}$ 依然保持了 $\hat{\boldsymbol{y}}$ 的不相关特性。

2）基于交互信息的 ICA

若只将 2 阶和 4 阶交叉累积量设置为 0，在实际应用和理论上缺乏泛化能力。一种比较严谨的方法是寻找 $\boldsymbol{W}$ 使得 $\boldsymbol{y} = \boldsymbol{W}\boldsymbol{x}$ 各分量之间的互信息量最小化。对于随机向量 $\boldsymbol{y}$，其互信息量定义为

$$I(\boldsymbol{y}) = -H(\boldsymbol{y}) + \sum_{i=1}^{d} H(y_i)$$

式中：

$$H(\boldsymbol{y}) = -\int p(\boldsymbol{y}) \ln p(\boldsymbol{y}) \mathrm{d}\boldsymbol{y}$$

$H(\boldsymbol{y})$ 为 $\boldsymbol{y}$ 的联合熵。

从数学描述上来看，互信息量等价于 $p(\boldsymbol{y})$ 和 $\prod_{i=1}^{d} p(y_i)$ 两个概率密度分布函数之间的 KL 距离。如果说这个距离为 0，就代表着 $\boldsymbol{y}$ 的各分量相互独立。将 $\boldsymbol{y} = \boldsymbol{W}\boldsymbol{x}$ 代入上述互信息量公式，可以得到

$$I(\boldsymbol{y}) = -H(\boldsymbol{x}) - \ln |\boldsymbol{W}| - \sum_{i=1}^{d} \int p(y_i) \ln p(y_i) \mathrm{d}y_i$$

由于上述第一项 $H(\boldsymbol{x})$ 与 $\boldsymbol{W}$ 无关，因此最小化 $I(\boldsymbol{y})$ 等价于最大化如下 $J(\boldsymbol{W})$：

$$\max_{\boldsymbol{W}} J(\boldsymbol{W}) = \ln |\boldsymbol{W}| + \mathcal{E}\left[\sum_{i=1}^{d} \ln p(y_i)\right]$$

式中：y_i 为 $\boldsymbol{y} = \boldsymbol{W}\boldsymbol{x}$ 的分量。

将函数 $J(\boldsymbol{W})$ 对 $\boldsymbol{W}$ 求导可以得到

$$\frac{\partial J(\boldsymbol{W})}{\partial \boldsymbol{W}} = \boldsymbol{W}^{-\mathrm{T}} + \mathcal{E}[\phi(\boldsymbol{y})\boldsymbol{x}^{\mathrm{T}}]$$

式中

$$\phi(\boldsymbol{y}) = \left[\begin{array}{ccc} \dfrac{p'(y_1)}{p(y_1)} & \cdots & \dfrac{p'(y_d)}{p(y_d)} \end{array}\right]^{\mathrm{T}}, \quad p'(y_i) = \frac{\mathrm{d}p(y_i)}{\mathrm{d}y_i}$$

显然，概率密度函数的偏导数依赖函数的逼近，例如 $\phi(\boldsymbol{y})$ 可以用激活函数或者神经网络来近似表示。传统梯度上升法的第 t 步迭代可写为

$$\boldsymbol{W}(t) = \boldsymbol{W}(t-1) + \mu(t)[\boldsymbol{W}^{-\mathrm{T}}(t-1) + \mathcal{E}(\phi(\boldsymbol{y})\boldsymbol{x}^{\mathrm{T}})]$$

或

$$W(t) = W(t-1) + \mu(t)[I + \mathcal{E}(\phi(y)y^{\mathrm{T}})]W^{-\mathrm{T}}(t-1)$$

由上式可知，稳定点满足

$$\frac{\partial J(W)}{\partial W}W^{\mathrm{T}} = \mathcal{E}[I + \phi(y)y^{\mathrm{T}}] = 0$$

从上式看出，ICA 是 PCA 的非线性推广，其中 PCA 只需要满足不相关条件 $\mathcal{E}[I - yy^{\mathrm{T}}] = 0$。同时，若采用随机梯度算法，梯度上升公式中的期望操作可以去掉，即 $W(t) = W(t-1) + \mu(t)[W^{-\mathrm{T}}(t-1) + \phi(y)x^{\mathrm{T}}]$。

4. 多维尺度缩放

多维尺度（MDS）法是一种经典的数据映射方法，基本出发点是把样本之间的距离关系或不相似度量在二维或三维等低维空间里表示出来。若样本之间的关系是定义在特征空间上，则该表示也实现了从原特征空间到低维表示空间的映射。样本数据虽然是高维的，但是与学习任务相关的可能是某个低维分布，即高维空间中的一个"低维嵌入"。

多维尺度法也称为主坐标分析方法，是首先给定 n 个高维空间样本之间的两两距离，再确定这些点在低维空间里的坐标。设 $X = [x_1 \ x_2 \cdots x_n]^{\mathrm{T}}$，样本之间的内积矩阵 $B = XX^{\mathrm{T}}$。样本之间欧几里得距离的平方为

$$\sigma_{ij}^2 = \|x_i - x_j\|^2 = \|x_i\|^2 + \|x_j\|^2 - 2x_i^{\mathrm{T}}x_j$$

将所有两点之间的欧几里得距离组成矩阵 $D = [\sigma_{ij}^2]$，其满足

$$D = c\mathbf{1}^{\mathrm{T}} + \mathbf{1}c^{\mathrm{T}} - 2B \tag{4.10}$$

式中

$$c = \begin{bmatrix} \|x_1\|^2 & \cdots & \|x_n\|^2 \end{bmatrix}^{\mathrm{T}}, \quad \mathbf{1} = \begin{bmatrix} 1 & \cdots & 1 \end{bmatrix}^{\mathrm{T}}$$

因此，该 MDS 问题可描述为：已知 D 矩阵，求解 B 或者 X。具体解法如下：

（1）为了消除坐标的平移不确定性，假设所有样本的中心为原点，即 $\mathbf{1}^{\mathrm{T}}X = 0$。

（2）定义中心化矩阵 $J = I - \frac{1}{n}\mathbf{1}\mathbf{1}^{\mathrm{T}}$，显然有

$$c\mathbf{1}^{\mathrm{T}}J = 0, \ J\mathbf{1}c^{\mathrm{T}} = 0, \ JX = X, \ JBJ = B$$

从式(4.10)推得

$$JDJ = J(c\mathbf{1}^{\mathrm{T}} + \mathbf{1}c^{\mathrm{T}} - 2B)J = -2B$$

（3）样本的内积矩阵为

$$B = XX^{\mathrm{T}} = -\frac{1}{2}JDJ$$

对 B 进行奇异值分解 $B = U\Lambda U^{\mathrm{T}}$，得到样本矩阵 $X = U\Lambda^{1/2}$。

5. 拉普拉斯本征映射

拉普拉斯本征映射方法是计算数据的低维表示，使得局部近邻的相关信息被最大限度地保留。主要步骤如下：

（1）构建一个图 $G = (V, E)$，其中 V 代表定点集合，E 代表边集合。图中的每个顶点为样本集合中的一个样本。若两个样本相近 $\|\boldsymbol{x}_i - \boldsymbol{x}_j\| \leqslant \epsilon$，则认为这两个顶点之间存在着连接 e_{ij}。这种连接的寻找可以采用 k 近邻方法。

（2）每条边 e_{ij} 与权重 W_{ij} 对应，一个典型的选择为

$$W_{ij} = \begin{cases} \exp\left(-\dfrac{\|\boldsymbol{x}_i - \boldsymbol{x}_j\|^2}{\sigma^2}\right), & e_{ij} \neq 0 \\ 0, & \text{其他} \end{cases}$$

（3）定义对角矩阵 $\boldsymbol{D}$，其对角元素 $D_{ii} = \sum\limits_{j=1}^{n} W_{ij}$。拉普拉斯矩阵定义为 $\boldsymbol{L} = \boldsymbol{D} - \boldsymbol{W}$，对其进行广义特征分解：

$$\boldsymbol{L}\boldsymbol{v} = \lambda \boldsymbol{D}\boldsymbol{v}$$

使得 $0 = \lambda_0 \leqslant \cdots \leqslant \lambda_m$ 是最小的 $m+1$ 个本征值。忽略与零特征值相关的本征向量，同时选取另外 m 个本征向量，得到如下映射：

$$\boldsymbol{x}_i \in \mathbb{R}^n \to \boldsymbol{y}_i = \begin{bmatrix} \boldsymbol{v}_1^{\mathrm{T}}\boldsymbol{x}_i \\ \vdots \\ \boldsymbol{v}_m^{\mathrm{T}}\boldsymbol{x}_i \end{bmatrix}$$

上述拉普拉斯算法可以从优化角度来解释。假设映射后的相似性判别准则为

$$E_L = \sum_{i=1, j=1}^{n,n} W_{ij} \|\boldsymbol{y}_i - \boldsymbol{y}_j\|^2$$

经过一系列代数运算可得

$$\begin{aligned} E_L &= \sum_{i=1}^{n} \|\boldsymbol{y}_i\|^2 \sum_{j=1}^{n} W_{ij} + \sum_{j=1}^{n} \|\boldsymbol{y}_j\|^2 \sum_{i=1}^{n} W_{ij} - 2 \sum_{i=1, j=1}^{n,n} \boldsymbol{y}_i^{\mathrm{T}} \boldsymbol{y}_j W_{ij} \\ &= \sum_{i=1}^{n} \|\boldsymbol{y}_i\|^2 D_{ii} + \sum_{j=1}^{n} \|\boldsymbol{y}_j\|^2 \sum_{i=1}^{n} D_{jj} - 2 \sum_{i=1, j=1}^{n,n} \boldsymbol{y}_i^{\mathrm{T}} \boldsymbol{y}_j W_{ij} \\ &= 2\boldsymbol{y}^{\mathrm{T}}(\boldsymbol{D} - \boldsymbol{W})\boldsymbol{y} = 2\boldsymbol{y}^{\mathrm{T}} \boldsymbol{L} \boldsymbol{y} \end{aligned}$$

为了避免零值解的出现，可对其归一化约束，得到如下优化问题：

$$\min_{\boldsymbol{y}} \boldsymbol{y}^{\mathrm{T}} \boldsymbol{L} \boldsymbol{y}$$

$$\text{s.t. } \boldsymbol{y}^{\mathrm{T}} \boldsymbol{D} \boldsymbol{y} = 1$$

由此可以看出，拉普拉斯本征映射算法等价于求解上述优化问题。

6. 局部线性嵌入

局部线性嵌入试图保持邻域内的线性关系，并使得该线性关系在降维后的空间中继续保持，如图 4.6 所示。

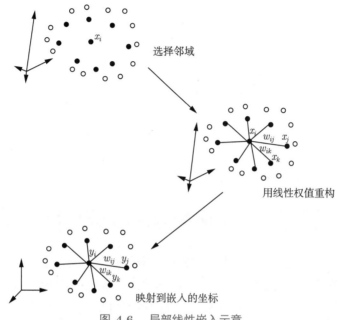

选择邻域

用线性权值重构

映射到嵌入的坐标

图 4.6　局部线性嵌入示意

局部线性嵌入的步骤如下：

（1）在原空间中，对样本 $\boldsymbol{x}_i$ 选择一组邻域样本；

（2）用这一组邻域样本的线性加权组合重构 $\boldsymbol{x}_i$，得到使重构误差 $|\boldsymbol{x}_i - \sum_{j \in \mathcal{N}_i} w_{ij} \boldsymbol{x}_j|$ 尽量小的权值 w_{ij}；

（3）求向量 $\boldsymbol{x}_i$ 在低维空间的映射 $\boldsymbol{y}_i$，使得对所有低维样本用同样的权值进行重构得到的误差 $\|\boldsymbol{y}_i - \sum_{j \in \mathcal{N}_i} w_{ij} \boldsymbol{y}_j\|$ 尽量小。

步骤（2）中，样本邻域内的线性关系通过求解如下优化问题来获得：

$$\min_{\boldsymbol{W}} \sum_{i=1}^{m} \|\boldsymbol{x}_i - \sum_{j \in \mathcal{N}_i} W_{ij} \boldsymbol{x}_j\|^2$$

$$\text{s.t.} \quad \sum_{j \in \mathcal{N}_i} W_{ij} = 1$$

令 $C_{ij} = (\boldsymbol{x}_i - \boldsymbol{x}_j)^{\mathrm{T}}(\boldsymbol{x}_i - \boldsymbol{x}_j)$，则 W_{ij} 有闭式解

$$W_{ij} = \frac{\sum\limits_{k \in \mathcal{N}_i} C_{jk}^{-1}}{\sum\limits_{l,s \in \mathcal{N}_i} C_{ls}^{-1}}$$

步骤（3）中，局部线性嵌入在低维空间保持 W_{ij} 不变，样本 $\boldsymbol{x}_i$ 对应的低维空间坐标 $\boldsymbol{y}_i$ 可通过下式求解：

$$\min_{\boldsymbol{Y}} \sum_{i=1}^{m} \left\| \boldsymbol{y}_i - \sum_{j \in \mathcal{N}_i} w_{ij} \boldsymbol{y}_j \right\|^2$$

令 $\boldsymbol{Y} = [\boldsymbol{y}_1, \cdots, \boldsymbol{y}_m]$ 和 $\boldsymbol{M} = (\boldsymbol{I} - \boldsymbol{W})^{\mathrm{T}}(\boldsymbol{I} - \boldsymbol{W})$，则上式可以重写成

$$\min_{\boldsymbol{Y}} \operatorname{tr}(\boldsymbol{Y}\boldsymbol{M}\boldsymbol{Y}^{\mathrm{T}})$$
$$\text{s.t.} \quad \boldsymbol{Y}\boldsymbol{Y}^{\mathrm{T}} = \boldsymbol{I}$$

上式可以通过特征值分解进行求解。矩阵 $\boldsymbol{M}$ 最小 d 个特征值对应的特征向量组成的矩阵为 $\boldsymbol{Y}^{\mathrm{T}}$。

上述算法采用欧几里得距离来描述样本之间的关系。然而，在流形上节点之间的欧几里得距离不能恰当地表示真实结构。因此，用测地距离来代替欧几里得距离能够更加真实地保留结构信息，而测地距离往往通过图拓扑结构进行计算，其计算复杂度相对较高。

4.4 无监督概率模型估计

对于多分类问题，假定每个聚类样本的概率密度函数已知，总体分布是多个概率分布的加权求和，则该模型称为混合模型。若多个聚类样本的类别标记未知，其对应的概率模型估计称为无监督学习。无监督概率模型估计的具体问题描述为：从若干不同类别样本集合中独立抽取样本，并根据这些样本估计出各聚类的概率密度函数，然后利用估计的分布函数实现新样本的分类。

定义混合概率密度函数

$$p(\boldsymbol{x}|\boldsymbol{\theta}) = \sum_{i=1}^{c} p(\boldsymbol{x}|w_i, \boldsymbol{\theta}_i)p(w_i) \tag{4.11}$$

式中：$\boldsymbol{\theta} = [\boldsymbol{\theta}_1^{\mathrm{T}}, \cdots, \boldsymbol{\theta}_c^{\mathrm{T}}]^{\mathrm{T}}$。

类条件概率 $p(\boldsymbol{x}|w_i, \boldsymbol{\theta}_i)$ 为分量密度；先验概率 $p(w_i)$ 为混合参数，在实际应用中，权重参数 $p(w_i)$ 往往是未知的，看成待估计参数。

给定独立同分布样本集 $\boldsymbol{X}_N = \{\boldsymbol{x}_1, \cdots, \boldsymbol{x}_N\}$，相应的似然函数和对数似然函数分别表示成

$$l(\boldsymbol{\theta}) = \prod_{k=1}^{N} p(\boldsymbol{x}_k|\boldsymbol{\theta})$$

$$L(\boldsymbol{\theta}) = \ln l(\boldsymbol{\theta}) = \sum_{k=1}^{N} \ln p(\boldsymbol{x}_k|\boldsymbol{\theta})$$

其最大似然估计需要求解如下优化问题：

$$\hat{\boldsymbol{\theta}}_N = \arg\max_{\boldsymbol{\theta}} L(\boldsymbol{\theta})$$

可识别性分析是进行混合概率密度函数估计的一个重要环节。若产生相同混合密度 $p(\boldsymbol{x}|\boldsymbol{\theta})$ 的 $\boldsymbol{\theta}$ 值唯一，则认为可识别；反之，多个不同的 $\boldsymbol{\theta}$ 值能产生相同 $p(\boldsymbol{x}|\boldsymbol{\theta})$，则不可识别。可识别数学描述：$p(\boldsymbol{x}|\boldsymbol{\theta}_1) = p(\boldsymbol{x}|\boldsymbol{\theta}_2)$ 能否推导出 $\boldsymbol{\theta}_1 = \boldsymbol{\theta}_2$。

例 4.3（可识别性分析）

如果 x 是 0/1 随机变量，混合概率函数为

$$p(x|\boldsymbol{\theta}) = \frac{1}{2}\theta_1^x(1-\theta_1)^{1-x} + \frac{1}{2}\theta_2^x(1-\theta_2)^{1-x}$$

$$= \begin{cases} \dfrac{\theta_1+\theta_2}{2}, & x = 1 \\[2mm] 1 - \dfrac{\theta_1+\theta_2}{2}, & x = 0 \end{cases}$$

如果已知 $p(x=1|\boldsymbol{\theta}) = 0.6, p(x=0|\boldsymbol{\theta}) = 0.4$，就知道了混合概率 $p(x|\boldsymbol{\theta})$。但是根据如下方程组无法确定 θ_1, θ_2 的值：

$$\frac{\theta_1+\theta_2}{2} = 0.6, \quad 1 - \frac{\theta_1+\theta_2}{2} = 0.4$$

这意味着参数向量不可识别。

针对 $\{p(w_i), \boldsymbol{\theta}_i\}_{i=1}^c$ 均未知的情形，最大似然估计需要求解如下优化问题：

$$\max_{\boldsymbol{\theta}_i, p(w_i)} \sum_{k=1}^{N} \ln\left(\sum_{i=1}^{c} p(\boldsymbol{x}_k|w_i, \boldsymbol{\theta}_i)p(w_i)\right)$$

$$\text{s.t.} \quad \sum_{i=1}^{c} p(w_i) = 1$$

由于目标函数内的未知参数 $\boldsymbol{\theta}$ 和未知概率 $p(w_i)$ 耦合，上述优化问题求解具有一定挑战性。接下来，首先介绍期望最大化方法，然后用该方法求解上述优化问题。

4.4.1　期望最大化算法

为了便于推导期望最大值（EM）算法的框架，将参数向量记为 $\boldsymbol{\theta}$，隐变量记为 $\boldsymbol{h}$，可观测变量记为 $\boldsymbol{v}$。数据的模型可以写成 $p(\boldsymbol{v}, \boldsymbol{h}|\boldsymbol{\theta})$，而最终目的是要寻找最大化边缘概率分布 $p(\boldsymbol{v}|\boldsymbol{\theta})$ 所对应的参数 $\boldsymbol{\theta}$。EM 算法的核心思想是将边缘概率分布用下界函数来代替，而该下界函数能够消除 $\boldsymbol{h}$ 和 $\boldsymbol{\theta}$ 之间的耦合。

似然函数 $p(\boldsymbol{v}|\boldsymbol{\theta})$ 的对数形式可以写成

$$L(\boldsymbol{\theta}) = \ln p(\boldsymbol{v}|\boldsymbol{\theta}) = \ln \int_{\boldsymbol{h}} p(\boldsymbol{v}, \boldsymbol{h}|\boldsymbol{\theta})\mathrm{d}\boldsymbol{h}$$

$$\geq \int_{\boldsymbol{h}} q(\boldsymbol{h}|\boldsymbol{v}, \boldsymbol{\theta}') \ln \frac{p(\boldsymbol{v}, \boldsymbol{h}|\boldsymbol{\theta})}{q(\boldsymbol{h}|\boldsymbol{v}, \boldsymbol{\theta}')}\mathrm{d}\boldsymbol{h}$$

式中：$q(\boldsymbol{h}|\boldsymbol{v},\boldsymbol{\theta}')$ 为变分概率密度函数；最后一个不等式由詹森不等式和对数函数的凹函数特性推导得到。根据上述不等式，记 $\ln p(\boldsymbol{v}|\boldsymbol{\theta})$ 的下界函数为

$$\mathcal{B}[\boldsymbol{\theta},\boldsymbol{\theta}'] = \int_{\boldsymbol{h}} q(\boldsymbol{h}|\boldsymbol{v},\boldsymbol{\theta}') \ln \frac{p(\boldsymbol{v},\boldsymbol{h}|\boldsymbol{\theta})}{q(\boldsymbol{h}|\boldsymbol{v},\boldsymbol{\theta}')} \mathrm{d}\boldsymbol{h}$$
$$= \underbrace{-\mathcal{E}_{q(\boldsymbol{h}|\boldsymbol{v},\boldsymbol{\theta}')}[\ln q(\boldsymbol{h}|\boldsymbol{v},\boldsymbol{\theta}')]}_{\text{熵}} + \underbrace{\mathcal{E}_{q(\boldsymbol{h}|\boldsymbol{v},\boldsymbol{\theta}')}[\ln p(\boldsymbol{h},\boldsymbol{v}|\boldsymbol{\theta})]}_{\text{能量}}$$

从上式可以看出，能量项依赖参数 $\boldsymbol{\theta}$ 而且跟全观测（$\boldsymbol{h}$ 和 $\boldsymbol{v}$ 都已知）的似然函数很类似。

若有 N 个独立的训练样本 $\boldsymbol{V}_N = \{\boldsymbol{v}^1,\cdots,\boldsymbol{v}^N\}$，其对数似然函数为

$$\ln p(\boldsymbol{V}_N|\boldsymbol{\theta}) = \sum_{n=1}^{N} \ln p(\boldsymbol{v}^n|\boldsymbol{\theta})$$

$$\geqslant \underbrace{-\sum_{n=1}^{N}\mathcal{E}_{q(\boldsymbol{h}|\boldsymbol{v}^n,\boldsymbol{\theta}')}[\ln q(\boldsymbol{h}|\boldsymbol{v}^n,\boldsymbol{\theta}')]}_{\text{熵}} + \underbrace{\sum_{n=1}^{N}\mathcal{E}_{q(\boldsymbol{h}|\boldsymbol{v}^n,\boldsymbol{\theta}')}[\ln p(\boldsymbol{h},\boldsymbol{v}^n|\boldsymbol{\theta})]}_{\text{能量}} \tag{4.12}$$

从上式可以看出：下界函数在 $q(\boldsymbol{h}|\boldsymbol{v}^n,\boldsymbol{\theta}') = p(\boldsymbol{h}|\boldsymbol{v}^n,\boldsymbol{\theta})$ 的时候跟对数似然函数 $\ln p(\boldsymbol{V}_N|\boldsymbol{\theta})$ 相等。因此，$q(\boldsymbol{h}|\boldsymbol{v}^n,\boldsymbol{\theta}')$ 通常被设置成 $q(\boldsymbol{h}|\boldsymbol{v}^n,\boldsymbol{\theta}') = p(\boldsymbol{h}|\boldsymbol{v}^n,\boldsymbol{\theta})$。

由于下界函数依赖未知分布 $q(\boldsymbol{h}|\boldsymbol{v},\boldsymbol{\theta}')$ 和未知变量 $\boldsymbol{\theta}$，可对 $q(\boldsymbol{h}|\boldsymbol{v},\boldsymbol{\theta}')$ 和 $\boldsymbol{\theta}$ 进行交替更新来最大化下界函数，从而得到 EM 算法的 E 步和 M 步。

E 步： 固定 $\boldsymbol{\theta}$，寻找 $q(\boldsymbol{h}|\boldsymbol{v}^n,\boldsymbol{\theta}^t)$ 来最大化下界函数。

M 步： 固定 $q(\boldsymbol{h}|\boldsymbol{v}^n,\boldsymbol{\theta}^t)$，寻找 $\boldsymbol{\theta}$ 来最大化下界函数。

EM 算法具有较好的收敛性质，其特点是在迭代过程中下界似然函数值能够不断增加。记 $\boldsymbol{\theta}'$ 为最新参数估计，$\boldsymbol{\theta}$ 为待估计参数。利用关系式 $q(\boldsymbol{h}|\boldsymbol{v}^n,\boldsymbol{\theta}') = p(\boldsymbol{h}|\boldsymbol{v}^n,\boldsymbol{\theta})$，将下界函数写成如下形式：

$$\mathcal{B}(\boldsymbol{\theta}',\boldsymbol{\theta}) = -\mathcal{E}_{p(\boldsymbol{h}|\boldsymbol{v},\boldsymbol{\theta}')}[\ln p(\boldsymbol{h}|\boldsymbol{v},\boldsymbol{\theta}')] + \mathcal{E}_{p(\boldsymbol{h}|\boldsymbol{v},\boldsymbol{\theta}')}[\ln p(\boldsymbol{h},\boldsymbol{v}|\boldsymbol{\theta})]$$

进而根据 KL 公式可得

$$\ln p(\boldsymbol{v}|\boldsymbol{\theta}') = \mathcal{B}(\boldsymbol{\theta}',\boldsymbol{\theta}) + \mathrm{KL}(p(\boldsymbol{h}|\boldsymbol{v},\boldsymbol{\theta}'),p(\boldsymbol{h}|\boldsymbol{v},\boldsymbol{\theta}))$$

利用关系式

$$\ln p(\boldsymbol{v}|\boldsymbol{\theta}) = \mathcal{B}(\boldsymbol{\theta},\boldsymbol{\theta}) + \underbrace{\mathrm{KL}(p(\boldsymbol{h}|\boldsymbol{v},\boldsymbol{\theta}),p(\boldsymbol{h}|\boldsymbol{v},\boldsymbol{\theta}))}_{=0}$$

可以推断出

$$\ln p(\boldsymbol{v}|\boldsymbol{\theta}') - \ln p(\boldsymbol{v}|\boldsymbol{\theta}) = \underbrace{\mathcal{B}(\boldsymbol{\theta}',\boldsymbol{\theta}) - \mathcal{B}(\boldsymbol{\theta},\boldsymbol{\theta})}_{\geqslant 0} + \underbrace{\mathrm{KL}(p(\boldsymbol{h}|\boldsymbol{v},\boldsymbol{\theta}),p(\boldsymbol{h}|\boldsymbol{v},\boldsymbol{\theta}'))}_{\geqslant 0}$$

其中第一个不等式成立是因为在 M 步寻找一个 $\boldsymbol{\theta}'$ 值使下界似然函数比 $\boldsymbol{\theta}$ 时更大。从上式可以看出，EM 算法不但能够使下界似然函数不断增加，而且能够使边缘似然函数不断增加。值得注意的是，EM 算法与 Majorization Maximization（MM）方法有着相同内涵。

例 4.4（期望最大值估计）

假设有 3 枚硬币，分别记作 A、B、C。这些硬币正面出现的概率分别为 π、p 和 q。进行掷硬币试验：先掷硬币 A，根据其结果选出硬币 B 或者硬币 C，正面选硬币 B，反面选硬币 C；然后掷选出的硬币，根据掷硬币的结果，出现正面记作 1，出现反面记作 0。独立地重复 n 次试验（这里 $n = 10$），观测结果如下：

$$1, 1, 0, 1, 0, 0, 1, 0, 1, 1$$

假设只能观测到掷硬币的结果，不能观测掷硬币的过程。问如何估计 3 枚硬币正面出现的概率，即 3 枚硬币的参数。

解：令 $\boldsymbol{\theta} = (\pi, p, q)$ 是模型参数。随机变量 y 是观测变量，表示一次试验观测的结果是 1 或 0；随机变量 z 是隐变量，表示未观测到的掷硬币 A 的结果。将观测数据表示为 $\boldsymbol{y} = (y_1, \cdots, y_n)$，未观测数据表示为 $\boldsymbol{z} = (z_1, \cdots, z_n)$，则观测数据的似然函数为

$$p(\boldsymbol{y}|\boldsymbol{\theta}) = \sum_z p(\boldsymbol{z}|\boldsymbol{\theta})p(\boldsymbol{y}|\boldsymbol{z}, \boldsymbol{\theta})$$

$$= \prod_{i=1}^{n} \left[\pi p^{y_i}(1-p)^{1-y_i} + (1-\pi)q^{y_i}(1-q)^{1-y_i} \right]$$

考虑求模型参数 $\boldsymbol{\theta}$ 的极大似然估计，即

$$\hat{\boldsymbol{\theta}} = \arg\max_{\boldsymbol{\theta}} \log p(\boldsymbol{y}|\boldsymbol{\theta})$$

采用 EM 算法，首先选择参数初值，记作 $\boldsymbol{\theta}^0 = (\pi^0, p^0, q^0)$，然后通过下面迭代进行参数估计，直至收敛。令第 i 次迭代参数估计值 $\boldsymbol{\theta}^i = (\pi^i, p^i, q^i)$，则第 $i+1$ 次迭代的估计值如下：

E 步： 计算在模型参数 $\boldsymbol{\theta}^i$ 下观测数据 y_j 来自掷硬币 B 的概率，即

$$\mu_j^{i+1} = \frac{\pi^i(p^i)^{y_i}(1-p^i)^{1-y_i}}{\pi^i(p^i)^{y_i}(1-p^i)^{1-y_i} + (1-\pi^i)(q^i)^{y_i}(1-q^i)^{1-y_i}}$$

M 步： 计算模型参数的新估计值，即

$$\pi^{i+1} = \frac{1}{n}\sum_{j=1}^{n} \mu_j^{i+1}, \; p^{i+1} = \frac{\sum_{j=1}^{n} \mu_j^{i+1} y_j}{\sum_{j=1}^{n} \mu_j^{i+1}}, \; q^{i+1} = \frac{\sum_{j=1}^{n} (1-\mu_j^{i+1}) y_j}{\sum_{j=1}^{n} (1-\mu_j^{i+1})}$$

若选初值 $\boldsymbol{\theta}^0 = (0.5, 0.5, 0.5)$，最终收敛到 $\boldsymbol{\theta}^* = (0.5, 0.6, 0.6)$。若选初值 $\boldsymbol{\theta}^0 = (0.4, 0.6, 0.7)$，最终收敛到 $\boldsymbol{\theta}^* = (0.42, 0.54, 0.64)$。说明了 EM 算法的最终结果跟初值的选择有关。

4.4.2 混合高斯分布估计方法

混合高斯分布是混合概率模型的一类典型分布，其表达式为

$$p(\boldsymbol{x}|\boldsymbol{\theta}) = \sum_{i=1}^{c} p(w_i)p(\boldsymbol{x}|w_i, \boldsymbol{\theta}_i)$$

式中：c 为已知类别数目。

混合模型各部分概率密度函数为

$$p(\boldsymbol{x}|w_i, \boldsymbol{\theta}_i) = \mathcal{N}(\boldsymbol{\mu}_i, \boldsymbol{\Sigma}_i), \quad i = 1, \cdots, c$$

先验概率满足 $\sum_{i=1}^{c} p(w_i) = 1$。显然，混合高斯模型能够将简单分布联合描述复杂多峰概率密度函数。

给定样本集 $X_N = \{\boldsymbol{x}_k\}_{k=1}^{N}$，高斯混合建模是为了学习参数 $\boldsymbol{\theta} = \{\boldsymbol{\mu}_i, \boldsymbol{\Sigma}_i, \lambda_i\}_{i=1}^{c}$，其中 $\lambda_i = p(w_i)$。接下来将采用期望最大化方法来求解含有隐变量的建模问题：

$$\max_{\boldsymbol{\theta}} \sum_{k=1}^{N} \ln p(\boldsymbol{x}_k|\boldsymbol{\theta}) = \max_{\boldsymbol{\theta}} \sum_{k=1}^{N} \ln \left(\sum_{i=1}^{c} \lambda_i p(\boldsymbol{x}_k|\boldsymbol{\theta}_i) \right)$$

针对混合高斯模型，期望最大化方法首先随机初始化，然后交替迭代执行 E 步和 M 步。

E 步：在给定观测值 $\boldsymbol{x}_k$ 和当前参数估计 $\boldsymbol{\theta}^t$ 的情况下，更新关于分布 $q(w_i|\boldsymbol{x}_k, \boldsymbol{\theta}^t)$ 的下界函数 $\mathcal{B}[\boldsymbol{\theta}^t, \boldsymbol{\theta}]$。具体表达式如下：

$$\begin{aligned}
\mathcal{B}[\boldsymbol{\theta}^t, \boldsymbol{\theta}] &= \sum_{k=1}^{N} \sum_{i=1}^{c} q(w_i|\boldsymbol{x}_k, \boldsymbol{\theta}^t) \ln \frac{p(\boldsymbol{x}_k, w_i|\boldsymbol{\theta})}{q(w_i|\boldsymbol{x}_k, \boldsymbol{\theta}^t)} \\
&= \sum_{k=1}^{N} \sum_{i=1}^{c} q(w_i|\boldsymbol{x}_k, \boldsymbol{\theta}^t) \ln \frac{p(w_i|\boldsymbol{x}_k, \boldsymbol{\theta})p(\boldsymbol{x}_k|\boldsymbol{\theta})}{q(w_i|\boldsymbol{x}_k, \boldsymbol{\theta}^t)} \\
&= \sum_{k=1}^{N} \ln p(\boldsymbol{x}_k|\boldsymbol{\theta}) + \sum_{k=1}^{N} \sum_{i=1}^{c} q(w_i|\boldsymbol{x}_k, \boldsymbol{\theta}^t) \ln \frac{p(w_i|\boldsymbol{x}_k, \boldsymbol{\theta})}{q(w_i|\boldsymbol{x}_k, \boldsymbol{\theta}^t)}
\end{aligned}$$

由于第一项跟 $q(w_i|\boldsymbol{x}_k, \boldsymbol{\theta}^t)$ 无关，因此最大化下界函数就是最大化第二项，即

$$\max_{q(w_i|\boldsymbol{x}_k, \boldsymbol{\theta}^t)} \sum_{k=1}^{N} \sum_{i=1}^{c} q(w_i|\boldsymbol{x}_k, \boldsymbol{\theta}^t) \ln \frac{p(w_i|\boldsymbol{x}_k, \boldsymbol{\theta})}{q(w_i|\boldsymbol{x}_k, \boldsymbol{\theta}^t)}$$

由于上述目标函数为 KL 散度函数，当 $q(w_i|\boldsymbol{x}_k, \boldsymbol{\theta}^t) = p(w_i|\boldsymbol{x}_k, \boldsymbol{\theta})$ 时取最大值。因此，在 $\boldsymbol{\theta} = \boldsymbol{\theta}^t$ 给定的情况下，通过计算后验概率 $q(w_i|\boldsymbol{x}_k, \boldsymbol{\theta}_i^t) = p(w_i|\boldsymbol{x}_k, \boldsymbol{\theta}_i^t)$ 能够最大化下界函数：

$$
\begin{aligned}
q(w_i|\boldsymbol{x}_k, \boldsymbol{\theta}_i^t) = p(w_i|\boldsymbol{x}_k, \boldsymbol{\theta}_i^t) &= \frac{p(\boldsymbol{x}_k|w_i, \boldsymbol{\theta}_i^t)p(w_i|\boldsymbol{\theta}_i^t)}{\sum\limits_{j=1}^{c} p(\boldsymbol{x}_k|w_j, \boldsymbol{\theta}_j^t)p(w_j|\boldsymbol{\theta}_j^t)} \\
&= \frac{\lambda_i^t p(\boldsymbol{x}_k|w_i, \boldsymbol{\theta}_i^t)}{\sum\limits_{j=1}^{c} \lambda_j^t p(\boldsymbol{x}_k|w_j, \boldsymbol{\theta}_j^t)} \\
&= r_{ki}
\end{aligned}
$$

上述概率值 $q(w_i|\boldsymbol{x}_k)$ 称为第 k 个样本值属于第 i 个正态分布的概率值。

M 步：将下界函数关于模型参数 $\boldsymbol{\theta}$ 进行最大化，可以得到

$$
\begin{aligned}
\hat{\boldsymbol{\theta}}^{t+1} &= \arg\max_{\boldsymbol{\theta}} \sum_{k=1}^{N} \sum_{i=1}^{c} q(w_i|\boldsymbol{x}_k, \boldsymbol{\theta}_i^t) \ln p(\boldsymbol{x}_k, w_i|\boldsymbol{\theta}) \\
&= \arg\max_{\boldsymbol{\theta}} \sum_{k=1}^{N} \sum_{i=1}^{c} r_{ki} \ln\left(\lambda_i p(\boldsymbol{x}_k|w_i, \boldsymbol{\theta}_i)\right)
\end{aligned}
$$

其中：λ_i 需要满足 $\sum\limits_{i=1}^{c} \lambda_i = 1$ 的约束。通过拉格朗日方法来求解上述等式约束优化问题，得到如下闭式解：

$$
\lambda_i^{t+1} = \frac{\sum\limits_{k=1}^{N} r_{ki}}{\sum\limits_{k=1}^{N} \sum\limits_{i=1}^{c} r_{ki}}
$$

$$
\boldsymbol{\mu}_i^{t+1} = \frac{\sum\limits_{k=1}^{N} r_{ki}\boldsymbol{x}_k}{\sum\limits_{k=1}^{N} r_{ki}}
$$

$$
\boldsymbol{\Sigma}_i^{t+1} = \frac{\sum\limits_{k=1}^{N} r_{ki}(\boldsymbol{x}_k - \boldsymbol{\mu}_i^{t+1})(\boldsymbol{x}_k - \boldsymbol{\mu}_i^{t+1})^{\mathrm{T}}}{\sum\limits_{k=1}^{N} r_{ki}}
$$

上述更新法则很容易理解：根据样本点对每个高斯成分的相对贡献来更新权重 $\{\lambda_i\}_{i=1}^{c}$。通过在样本点上计算加权平均值来更新各聚类均值 $\{\boldsymbol{\mu}_i\}_{i=1}^{c}$。

在实际情况下，E 步和 M 步交替进行，直到下界函数不再增加并且参数不再改变为止。混合高斯 EM 算法主要有如下三个特点：

（1）算法的两步都有闭式解，中间不需要优化过程。

（2）数值解能够保证参数的约束，即权重之和为 1，且协方差矩阵为正定。

（3）该方法本质上是一个聚类求解算法，可以处理样本标记缺失问题。

例 4.5（Parzen 概率分布估计）

Parzen 概率分布估计是在每个样本点处放置一个概率分布函数，然后求其均值：

$$p(\boldsymbol{x}) = \frac{1}{N} \sum_{n=1}^{N} \rho(\boldsymbol{x}|\boldsymbol{x}^n)$$

式中：$\rho(\boldsymbol{x}|\boldsymbol{x}^n)$ 为常用的窗函数（概率分布函数），$\rho(\boldsymbol{x}|\boldsymbol{x}^n) = \mathcal{N}(\boldsymbol{x}^n, \sigma^2 \boldsymbol{I}_d)$。

值得注意的是，Parzen 窗可以看成特殊的高斯混合模型，其中每个高斯分布的权重、均值、协方差矩阵都是已知的，因此无需学习。

例 4.6（k 均值聚类）

假如混合高斯分布的每个高斯分布都是有相同的协方差矩阵 $\sigma^2 \boldsymbol{I}$，其对应的分布函数可以写成

$$p(\boldsymbol{x}) = \sum_{i=1}^{K} p_i \mathcal{N}_{\boldsymbol{x}}(\boldsymbol{m}_i, \sigma^2 \boldsymbol{I})$$

当 $\sigma^2 \to 0$，成员分布变成如下确定性函数：

$$q(i|n) \propto \begin{cases} 1, & \boldsymbol{m}_i \text{离} \boldsymbol{x}^n \text{最近} \\ 0, & \text{其他} \end{cases}$$

从而 EM 算法退化成了 k 均值聚类算法。

4.4.3 因子分析方法

针对高维特征空间，其对应的均值向量和协方差矩阵的维度很大，从而导致 EM 算法的计算量会比较大。因子分析提供了一种折中方法，将协方差矩阵按照某种形式进行组织，使它比整个矩阵包含更少的未知参数，但又比对角矩阵包含更多的未知参数。协方差的因子分析就是利用低秩模型对部分高维空间进行建模并利用对角模型对残差进行近似表示。

因子分析的概率密度函数为

$$p(\boldsymbol{x}) = \mathcal{N}(\boldsymbol{\mu}, \boldsymbol{\Phi}\boldsymbol{\Phi}^{\mathrm{T}} + \boldsymbol{\Sigma})$$

其中：协方差矩阵 $\boldsymbol{\Phi}\boldsymbol{\Phi}^{\mathrm{T}} + \boldsymbol{\Sigma}$ 包含两项之和：第一项描述子空间上的全协方差模型，$\boldsymbol{\Phi} = [\phi_1, \cdots, \phi_K]$ 称为因子；第二项 $\boldsymbol{\Sigma}$ 为对角矩阵，用于解释剩余的协方差。一般情况下，因子维度 K 远小于样本的特征维度 d，即 $K \ll d$。

因子分析的边缘分布可以写成

$$p(\boldsymbol{x}|\boldsymbol{w}) = \mathcal{N}(\boldsymbol{\mu} + \boldsymbol{\Phi}\boldsymbol{w}, \boldsymbol{\Sigma})$$

$$p(\boldsymbol{w}) = \mathcal{N}(\boldsymbol{0}, \boldsymbol{I})$$

由此得到

$$p(\boldsymbol{x}) = \int p(\boldsymbol{x}|\boldsymbol{w})p(\boldsymbol{w})\mathrm{d}\boldsymbol{w} = \mathcal{N}(\boldsymbol{\mu}, \boldsymbol{\Phi}\boldsymbol{\Phi}^{\mathrm{T}} + \boldsymbol{\Sigma})$$

上述边缘分布可以看成混合概率密度函数，其中 $\boldsymbol{w}$ 为隐变量，而 $\boldsymbol{\theta} = \{\boldsymbol{\mu}, \boldsymbol{\Phi}, \boldsymbol{\Sigma}\}$ 为待求解的参数集合。给定样本集 $\boldsymbol{X}_N = \{\boldsymbol{x}_1, \cdots, \boldsymbol{x}_N\}$，将通过 EM 算法进行参数求解。

因子分析的 EM 方法主要由 E 步和 M 步交替迭代优化来执行。

E 步：以 $\boldsymbol{w}_i$ 作为隐变量，在给定观测数据 $\boldsymbol{x}_i$ 和当前参数 $\boldsymbol{\theta}^t = \{\boldsymbol{\mu}_t, \boldsymbol{\Phi}_t, \boldsymbol{\Sigma}_t\}$ 的情况下，可求得每个隐变量 $\boldsymbol{w}_i$ 的后验概率分布 $q(\boldsymbol{w}_i|\boldsymbol{x}_i)$：

$$
\begin{aligned}
q(\boldsymbol{w}_i|\boldsymbol{x}_i) &= p(\boldsymbol{w}_i|\boldsymbol{x}_i, \boldsymbol{\theta}^t) \\
&= \frac{p(\boldsymbol{x}_i|\boldsymbol{w}_i, \boldsymbol{\theta}^t)p(\boldsymbol{w}_i)}{p(\boldsymbol{x}_i|\boldsymbol{\theta}^t)} \\
&= \frac{\mathcal{N}(\boldsymbol{\mu}_t + \boldsymbol{\Phi}_t\boldsymbol{w}_i, \boldsymbol{\Sigma}_t)\mathcal{N}(0, \boldsymbol{I})}{p(\boldsymbol{x}_i|\boldsymbol{\theta}^t)} \\
&\propto \exp\{\boldsymbol{w}_i^{\mathrm{T}}(\boldsymbol{\Phi}_t^{\mathrm{T}}\boldsymbol{\Sigma}_t^{-1}\boldsymbol{\Phi}_t + \boldsymbol{I})\boldsymbol{w}_i - 2\boldsymbol{w}_i^{\mathrm{T}}\boldsymbol{\Phi}_t^{\mathrm{T}}\boldsymbol{\Sigma}_t^{-1}(\boldsymbol{x}_i - \boldsymbol{\mu}_t) + \cdots\} \\
&\propto \mathcal{N}\left((\boldsymbol{\Phi}_t^{\mathrm{T}}\boldsymbol{\Sigma}_t^{-1}\boldsymbol{\Phi}_t + \boldsymbol{I})^{-1}\boldsymbol{\Phi}_t^{\mathrm{T}}\boldsymbol{\Sigma}_t^{-1}(\boldsymbol{x}_i - \boldsymbol{\mu}_t), (\boldsymbol{\Phi}_t^{\mathrm{T}}\boldsymbol{\Sigma}_t^{-1}\boldsymbol{\Phi}_t + \boldsymbol{I})^{-1}\right)
\end{aligned}
$$

根据 E 步所得的概率密度分布 $q(\boldsymbol{w}_i|\boldsymbol{x}_i)$ 可得到如下期望值：

$$\mathcal{E}(\boldsymbol{w}_i) = (\boldsymbol{\Phi}_t^{\mathrm{T}}\boldsymbol{\Sigma}_t^{-1}\boldsymbol{\Phi}_t + \boldsymbol{I})^{-1}\boldsymbol{\Phi}_t^{\mathrm{T}}\boldsymbol{\Sigma}_t^{-1}(\boldsymbol{x}_i - \boldsymbol{\mu}_t)$$

$$
\begin{aligned}
\mathcal{E}(\boldsymbol{w}_i\boldsymbol{w}_i^{\mathrm{T}}) &= \mathrm{cov}(\boldsymbol{w}_i) + \mathcal{E}(\boldsymbol{w}_i)\mathcal{E}^{\mathrm{T}}(\boldsymbol{w}_i) \\
&= (\boldsymbol{\Phi}_t^{\mathrm{T}}\boldsymbol{\Sigma}_t^{-1}\boldsymbol{\Phi}_t + \boldsymbol{I})^{-1} + \mathcal{E}(\boldsymbol{w}_i)\mathcal{E}^{\mathrm{T}}(\boldsymbol{w}_i)
\end{aligned}
$$

M 步：优化对应于参数 $\boldsymbol{\theta} = \{\boldsymbol{\mu}, \boldsymbol{\Phi}, \boldsymbol{\Sigma}\}$ 的下界函数，使得

$$
\begin{aligned}
\hat{\boldsymbol{\theta}}^{t+1} &= \arg\max_{\boldsymbol{\theta}} \sum_{i=1}^{N} \int q(\boldsymbol{w}_i|\boldsymbol{x}_i) \ln p(\boldsymbol{x}_i, \boldsymbol{w}_i|\boldsymbol{\theta})\mathrm{d}\boldsymbol{w}_i \\
&= \arg\max_{\boldsymbol{\theta}} \sum_{i=1}^{N} \int q(\boldsymbol{w}_i|\boldsymbol{x}_i)[\ln p(\boldsymbol{x}_i|\boldsymbol{w}_i, \boldsymbol{\theta}) + \ln p(\boldsymbol{w}_i)]\mathrm{d}\boldsymbol{w}_i \\
&= \arg\max_{\boldsymbol{\theta}} \sum_{i=1}^{N} \int q(\boldsymbol{w}_i|\boldsymbol{x}_i) \ln p(\boldsymbol{x}_i|\boldsymbol{w}_i, \boldsymbol{\theta})\mathrm{d}\boldsymbol{w}_i \\
&= \arg\max_{\boldsymbol{\theta}} \sum_{i=1}^{N} \mathcal{E}_{q(\boldsymbol{w}_i|\boldsymbol{x}_i)}[\ln p(\boldsymbol{x}_i|\boldsymbol{w}_i, \boldsymbol{\theta})]
\end{aligned}
$$

式中

$$\ln p(\boldsymbol{x}_i | \boldsymbol{w}_i) = -\frac{1}{2} \left(d \ln 2\pi + \ln |\boldsymbol{\Sigma}| + (\boldsymbol{x}_i - \boldsymbol{\mu} - \boldsymbol{\Phi}\boldsymbol{w}_i)^{\mathrm{T}} \boldsymbol{\Sigma}^{-1} (\boldsymbol{x}_i - \boldsymbol{\mu} - \boldsymbol{\Phi}\boldsymbol{w}_i) \right)$$

根据相关后验分布 $q(\boldsymbol{w}_i | \boldsymbol{x}_i) = p(\boldsymbol{w}_i | \boldsymbol{x}_i, \boldsymbol{\theta}^t)$，通过对参数 $\boldsymbol{\mu}$、$\boldsymbol{\Sigma}$、$\boldsymbol{\Phi}$ 进行求导置零，可以得到

$$\boldsymbol{\mu}_{t+1} = \frac{\sum\limits_{i=1}^{N} \boldsymbol{x}_i}{N}$$

$$\boldsymbol{\Phi}_{t+1} = \left(\sum_{i=1}^{N} (\boldsymbol{x}_i - \boldsymbol{\mu}_{t+1}) \mathcal{E}(\boldsymbol{w}_i^{\mathrm{T}}) \right) \left(\sum_{i=1}^{N} \mathcal{E}[\boldsymbol{w}_i \boldsymbol{w}_i^{\mathrm{T}}] \right)^{-1}$$

$$\boldsymbol{\Sigma}_{t+1} = \frac{1}{N} \sum_{i=1}^{N} \mathrm{diag} \left[(\boldsymbol{x}_i - \boldsymbol{\mu}_{t+1})(\boldsymbol{x}_i - \boldsymbol{\mu}_{t+1})^{\mathrm{T}} - \boldsymbol{\Phi}_{t+1} \mathcal{E} \left[(\boldsymbol{w}_i)(\boldsymbol{x}_i - \boldsymbol{\mu}_{t+1})^{\mathrm{T}} \right] \right]$$

在上述 EM 算法中，对角矩阵 $\boldsymbol{\Sigma}$ 的每一步估计是通过 $\mathrm{diag}(\cdot)$ 操作来获得。通过 E 步和 M 步的不断迭代，可以得到高维数据的低秩加对角概率分布模型。

4.4.4 概率矩阵分解方法

给定一个矩阵 $\boldsymbol{X}$，其中每一列代表一个高维数据，PCA 的目的是寻找一个近似矩阵分解 $\boldsymbol{X} \approx \boldsymbol{BY}$，其中 $\boldsymbol{B}$ 为少量基向量组成的矩阵，$\boldsymbol{Y}$ 为低维坐标表示矩阵。若 $\boldsymbol{B}$ 矩阵的列向量数目小于 $\boldsymbol{X}$ 的列向量数目，则对应的矩阵分解为低秩分解，可采用 SVD 分解方法来获得。因此，从矩阵计算的角度来看，PCA 方法就是 SVD 分解的特例。

考虑离散随机变量 x 和 y，其中 $x \in \{1, 2, \cdots, I\}$，$y \in \{1, 2, \cdots, J\}$。令矩阵 $\boldsymbol{C}$ 中元素 $c_{i,j}$ 为给定数据集中联合观测对 $x=i, y=j$ 出现的次数，通过如下操作将 $\boldsymbol{C}$ 矩阵转化成概率矩阵：

$$p(x=i, y=j) = \frac{c_{i,j}}{\sum\limits_{i,j} c_{i,j}}$$

对概率矩阵进行如下分解：

$$\underbrace{p(x=i, y=j)}_{X_{i,j}} \approx \sum_k \underbrace{\tilde{p}(x=i|z=k)}_{B_{i,k}} \underbrace{\tilde{p}(y=j|z=k)\tilde{p}(z=k)}_{Y_{k,j}} \equiv \tilde{p}(x=i, y=j) \qquad (4.13)$$

这就意味着将概率矩阵 $\boldsymbol{X}$ 分解成两个概率矩阵乘积的形式，即挖掘隐变量 z 使之能够描述 x 和 y 的联合行为特征（如图 4.7所示）。上述概率分解与矩阵 SVD 分解具有相同的形式，从某种意义上来讲 $\tilde{p}(z)$ 代表"奇异值"能够用于表示 $\boldsymbol{B}$ 矩阵对应列向量的重要性。

接下来讨论如何利用 EM 算法框架对式(4.13)进行学习。对于矩阵分解式(4.13)，可以用 KL 距离来衡量两个概率矩阵的距离：

$$\mathrm{KL}(p, \tilde{p}) = \mathcal{E}_p \log p - \mathcal{E}_p \log \tilde{p}$$

针对该学习问题，概率矩阵 $p(x = i, y = j)$ 是已知的。如何最小化上述 KL 距离只需要最大化如下似然函数：

$$\sum_{x,y} p(x,y) \log \tilde{p}(x,y) \tag{4.14}$$

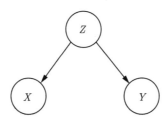

图 4.7　联合概率语义分析

为了学习 $\tilde{p}(x|z)$、$\tilde{p}(y|z)$、$\tilde{p}(z)$，将采用 EM 算法。考虑到

$$\mathrm{KL}[q(z|x,y), \tilde{p}(z|x,y)] = \sum_z q(z|x,y) \log q(z|x,y) - \sum_z q(z|x,y) \log \tilde{p}(z|x,y) \geqslant 0$$

将关系式

$$\tilde{p}(z|x,y) = \frac{\tilde{p}(x,y,z)}{\tilde{p}(x,y)}$$

代入上式，可得

$$\log \tilde{p}(x,y) \geqslant -\sum_z q(z|x,y) \log q(z|x,y) + \sum_z q(z|x,y) \log \tilde{p}(z,x,y)$$

将上述不等式代入式(4.14)，可得

$$\begin{aligned}
\sum_{x,y} p(x,y) \log \tilde{p}(x,y) \geqslant & -\sum_{x,y} p(x,y) \sum_z q(z|x,y) \log q(z|x,y) \\
& + \sum_{x,y} p(x,y) \sum_z q(z|x,y)[\log \tilde{p}(x|z) + \log \tilde{p}(y|z) + \log \tilde{p}(z)]
\end{aligned} \tag{4.15}$$

在整个 EM 算法设计过程中，将 $\tilde{p}(x|z)$、$\tilde{p}(y|z)$、$\tilde{p}(z)$ 看成待求解的未知变量。

E 步：最优分布 $q(z|x,y)$ 设置成

$$q(z|x,y) = \tilde{p}(z|x,y) = \frac{\tilde{p}(x,y,z)}{\tilde{p}(x,y)} = \frac{\tilde{p}(x|z)\tilde{p}(y|z)\tilde{p}(z)}{\sum_z \tilde{p}(x,y,z)}$$

M 步：从式(4.15)看出，$\tilde{p}(z)$ 只与 $\sum_{x,y} p(x,y) \sum_z q(z|x,y) \log \tilde{p}(z)$ 这一项有关，由此得到

$$\tilde{p}(z) = \sum_{x,y} q(z|x,y)p(x,y)$$

类似地，可以得到

$$\tilde{p}(y|z) \propto \sum_x p(x,y)q(z|x,y)$$

$$\tilde{p}(x|z) \propto \sum_y p(x,y)q(z|x,y)$$

通过上述 EM 步骤的不断迭代直至收敛，可获得式(4.13)的概率矩阵分解。式(4.13)的分解形式依赖图 4.7所示的关系假设。因此，改变隐变量和显变量之间的结构关系，还可以获得其他矩阵分解形式和分解方法。

习题

1. 简述特征选择和特征提取的区别和联系。

2. 试证明式(4.1)中的混合散布矩阵为类内散布矩阵和类间散布矩阵之和。

3. 给定类 w_1 和 w_2 以及特征向量 $\boldsymbol{x}$。分类错误概率取决于 $p(w_1|\boldsymbol{x})$ 和 $p(w_2|\boldsymbol{x})$ 之间的不同。定义类别 w_1 和 w_2 之间的发散度为

$$d_{12} = \int p(\boldsymbol{x}|w_1) \log \frac{p(\boldsymbol{x}|w_1)}{p(\boldsymbol{x}|w_2)} \mathrm{d}\boldsymbol{x} + \int p(\boldsymbol{x}|w_2) \log \frac{p(\boldsymbol{x}|w_2)}{p(\boldsymbol{x}|w_1)} \mathrm{d}\boldsymbol{x} \tag{4.16}$$

试证明高斯分布 $\mathcal{N}(\boldsymbol{\mu}_i, \boldsymbol{\Sigma}_i)$ 和 $\mathcal{N}(\boldsymbol{\mu}_j, \boldsymbol{\Sigma}_j)$ 之间的发散度为

$$d_{ij} = \frac{1}{2}\mathrm{tr}[\boldsymbol{\Sigma}_i^{-1}\boldsymbol{\Sigma}_j + \boldsymbol{\Sigma}_j^{-1}\boldsymbol{\Sigma}_i - 2\boldsymbol{I}] + \frac{1}{2}(\boldsymbol{\mu}_i - \boldsymbol{\mu}_j)^{\mathrm{T}}(\boldsymbol{\Sigma}_i^{-1} + \boldsymbol{\Sigma}_j^{-1})(\boldsymbol{\mu}_i - \boldsymbol{\mu}_j)$$

4. 若 $\boldsymbol{\Sigma}_1$ 和 $\boldsymbol{\Sigma}_2$ 为协方差矩阵，试证明 $\boldsymbol{\Sigma}_1^{-1}\boldsymbol{\Sigma}_2$ 的特征向量关于矩阵 $\boldsymbol{\Sigma}_1$ 正交，即

$$\boldsymbol{v}_i^{\mathrm{T}}\boldsymbol{\Sigma}_1\boldsymbol{v}_j = \delta_{ij}$$

5. 定义线性变换 $\boldsymbol{y} = \boldsymbol{A}^{\mathrm{T}}\boldsymbol{x}$，其中 $\boldsymbol{A}^{\mathrm{T}} \in \mathbb{R}^{l \times m}$。令 $\boldsymbol{S}_{xw}$ 和 $\boldsymbol{S}_{xb}$ 是关于 $\boldsymbol{x}$ 的类内和类间散布矩阵，$\boldsymbol{S}_{yw}$ 和 $\boldsymbol{S}_{yb}$ 是关于 $\boldsymbol{y}$ 的类内和类间散布矩阵。定义如下准则：

$$J(\boldsymbol{A}) = \mathrm{tr}[(\boldsymbol{A}^{\mathrm{T}}\boldsymbol{S}_{xw}\boldsymbol{A})^{-1}(\boldsymbol{A}^{\mathrm{T}}\boldsymbol{S}_{xb}\boldsymbol{A})]$$

为了使上式取得最大值，证明最优解 $\boldsymbol{A}$ 必须满足

$$(\boldsymbol{S}_{xw}^{-1}\boldsymbol{S}_{xb})\boldsymbol{A} = \boldsymbol{A}(\boldsymbol{S}_{yw}^{-1}\boldsymbol{S}_{yb})$$

6. 对于样本集合 $X = \{(0,0), (0,1), (4,4), (4,5), (5,4), (5,5), (1,0)\}$，分别用 k 均值算法和谱聚类算法进行聚类分析。

7. 考虑近邻矩阵

$$\boldsymbol{P} = \begin{bmatrix} 0 & 4 & 9 & 6 & 5 \\ 4 & 0 & 1 & 8 & 7 \\ 9 & 1 & 0 & 3 & 2 \\ 6 & 8 & 3 & 0 & 1 \\ 5 & 7 & 2 & 1 & 0 \end{bmatrix} \qquad (4.17)$$

试采用层次聚类法进行聚类分析。

8. 对于以下三类模式 $\{w_1, w_2, w_3\}$，基于 $J_1 = \mathrm{tr}(\boldsymbol{S}_w + \boldsymbol{S}_b)$ 判据，采用分支定界法选出 2 个最优特征。

模式	x_1	x_2	x_3	x_4
w_1	3	3	2.5	3
w_1	2	3	3	1
w_1	4	3	2	5
w_2	3	0.5	0.5	3
w_2	5	2	-1	4
w_2	1	-1	2	2
w_3	3	2.5	0	0
w_3	4	1	1	-2
w_3	2	4	-1	2

9. 针对下列 6 个样本数据，分别采用主成分分析和古典尺度法求出最优特征变换，把特征降到二维。

样本序号	x_1	x_2	x_3	x_4
♯1	3	3	2.5	3
♯2	2	3	3	1
♯3	4	3	2	5
♯4	3	0.5	0.5	3
♯5	5	2	-1	4
♯6	1	-1	2	2

10. 试阐述 k 均值聚类与高斯混合模型估计的联系。

第

5

章

深度学习方法

深度神经网络在实际应用中能够较好地拟合复杂系统模型，而深度学习则能够对多层结构化神经网络进行建模。将神经网络与贝叶斯网络理论结合起来，形成广义的神经网络概念和框架。随着神经网络层数的增加，其学习和推理会遇到诸多挑战，例如如何选择网络结构和设计优化算法来实现高效稳定的学习或分类任务。本章将对其中最有代表性的网络模型进行介绍，包括卷积神经网络、循环神经网络、图神经网络、深度信念网络和深度生成网络。

深度卷积神经网络采用局部连接和权重共享的方式来减少待估计参数的数量并提高网络训练的效率。

循环神经网络通过加入信息反馈机制来提高网络的记忆能力，并引入注意力机制来提升有限计算资源下的重要信息处理能力。

图神经网络将深度神经网络应用于结构化数据处理。从网络结构角度来看，图结构包含前馈和反馈结构，因此图神经网络的泛化能力更强。

深度信念网络通常用概率图模型来表示，网络中包含多层隐变量，能够有效学习数据的内部特征和生成机理，有助于随机样本数据的分类和回归。

深度生成网络通常包含分布函数估计和样本生成两个基本功能。针对小样本学习任务，深度生成网络能够实现样本增强，从而有效解决分类或回归难题。

5.1 深度网络概述

5.1.1 深度网络定义和种类

深度神经网络 (Deep Neural Networks, DNN) 本质上是含有多层感知机的神经网络，包括输入层、隐藏层、输出层三部分。根据神经元之间连接结构和模式的不同，深度神经网络可分为卷积神经网络、循环神经网络、深度玻耳兹曼机和深度信念网络等。

1. 卷积神经网络

卷积神经网络（Convolutional Neural Networks, CNN）是一种具有局部连接和权值共享特征的深层前馈网络。卷积神经网络的提出主要是为了克服全连接神经网络训练效率低的问题。在卷积神经网络出现之前，使用全连接的神经网络学习来处理图像分类问题面临很大挑战。图像的庞大数据需要大规模神经网络来支撑，消耗大量存储和计算资源，且很难实现快速处理。CNN 从视觉皮层的生物学上获得启发，利用卷积和池化操作实现了逐层特征提取，保留图像特征的同时大大减少了参数数量，这使得卷积神经网络在图像识别、目标检测等图像处理问题上极具优越性。

典型的卷积神经网络包括卷积层、池化层、全连接层，如图 5.1所示。卷积层能够提取图像中的局部特征，池化层可以减少参数数量并避免过拟合，全连接层用于输出最终结果。

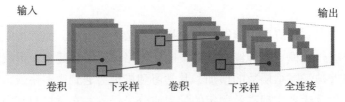

输入 输出

卷积 下采样 卷积 下采样 全连接

图 5.1 卷积神经网络结构示意图

2. 循环神经网络

DNN 和 CNN 通常只处理静态输入数据，即前后相邻时刻的两个输入不会相互影响。然而，在自然语言处理和语音识别等任务中，前后相邻时刻的输入数据具有关联性。为了能对时间序列上的信息变化进行建模，提出了循环神经网络（Recurrent Neural Networks, RNN）。RNN 结构图及在时间轴上展开的模型如图 5.2所示，x_t 是 t 时刻的输入样本；o_t 是 t 时刻的输出，$o_t = g(v \cdot s_t)$；s_t 表示样本在时间 t 处的记忆，$s_t = f(w \cdot s_{t-1} + u \cdot x_t)$，其中 w 表示状态权重，u 表示输入样本权重，v 表示输出样本权重。

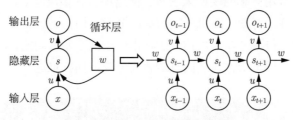

输出层 循环层

隐藏层

输入层

图 5.2 循环神经网络结构示意图

RNN 所对应的状态空间模型可以表示成

$$h_t = u \cdot x_t + w \cdot s_{t-1}$$

$$s_t = f(h_t)$$

$$o_t = g(v \cdot s_t)$$

式中：$f(\cdot)$ 和 $g(\cdot)$ 为激活函数，$f(\cdot)$ 一般是 tanh、relu、sigmoid 等激活函数，$g(\cdot)$ 通常是 softmax。

循环网络中不同时刻的 w、u、v 是权重共享的，减少了参数数量。不难发现网络中上一时刻状态 s_{t-1} 参与当前时刻的状态更新。

3. 深度玻耳兹曼机

玻耳兹曼机（Boltzmann Machine，BM）是一种无向概率图模型，每个节点状态以一定概率受到其他节点影响，节点的状态值满足统计热力学中的玻耳兹曼分布。玻耳兹曼机由可观测的节点（可见节点）和不可观测的节点（隐藏节点）构成，所有节点相互连接。如图 5.3所示，隐藏节点有 0 和 1 两种状态，分别代表抑制和激活状态，可见节点可以是二值或实数。玻耳兹曼机能够用于解决两类问题：一类是搜索问题，当给定节点之间的连接权重时，需要找到一组二值向量，使得整个网络的能量最低；另一类是学习问题，当给定节点的多组观测值时，采用模拟退火算法学习网络的最优权重。含有隐藏变量的玻耳兹曼机训练起来比较困难，于是引入了受限玻耳兹曼机（Restricted Boltzmann Machine，RBM）。

受限玻耳兹曼机有两层结构，分别由可观测节点构成的可见层和由隐藏节点构成的隐藏层，两层节点之间相互连接，同层节点互不相连，结构如图 5.4 所示。

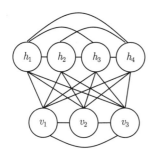

图 5.3　玻耳兹曼机结构示意图

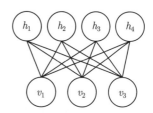

图 5.4　受限玻耳兹曼机结构示意图

RBM 通过无监督的学习方式来"重建"数据分布。RBM 在前向学习过程中从可见节点输入样本并预测隐藏节点的输出激活值；在反向传播过程中，在给定输出激活值情况下估计可见节点层的概率分布，并用 KL 散度来度量输入端两个分布的相似性。通过多次前向和反向传播让 RBM 学会逼近原始数据分布，从而实现"重建"。

深度玻耳兹曼机（Deep Boltzmann Machine，DBM）通过增加受限玻耳兹曼机中隐层数目来获得，结构如图 5.5所示。DBM 采用逐层贪婪无监督训练方法，可看作多个受限玻耳兹曼机的堆叠，即前一个玻耳兹曼机训练好后的隐藏层作为下一个玻耳兹曼机的可见层。深度玻耳兹曼机是生成式概率模型，一般作为深度神经网络的预训练网络。

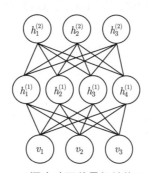

图 5.5　深度玻耳兹曼机结构示意图

4. 深度信念网络

深度信念网络（Deep Belief Net，DBN）的基本组成部分也是受限玻耳兹曼机，但它包含了有向图和无向图。DBN 同一层节点互不相连，相邻两层节点之间全连接或稀疏连接，最顶部两层隐节点之间是无向连接的，其余层之间从上到下为有向连接，其结构如图 5.6所示。在训练 DBN 模型时，先进行预训练：逐层对每个 RBM 训练，然后利用反向传播算法对模型进行微调。预训练过程相当于参数初始化过程，使 DBN 克服了随机初始化权值参数导致网络训练陷入局部最优以及训练时间长的缺点。DBN 可以应用于图像识别、信息检索、自然语言理解、故障预测等。

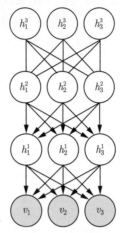

图 5.6 深度信念网络结构示意图

5.1.2 深度网络特点

深度网络的产生是因为更复杂系统建模的需求。模型学习的复杂度和容量有关，扩大模型容量可以将模型变深或变宽来实现。实验证明给定相同数量参数时，窄深度网络拟合性能更好。在一个神经网络中，浅层神经网络从输入数据中提取的是简单特征信息。随着网络层次的增加，深层神经元能提取出更复杂特征信息。

深度网络采用了与传统浅层神经网络相似的分层结构，其包括输入层、隐藏层（多层）、输出层，相邻层节点之间有连接，同一层以及跨层节点间无连接。在传统神经网络中，使用反向传播算法进行模型优化。深度网络本质还是神经网络，也能使用 BP 算法。但是随着网络层数增加，仅使用 BP 算法容易出现梯度消失以及陷入局部最优等问题。在训练深度网络模型时，通过自下而上逐层进行无监督训练，对神经网络进行初始化。然后，对网络模型进行自上而下的有监督训练，对网络进行微调。由于逐层训练使模型参数初值更接近全局最优，从而能够得到较好的训练结果。

5.2 深度卷积神经网络

卷积神经网络是一种具有局部连接、权重共享特征的深层前馈神经网络。卷积在不同维度上有不同的定义。在二维空间上，给定图像 $\boldsymbol{X} \in \mathbb{R}^{M \times N}$ 和滤波器 $\boldsymbol{W} \in \mathbb{R}^{U \times V}$，其卷积定义为

$$y_{ij} = \sum_{u=1}^{U} \sum_{v=1}^{V} w_{uv} x_{i-u+1, j-v+1}$$

或者

$$Y = W * X$$

二维平面上的互相关操作定义为

$$y_{ij} = \sum_{u=1}^{U} \sum_{v=1}^{V} w_{uv} x_{i+u-1, j+v-1}$$

或者

$$Y = W \otimes X = \tilde{W} * X$$

式中：$\tilde{W}$ 为 W 绕原点旋转 $180°$ 后的矩阵。

在神经网络中使用卷积是为了进行特征抽取，卷积核是否进行翻转和其特征抽取能力无关。特别是当卷积核为待学习参数时，卷积与互相关在能力上等同。

卷积操作的一个重要性质是其可交换性。若对图像边缘进行零填充：两端各补 $U-1$ 和 $V-1$ 个零，则卷积交换律可以表示成

$$W \otimes X = X \otimes W \text{ 或 } \tilde{W} * X = \tilde{X} * W$$

假设 $Y = W \otimes X$，函数 $f(Y)$ 为一个标量函数，则

$$\frac{\partial f(Y)}{\partial w_{uv}} = \sum_{i=1}^{M-U+1} \sum_{j=1}^{N-V+1} \frac{\partial y_{ij}}{\partial w_{uv}} \frac{\partial f(Y)}{\partial y_{ij}}$$

$$= \sum_{i=1}^{M-U+1} \sum_{j=1}^{N-V+1} \frac{\partial f(Y)}{\partial y_{ij}} x_{u+i-1, v+j-1}$$

因此，有

$$\frac{\partial f(Y)}{\partial W} = \frac{\partial f(Y)}{\partial Y} \otimes X$$

类似地，可以得到

$$\frac{\partial f(Y)}{\partial x_{st}} = \sum_{i=1}^{M-U+1} \sum_{j=1}^{N-V+1} \frac{\partial y_{ij}}{\partial x_{st}} \frac{\partial f(Y)}{\partial y_{ij}}$$

$$= \sum_{i=1}^{M-U+1} \sum_{j=1}^{N-V+1} w_{s-i+1, t-j+1} \frac{\partial f(Y)}{\partial y_{ij}}$$

或者

$$\frac{\partial f(Y)}{\partial X} = \tilde{W} \otimes \frac{\partial f(Y)}{\partial Y}$$

式中：$\tilde{W}$ 为 W 绕原点旋转 $180°$ 后的矩阵。

5.2.1　卷积神经网络

卷积神经网络一般由卷积层、汇聚层和全连接层构成。

在全连接前馈神经网络中，如果第 l 层有 M_l 个神经元，第 $l-1$ 层有 M_{l-1} 个神经元，连接第 $l-1$ 层和第 l 层共有 $M_l \times M_{l-1}$ 条边，则权重矩阵有 $M_l \times M_{l-1}$ 个参数。当 M_l 和 M_{l-1} 的值很大时，权重矩阵参数非常多，训练效率非常低。若采用卷积来代替全连接，则参数数量会大大减少。

根据卷积的定义，卷积层有以下两个重要性质：

（1）局部连接：在卷积层（假设是第 l 层）中的每个神经元都只和前一层（第 $l-1$ 层）中某个局部窗口内的神经元相连，构成一个局部连接网络。卷积层和前一层之间的连接数大大减少，由原来的 $M_l \times M_{l-1}$ 个连接变为 $M_l \times K$ 个连接，其中 K 为卷积核大小。

（2）权重共享：第 l 层的所有神经元都采用相同卷积核 $\boldsymbol{w}^l$ 作为训练参数。权重共享可理解为卷积核只捕捉输入数据中特定局部特征。因此，如果要提取多种特征，就需要使用多个不同卷积核。

由于局部连接和权重共享，卷积层的参数只有一个 K 维的权重 $\boldsymbol{w}^l$ 和 1 维的偏置 b^l，共 $K+1$ 个参数。参数个数和神经元的数量无关。此外，第 l 层的神经元个数不是任意选择的，而是满足 $M_l = M_{l-1} - K + 1$。

卷积网络主要应用于图像处理。为了更充分地利用图像的局部信息，通常将神经元组织为三维结构，其尺寸为 M（高度）$\times N$（宽度）$\times D$（深度），即由 D 个 $M \times N$ 大小的特征映射构成。特征映射是指图像在经过卷积操作之后提取到的特征。为了提高卷积网络的表征能力，在每一层使用多个不同的特征映射，以更好地表示图像特征。

在输入层，特征映射就是图像本身。如果是灰度图像，就是有一个特征映射，输入层的深度 $D=1$；如果是彩色图像，分别有 RGB 三个颜色通道的特征映射，输入层的深度 $D=3$。不失一般性，卷积层通常包含

（1）输入特征映射组：$\mathcal{X} \in \mathbb{R}^{M \times N \times D}$ 为三维张量，其中每个切片矩阵 $\boldsymbol{X}^d \in \mathbb{R}^{M \times N}$；

（2）输出特征映射组：$\mathcal{Y} \in \mathbb{R}^{M' \times N' \times P}$ 为三维张量，其中每个切片矩阵 $\boldsymbol{Y}^p \in \mathbb{R}^{M' \times N'}$；

（3）卷积核：$\mathcal{W} \in \mathbb{R}^{U \times V \times P \times D}$ 为四维张量，其中每个切片矩阵 $\boldsymbol{W}^{p,d} \in \mathbb{R}^{U \times V}$ 为一个二维卷积核。

计算特征映射 $\boldsymbol{Y}^p$ 需要用卷积核 $\boldsymbol{W}^{p,1}, \cdots, \boldsymbol{W}^{p,D}$ 分别对输入特征 $\boldsymbol{X}^1, \cdots, \boldsymbol{X}^D$ 进行卷积，然后将卷积结果求和并加上偏置 b^p 得到 $\boldsymbol{Z}^p$，最后经过非线性激活函数得到输出特征映射 $\boldsymbol{Y}^p$：

$$\boldsymbol{Z}^p = \boldsymbol{W}^p \otimes \boldsymbol{X} + b^p = \sum_{d=1}^{D} \boldsymbol{W}^{p,d} \otimes \boldsymbol{X}^d + b^p$$

$$\boldsymbol{Y}^p = f(\boldsymbol{Z}^p)$$

式中：$\boldsymbol{W}^p \in \mathbb{R}^{U \times V \times D}$ 为三维卷积核；$f(\cdot)$ 为非线性激活函数，一般为 ReLU 函数。

如果希望卷积层输出 P 个特征映射，将上述计算过程重复 P 次，得到 P 个输出特征映射 $\boldsymbol{Y}^1, \boldsymbol{Y}^2, \cdots, \boldsymbol{Y}^P$。在输入为 $\mathcal{X} \in \mathbb{R}^{M \times N \times D}$，输出为 $\mathcal{Y} \in \mathbb{R}^{M' \times N' \times P}$ 的卷积层中，每个输出特征映射都需要 D 个卷积核以及一个偏置。假设每个卷积核的大小为 $U \times V$，则该卷积神经网络共有 $P \times D \times (U \times V) + P$ 个参数。

汇聚层也叫子采样层，其作用是进行特征选择，降低特征数量，从而减少参数数量。卷积层虽然显著减少网络中连接的数量，但特征映射组中的神经元个数并没有显著减少。如果后面接一个分类器，分类器的输入维数依然很高，很容易出现过拟合。为了解决这个问题，在卷积层之后加上一个汇聚层来降低特征维数，从而避免过拟合。

假设汇聚层的输入特征映射组为 $\mathcal{X} \in \mathbb{R}^{M \times N \times D}$，对于其中每个特征映射 $\boldsymbol{X}^d \in \mathbb{R}^{M \times N}$ $(1 \leqslant d \leqslant D)$，将其划分为很多重叠或者不重叠的小区域 $\boldsymbol{R}_{m,n}^d (1 \leqslant m \leqslant M', 1 \leqslant n \leqslant N')$。汇聚是指对每个区域进行下采样。常见的汇聚函数有如下两种：

（1）最大汇聚：$y_{m,n}^d = \max\limits_{i \in R_{m,n}^d} x_i$，其中 x_i 为区域 $\boldsymbol{R}_{m,n}^d$ 内每个神经元的活性值。

（2）平均汇聚：$y_{m,n}^d = \dfrac{1}{|\boldsymbol{R}_{m,n}^d|} \sum\limits_{i \in R_{m,n}^d} x_i$，其中 $|\boldsymbol{R}_{m,n}^d|$ 为区域内的样本数量。

对于输入特征映射 $\boldsymbol{X}^d$ 的 $M' \times N'$ 个区域进行下采样，就能够得到汇聚层的输出特征映射 $\boldsymbol{Y}^d = \{y_{m,n}^d\}(1 \leqslant m \leqslant M', 1 \leqslant n \leqslant N')$。可以看出，汇聚层不但有效地减少神经元数量，还使得网络对一些局部形变保持不变性。

常用的卷积网络整体结构如图 5.7 所示。一个卷积块由连续的 M 个卷积层和 b 个汇聚层构成（M 通常设置为 $2 \sim 5$，b 为 0 或 1）。一个卷积网络中可以堆叠 N 个连续卷积块，然后在后面接着 K 个全连接层（N 的取值区间一般为 $1 \sim 100$，K 一般为 $0 \sim 2$）。

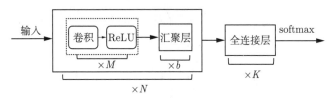

图 5.7　卷积网络整体结构

目前，卷积网络的整体结构趋向于使用更小的卷积核（如 1×1 和 3×3）以及更深的结构（如层数大于 50）。此外，由于卷积的操作性越来越灵活（如不同的步长），汇聚层的作用也变得越来越小，因此目前比较流行的卷积网络中汇聚层比例正在逐渐降低，趋向于全卷积网络。

5.2.2　参数学习

在全连接前馈神经网络中，梯度主要通过每一层的误差项进行反向传播。卷积神经网络主要有卷积层和汇聚层两种功能层。参数更新需要快速计算训练目标函数关于参数的梯度。

假如第 l 层为卷积层，第 $l-1$ 层的输入特征映射为 $\mathcal{X}^{l-1} \in \mathbb{R}^{M \times N \times D}$，通过卷积计算

得到第 l 层的特征映射净输入为 $\mathcal{Z}^l \in \mathbb{R}^{M' \times N' \times P}$。第 l 层的第 $p(1 \leqslant p \leqslant P)$ 个特征映射净输入为

$$Z^{l,p} = \sum_{d=1}^{D} W^{l,p,d} \otimes X^{l-1,d} + b^{l,p}$$

式中：$W^{l,p,d}$ 和 $b^{l,p}$ 为卷积核和偏置。

根据卷积函数的导数，损失函数 $\mathcal{L}$ 关于第 l 层卷积核 $W^{l,p,d}$ 的偏导为

$$\frac{\partial \mathcal{L}}{\partial W^{l,p,d}} = \frac{\partial \mathcal{L}}{\partial Z^{l,p}} \otimes X^{l-1,d} = \delta^{l,p} \otimes X^{l-1,d}$$

式中：$\delta^{l,p}$ 为损失函数关于第 l 层的第 p 个特征映射净输入 $Z^{l,p}$ 的偏导数。

同理可得，损失函数关于第 l 层的第 p 个偏置 $b^{l,p}$ 的偏导数为

$$\frac{\partial \mathcal{L}}{\partial b^{l,p}} = \delta^{l,p}$$

在卷积网络中，每层参数的梯度依赖其所在层的误差项 $\delta^{l,p}$。针对第 $l+1$ 卷积层，假设特征映射的净输入满足

$$Z^{l+1,p} = \sum_{d=1}^{D} W^{l+1,p,d} \otimes X^{l,d} + b^{l+1,p}$$

对于第 l 层第 d 个特征映射误差项 $\delta^{l,d}$ 的具体推导过程如下：

$$\begin{aligned}
\delta^{l,d} &= \frac{\partial \mathcal{L}}{\partial Z^{l,d}} = \frac{\partial X^{l,d}}{\partial Z^{l,d}} \frac{\partial \mathcal{L}}{\partial X^{l,d}} \\
&= f_l'(Z^{l,d}) \odot \sum_{p=1}^{P} \left(\tilde{W}^{l+1,p,d} \otimes \frac{\partial \mathcal{L}}{\partial Z^{l+1,p}} \right) \\
&= f_l'(Z^{l,d}) \odot \sum_{p=1}^{P} \left(\tilde{W}^{l+1,p,d} \otimes \delta^{l+1,p} \right)
\end{aligned}$$

式中：$f_l'(Z^{l,d})$ 为第 l 层使用的激活函数导数。

针对汇聚层，由于其只有下采样操作，第 l 层的误差项只需要将第 $l+1$ 层对应的误差项进行上采样操作即可。在上述梯度的迭代计算基础之上，将采用梯度下降法对 CNN 网络参数进行学习。

5.2.3　常见卷积神经网络

常用的几种深度卷积神经网络有 LeNet-5、AlexNet、Inception 网络及残差网络（Residual Network，ResNet）等。

LeNet-5 网络提出的时间比较早，其相关的手写识别系统在 20 世纪 90 年代被金融界广泛使用。LeNet-5 网络主要有 7 层：连续两个"卷积层+汇聚层"组合，再加上一个卷积

层，一个全连接层和最后一个径向基函数构成的输出层。在传统卷积网络中，卷积层的每个输出特征映射都依赖所有输入特征映射，相当于卷积层的输入和输出特征映射之间是全连接的。实际上，这种全连接关系不是必需的。我们让每个输出特征映射都依赖少数几个输入特征映射。LeNet-5 的特点是定义一个连接表来描述输入和输出特征映射之间的连接关系，从而减少训练量。

AlexNet 是第一个现代深度卷积网络模型，其首次使用了不同深度卷积网络技术。比如使用 GPU 进行并行训练，采用 ReLU 作为非线性激活函数，使用 Dropout 防止过拟合，利用数据增强来提高模型准确率等。AlexNet 的结构包括 5 个卷积层、3 个汇聚层和 3 个全连接层（其中最后一层使用 Softmax 函数）。由于网络规模超出了当时单个 GPU 的内存限制，AlexNet 将网络拆为两半，分别放在两个 GPU 上，GPU 间只在某些层（如第 3 层）进行通信。

Inception 网络中的卷积层包含多个不同大小的卷积操作，称为 Inception 模块。Inception 网络是由多个 Inception 模块和少量汇聚层堆叠而成。Inception 模块同时使用 1×1、3×3、5×5 等不同大小卷积核，并将得到的特征映射拼接（堆叠）起来作为输出特征映射。

残差网络通过给非线性的卷积层增加直连边（也称为残差连接）的方式来提高信息传播效率。原始目标函数可以拆分成两部分，恒等函数 x 和残差函数 $h(x) - x$：

$$h(x) = x + (h(x) - x)$$

残差网络旨在采用非线性单元去近似残差函数 $h(x) - x$，而非整个目标函数 $h(x)$。根据通用逼近定理，一个由神经网络构成的非线性单元有足够的能力来逼近原始目标函数或残差函数，但后者往往更容易学习。因此，原来的优化问题转换为让非线性单元 $f(x; \theta)$ 去近似残差函数 $h(x) - x$，并用 $f(x; \theta) + x$ 去逼近 $h(x)$。残差网络就是将很多个残差单元串联起来构成的一个深度网络。

5.3 循环神经网络

5.3.1 循环网络

循环网络是一类具有短期记忆能力的神经网络，跟前馈神经网络相比，循环网络更加符合生物神经网络的结构特征，因此被广泛应用于语音识别和自然语言处理。跟 BP 训练算法类似，循环网络的参数学习可随时间反向传播，但是随着时间序列的增加，会存在梯度爆炸和消失等问题，这也称为长程依赖问题。为了解决这个问题，目前最有效的方法是引入门控机制。

循环网络是通过使用带自反馈的神经元，能够处理任意长度的时序数据。给定一个输入序列 $\{\boldsymbol{u}(t)\}_{t=1}^{T}$，循环网络通过下面公式更新隐藏层状态向量 $\boldsymbol{x}(t)$：

$$\boldsymbol{x}(t+1) = f[\boldsymbol{x}(t), \boldsymbol{u}(t)] \tag{5.1}$$

式中：$f(\cdot)$ 为非线性函数。

上述循环网络类似于一个动力学系统，具有短期记忆能力和较强拟合能力。

定理 5.1 循环网络的通用逼近定理：如果一个完全连接的循环神经网络有足够数量的 Sigmoid 型隐藏神经元，那么可以以任意精度去近似任何一个非线性动力系统

$$\begin{cases} \boldsymbol{x}(t+1) = g[\boldsymbol{x}(t), \boldsymbol{u}(t)] \\ \boldsymbol{y}(t) = o[\boldsymbol{x}(t)] \end{cases} \tag{5.2}$$

式中：$\boldsymbol{x}(t)$、$\boldsymbol{u}(t)$、$\boldsymbol{y}(t)$ 分别为系统的状态、输入和输出；$g(\cdot)$ 是可观测的状态转移函数；$o(\cdot)$ 为输出函数。

根据通用近似定理，两层前馈神经网络可以近似任意有界闭集上的连续函数，因此动力学系统的状态转移函数和输出函数可以用两层全连接前馈网络近似。

1. 循环神经网络学习

考虑一个完全连接的循环神经网络：

$$\begin{cases} \boldsymbol{x}(t+1) = f[\boldsymbol{A}\boldsymbol{x}(t) + \boldsymbol{B}\boldsymbol{u}(t) + \boldsymbol{b}] \\ \boldsymbol{y}(t) = \boldsymbol{C}\boldsymbol{x}(t) \end{cases} \tag{5.3}$$

式中：$\{\boldsymbol{u}(t), \boldsymbol{y}(t)\}$ 为输入-输出数据对，可以认为是 t 时刻的样本；$f(\cdot)$ 为非线性激活函数；$\boldsymbol{A}$、$\boldsymbol{B}$、$\boldsymbol{C}$、$\boldsymbol{b}$ 为待学习的网络参数。

给定样本集 $\{\boldsymbol{x}(t), \boldsymbol{y}(t)\}_{t=1}^{T}$，采用梯度下降法来求解如下优化问题：

$$\min_{\boldsymbol{A}, \boldsymbol{B}, \boldsymbol{C}, \boldsymbol{b}} \mathcal{L}(\boldsymbol{A}, \boldsymbol{B}, \boldsymbol{C}, \boldsymbol{b})$$

$$\text{s.t.} \quad \mathcal{L} = \sum_{t=1}^{T} L_t(\boldsymbol{y}(t), \boldsymbol{C}\boldsymbol{x}(t)) \tag{5.4}$$

$$\boldsymbol{x}(t+1) = f[\boldsymbol{A}\boldsymbol{x}(t) + \boldsymbol{B}\boldsymbol{u}(t) + \boldsymbol{b}]$$

式中：L_t 为可导损失函数；f 为非线性递归函数。

循环神经网络的参数计算方式和前馈网络的 BP 算法有较大区别。这里将介绍时间反向传播和实时循环学习算法。

反向传播学习算法将循环神经网络看作一个展开的多层前馈网络，其中每一层对应一个时刻，而且所有层的参数是共享的。因此，参数的真实梯度是所有展开层的参数梯度之和。首先计算偏导数 $\dfrac{\partial L_t}{\partial \boldsymbol{A}}$。由于参数 $\boldsymbol{A}$ 和隐藏层在每个时刻 $1 \leqslant k \leqslant t$ 的净输入 $\boldsymbol{z}(k) = \boldsymbol{A}\boldsymbol{x}(k) + \boldsymbol{B}\boldsymbol{u}(k) + \boldsymbol{b}$ 都有关，因此有

$$\frac{\partial L_t}{\partial A_{ij}} = \sum_{k=1}^{t} \frac{\partial \boldsymbol{z}(k)}{\partial A_{ij}} \frac{\partial L_t}{\partial \boldsymbol{z}(k)} \tag{5.5}$$

上式右边的第一项偏导通过如下计算得到:

$$\frac{\partial \boldsymbol{z}(k)}{\partial A_{ij}} = \boldsymbol{x}_j(k)\boldsymbol{e}_i^{\mathrm{T}}$$

其中: $\boldsymbol{e}_i$ 为单位矩阵的第 i 列向量。

第二项偏导通过如下计算得到:

$$
\begin{aligned}
\boldsymbol{\delta}_{t,k} &= \frac{\partial L_t}{\partial \boldsymbol{z}(k)} \\
&= \frac{\partial \boldsymbol{x}(k+1)}{\partial \boldsymbol{z}(k)} \frac{\partial \boldsymbol{z}(k+1)}{\partial \boldsymbol{x}(k+1)} \frac{\partial L_t}{\partial \boldsymbol{z}(k+1)} \\
&= \mathrm{diag}[f'(\boldsymbol{z}(k))]\boldsymbol{A}^{\mathrm{T}}\boldsymbol{\delta}_{t,k+1}
\end{aligned}
\tag{5.6}
$$

将上述两关系式代入式(5.5)可得

$$\frac{\partial L_t}{\partial A_{ij}} = \sum_{k=1}^{t} \boldsymbol{x}_j(k)[\delta_{t,k}]_i$$

或者

$$\frac{\partial L_t}{\partial \boldsymbol{A}} = \sum_{k=1}^{t} \boldsymbol{\delta}_{t,k}\boldsymbol{x}^{\mathrm{T}}(k)$$

由此可得

$$\frac{\partial \mathcal{L}}{\partial \boldsymbol{A}} = \sum_{t=1}^{T}\sum_{k=1}^{t} \boldsymbol{\delta}_{t,k}\boldsymbol{x}^{\mathrm{T}}(k) \tag{5.7}$$

同理,关于 $\boldsymbol{B}$ 和 $\boldsymbol{b}$ 的导数形式写成

$$\frac{\partial \mathcal{L}}{\partial \boldsymbol{B}} = \sum_{t=1}^{T}\sum_{k=1}^{t} \boldsymbol{\delta}_{t,k}\boldsymbol{u}^{\mathrm{T}}(k) \tag{5.8}$$

和

$$\frac{\partial \mathcal{L}}{\partial \boldsymbol{b}} = \sum_{t=1}^{T}\sum_{k=1}^{t} \boldsymbol{\delta}_{t,k} \tag{5.9}$$

令 $L_t = \|\boldsymbol{y}(t) - \boldsymbol{C}\boldsymbol{x}(t)\|^2$,可以得到

$$\frac{\partial \mathcal{L}}{\partial \boldsymbol{C}} = \sum_{t=1}^{T} \boldsymbol{y}(t)\boldsymbol{x}^{\mathrm{T}}(t) - \boldsymbol{C}\boldsymbol{x}(t)\boldsymbol{x}^{\mathrm{T}}(t) \tag{5.10}$$

和

$$\frac{\partial L_t}{\partial \boldsymbol{z}(t-1)} = \frac{\partial \boldsymbol{x}(t)}{\partial \boldsymbol{z}(t-1)} \frac{\partial L_t}{\partial \boldsymbol{x}(t)} = \mathrm{diag}[f'(\boldsymbol{z}(t-1))]\boldsymbol{C}^{\mathrm{T}}(\boldsymbol{C}\boldsymbol{x}(t) - \boldsymbol{y}(t)) \tag{5.11}$$

综上所述，反向传播算法通过式(5.6)、式(5.7)~ 式(5.11)来执行，其中公式中用到的未知状态和参数都利用上次迭代计算结果。

实时循环网络是通过前向传播的方式来计算梯度。假设循环神经网络中第 t 时刻的状态更新为

$$\boldsymbol{x}(t+1) = f[\boldsymbol{A}\boldsymbol{x}(t) + \boldsymbol{B}\boldsymbol{u}(t) + \boldsymbol{b}]$$

其关于参数 A_{ij} 的偏导数为

$$\frac{\partial \boldsymbol{x}(t+1)}{\partial A_{ij}} = \frac{\partial \boldsymbol{z}(t)}{\partial A_{ij}} \frac{\partial \boldsymbol{x}(t+1)}{\partial \boldsymbol{z}(t)}$$

$$= \left(\boldsymbol{x}_j(t)\boldsymbol{e}_i^{\mathrm{T}} + \frac{\partial \boldsymbol{x}(t)}{\partial A_{ij}} \boldsymbol{A}^{\mathrm{T}} \right) \mathrm{diag}[f'(\boldsymbol{z}(t))]$$

实时循环学习算法从最初时刻开始，除了计算循环神经网络的状态，还可以通过上式依次前向计算偏导数。这样，假设第 t 时刻存在一个监督信息，其损失函数为 L_t，由此可以计算损失函数对 A_{ij} 的偏导数：

$$\frac{\partial L_t}{\partial A_{ij}} = \frac{\partial \boldsymbol{x}(t)}{\partial A_{ij}} \frac{\partial L_t}{\partial \boldsymbol{x}(t)}$$

由此可以实时计算损失 L_t 关于参数 A 的梯度，并更新参数。

两种算法比较：时间反向传播算法和实时循环学习算法都是基于梯度下降法，分别通过反向和前向模式计算得到。在循环网络中，一般输出维度远远小于输入维度，因此时间反向传播算法的计算量会更小；但是，时间反向传播算法需要保存所有时刻的中间梯度，空间复杂度会比较高。实时循环学习算法不需要梯度回传，适合用于在线学习。上述两种参数学习算法能够用于辨识完全连接的神经网络系统式(5.3) 或者求解优化问题式(5.4)。同时，也能够直接应用于状态空间模型的辨识。

2. 门控循环网络

式(5.6)中的误差反向迭代过程写成

$$\boldsymbol{\delta}_{t,k} = \mathrm{diag}[f'(\boldsymbol{z}(k+1))]\boldsymbol{A}^{\mathrm{T}}\boldsymbol{\delta}_{t,k+1}, \quad k+1 \leqslant t$$

为了避免梯度爆炸或者消失问题，应尽量使得 $\mathrm{diag}[f'(\boldsymbol{z}(k+1))]\boldsymbol{A}^{\mathrm{T}} \approx \boldsymbol{I}$。为了改善循环神经网络的长程依赖问题，采用门控机制来进一步改善模型。这里主要介绍长短期记忆网络（LSTM）和门控循环单元（GRU）网络。

长短时记忆网络通过引入新的内部状态 $\boldsymbol{c}(t)$ 进行（线性）循环信息传递，同时（非线性）输出信息给外部状态 $\boldsymbol{x}(t)$。具体如下：

$$\boldsymbol{c}(t) = \boldsymbol{f}(t) \odot \boldsymbol{c}(t-1) + \boldsymbol{i}(t) \odot \tilde{\boldsymbol{c}}(t)$$

$$\boldsymbol{x}(t) = \boldsymbol{o}(t) \odot \tanh[\boldsymbol{c}(t)]$$

式中：$\boldsymbol{f}(t),\boldsymbol{i}(t),\boldsymbol{o}(t)\in[0,1]^D$ 分别为遗忘门、输入门和输出门，用于控制信息传递路径；$\boldsymbol{c}(t-1)$ 为上一时刻的记忆单元；$\tilde{\boldsymbol{c}}(t)$ 是通过非线性函数得到的候选状态（又称为单元门），且有

$$\tilde{\boldsymbol{c}}(t)=\tanh(\boldsymbol{A}_c\boldsymbol{x}(t-1)+\boldsymbol{B}_c\boldsymbol{u}(t)+\boldsymbol{b}_c)$$

在每个时刻 t，长短时记忆网络的内部状态 $\boldsymbol{c}(t)$ 记录了当前时刻为止的历史信息。三个门的取值为 $(0,1)$，表示以一定的比例允许信息通过：

$$\boldsymbol{i}(t)=\sigma(\boldsymbol{A}_i\boldsymbol{x}(t-1)+\boldsymbol{B}_i\boldsymbol{u}(t)+\boldsymbol{b}_i)$$

$$\boldsymbol{f}(t)=\sigma(\boldsymbol{A}_f\boldsymbol{x}(t-1)+\boldsymbol{B}_f\boldsymbol{u}(t)+\boldsymbol{b}_f)$$

$$\boldsymbol{o}(t)=\sigma(\boldsymbol{A}_o\boldsymbol{x}(t-1)+\boldsymbol{B}_o\boldsymbol{u}(t)+\boldsymbol{b}_o)$$

式中：$\sigma(\cdot)$ 为 Sigmoid 函数。

整个 LSTM 循环单元可以简洁地描述为

$$\begin{bmatrix}\tilde{\boldsymbol{c}}(t)\\\boldsymbol{o}(t)\\\boldsymbol{i}(t)\\\boldsymbol{f}(t)\end{bmatrix}=\begin{bmatrix}\tanh\\\sigma\\\sigma\\\sigma\end{bmatrix}\left(\boldsymbol{A}\begin{bmatrix}\boldsymbol{x}(t-1)\\\boldsymbol{u}(t)\end{bmatrix}+\boldsymbol{b}\right)$$

$$\boldsymbol{c}(t)=\boldsymbol{f}(t)\odot\boldsymbol{c}(t-1)+\boldsymbol{i}(t)\odot\tilde{\boldsymbol{c}}(t)$$

$$\boldsymbol{x}(t)=\boldsymbol{o}(t)\odot\tanh[\boldsymbol{c}(t)]$$

循环神经网络中的状态 $\boldsymbol{x}(t)$ 存储了历史信息，但是每个时刻都会被重写，因此可以看成短期记忆。在 LSTM 网络中，记忆单元 $\boldsymbol{c}(t)$ 在某个时刻捕捉到某个关键信息，并有能力将此信息保存一定时间，其记忆生命周期长于短期记忆 $\boldsymbol{x}(t)$。因此，该循环网络称为长短期记忆网络。

门控循环单元网络比长短期记忆网络更加简单，其不引入额外的记忆单元。具体的网络状态更新方式如下：

$$\boldsymbol{r}(t)=\sigma(\boldsymbol{A}_r\boldsymbol{x}(t-1)+\boldsymbol{B}_r\boldsymbol{u}(t)+\boldsymbol{b}_r)$$

$$\tilde{\boldsymbol{h}}(t)=\tanh[\boldsymbol{A}_h(\boldsymbol{r}(t)\odot\boldsymbol{x}(t-1))+\boldsymbol{B}_h\boldsymbol{u}(t)+\boldsymbol{b}_h]$$

$$\boldsymbol{z}(t)=\sigma(\boldsymbol{A}_z\boldsymbol{x}(t-1)+\boldsymbol{B}_z\boldsymbol{u}(t)+\boldsymbol{b}_z)$$

$$\boldsymbol{x}(t)=\boldsymbol{z}(t)\odot\boldsymbol{x}(t-1)+[1-\boldsymbol{z}(t)]\odot\tilde{\boldsymbol{h}}(t)$$

式中：$\boldsymbol{r}(t)\in[0,1]^D$ 为重置门，当 $\boldsymbol{r}(t)=0$ 时，候选状态只跟当前输入有关；当 $\boldsymbol{r}(t)=1$ 时，候选状态跟当前输入和历史状态有关（和循环网络一致）。同时，从上式可以看出，当 $\boldsymbol{z}(t)=0$ 和 $\boldsymbol{r}(t)=1$ 时，GRU 网络退化为简单循环网络。

5.3.2　记忆网络和注意力机制

循环神经网络通过引入反馈机制来提高网络的记忆能力，如长短时记忆网络。由于神经网络存在容量问题，不能把所有感知得到的信息都进行处理和存储。人脑在有限记忆能力的情况下，有两类重要机制来解决信息过载问题，分别为注意力和自注意力机制。本节先介绍如何生成网络记忆力，然后讨论注意力机制。

1. 基于神经动力学的联想记忆

递归神经网络的反馈特性使得其具备联想记忆能力，然而反馈会使系统变得不稳定，因此非线性递归神经网络系统的稳定性问题是神经动力学的主要研究内容。将神经动力学的联想记忆模型引入神经网络可以增加网络容量。联想记忆网络通过动态演化来进行联想，有两种应用场景：输入和输出模式在同一空间的自联想模型（自编码器），输入和输出不在同一空间的异联想模型。从广义上讲，大部分机器学习问题可以看作异联想模型。

联想记忆模型利用神经动力学原理来实现按内容寻址的信息存储和检索。一类经典的联想记忆模型为 Hopfield 网络。Hopfield 网络（模型）包含一组神经元和单元延迟单元，构成一个多回路反馈系统（图 5.8）。每个神经元既是输入单元也是输出单元，没有隐藏神经元。每个神经元输出通过一个单位延迟被反馈到网络中其他神经元。每个神经元没有自反馈，而且不同神经元之间的连接权重是对称的。Hopfield 神经网络分为离散型和连续型两种网络模型，分别记为 DHNN（离散型）和 CHNN（连续型），这里主要介绍 DHNN。

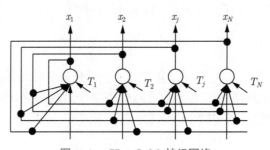

图 5.8　Hopfield 神经网络

Hopfield 网络按照更新方式的不同可以分为同步和异步两种方式。同步更新是一次更新所有神经元，而异步更新是每次更新一个神经元。假设 t 时刻的神经元状态为 $\boldsymbol{x}(t) = [x_1(t) \cdots x_N(t)]^{\mathrm{T}}$，则异步（串行）更新规则为

$$x_j(t+1) = \begin{cases} \mathrm{sgn}\left(\sum_{i=1}^{N} w_{ji} x_i(t) + b_j\right), & j = i \\ x_j(t), & j \neq i \end{cases}$$

即 t 时刻只更新第 i 个神经元。同步更新规则为

$$\boldsymbol{x}(t+1) = \mathrm{sgn}[\boldsymbol{W}\boldsymbol{x}(t) + \boldsymbol{b}]$$

式中：$\boldsymbol{W}$ 是对角线为零的对称权重矩阵；向量 $\boldsymbol{b}$ 为神经元阈值。

DHNN 从初态朝稳态收敛的过程就是寻找记忆样本的过程。初态被认为是给定样本的部分信息，神经网络的演变过程可从初态部分信息找到全部信息，以实现联想记忆。DHNN 训练过程也可以认为是从初态寻找能量函数极小点的过程，优化计算是在系统演变过程中自动完成。无论是优化计算还是联想记忆，只有神经网络稳定的时候，其状态才具有实际物理意义。若 $\boldsymbol{x} = \text{sgn}[\boldsymbol{W}\boldsymbol{x} + \boldsymbol{b}]$，则满足上式的状态向量 $\boldsymbol{x}$ 称为网络的稳定状态或网络吸引子。

定理 5.2 按异步方式调整 Hopfield 网络状态，若权重矩阵 $\boldsymbol{W}$ 为零对角线的对称矩阵，则任意初始状态的 DHNN 最终收敛到一个吸引子。

证明：定义能量函数 $E_t = -\dfrac{1}{2}\boldsymbol{x}^{\mathrm{T}}(t)\boldsymbol{W}\boldsymbol{x}(t) - \boldsymbol{x}^{\mathrm{T}}(t)\boldsymbol{b}$ 和改变量

$$\Delta E_t = E_{t+1} - E_t, \quad \Delta \boldsymbol{x}_t = \boldsymbol{x}(t+1) - \boldsymbol{x}(t)$$

则有

$$\Delta E_t = -\Delta \boldsymbol{x}^{\mathrm{T}}(t)[\boldsymbol{W}\boldsymbol{x}(t) + \boldsymbol{b}] - \frac{1}{2}\Delta \boldsymbol{x}_t^{\mathrm{T}}\boldsymbol{W}\Delta \boldsymbol{x}_t$$

对异步工作方式，假设 t 时刻只有第 j 个神经元发生调整状态，即

$$\Delta \boldsymbol{x}(t) = [0 \cdots 0 \ \Delta x_j(t) \ 0 \cdots 0]$$

考虑到 $\boldsymbol{W}$ 为对角线为零的对称矩阵，有

$$\Delta E_t = -\Delta x_j(t)[\boldsymbol{W}_{j:}\boldsymbol{x}(t) + b] - \frac{1}{2}\Delta x_j(t)w_{jj} = -\Delta x_j(t)[\boldsymbol{W}_{j:}\boldsymbol{x}(t) + b]$$

若 $x_j(t+1) = \text{sgn}[\boldsymbol{W}_{j:}\boldsymbol{x}(t)+b] = 1$，则有 $\Delta x_j(t) \geqslant 0, \Delta E_t \leqslant 0$；若 $x_j(t+1) = \text{sgn}[\boldsymbol{W}_{j:}\boldsymbol{x}(t)+b] = -1$，则有 $\Delta x_j(t) \leqslant 0, \Delta E_t \leqslant 0$。由此可以看出，能量函数不断下降。再考虑到 DHNN 状态有限，可以推断出异步 DHNN 收敛到一个吸引子。

定理 5.3 按同步方式调整 Hopfield 网络状态，若 $\boldsymbol{W}$ 为非负定对称矩阵，则任意初始状态的 DHNN 最终收敛到一个吸引子。

证明：定义能量函数 $E_t = -\dfrac{1}{2}\boldsymbol{x}^{\mathrm{T}}(t)\boldsymbol{W}\boldsymbol{x}(t) - \boldsymbol{x}^{\mathrm{T}}(t)\boldsymbol{b}$ 和改变量

$$\Delta E_t = E_{t+1} - E_t, \quad \Delta \boldsymbol{x}_t = \boldsymbol{x}(t+1) - \boldsymbol{x}(t)$$

则有

$$\Delta E_t = -\Delta \boldsymbol{x}^{\mathrm{T}}(t)[\boldsymbol{W}\boldsymbol{x}(t) + \boldsymbol{b}] - \frac{1}{2}\Delta \boldsymbol{x}_t^{\mathrm{T}}\boldsymbol{W}\Delta \boldsymbol{x}_t$$

对同步工作方式，若 $\boldsymbol{W}$ 为非负定对称矩阵，则有 $-\dfrac{1}{2}\Delta \boldsymbol{x}^{\mathrm{T}}(t)\boldsymbol{W}\Delta \boldsymbol{x}(t) \leqslant 0$。同时，根据定理 5.2 证明可得

$$\Delta E_t \leqslant -\Delta \boldsymbol{x}^{\mathrm{T}}(t)[\boldsymbol{W}\boldsymbol{x}(t) + \boldsymbol{b}] = -\sum_{j=1}^{N}\Delta x_j(t)[\boldsymbol{W}_{j:}\boldsymbol{x}(t) + b] \leqslant 0$$

由于能量函数下降，同时 DHNN 状态有限，从而同步 DHNN 收敛到吸引子。

DHNN 设计原则：吸引子的分布是由网络的权值（包括阀值）决定，而设计吸引子的核心就是如何设计一组合适的权值。DHNN 能实现联想记忆功能的关键是使网络的稳定点对应于记忆模式，即需要记忆存储的每个向量 $\boldsymbol{y}_1, \cdots, \boldsymbol{y}_N$ 为系统的稳定点。因此，DHNN 的训练是如何寻找权值矩阵 $\boldsymbol{W}$ 使得

$$\boldsymbol{y}_i = \text{sgn}[\boldsymbol{W}\boldsymbol{y}_i], \quad i = 1, \cdots, N$$

或者

$$y_{ij} = \text{sgn}\left[\sum_{k=1}^{d} w_{jk}y_{ik}\right], \quad i = 1, \cdots, N, \quad j = 1, \cdots, d$$

由符号函数的性质可以得到 $y_{ij}\left[\sum_{k=1}^{d} w_{jk}y_{ik}\right] > 0$。若满足 $w_{jk} = \alpha y_{ij}y_{ik}, i = 1, \cdots, N$ 且 $\alpha > 0$，则 DHNN 状态稳定方程成立。所以 N 个样本的网络学习为

$$w_{jk} = \alpha \sum_{i=1}^{N} y_{ij}y_{ik}$$

或者

$$\boldsymbol{W} = \alpha \sum_{i=1}^{N} \boldsymbol{y}_i \boldsymbol{y}_i^{\mathrm{T}}$$

在训练算法执行时，w_{ij} 初值为零。当样本 $\boldsymbol{y}_i$ 为输入时，进行如下权重更新：

$$w_{jk} \leftarrow w_{jk} + \alpha y_{ij}y_{ik}$$

2. 注意力机制和记忆增强

注意力机制是一种资源分配方案，将有限计算资源用来处理更重要的信息。其通常有两种模式：自上而下有意识的聚焦式注意力，自下而上无意识的显著性注意力。聚焦式注意力是主动式、有意识地聚焦于某一对象；而显著性注意力是由外界刺激驱动的注意，常用汇聚和门控机制来转移注意力。

假设 $\boldsymbol{X} = [\boldsymbol{x}_1 \cdots \boldsymbol{x}_N] \in \mathbb{R}^{D \times N}$ 表示 N 组输入信息，为了节省资源，只需要从 $\boldsymbol{X}$ 中选择一些和任务相关的信息并加以处理。注意力机制的计算分为两步：注意力分布计算和输入信息加权平均。

（1）给定一个和任务相关的查询向量 $\boldsymbol{q}$ 和任务集 $\boldsymbol{X}$，并用注意力变量 $z \in \{1, 2, \cdots, N\}$ 来表示被选择信息的索引位置。选择第 $z = i$ 个输入向量的概率为

$$\alpha_i = p[z = i | \boldsymbol{X}, \boldsymbol{q}] = \frac{\exp[s(\boldsymbol{x}_i, \boldsymbol{q})]}{\sum\limits_{j=1}^{N} \exp[s(\boldsymbol{x}_j, \boldsymbol{q})]}$$

式中：$s(\boldsymbol{x}, \boldsymbol{q})$ 为注意力分值。函数 $s(\boldsymbol{x}, \boldsymbol{q})$ 通常选用加性模型 $s(\boldsymbol{x}, \boldsymbol{q}) = \boldsymbol{v}^{\mathrm{T}}\tanh(\boldsymbol{W}\boldsymbol{x} + \boldsymbol{U}\boldsymbol{q})$、点积模型 $s(\boldsymbol{x}, \boldsymbol{q}) = \boldsymbol{x}^{\mathrm{T}}\boldsymbol{q}$ 或者双线性模型 $s(\boldsymbol{x}, \boldsymbol{q}) = \boldsymbol{x}^{\mathrm{T}}\boldsymbol{W}\boldsymbol{q}$，其中 $\boldsymbol{W}$、$\boldsymbol{U}$、$\boldsymbol{v}$ 为待学习参数。

（2）根据注意力分布 α_i，对所有的输入信息进行汇总。通常有两种方式：

软性注意力机制：

$$\text{att}[\boldsymbol{X}, \boldsymbol{q}] = \sum_{i=1}^{N} \alpha_i \boldsymbol{x}_i = \mathcal{E}_{z \sim p(z|\boldsymbol{X}, \boldsymbol{q})}(\boldsymbol{x}_z)$$

硬性注意力机制：

$$\text{att}[\boldsymbol{X}, \boldsymbol{q}] = \boldsymbol{x}_z, \ z = \arg\max_{i} \alpha_i$$

（3）若给定 N 组"键值对"输入信息 $(K, V) = [(\boldsymbol{k}_1, \boldsymbol{v}_1) \cdots (\boldsymbol{k}_N, \boldsymbol{v}_N)]$，则相应的注意力函数定义为

$$\text{att}[(K, V), \boldsymbol{q}] = \sum_{i=1}^{N} \alpha_i \boldsymbol{v}_i = \sum_{i=1}^{N} \frac{\exp[s(\boldsymbol{k}_i, \boldsymbol{q})]}{\sum\limits_{j=1}^{N} \exp[s(\boldsymbol{k}_j, \boldsymbol{q})]} \boldsymbol{v}_i$$

当 $K = V$ 时，键值对模式就等价于普通注意力机制。

3. 自注意力机制

为了建立输入序列的长距离依赖关系，采用自注意力机制来动态生成不同连接权重，称为自注意力模型。自注意力模型经常采用查询-键-值模式。假设输入序列 $\boldsymbol{X} = [\boldsymbol{x}_1, \cdots, \boldsymbol{x}_N]$，输出序列 $\boldsymbol{H} = [\boldsymbol{h}_1, \cdots, \boldsymbol{h}_N]$。自注意力模型的具体计算过程如下：

（1）对于每个输入向量 $\boldsymbol{x}_i \in \mathbb{R}^{D_x}$，将其线性映射到三个不同空间，得到查询向量 $\boldsymbol{q}_i \in \mathbb{R}^{D_k}$、键向量 $\boldsymbol{k}_i \in \mathbb{R}^{D_k}$ 和值向量 $\boldsymbol{v}_i \in \mathbb{R}^{D_v}$：

$$\boldsymbol{q}_i = \boldsymbol{W}_q \boldsymbol{x}_i, \quad \boldsymbol{k}_i = \boldsymbol{W}_k \boldsymbol{x}_i, \quad \boldsymbol{v}_i = \boldsymbol{W}_v \boldsymbol{x}_i$$

记

$$\boldsymbol{Q} = [\boldsymbol{q}_1, \cdots, \boldsymbol{q}_N], \boldsymbol{K} = [\boldsymbol{k}_1, \cdots, \boldsymbol{k}_N], \boldsymbol{V} = [\boldsymbol{v}_1, \cdots, \boldsymbol{v}_N]$$

（2）对于每个查询向量 $\boldsymbol{q}_n$，通过键值对注意力机制，可以得到输出

$$\boldsymbol{h}_n = \text{att}[(\boldsymbol{K}, \boldsymbol{V}), \boldsymbol{q}_n] = \sum_{i=1}^{N} \frac{\exp[s(\boldsymbol{k}_i, \boldsymbol{q}_n)]}{\sum\limits_{j=1}^{N} \exp[s(\boldsymbol{k}_j, \boldsymbol{q}_n)]} \boldsymbol{v}_i$$

式中：

$$s(\boldsymbol{k}_i, \boldsymbol{q}_n) = \frac{\boldsymbol{k}_i^{\mathrm{T}} \boldsymbol{q}_n}{\sqrt{D_k}}$$

$s(\boldsymbol{k}_i, \boldsymbol{q}_n)$ 为注意力打分函数。

从上述计算过程可以看出：注意力机制所需的查询向量、键向量和值向量均由输入序列 $\boldsymbol{X}$ 生成，因此称为自注意力机制。自注意力模型可以作为神经网络中的一层来使用，可以替换卷积层或者循环层。

5.4 图神经网络

图神经网络主要是将深度神经网络应用于结构化数据处理。图神经网络的学习任务包括侧重于节点的任务和侧重于图的任务。侧重于节点的任务包括节点分类、节点排序和链接预测，而侧重于图的任务包括图分类、图匹配和图生成。

节点分类的例子：社交网络中只有不到 1% 的用户提供了完整个人信息，因此很多时候只能得到部分节点关于兴趣和爱好的标签，而那些无标签的节点需要通过建立模型来进行预测和分类。

图分类的例子：蛋白质通常表示成图的形式，其中氨基酸是节点。如果两个氨基酸之间的距离小于一定值，则它们之间形成一条边。酶作为特殊蛋白质，可以当作生物催化剂催化生化反应。预测给定的蛋白质是否为酶就是图分类问题。

图神经网络训练包含节点特征的学习和图特征的学习。节点特征的学习通常会用到节点输入特征和图结构：

$$\boldsymbol{F}^o = h(\boldsymbol{A}, \boldsymbol{F}^i) \tag{5.12}$$

式中：$\boldsymbol{A} \in \mathbb{R}^{N \times N}$ 为含有 N 个节点的图邻接矩阵；$\boldsymbol{F}^i \in \mathbb{R}^{N \times d_i}$ 和 $\boldsymbol{F}^o \in \mathbb{R}^{N \times d_o}$ 分别表示 N 个节点的输入特征矩阵和输出特征矩阵。

上述从特征输入到特征输出的过程也称为图滤波操作，算子 $h(\cdot, \cdot)$ 称为图滤波器。图特征的学习除了节点特征学习之外通常还需要进行图池化操作：

$$(\boldsymbol{A}^o, \boldsymbol{F}^o) = \mathrm{pool}(\boldsymbol{A}, \boldsymbol{F}^i) \tag{5.13}$$

式中：$\boldsymbol{A}^o \in \mathbb{R}^{N_o \times N_o}$，$\boldsymbol{F}^o \in \mathbb{R}^{N_o \times d_o}$。

池化操作跟卷积神经网络一样通常会减少图的规模，因此有 $N_o < N$。

5.4.1 图神经网络基本框架

图神经网络的基本框架包括侧重于节点的任务和侧重于图的任务。图用 $\mathcal{G} = \{V, E\}$ 表示，邻接矩阵用 $\boldsymbol{A}$ 表示，节点特征矩阵用 $\boldsymbol{F} \in \mathbb{R}^{N \times d}$ 表示，其中 $\boldsymbol{F}$ 的每一行代表一个节点的特征向量。

1. 侧重于节点的任务

对于侧重于节点的任务，图神经网络的基本框架是图滤波层和非线性激活层的组合。令 $h_i(\cdot)$ 和 $\alpha_i(\cdot)$ 分别表示第 i 个图滤波层和激活层，$\boldsymbol{F}^i \in \mathbb{R}^{N \times d_i}$ 表示第 i 个图滤波层的输出，则包含 L 个图滤波层和 $L-1$ 个非线性激活层的图神经网络可以描述成

$$\boldsymbol{F}^i = h_i(\boldsymbol{A}, \alpha_i(\boldsymbol{F}^{i-1})), \quad i = 1, 2, \cdots, L$$

式中：$\boldsymbol{F}^0$ 为初始节点特征矩阵；$\boldsymbol{F}^L$ 为最后滤波层输出。

2. 侧重于图的任务

对于侧重于图的任务，图神经网络的基本框架通常包含图滤波层、激活层和图池化层三部分。

图滤波层和激活层有着跟侧重于节点任务框架相似的功能，生成更好的节点特征。图池化层对节点特征进行汇总，生成能够捕获整个图信息的高层特征。通常池化层跟随在一系列图滤波层和激活层之后，经过图池化层之后能产生更抽象和更高级别特征的粗化图。

侧重于图任务的神经网络框架由多个块结构组成，每个块是多个图滤波层、多个非线性激活层以及一个池化层组合而成。假设整个图神经网络有 L 个块，每个块的输入为图 $\mathcal{G}_i = \{V_i, E_i\}$ 的邻接矩阵 $\boldsymbol{A}^{ib}$，节点特征矩阵为 $\boldsymbol{F}^{ib}$，输出是粗化图 $\mathcal{G}_o = \{V_o, E_o\}$ 的邻接矩阵 $\boldsymbol{A}^{ob}$ 及节点特征矩阵 $\boldsymbol{F}^{ob}$。每个块的计算过程描述为

$$\boldsymbol{F}^i = h_i(\boldsymbol{A}^{ib}, \alpha_{i-1}(\boldsymbol{F}^{i-1})), \quad i = 1, \cdots, k$$

$$(\boldsymbol{A}^o, \boldsymbol{F}^o) = \text{pool}(\boldsymbol{A}^{ib}, \boldsymbol{F}^k)$$

式中：α_i 为第 i 层的激活函数；α_0 为恒等函数，即 $\alpha_0(\boldsymbol{F}^0) = \boldsymbol{F}^{ib}$。

上述块计算过程表示成

$$(\boldsymbol{A}^{ob}, \boldsymbol{F}^{ob}) = \mathcal{B}(\boldsymbol{A}^{ib}, \boldsymbol{F}^{ib}) \tag{5.14}$$

若整个图神经网络由 L 个块连接而成，则整个图网络的计算过程表示成

$$(\boldsymbol{A}^{jb}, \boldsymbol{F}^{jb}) = \mathcal{B}^{j-1}(\boldsymbol{A}^{j-1,b}, \boldsymbol{F}^{j-1,b}), \quad j = 1, 2, \cdots, L$$

式中：$\boldsymbol{F}^{0b}$ 和 $\boldsymbol{A}^{0b}$ 分别为原图的初始节点特征和邻接矩阵；$\mathcal{B}^{j-1}$ 为第 $j-1$ 个块的计算过程。

5.4.2 图滤波器

图滤波器的设计方式大致分成基于谱的图滤波器和基于空间的图滤波器两类。基于谱的图滤波器利用图谱理论来设计谱域中的滤波操作，而基于空间的图滤波器显式地利用图结构来执行图特征提取。

1. 基于谱的图滤波器

基于谱的图滤波器是在图信号的谱域中设计。首先介绍图谱滤波，然后描述如何利用它设计基于谱的图滤波器。

给定无向图 $G = (V, E)$ 的邻接矩阵 $\boldsymbol{A}$，其拉普拉斯矩阵定义为

$$\boldsymbol{L} = \boldsymbol{D} - \boldsymbol{A}$$

式中：$\boldsymbol{D} = \text{diag}[d(v_1), \cdots, d(v_N)]$，$d(v_i)$ 为节点 v_i 的度。

拉普拉斯矩阵为半正定矩阵，其 0 特征值的数目等于图中连通分量的数目。令 L 的特征值分解为

$$L = U \Lambda U^{\mathrm{T}}$$

式中：U 为拉普拉斯矩阵 L 的特征向量所组成的矩阵；$\Lambda = \mathrm{diag}(\lambda_1, \cdots, \lambda_N)$。

定义信号 $f \in \mathbb{R}^N$ 的图傅里叶变换为

$$\hat{f} = U^{\mathrm{T}} f$$

式中：$\hat{f}$ 为信号 f 的图傅里叶变换系数。

为了调制图信号 f 的频率，需要对图傅里叶系数进行滤波操作：

$$\hat{f}'[i] = \hat{f}[i]\gamma(\lambda_i), \quad i = 1, \cdots, N$$

式中：$\gamma(\lambda_i)$ 是关于 λ_i 的函数，且有

$$\gamma(\Lambda) = \mathrm{diag}(\gamma(\lambda_1), \cdots, \gamma(\lambda_N))$$

通过图谱滤波之后，使用图傅里叶反变换将谱域中的信号重建成如下形式：

$$f' = U\hat{f}' = U\gamma(\Lambda)U^{\mathrm{T}}f$$

例 5.1（多项式滤波）

多项式滤波是指对频谱进行调制的函数为多项式，即

$$\gamma(\lambda) = \sum_{k=1}^{K} \theta_k \lambda^k$$

或者

$$\gamma(\Lambda) = \sum_{k=1}^{K} \theta_k \Lambda^k$$

多项式滤波的输出表示成

$$f' = U\gamma(\Lambda)U^{\mathrm{T}}f = \sum_{k=0}^{K} \theta_k U \Lambda^k U^{\mathrm{T}} f$$

拉普拉斯矩阵多项式为稀疏矩阵，只有当节点 v_i 和 v_j 之间的最短路径长度小于或等于 K 时，元素 $[L^K]_{ij}$ 的值有可能非零。因此，多项式滤波可以看成局限于空间域的滤波，即滤波结果只涉及 K 跳邻域。多项式滤波的主要问题是多项式的基 $(1, x, x^2, \cdots)$ 彼此不正交，使得其在受到扰动时不稳定。为了解决这一问题，采用一组正交基的切比雪夫多项式来进行滤波。

例 5.2（切比雪夫滤波）

切比雪夫多项式 $T_k(y)$ 由如下递推关系生成：

$$T_k(y) = 2yT_{k-1}(y) - T_{k-2}(y)$$

式中：$T_0(y) = 1; T_1(y) = y$。

对于 $y \in [-1, 1]$，上述递推关系用三角表达式表示：

$$T_k(y) = \cos(k \arccos(y))$$

这意味着，每个 $T_k(y)$ 的值域也是 $[-1, 1]$。此外，切比雪夫多项式满足如下关系：

$$\int_{-1}^{1} \frac{T_l(y)T_m(y)}{\sqrt{1-y^2}} \mathrm{d}y = \begin{cases} \delta_{l,m}\dfrac{\pi}{2}, & m, l > 0 \\ \pi, & m = l = 0 \end{cases}$$

由于切比雪夫多项式的定义域为 $[-1, 1]$，需要对拉普拉斯矩阵的特征值进行平移和缩放：

$$\tilde{\lambda}_l = \frac{2\lambda_l}{\lambda_{\max}} - 1$$

或者

$$\tilde{\boldsymbol{\Lambda}} = \frac{2\boldsymbol{\Lambda}}{\lambda_{\max}} - \boldsymbol{I}$$

因此，图信号 $\boldsymbol{f}$ 的 K 阶切比雪夫滤波表示为

$$\boldsymbol{f}' = \sum_{k=0}^{K} \theta_k \boldsymbol{U} T_k(\tilde{\boldsymbol{\Lambda}}) \boldsymbol{U}^{\mathrm{T}} \boldsymbol{f} = \sum_{k=0}^{K} \theta_k T_k(\tilde{\boldsymbol{L}}) \boldsymbol{f}$$

式中

$$\tilde{\boldsymbol{L}} = \frac{2\boldsymbol{L}}{\lambda_{\max}} - \boldsymbol{I}$$

当 $K = 1$ 时，切比雪夫滤波器弱化成基于直接邻居的空间滤波器。在更新节点特征时，只涉及与其直接相连的邻居。

---

2. 基于空间的图滤波器

图神经网络模型利用邻居节点特征来迭代更新中心节点特征。对于节点 v_i，其对应的标记为 l_i。对于滤波过程，输入图特征表示为 $\boldsymbol{F}$，其中 $\boldsymbol{F}_i$ 为节点 v_i 的关联特征。滤波器的输出特征表示为 $\boldsymbol{F}'$，节点 v_i 的滤波操作描述为

$$\boldsymbol{F}_i' = \sum_{v_j \in \mathcal{N}(v_i)} g(l_i, \boldsymbol{F}_j, l_j)$$

式中：$g(\cdot)$ 表示一个带参数的局部转换函数；$\mathcal{N}(v_i)$ 为节点 v_i 的邻居节点集合。

在执行滤波操作时，图中的所有节点共享局部转换函数 $g(\cdot)$。从上式看出，滤波输出 $\boldsymbol{F}_i'$ 依赖邻居节点的特征和标记，也依赖 v_i 自身的标记。

下面介绍一类典型的图空间滤波器——GraphSAGE 模型。对于单个节点 v_i，生成新特征的过程表示为

$$\mathcal{N}_s(v_i) = \text{sample}(\mathcal{N}(v_i), s)$$

$$f'_{\mathcal{N}_s(v_i)} = \text{aggregate}\left(\{\boldsymbol{F}_j, \forall v_j \in \mathcal{N}_s(v_i)\}\right)$$

$$\boldsymbol{F}_i' = \sigma\left([\boldsymbol{F}_i, f'_{\mathcal{N}_s(v_i)}]\boldsymbol{\Theta}\right)$$

其中：$\text{sample}(\cdot)$ 函数将一个集合作为输入并从输入中随机抽样 s 个样本作为输出；$\text{aggregate}(\cdot)$ 函数聚合来自相邻节点的信息；$\sigma(\cdot)$ 将邻域信息与节点 v_i 的特征相结合生成新特征；$\boldsymbol{\Theta}$ 为滤波器参数矩阵（用于表示节点特征的线性变换）。$\text{aggregate}(\cdot)$ 函数主要有两种形式：一是 Mean 聚合器，将集合 $\{\boldsymbol{F}_j, \forall v_j \in \mathcal{N}_s(v_i)\}$ 中的相应向量元素求平均；二是 Pooling 聚合器，采用最大池化操作汇总来自相邻节点的信息

$$f'_{\mathcal{N}_s(v_i)} = \max\left(\{\alpha(\boldsymbol{F}_j\boldsymbol{\Theta}_j), \forall v_j \in \mathcal{N}_s(v_i)\}\right)$$

式中：$\alpha(\cdot)$ 为非线性激活函数。

5.4.3　图池化

图滤波操作是在不改变图结构的情况下优化节点特征，而图池化操作是用于生成和提取图结构信息。池化操作可以表示成

$$(\boldsymbol{A}^{op}, \boldsymbol{F}^{op}) = \text{pool}(\boldsymbol{A}^{ip}, \boldsymbol{F}^{ip})$$

1. 平面图池化

平面图池化是直接从节点生成图级表示。平面池化层中不会生成新图，而是生成一个节点特征：

$$f_{\mathcal{G}} = \text{pool}(\boldsymbol{A}^{ip}, \boldsymbol{F}^{ip})$$

式中：$f_{\mathcal{G}} \in \mathbb{R}^{1 \times d_p}$ 为图级表示。

经典的池化操作包括：

（1）图最大池化：$f_{\mathcal{G}} = \max(\boldsymbol{F}^{ip})$，其中最大化操作应用于每个通道或者 $\boldsymbol{F}^{ip}$ 的列向量。

（2）图平均池化：$f_{\mathcal{G}} = \text{mean}(\boldsymbol{F}^{ip})$，其中平均操作应用于每个通道或者 $\boldsymbol{F}^{ip}$ 的列向量。

2. 层次图池化

层次图池化通过逐步粗化来获得图表示，从而保留图的层次结构信息。层次图池化根据其对图的粗化方式大致分为两种：一种通过降采样选择最重要的节点作为粗化图的节点；

另一种聚集输入图中的多个节点以形成粗化图的一个超节点。降采样的方法保留了原图中的部分节点，而超节点的方法生成了新的节点。

基于降采样的图池化有三个关键部分：一是选择降采样度量方法；二是生成粗化图结构；三是为粗化图生成节点特征。首先从输入节点特征 $\boldsymbol{F}^{ip}$ 学习节点的重要性度量：

$$y = \frac{\boldsymbol{F}^{ip}\boldsymbol{v}}{\|\boldsymbol{v}\|}$$

式中：$\boldsymbol{F}^{ip} \in \mathbb{R}^{N_i \times d_i}$ 为节点特征的输入矩阵；$\boldsymbol{v} \in \mathbb{R}^{d_i}$ 为要学习的向量。

在获得重要性分数 y 之后，对所有节点进行排序并选择前 $N_o \leqslant N_i$ 个最重要的节点：

$$\mathrm{id} = \mathrm{ranking}(\boldsymbol{y}, N_o)$$

式中：N_o 为粗化图中预先定义的节点数目；id 为选定的前 N_o 个节点索引。

在选定了重要节点之后，需要为粗化图生成图结构和节点特征。具体而言，从输入图的拓扑结构导出粗化图的拓扑结构：

$$\boldsymbol{A}^o = A^i(\mathrm{id}, \mathrm{id})$$

其中：$A^i(\mathrm{id}, \mathrm{id})$ 是提取 $\boldsymbol{A}^i$ 中的行与列。类似地，粗化图的节点特征也可以从输入节点特征中提取。基于降采样池化操作的主要缺点是会丢失未选择节点的相关信息。

基于超节点的池化旨在通过生成超节点来粗化输入图，即学习如何将输入图中的节点分配到不同的簇中，这些簇被视为超节点，即粗化图节点。基于超节点的图池化有三个关键部分：一是生成超节点作为粗化图的节点；二是生成粗化图的图结构；三是生成粗化图的节点特征。首先应用谱聚类算法得到一组互不重叠的簇，并将其作为粗化图的超节点。令 $\boldsymbol{S} \in \{0,1\}^{N_i \times N_o}$ 为输入图的节点和超节点之间的分配矩阵，其中每行中只有一个元素为 1，其他元素均为 0。$[S]_{ij} = 1$ 代表第 i 个节点被分配给第 j 个超节点。然后根据 $\boldsymbol{S}$ 矩阵中每列非零元素数目构建起超节点之间的邻接矩阵。最后计算每个超节点所在簇中所有节点特征分量的均值或极大值作为该超节点的特征分量。

5.4.4 图神经网络学习

图神经网络的参数学习将以节点分类和图分类作为任务分别进行介绍。

1. 节点分类中的参数学习

图节点集 V 可以分为两个不相交的集合，即有标签的集合 V_l 和不带标签的集合 V_u。节点分类的目标是根据已标记节点 V_l 学习一个模型，然后预测 V_u 中不带标记节点的标签。图神经网络模型通常将整个图作为输入生成节点表示，然后利用这些表示来训练节点分类器：

$$\boldsymbol{F}^o = \mathrm{GNN}_{\mathrm{node}}(\boldsymbol{A}, \boldsymbol{F}^i; \boldsymbol{\Theta}_1)$$

$$\boldsymbol{Z} = \mathrm{Softmax}(\boldsymbol{F}^o; \boldsymbol{\Theta}_2)$$

式中：GNN_{node} 表示以节点分类为任务的图神经网络；$\boldsymbol{A} \in \mathbb{R}^{N \times N}$ 表示邻接矩阵；$\boldsymbol{F} \in \mathbb{R}^{N \times d_{\text{in}}}$ 为输入节点特征；$\boldsymbol{F}^o \in \mathbb{R}^{N \times d_{\text{out}}}$ 表示输出节点特征；$\boldsymbol{Z} \in \mathbb{R}^{N \times C}$ 为节点类别概率矩阵；C 为分类类别数目。矩阵 $\boldsymbol{Z}$ 的第 i 行表示预测节点 v_i 的类别分布，通常取其中概率最大的标签。

整个节点分类过程简化成如下表示形式：

$$\boldsymbol{Z} = f_{\text{GNN}}(\boldsymbol{A}, \boldsymbol{F}^i; \boldsymbol{\Theta})$$

式中：$\boldsymbol{\Theta} = \{\boldsymbol{\Theta}_1, \boldsymbol{\Theta}_2\}$。

参数可以通过最小化如下目标函数来获得：

$$\mathcal{L}_{\text{train}} = \sum_{v_i \in \mathcal{V}_l} l\left([f_{\text{GNN}}(\boldsymbol{A}, \boldsymbol{F}; \boldsymbol{\Theta})]_i, y_i\right)$$

式中：$[f_{\text{GNN}}(\boldsymbol{A}, \boldsymbol{F}; \boldsymbol{\Theta})]_i$ 表示输出矩阵的第 i 行，即节点 v_i 所属类别的概率分布；y_i 表示其对应的标签；$l(\cdot, \cdot)$ 表示某种损失函数比如交叉熵损失函数。

2. 图分类中的参数学习

在图分类任务中，每个图都被视为带有标签的样本。训练数据集可以表示为 $\mathcal{D} = \{\mathcal{G}_i, y_i\}$，其中 y_i 表示图 $\mathcal{G}_i$ 所对应的标签。图分类任务是在训练集 $\mathcal{D}$ 上训练一个模型，使其能够对不带标记的图进行预测。图神经网络通常被用作特征编码器，将输入图映射为图级特征表示，然后根据图级特征进行图分类：

$$\boldsymbol{f}_{\mathcal{G}} = \text{GNN}_{\text{graph}}(\mathcal{G}; \boldsymbol{\Theta}_1)$$

$$z_{\mathcal{G}} = \text{Softmax}(\boldsymbol{f}_{\mathcal{G}}; \boldsymbol{\Theta}_2)$$

式中：$\boldsymbol{f}_{\mathcal{G}} \in \mathbb{R}^{1 \times d_{\text{out}}}$ 是生成的图级表示；$z_{\mathcal{G}} \in \mathbb{R}^{1 \times C}$ 表示输入图的预测概率。图 $\mathcal{G}$ 的标签通常被设置为具有最大预测概率的标签。

图分类的整个过程可以写成如下紧凑形式：

$$z_{\mathcal{G}} = f_{\text{GNN}}(\mathcal{G}, \boldsymbol{\Theta})$$

式中：$\boldsymbol{\Theta} = \{\boldsymbol{\Theta}_1, \boldsymbol{\Theta}_2\}$。

参数 $\boldsymbol{\Theta}$ 可以通过最小化如下目标函数学习得到：

$$\mathcal{L}_{\text{train}} = \sum_{\mathcal{G}_i \in \mathcal{D}} l\left(f_{\text{GNN}}(\mathcal{G}, \boldsymbol{\Theta}), y_i\right)$$

式中：y_i 表示图 $\mathcal{G}_i$ 所对应的标签；$l(\cdot, \cdot)$ 为某种损失函数比如交叉熵损失函数。

5.5 深度信念网络

深度信念网络跟贝叶斯网络有着紧密联系，其变量之间的复杂依赖关系由概率图模型来表示。深度信念网络中包含多层隐变量，可以有效学习数据的内部特征表示，有助于后续的分类和回归等任务。本节将讨论玻耳兹曼机和深度信念网络，它们具有如下特征：

（1）两者都是生成模型，借助隐变量来描述复杂数据分布。

（2）作为概率图模型，玻耳兹曼机和深度信念网络的共性问题是推断和学习。

（3）两类模型和神经网络有着很强的对应关系，一定程度上也称为随机神经网络。

5.5.1 玻耳兹曼机

玻耳兹曼机通常用无向概率图模型来表示（图 5.9），每个变量的状态都以一定的概率受到其他变量的影响，是一个随机动力学系统。具有 K 个节点的玻耳兹曼机通常有如下两个性质：

（1）每个变量都是二值的，所有变量集合用向量 $\boldsymbol{x} \in \{0, 1\}^K$ 来表示，其中可观测变量表示为 $\boldsymbol{v}$，隐变量表示为 $\boldsymbol{h}$。

（2）所有变量之间是全连接的，即 x_i 和 $\boldsymbol{x}_{\backslash i}$ 相关，其中 $\boldsymbol{x}_{\backslash i}$ 为 $\boldsymbol{x}$ 向量中除了第 i 个元素之外其他所有元素的集合。

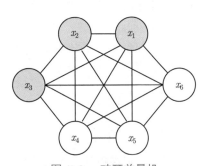

图 5.9 玻耳兹曼机

随机变量 $\boldsymbol{x}$ 的联合概率由玻耳兹曼分布得到，即

$$p(\boldsymbol{x}) = \frac{1}{Z} \exp\left(-\frac{E(\boldsymbol{x})}{T}\right)$$

式中：T 表示温度；$E(\boldsymbol{x})$ 为能量函数，定义为

$$E(\boldsymbol{x}) = -\left(\sum_{i<j} w_{ij} x_i x_j + \sum_i b_i x_i\right)$$

式中：w_{ij} 为变量 x_i 和 x_j 之间的连接权重；b_i 为变量 x_i 的偏置。

当 x_i 与 x_j 都为正数时，正的权重 $w_{ij} > 0$ 会使玻耳兹曼机的能量下降，发生的概率变大；负的权重使得玻耳兹曼机的能量上升，发生概率变小。总而言之，正权重所对应的两个变量同号的概率较大，负权重所对应的两个变量不同号的概率较大。

玻耳兹曼机通常用来解决两类问题：一是搜索问题，即给定变量之间的连接权重时，需要找到一组二值向量，使得整个网络的能量最低；二是学习问题，即给定变量的多组观测值时，学习网络的最优连接权重。

1. 玻耳兹曼机搜索问题

针对玻耳兹曼分布中配分（归一化）函数 Z 难求的问题，可以通过吉布斯采样的方法来生成一组服从 $p(\boldsymbol{x})$ 分布的样本。吉布斯采样需要知道每个变量 x_i 的条件概率 $p(x_i|\boldsymbol{x}_{\backslash i})$：

$$p(x_i = 1|\boldsymbol{x}_{\backslash i}) = \sigma\left(\frac{\sum\limits_j w_{ij}x_j + b_i}{T}\right) \tag{5.15}$$

$$p(x_i = 0|\boldsymbol{x}_{\backslash i}) = 1 - p(x_i = 1|\boldsymbol{x}_{\backslash i})$$

式中：$\sigma(\cdot)$ 为 Sigmoid 函数。

根据上述条件概率 $p(x_i|\boldsymbol{x}_{\backslash i})$ 的表达式，玻耳兹曼机的吉布斯采样过程：随机选择一个变量 x_i，然后根据其条件概率 $p(x_i|\boldsymbol{x}_{\backslash i})$ 来设置状态，即以概率 $p(x_i = 1|\boldsymbol{x}_{\backslash i})$ 将变量 x_i 设为 1 或以概率 $p(x_i = 0|\boldsymbol{x}_{\backslash i})$ 将变量 x_i 设为 0。具体的吉布斯采样流程可参见 6.2 节。在固定温度 T 下，运行足够时间后，玻耳兹曼机会达到热平衡。此时，任何全局状态的概率分布服从玻耳兹曼分布 $p(\boldsymbol{x})$，只与系统能量 T 有关，与初始状态无关。当 $T \to \infty$ 时，有 $p(x_i = 1|\boldsymbol{x}_{\backslash i}) = p(x_i = 1|\boldsymbol{x}_{\backslash i}) = 0.5$，即每个变量状态的全条件概率都一样。当 $T \to 0$ 时，有如下概率表达式：

$$p(x_i = 1|\boldsymbol{x}_{\backslash i}) = \begin{cases} 1, & \Delta E_i(\boldsymbol{x}_{\backslash i}) = \sum\limits_j w_{ij}x_j + b_i \geqslant 0 \\ 0, & \text{其他} \end{cases}$$

因此，当 $T \to 0$ 时，随机性方法变成确定性方法。这种方法能够收敛到局部最优点，但不一定是全局最优点。

要使得动力系统达到热平衡，温度 T 的选择十分关键。开始让系统在较高温度下运行达到热平衡，然后逐渐降低直到在低温下达到热平衡，这样就能够得到一个能量全局最小的分布，这个过程称为模拟退火算法。模拟退火算法是一种寻找全局最优的近似方法，可以证明：当退火温度的下降率小于对数时，该算法能够依概率收敛到全局最优解。模拟退火是自适应的，在高温时能够看见系统的大致轮廓，在低温时能慢慢看见具体细节，因此可用来解决复杂组合优化问题。

2. 玻耳兹曼机学习问题

假设一个玻耳兹曼机有 K 个变量，包括 K_v 个可观测变量 $\boldsymbol{v} \in \{0,1\}^{K_v}$ 和 K_h 个隐变量 $\boldsymbol{h} \in \{0,1\}^{K_h}$。给定一组可观测的向量 $\boldsymbol{V}_N = \{\boldsymbol{v}^1, \cdots, \boldsymbol{v}^N\}$ 作为训练集，我们要学习

玻耳兹曼机的参数 $\boldsymbol{W}$ 和 $\boldsymbol{b}$ 使得训练样本集所对应的对数似然函数最大。训练样本集的对数似然函数定义为

$$
\begin{aligned}
\mathcal{L}(\boldsymbol{V}_N|\boldsymbol{W},\boldsymbol{b}) &= \frac{1}{N}\sum_{n=1}^{N}\ln p(\boldsymbol{v}^n|\boldsymbol{W},\boldsymbol{b}) \\
&= \frac{1}{N}\sum_{n=1}^{N}\ln\sum_{\boldsymbol{h}}p(\boldsymbol{v}^n,\boldsymbol{h}|\boldsymbol{W},\boldsymbol{b}) \\
&= \frac{1}{N}\sum_{n=1}^{N}\ln\frac{\sum_{\boldsymbol{h}}\exp\left(-E(\boldsymbol{v}^n,\boldsymbol{h})/T\right)}{\sum_{\boldsymbol{v},\boldsymbol{h}}\exp\left(-E(\boldsymbol{v},\boldsymbol{h})/T\right)} \\
&= \frac{1}{N}\sum_{n=1}^{N}\left(\ln\left(\sum_{\boldsymbol{h}}\exp\left(-E(\boldsymbol{v}^n,\boldsymbol{h})/T\right)\right)-\ln\left(\sum_{\boldsymbol{v},\boldsymbol{h}}\exp\left(-E(\boldsymbol{v},\boldsymbol{h})\right)/T\right)\right)
\end{aligned}
$$

似然函数 $\mathcal{L}$ 关于参数 $\boldsymbol{\Theta}=(\boldsymbol{W},\boldsymbol{b})$ 的偏导数为

$$
\begin{aligned}
\frac{\partial\mathcal{L}}{\partial\boldsymbol{\Theta}} &= \frac{1}{N}\sum_{n=1}^{N}\left(\sum_{\boldsymbol{h}}\frac{\exp\left(-E(\boldsymbol{v}^n,\boldsymbol{h})/T\right)}{\sum_{\boldsymbol{h}}\exp\left(-E(\boldsymbol{v}^n,\boldsymbol{h})/T\right)}\left[-\frac{1}{T}\frac{\partial E(\boldsymbol{v}^n,\boldsymbol{h})}{\partial\boldsymbol{\Theta}}\right]\right. \\
&\quad\left.-\sum_{\boldsymbol{v},\boldsymbol{h}}\frac{\exp\left(-E(\boldsymbol{v},\boldsymbol{h})/T\right)}{\sum_{\boldsymbol{v},\boldsymbol{h}}\exp\left(-E(\boldsymbol{v},\boldsymbol{h})/T\right)}\left[-\frac{1}{T}\frac{\partial E(\boldsymbol{v},\boldsymbol{h})}{\partial\boldsymbol{\Theta}}\right]\right) \\
&= \frac{1}{N}\left(\sum_{n=1}^{N}\sum_{\boldsymbol{h}}p(\boldsymbol{h}|\boldsymbol{v}^n)\left[-\frac{1}{T}\frac{\partial E(\boldsymbol{v}^n,\boldsymbol{h})}{\partial\boldsymbol{\Theta}}\right]-\sum_{\boldsymbol{v},\boldsymbol{h}}p(\boldsymbol{v},\boldsymbol{h})\left[-\frac{1}{T}\frac{\partial E(\boldsymbol{v},\boldsymbol{h})}{\partial\boldsymbol{\Theta}}\right]\right) \\
&= \mathcal{E}_{\hat{p}(\boldsymbol{v})}\mathcal{E}_{p(\boldsymbol{h}|\boldsymbol{v})}\left[-\frac{1}{T}\frac{\partial E(\boldsymbol{v},\boldsymbol{h})}{\partial\boldsymbol{\Theta}}\right]-\mathcal{E}_{p(\boldsymbol{v},\boldsymbol{h})}\left[-\frac{1}{T}\frac{\partial E(\boldsymbol{v},\boldsymbol{h})}{\partial\boldsymbol{\Theta}}\right]
\end{aligned}
$$

式中：$\hat{p}(\boldsymbol{v})$ 为可观测向量 $\boldsymbol{v}$ 的经验分布，$\hat{p}(\boldsymbol{v})=1/N$；$p(\boldsymbol{h}|\boldsymbol{v})$ 和 $p(\boldsymbol{v},\boldsymbol{h})$ 分别为在当前参数 $\boldsymbol{W}$、$\boldsymbol{b}$ 下玻耳兹曼机的条件概率和联合概率。

根据能量函数的定义可得

$$
\frac{\partial E(\boldsymbol{v},\boldsymbol{h})}{\partial w_{ij}} = -x_i x_j
$$
$$
\frac{\partial E(\boldsymbol{v},\boldsymbol{h})}{\partial b_i} = -x_i
$$

由此得到如下偏导数：

$$
\frac{\partial\mathcal{L}}{\partial w_{ij}} = \frac{1}{T}\left(\mathcal{E}_{\hat{p}(\boldsymbol{v})}\mathcal{E}_{p(\boldsymbol{h}|\boldsymbol{v})}[x_i x_j]-\mathcal{E}_{p(\boldsymbol{v},\boldsymbol{h})}[x_i x_j]\right)
$$
$$
\frac{\partial\mathcal{L}}{\partial b_i} = \frac{1}{T}\left(\mathcal{E}_{\hat{p}(\boldsymbol{v})}\mathcal{E}_{p(\boldsymbol{h}|\boldsymbol{v})}[x_i]-\mathcal{E}_{p(\boldsymbol{v},\boldsymbol{h})}[x_i]\right)
$$

上述两个公式涉及配分函数和期望，很难精确计算。尤其当维度 K 很大时，计算量很大。为此，玻耳兹曼机一般通过吉布斯采样法来近似上述偏导数的值（详见 6.2 节）。具体方法：针对参数 w_{ij} 的梯度公式第一项，固定可观测变量 v，只对 h 进行吉布斯采样。当玻耳兹曼机达到热平衡状态时，采样 $x_i x_j$ 的值。对训练集中的所有样本重复此过程，并计算 $x_i x_j$ 的近似期望值，记为 $\langle x_i x_j \rangle_{\mathrm{data}}$。针对梯度公式的第二项，计算在没有任何限制条件下 $x_i x_j$ 的近似期望值，记为 $\langle x_i x_j \rangle_{\mathrm{model}}$。

在获得梯度值之后，权重 w_{ij} 通过如下公式进行更新：

$$w_{ij} \leftarrow w_{ij} + \frac{\alpha}{T} \left(\langle x_i x_j \rangle_{\mathrm{data}} - \langle x_i x_j \rangle_{\mathrm{model}} \right)$$

式中：α 为学习率，$\alpha > 0$。

从上述更新模式可以看出每个权重更新只依赖它所连接的相关变量状态，因此该学习方式也称为赫布（Hebb）规则。

玻耳兹曼机可用于监督学习和无监督学习。在监督学习中，可观测变量 v 又进一步划分为输入变量和输出变量，隐变量则隐式地描述了输入变量和输出变量之间的复杂约束关系。在无监督学习中，隐变量可看作可观测变量的内部特征表示。

5.5.2　受限玻耳兹曼机

玻耳兹曼机要求所有状态变量全连接，因此其复杂性较高，无法广泛应用。受限玻耳兹曼机是一个无向二分图模型，其可观测变量和隐变量分别形成观测层和隐藏层。同层节点之间无连接，而不同层节点之间全连接，如图 5.10 所示。

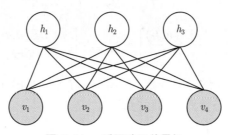

图 5.10　受限玻耳兹曼机

记可观测向量 $v \in \mathbb{R}^{K_v}, h \in \mathbb{R}^{K_h}$，权重矩阵 $W \in \mathbb{R}^{K_v \times K_h}$，偏置 $a \in \mathbb{R}^{K_v}$ 和 $b \in \mathbb{R}^{K_h}$，则能量函数定义为

$$E(v, h) = -a^{\mathrm{T}} v - b^{\mathrm{T}} h - v^{\mathrm{T}} W h$$

其对应的联合概率分布为

$$
\begin{aligned}
p(v, h) &= \frac{1}{Z} \exp\left(-E(v, h)\right) \\
&= \frac{1}{Z} \exp\left(a^{\mathrm{T}} v\right) \exp\left(b^{\mathrm{T}} h\right) \exp\left(v^{\mathrm{T}} W h\right)
\end{aligned}
$$

在给定受限玻耳兹曼机的联合概率分布 $p(\boldsymbol{h}, \boldsymbol{v})$ 后，通过吉布斯采样方法可以生成一组服从 $p(\boldsymbol{h}, \boldsymbol{v})$ 分布的样本。吉布斯采样需要计算每个变量 v_i 和 h_j 的条件概率。由于受限玻耳兹曼机的特殊二分结构，在给定可观测变量时隐变量之间相互条件独立，而给定隐变量时可观测变量也相互条件独立。由此，得到如下关系式：

$$p(v_i | \boldsymbol{v}_{\backslash i}, \boldsymbol{h}) = p(v_i | \boldsymbol{h})$$

$$p(h_j | \boldsymbol{h}_{\backslash j}, \boldsymbol{v}) = p(h_j | \boldsymbol{v})$$

类似于式(5.15)的推导，对玻耳兹曼机中的全条件概率进行简化，就可以得到

$$
\begin{aligned}
p(v_i = 1 | \boldsymbol{h}) &= \sigma\left(a_i + \sum_j w_{ij} h_j \right) \\
p(h_j = 1 | \boldsymbol{v}) &= \sigma\left(b_j + \sum_i w_{ij} v_i \right)
\end{aligned}
\tag{5.16}
$$

式中：$\sigma(\cdot)$ 为 Logistic 函数。

由于可观测变量（或隐变量）之间相互条件独立，因此受限玻耳兹曼机可以并行对所有可观测变量（或隐变量）并行采样，从而快速达到热平衡状态。具体的吉布斯采样过程如下：

（1）初始化可观测变量 $\boldsymbol{v}_0$，计算隐变量概率并进行采样，得到 $\boldsymbol{h}_0$；

（2）基于采样得到的隐变量 $\boldsymbol{h}_0$，计算可观测变量的概率并进行采样，得到 $\boldsymbol{v}_1$；

（3）重复 t 次后，获得 $(\boldsymbol{v}_t, \boldsymbol{h}_t)$ 服从 $p(\boldsymbol{v}, \boldsymbol{h})$ 分布。

跟玻耳兹曼机参数学习方法类似，受限玻耳兹曼机通过最大化如下对数似然函数来进行参数估计：

$$\mathcal{L}(\boldsymbol{V}_N, \boldsymbol{W}, \boldsymbol{a}, \boldsymbol{b}) = \frac{1}{N} \sum_{n=1}^{N} \ln p(\boldsymbol{v}^n; \boldsymbol{W}, \boldsymbol{a}, \boldsymbol{b})$$

其相关偏导计算如下：

$$
\begin{aligned}
\frac{\partial \mathcal{L}}{\partial w_{ij}} &= \mathcal{E}_{\hat{p}(\boldsymbol{v})} \mathcal{E}_{p(\boldsymbol{h}|\boldsymbol{v})}[v_i h_j] - \mathcal{E}_{p(\boldsymbol{v}, \boldsymbol{h})}[v_i h_j] \\
\frac{\partial \mathcal{L}}{\partial a_i} &= \mathcal{E}_{\hat{p}(\boldsymbol{v})} \mathcal{E}_{p(\boldsymbol{h}|\boldsymbol{v})}[v_i] - \mathcal{E}_{p(\boldsymbol{v}, \boldsymbol{h})}[v_i] \\
\frac{\partial \mathcal{L}}{\partial b_j} &= \mathcal{E}_{\hat{p}(\boldsymbol{v})} \mathcal{E}_{p(\boldsymbol{h}|\boldsymbol{v})}[h_j] - \mathcal{E}_{p(\boldsymbol{v}, \boldsymbol{h})}[h_j]
\end{aligned}
$$

上述偏导公式中的期望值可以通过吉布斯采样来获得：将可观测向量 $\boldsymbol{v}$ 固定，然后根据条件概率对 $\boldsymbol{h}$ 进行采样，达到热平衡后采样 $v_i h_j$；对所有训练样本重复上述过程，可以得到 $v_i h_j$ 的近似期望 $\langle v_i h_j \rangle_{\text{data}}$。类似地，在不固定观测向量 $\boldsymbol{v}$ 的情况下，通过对 $\boldsymbol{v}$ 和 $\boldsymbol{h}$ 进行轮流吉布斯采样可以获得 $v_i h_j$ 的近似期望 $\langle v_i h_j \rangle_{\text{model}}$。为此，参数 $\boldsymbol{W}, \boldsymbol{a}, \boldsymbol{b}$ 可以用下面公式进行更新：

$$w_{ij} = w_{ij} + \alpha \left(\langle v_i h_j \rangle_{\text{data}} - \langle v_i h_j \rangle_{\text{model}} \right)$$

$$a_i = a_i + \alpha \left(\langle v_i \rangle_{\text{data}} - \langle v_i \rangle_{\text{model}} \right)$$

$$b_j = b_j + \alpha \left(\langle h_j \rangle_{\text{data}} - \langle h_j \rangle_{\text{model}} \right)$$

式中：α 为学习率，$\alpha > 0$。

5.5.3 深度信念网络

深度信念网络是一种概率有向图模型，其图结构由多层的节点构成（图 5.11）。每层节点的内部没有连接，相邻两层的节点之间为全连接。网络的最底层为可观测变量，其他层节点都为隐变量。最顶部的两层间的连接是无向的，其他层之间的连接是有向的。

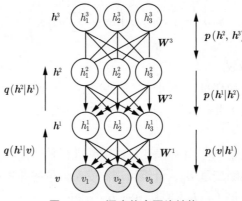

图 5.11 深度信念网络结构

对于具有 L 层隐变量的深度信念网络，令 $\boldsymbol{v} = \boldsymbol{h}^0$ 表示最底层可观测变量，$\boldsymbol{h}^1, \cdots, \boldsymbol{h}^L$ 表示其余每层的变量。顶部的两层无向图可看成一个受限玻耳兹曼机，用来产生 $p(\boldsymbol{h}^{L-1})$ 的先验分布。除了最顶端两层外，每层变量 $\boldsymbol{h}^l$ 依赖于其上层变量 $\boldsymbol{h}^{l+1}$，即

$$p(\boldsymbol{h}^l | \boldsymbol{h}^{l+1} \cdots \boldsymbol{h}^L) = p(\boldsymbol{h}^l | \boldsymbol{h}^{l+1}), \quad l = \{0, \cdots, L-2\}$$

因此，深度信念网络中所有变量的联合概率可以写成

$$p(\boldsymbol{v}, \boldsymbol{h}^1, \cdots, \boldsymbol{h}^L) = \left(\prod_{l=0}^{L-1} p(\boldsymbol{h}^l | \boldsymbol{h}^{l+1}) \right) p(\boldsymbol{h}^{L-1}, \boldsymbol{h}^L)$$

式中：$p(\boldsymbol{h}^l | \boldsymbol{h}^{l+1})$ 是由 Logistic 函数所定义的条件概率分布，且有

$$p(\boldsymbol{h}^l | \boldsymbol{h}^{l+1}) = \sigma \left(\boldsymbol{a}^l + \boldsymbol{W}^{l+1} \boldsymbol{h}^{l+1} \right)$$

即每层可以看成 Sigmoid 信念网络。

1. 生成模型

深度信念网络是一个生成模型，用来生成符合特定分布的样本。假如训练数据服从分布 $p(\boldsymbol{v})$，通过训练得到一个深度信念网络，即得到每一层的权重和偏置参数值。基于这些

参数，可以生成符合特定分布的样本。在生成样本时，首先运行最顶层的受限玻耳兹曼机进行足够多次的吉布斯采样，在达到热平衡时生成样本 $\boldsymbol{h}^{L-1}$，然后依次计算下一层变量的条件分布并采样。因为在给定上一层变量取值时，下一层的变量是条件独立的，所以可以独立采样。这样，从第 $L-1$ 层开始，自顶向下进行逐层采样，最终得到可观测层的样本。

2. 参数学习

深度信念网络最直接的训练方式是最大化可观测变量的边际分布 $p(v)$ 在训练样本集合上的似然值。然而，深度信念网络中隐变量 $\boldsymbol{h}$ 之间的关系复杂，很难直接学习。即使对于单层有向 Sigmoid 信念网络：

$$p(v = 1|\boldsymbol{h}) = \sigma(b + \boldsymbol{w}^{\mathrm{T}}\boldsymbol{h})$$

在已知可观测变量时，其隐变量的联合后验概率 $p(\boldsymbol{h}|v)$ 不再相互独立，因此很难精确估计所有隐变量的后验概率。

为了有效地训练深度信念网络，将每一层 Sigmoid 信念网络转换为受限玻耳兹曼机。这样做的好处是隐变量的后验概率互相独立，从而可以很容易地进行采样。深度信念网络可以看作由多个受限玻耳兹曼机自底而上进行堆叠，第 l 层受限玻耳兹曼机的隐藏层作为第 $l+1$ 层受限玻耳兹曼机的可观测层。因此，深度信念网络可以采用逐层训练的方式，从最底层开始，每次只训练一层，直到最后一层。

5.6 深度生成网络

概率生成模型主要用于生成服从某一特定分布的随机样本。生成模型的学习是从某一未知概率分布函数 $p_r(\boldsymbol{x})$ 采样得到的观测数据来学习一个参数化模型 $p_{\boldsymbol{\theta}}(\boldsymbol{x})$，并以此来近似未知分布 $p_r(\boldsymbol{x})$。利用该模型生成一些样本，使得"生成"样本和"真实"样本尽可能地相似。生成模型通常包含分布函数估计和生成样本（采样）两个基本功能。

对于一个高维空间中的复杂分布，概率分布估计和生成样本通常都不容易实现：一是高维随机向量一般比较难以直接建模，需要通过一些条件独立性来简化模型；二是给定一个复杂分布的模型，通常难以实现高效采样。深度生成模型就是利用深度神经网络近似任意函数的能力来建模一个复杂分布 $p_r(\boldsymbol{x})$ 或直接生成符合分布 $p_r(\boldsymbol{x})$ 的样本。本节主要介绍变分自编码器和生成对抗网络两种深度生成模型。

5.6.1 变分自编码器

对于一个包含隐变量的生成模型，记 $\boldsymbol{x}$ 为观测向量和 $\boldsymbol{z}$ 为隐变量。生成模型的联合概率分解为

$$p(\boldsymbol{x}, \boldsymbol{z}; \boldsymbol{\theta}) = p(\boldsymbol{x}|\boldsymbol{z}; \boldsymbol{\theta})p(\boldsymbol{z}; \boldsymbol{\theta})$$

给定一个样本 $\boldsymbol{x}$，其对数边际似然 $\log p(\boldsymbol{x}; \boldsymbol{\theta})$ 可以分解为

$$\log p(\boldsymbol{x}; \boldsymbol{\theta}) = \mathcal{B}(q(\boldsymbol{z}; \boldsymbol{\phi}), p(\boldsymbol{z}, \boldsymbol{x}; \boldsymbol{\theta})) + \mathrm{KL}(q(\boldsymbol{z}; \boldsymbol{\phi}), p(\boldsymbol{z}|\boldsymbol{x}; \boldsymbol{\theta}))$$

式中：$q(\boldsymbol{z};\boldsymbol{\phi})$ 为额外引入的变分概率分布函数；$\mathcal{B}(q(\boldsymbol{z};\boldsymbol{\phi}),p(\boldsymbol{z},\boldsymbol{x};\boldsymbol{\theta}))$ 为证据下界函数，即

$$\mathcal{B}(q(\boldsymbol{z};\boldsymbol{\phi}),p(\boldsymbol{z},\boldsymbol{x};\boldsymbol{\theta})) = \mathcal{E}_{\boldsymbol{z}\sim q(\boldsymbol{z};\boldsymbol{\phi})}\left[\log\frac{p(\boldsymbol{x},\boldsymbol{z};\boldsymbol{\theta})}{q(\boldsymbol{z};\boldsymbol{\phi})}\right]$$

最大化对数边际似然 $\log p(\boldsymbol{x};\boldsymbol{\theta})$ 用 EM 算法来求解。EM 算法通过不断迭代执行如下两个步骤：

E 步：固定 $\boldsymbol{\theta}$，寻找 $q(\boldsymbol{z};\boldsymbol{\phi})$ 使其等于或近似于后验密度函数 $p(\boldsymbol{z}|\boldsymbol{x};\boldsymbol{\theta})$。

M 步：固定 $q(\boldsymbol{z};\boldsymbol{\phi})$，寻找 $\boldsymbol{\theta}$ 来最大化 $\mathcal{B}(q(\boldsymbol{z};\boldsymbol{\phi}),p(\boldsymbol{z},\boldsymbol{x};\boldsymbol{\theta}))$。

在 EM 算法的迭代过程中，隐变量的最优概率分布函数 $q(\boldsymbol{z};\boldsymbol{\phi})$ 为后验概率 $p(\boldsymbol{z}|\boldsymbol{x};\boldsymbol{\theta})$，即

$$q(\boldsymbol{z};\boldsymbol{\phi}) = p(\boldsymbol{z}|\boldsymbol{x};\boldsymbol{\theta}) = \frac{p(\boldsymbol{x}|\boldsymbol{z};\boldsymbol{\theta})p(\boldsymbol{z};\boldsymbol{\theta})}{\int_{\boldsymbol{z}} p(\boldsymbol{x}|\boldsymbol{z};\boldsymbol{\theta})p(\boldsymbol{z};\boldsymbol{\theta})\mathrm{d}\boldsymbol{z}}$$

式中：$p(\boldsymbol{z};\boldsymbol{\theta}) = \mathcal{N}(0,\boldsymbol{I})$ 为先验概率。后验概率 $p(\boldsymbol{z}|\boldsymbol{x};\boldsymbol{\theta})$ 的计算是一个统计推断问题。一般情况下，该后验概率很难计算，通常需要通过变分推断来近似估计，即采用一些比较简单的分布 $q(\boldsymbol{z};\boldsymbol{\phi})$ 来近似推断 $p(\boldsymbol{z}|\boldsymbol{x};\boldsymbol{\theta})$。然而，当 $p(\boldsymbol{z}|\boldsymbol{x};\boldsymbol{\theta})$ 十分复杂时，很难直接用已知的分布函数进行建模。变分自编码器是一种深度生成模型（图 5.12），其思想是利用神经网络来分别建模两个复杂的条件概率密度函数：

（1）用神经网络来估计变分分布 $q(\boldsymbol{z};\boldsymbol{\phi})$，称为推断网络。由于 $q(\boldsymbol{z};\boldsymbol{\phi})$ 用于近似后验分布 $p(\boldsymbol{z}|\boldsymbol{x};\boldsymbol{\phi})$，因此推断网络的输入为 $\boldsymbol{x}$，输出变分分布为 $q(\boldsymbol{z}|\boldsymbol{x};\boldsymbol{\phi})$。

（2）用神经网络来估计概率分布 $p(\boldsymbol{x}|\boldsymbol{z};\boldsymbol{\theta})$，称为生成网络。生成网络的输入为 $\boldsymbol{z}$，输出概率为 $p(\boldsymbol{x}|\boldsymbol{z};\boldsymbol{\theta})$。

连接推断网络和生成网络形成变分自编码器的整个网络结构：把推断网络看作编码器（将可观测变量映射为隐变量），把生成网络看作解码器（将隐变量映射为可观测变量）。

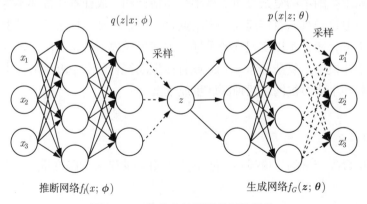

图 5.12　变分自编码器的网络结构

值得注意的是变分自编码器的原理和自编码器完全不同，变分自编码其中的编码器和解码器的输出为分布函数，而不是确定的编码。

1. 推断网络

假设 $q(\boldsymbol{z}|\boldsymbol{x};\boldsymbol{\phi})$ 是服从对角协方差矩阵的高斯分布:

$$q(\boldsymbol{z}|\boldsymbol{x};\boldsymbol{\phi}) = \mathcal{N}(\boldsymbol{\mu}_I, \sigma_I^2 \boldsymbol{I})$$

式中: $\boldsymbol{\mu}_I$ 和 σ_I^2 分别为均值和方差。

推断网络要实现 $\boldsymbol{x}$ 到 $\begin{bmatrix} \boldsymbol{\mu}_I \\ \sigma_I^2 \end{bmatrix}$ 的映射或预测,记作

$$\begin{bmatrix} \boldsymbol{\mu}_I \\ \sigma_I^2 \end{bmatrix} = f_I(\boldsymbol{x};\boldsymbol{\phi})$$

式中: $\boldsymbol{\phi}$ 为神经网络的参数。

推断网络的目标是使得 $q(\boldsymbol{z}|\boldsymbol{x};\boldsymbol{\phi})$ 在 $\boldsymbol{\theta}$ 值固定的情形下尽可能接近真实的后验概率分布 $p(\boldsymbol{z}|\boldsymbol{x};\boldsymbol{\theta})$,即

$$\begin{aligned}
\boldsymbol{\phi}^* &= \arg\min_{\boldsymbol{\phi}} \mathrm{KL}[q(\boldsymbol{z}|\boldsymbol{x};\boldsymbol{\phi}), p(\boldsymbol{z}|\boldsymbol{x};\boldsymbol{\theta})] \\
&= \arg\min_{\boldsymbol{\phi}} \log p(\boldsymbol{x};\boldsymbol{\theta}) - \mathcal{B}(q(\boldsymbol{z};\boldsymbol{\phi}), p(\boldsymbol{z},\boldsymbol{x};\boldsymbol{\theta})) \\
&= \arg\max_{\boldsymbol{\phi}} \mathcal{B}(q(\boldsymbol{z};\boldsymbol{\phi}), p(\boldsymbol{z},\boldsymbol{x};\boldsymbol{\theta}))
\end{aligned}$$

即推断网络的目标转换为寻找一组网络参数 $\boldsymbol{\phi}^*$ 使得证据下界 $\mathcal{B}(q(\boldsymbol{z};\boldsymbol{\phi}), p(\boldsymbol{z},\boldsymbol{x};\boldsymbol{\theta}))$ 最大。

2. 生成网络

如果 $\boldsymbol{x}$ 是连续变量,且 $p(\boldsymbol{x}|\boldsymbol{z};\boldsymbol{\theta})$ 服从对角化协方差的高斯分布:

$$p(\boldsymbol{x}|\boldsymbol{z};\boldsymbol{\theta}) = \mathcal{N}(\boldsymbol{\mu}_G, \sigma_G^2 \boldsymbol{I})$$

生成网络可以用 $f_G(\boldsymbol{z};\boldsymbol{\theta})$ 来预测参数向量 $\begin{bmatrix} \boldsymbol{\mu}_G \\ \sigma_G^2 \end{bmatrix}$,其中 $\boldsymbol{\theta}$ 为神经网络参数。生成网络的目标是在已经 $\boldsymbol{\phi}$ 的情形下寻找一组网络参数 $\boldsymbol{\theta}^*$ 来最大化证据下界 $\mathcal{B}(q(\boldsymbol{z};\boldsymbol{\phi}), p(\boldsymbol{z},\boldsymbol{x};\boldsymbol{\theta}))$,即

$$\boldsymbol{\theta}^* = \arg\max_{\boldsymbol{\theta}} \mathcal{B}(q(\boldsymbol{z};\boldsymbol{\phi}), p(\boldsymbol{z},\boldsymbol{x};\boldsymbol{\theta}))$$

3. 模型汇总

推断网络和生成网络的目标都为最大化证据下界 $\mathcal{B}(q(\boldsymbol{z};\boldsymbol{\phi}), p(\boldsymbol{z},\boldsymbol{x};\boldsymbol{\theta}))$,因此,变分自编码器的总目标函数为

$$\begin{aligned}
\max_{\boldsymbol{\theta},\boldsymbol{\phi}} \mathcal{B}(q(\boldsymbol{z};\boldsymbol{\phi}), p(\boldsymbol{z},\boldsymbol{x};\boldsymbol{\theta})) &= \max_{\boldsymbol{\theta},\boldsymbol{\phi}} \mathcal{E}_{\boldsymbol{z}\sim q(\boldsymbol{z}|\boldsymbol{x};\boldsymbol{\phi})}\left[\log \frac{p(\boldsymbol{x}|\boldsymbol{z};\boldsymbol{\theta})p(\boldsymbol{z};\boldsymbol{\theta})}{q(\boldsymbol{z}|\boldsymbol{x};\boldsymbol{\phi})} \right] \\
&= \max_{\boldsymbol{\theta},\boldsymbol{\phi}} \mathcal{E}_{\boldsymbol{z}\sim q(\boldsymbol{z}|\boldsymbol{x};\boldsymbol{\phi})}[\log p(\boldsymbol{x}|\boldsymbol{z};\boldsymbol{\theta})] - \mathrm{KL}[q(\boldsymbol{z}|\boldsymbol{x};\boldsymbol{\phi}), p(\boldsymbol{z};\boldsymbol{\theta})]
\end{aligned}$$

式中：$p(z;\theta) = \mathcal{N}(0, I)$ 为先验分布。

从 EM 算法角度来看，变分自编码器优化推断网络和生成网络的过程可分别看作 EM 算法中的 E 步和 M 步。然而，在变分自编码器中，这两步的目标合二为一，都是最大化证据下界。针对式 (5.17) 的第一项 $\mathcal{E}_{z \sim q(z|x;\phi)}[\log p(x|z;\theta)]$，该期望依赖于分布 q 的参数 ϕ，但是 z 是服从后验概率分布 $q(z|x;\phi)$ 的随机变量，跟 ϕ 之间没有确定性关系，因此无法直接求解 z 关于 ϕ 的导数。为此，通过再参数化方法来建立 z 和 ϕ 之间的确定性函数关系。引入一个分布为 $p(\epsilon)$ 的随机变量 ϵ，期望函数重写为

$$\mathcal{E}_{z \sim q(z|x;\phi)}[\log p(x|z;\theta)] = \mathcal{E}_{\epsilon \sim p(\epsilon)}[\log p(x|g(\phi, \epsilon);\theta)]$$

式中：$z := g(\phi, \epsilon)$ 为一个确定性函数。

例如，模型 $q(z|x;\phi) \sim \mathcal{N}(\mu_I, \sigma_I^2 I)$ 的参数 $[\mu_I, \sigma_I]$ 是推断网络 $f_I(x;\phi)$ 的输出，因此可以通过如下形式对 z 进行再参数化：

$$z = \mu_I + \sigma_I \odot \epsilon \tag{5.17}$$

式中：$\epsilon \sim \mathcal{N}(0, I)$。

这样 z 和 ϕ 之间的关系变为确定性关系，从而能够计算 z 关于 ϕ 的导数。

通过再参数化，变分自编码器采用梯度下降法来学习参数（图 5.13）。给定数据集 $X_N = \{x^n\}_{n=1}^N$，对于每个样本随机采样 M 个 $\epsilon^{n,m}$，并通过式 (5.17) 计算 $z^{n,m}$。变分自编码器的目标函数近似为

$$\mathcal{J}(\phi, \theta | X_N) = \sum_{n=1}^N \left(\frac{1}{M} \sum_{m=1}^M \log p(x^n | z^{n,m};\theta) - \text{KL}\left(q(z|x^n;\phi), \mathcal{N}_z(0, I)\right) \right)$$

如果采用随机梯度方法，每次从数据集中采集一个样本 x 和一个对应的随机变量 ϵ，并进一步假设 $p(x|z;\theta)$ 服从高斯分布 $\mathcal{N}_x(\mu_G, \lambda I)$，其中 $\mu_G = f_G(z;\theta)$ 是生成网络的输出，λ 为控制方差的超参数，目标函数可以简化为

$$J(\phi, \theta | x) = -\frac{1}{2}\|x - \mu_G\|^2 - \lambda \cdot \text{KL}\left(\mathcal{N}(\mu_I, \sigma_I^2 I), \mathcal{N}(0, I)\right)$$

其中，第一项近似看作输入 x 的重构准确性，第二项看作正则化项，λ 看作正则化系数。两个正态分布 $\mathcal{N}(\mu_1, \Sigma_1)$ 和 $\mathcal{N}(\mu_2, \Sigma_2)$ 的 KL 散度有如下闭式解：

$$\text{KL}\left(\mathcal{N}(\mu_1, \Sigma_1), \mathcal{N}(\mu_2, \Sigma_2)\right)$$
$$= \frac{1}{2}\left(\text{tr}(\Sigma_2^{-1}\Sigma_1) + (\mu_2 - \mu_1)^\text{T} \Sigma_2^{-1}(\mu_2 - \mu_1) - D + \log \frac{|\Sigma_2|}{|\Sigma_1|} \right)$$

式中：$D = \dim(x)$。

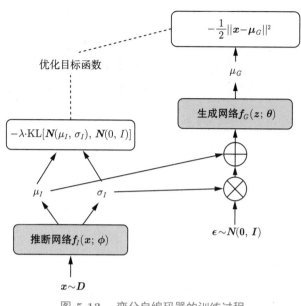

图 5.13　变分自编码器的训练过程

5.6.2　生成对抗网络

变分自编码器和深度信念网络都显式地构建出样本的概率分布函数 $p(\boldsymbol{x}; \boldsymbol{\theta})$，称为显式概率分布模型。变分自编码器的概率函数为 $p(\boldsymbol{x}, \boldsymbol{z}; \boldsymbol{\theta}) = p(\boldsymbol{x}|\boldsymbol{z}; \boldsymbol{\theta})p(\boldsymbol{z}; \boldsymbol{\theta})$。虽然使用了神经网络来估计 $p(\boldsymbol{x}|\boldsymbol{z}; \boldsymbol{\theta})$，但是依然假设 $p(\boldsymbol{x}|\boldsymbol{z}; \boldsymbol{\theta})$ 为一个参数化概率分布函数。这在某种程度上限制了变分自编码器的普适性。

假设在低维空间中有一个容易采样的分布 $p(\boldsymbol{z})$，其中 $p(\boldsymbol{z})$ 通常为标准多元正态分布 $\mathcal{N}(0, \boldsymbol{I})$；然后用神经网络构建一个映射函数 $\boldsymbol{x} = G(\boldsymbol{z})$，使得 $G(\boldsymbol{z})$ 服从真实分布 $p(\boldsymbol{x})$。这种模型称为隐式概率分布模型。

生成对抗网络作为一种重要的隐式概率分布模型，通过对抗训练的方式使得生成网络产生的样本服从真实数据分布。在生成对抗网络中，有两个网络进行对抗训练：一个是判别网络，目标是尽量准确地判断一个样本是来自真实数据还是由生成网络产生；另一个是生成网络，目标是尽量生成判别网络无法区分真伪的样本。这两个目标相反的网络不断地进行交替训练。当最后收敛时，如果判别网络再也无法判断出一个样本的来源，也就等价于生成网络可生成满足真实数据分布的样本。生成对抗网络的流程图如图 5.14所示。

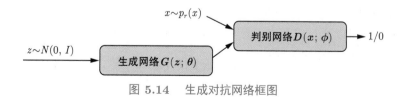

图 5.14　生成对抗网络框图

1. 生成对抗网络模型

判别网络 $D(\boldsymbol{x};\boldsymbol{\phi})$ 的目标是判断一个样本 $\boldsymbol{x}$ 来自真实分布 $p_r(\boldsymbol{x})$ 还是来自生成模型 $p_{\boldsymbol{\theta}}(\boldsymbol{x})$，因此其本质是二分类器。用 $y=1$ 表示样本来自真实分布，$y=0$ 表示样本来自生成模型，判别网络 $D(\boldsymbol{x};\boldsymbol{\phi})$ 的输出为 $\boldsymbol{x}$ 属于真实数据分布的概率，即

$$p(y=1|\boldsymbol{x})=D(\boldsymbol{x};\boldsymbol{\phi})$$

则样本来自生成模型的概率 $p(y=0|\boldsymbol{x})=1-D(\boldsymbol{x};\boldsymbol{\phi})$。

给定一个样本 $(\boldsymbol{x},y),y\in\{0,1\}$ 表示其来自 $p_{\boldsymbol{\theta}}(\boldsymbol{x})$ 还是 $p_r(\boldsymbol{x})$。若采用最小化交叉熵作为判别网络的目标函数，二分类交叉熵可以写成

$$\min_{\boldsymbol{\phi}}-\left(\mathcal{E}_{p_r(\boldsymbol{x})}\log p(y=1|\boldsymbol{x})+\mathcal{E}_{p_{\theta}(\boldsymbol{x})}\log p(y=0|\boldsymbol{x})\right)$$

或者

$$\min_{\boldsymbol{\phi}}-\left(\mathcal{E}_{p_r(\boldsymbol{x})}\log D(\boldsymbol{x};\boldsymbol{\phi})+\mathcal{E}_{p_{\theta}(\boldsymbol{x})}\log[1-D(\boldsymbol{x};\boldsymbol{\phi})]\right)$$

或者

$$\max_{\boldsymbol{\phi}}\mathcal{E}_{p_r(\boldsymbol{x})}\log D(\boldsymbol{x};\boldsymbol{\phi})+\mathcal{E}_{p(\boldsymbol{z})}\log[1-D(G(\boldsymbol{z};\boldsymbol{\theta});\boldsymbol{\phi})]$$

上式的物理意义：寻找判别网络使真实样本所对应的输出 $D(\boldsymbol{x};\boldsymbol{\phi})$ 尽量大，而生成样本所对应的输出 $1-D(\boldsymbol{x};\boldsymbol{\phi})$ 尽量小。因此，上述最大化问题能够使得判别输出 $D(\boldsymbol{x};\boldsymbol{\phi})$ 能够较好地实现两类分布的区别。对抗生成网络的最终目的是使得生成样本满足真实样本的概率分布，并且判别器分辨不出生成样本还是真实样本，即判别器的判别概率 $D(\boldsymbol{x};\boldsymbol{\phi})=0.5$。

生成网络 $G(\boldsymbol{z},\boldsymbol{\theta})$ 的目标刚好和判别网络相反，即让判别网络将自己生成的样本判别为真实样本：

$$\arg\max_{\boldsymbol{\theta}}\left(\mathcal{E}_{\boldsymbol{x}'\sim p_{\boldsymbol{\theta}}(\boldsymbol{x}')}[\log D(\boldsymbol{x}';\boldsymbol{\phi})]\right)$$

$$=\arg\min_{\boldsymbol{\theta}}\left(\mathcal{E}_{\boldsymbol{z}\sim p(\boldsymbol{z})}[\log\left(1-D(G(\boldsymbol{z};\boldsymbol{\theta});\boldsymbol{\phi})\right)]\right)$$

定义二分类交叉熵为

$$V(\boldsymbol{\theta},\boldsymbol{\phi})=\mathcal{E}_{\boldsymbol{x}\sim p_r(\boldsymbol{x})}[\log D(\boldsymbol{x};\boldsymbol{\phi})]+\mathcal{E}_{\boldsymbol{x}\sim p_{\boldsymbol{\theta}}(\boldsymbol{x})}[\log\left(1-D(\boldsymbol{x};\boldsymbol{\phi})\right)]$$

或者

$$V(\boldsymbol{\theta},\boldsymbol{\phi})=\mathcal{E}_{\boldsymbol{x}\sim p_r(\boldsymbol{x})}[\log D(\boldsymbol{x};\boldsymbol{\phi})]+\mathcal{E}_{\boldsymbol{z}\sim p(\boldsymbol{z})}[\log\left(1-D(G(\boldsymbol{z};\boldsymbol{\theta});\boldsymbol{\phi})\right)]$$

式中：$\boldsymbol{\theta}$ 和 $\boldsymbol{\phi}$ 分别为生成网络和判别网络的参数。

生成对抗网络可以通过求解如下最大最小化问题：

$$\min_{\boldsymbol{\theta}}\max_{\boldsymbol{\phi}}V(\boldsymbol{\theta},\boldsymbol{\phi})$$

因此，对抗生成网络训练可以认为是一个博弈过程，其最优解为纳什均衡点。

2. 生成对抗网络分析

假设 $p_r(\boldsymbol{x})$ 和 $p_{\boldsymbol{\theta}}(\boldsymbol{x})$ 已知，则最优的判别器为

$$D^*(\boldsymbol{x}) = \frac{p_r(\boldsymbol{x})}{p_r(\boldsymbol{x}) + p_{\boldsymbol{\theta}}(\boldsymbol{x})}$$

将其代入 $V(\boldsymbol{\theta}, \boldsymbol{\phi})$ 可得

$$
\begin{aligned}
V^* &= \mathcal{E}_{\boldsymbol{x} \sim p_r(\boldsymbol{x})}\left[\log \frac{p_r(\boldsymbol{x})}{p_r(\boldsymbol{x}) + p_{\boldsymbol{\theta}}(\boldsymbol{x})}\right] + \mathcal{E}_{\boldsymbol{x} \sim p_{\boldsymbol{\theta}}(\boldsymbol{x})}\left[\log \frac{p_{\boldsymbol{\theta}}(\boldsymbol{x})}{p_r(\boldsymbol{x}) + p_{\boldsymbol{\theta}}(\boldsymbol{x})}\right] \\
&= \mathrm{KL}(p_r, p_a) + \mathrm{KL}(p_{\theta}, p_a) - 2\log 2 \\
&= 2\mathrm{JS}(p_r, p_{\theta}) - 2\log 2
\end{aligned}
$$

式中：$p_a(\boldsymbol{x}) = \dfrac{1}{2}(p_r(\boldsymbol{x}) + p_{\boldsymbol{\theta}}(\boldsymbol{x}))$；$\mathrm{JS}(\cdot)$ 为 JS 散度。

从上式可以看出，当判别网络为最优时，生成网络的优化目标是最小化真实分布 p_r 和生成分布 p_{θ} 的 JS 散度。

3. 生成对抗网络训练

训练生成对抗网络，通常采用梯度下降法。

（1）判别网络的训练：选择 M 个训练样本 $\{\boldsymbol{x}^j\}_{j=1}^M$，根据分布 $\mathcal{N}(0, \boldsymbol{I})$ 采集 M 个样本 $\{\boldsymbol{z}^j\}_{j=1}^M$，在固定 $\boldsymbol{\theta}$ 的情形下计算关于 $\boldsymbol{\phi}$ 的梯度，即

$$\frac{\partial}{\partial \boldsymbol{\phi}}\left[\frac{1}{M}\sum_{m=1}^M \left(\log D(\boldsymbol{x}^m; \boldsymbol{\phi}) + \log(1 - D(G(\boldsymbol{z}^m; \boldsymbol{\theta}), \boldsymbol{\phi})))\right)\right]$$

（2）生成网络训练：根据分布 $\mathcal{N}(0, \boldsymbol{I})$ 采集 M 个样本 $\{\boldsymbol{z}^j\}_{j=1}^M$，在固定 $\boldsymbol{\phi}$ 的情形下计算关于 $\boldsymbol{\theta}$ 的梯度，即

$$\frac{\partial}{\partial \boldsymbol{\theta}}\left[\frac{1}{M}\sum_{m=1}^M \left(\log D(G(\boldsymbol{z}^m; \boldsymbol{\theta}), \boldsymbol{\phi}))\right)\right]$$

生成对抗网络的两个网络的优化目标截然相反，因此生成对抗网络的训练比较难，往往不太稳定。一般情况下，需要平衡两个网络的能力。对于判别网络来说，一开始的判别能力不能太强，否则难以提升生成网络的能力。但是，判别网络的判别能力也不能太弱，否则针对它训练的生成网络也不会太好。在每次迭代时，判别网络更新 K 次而生成网络更新一次，即首先要保证判别网络足够强才能开始训练生成网络。

4. 训练方法改进

由于 JS 散度为有界饱和函数

$$\mathrm{JS}(p_1, p_2) = \frac{1}{2}\left[\int_{x_1}^{x_2} p_1(x)\log\frac{p_1(x)}{\frac{p_1(x)+p_2(x)}{2}}\mathrm{d}x + \int_{x_1}^{x_2} p_2(x)\log\frac{p_2(x)}{\frac{p_1(x)+p_2(x)}{2}}\mathrm{d}x\right]$$

$$\leqslant \frac{1}{2}\left[\int_{x_1}^{x_2} p_1(x)\log 2\mathrm{d}x + \int_{x_1}^{x_2} p_2(x)\log 2\mathrm{d}x\right] = \log 2$$

因此梯度下降法会存在梯度消失的情形。另外，当两个概率分布之间的重合较小时，KL 散度值趋向于 ∞，JS 散度趋向于 $\log 2$ 而且不会随着分布之间的距离增加而变化。为了解决上述问题，可以采用 Wasserstein 距离（详见附录 A.5）：

$$W(p_r, p_\theta) = \inf_{\gamma\sim\Gamma(p_r, p_\theta)} \mathcal{E}_{(\boldsymbol{x},\boldsymbol{y})\sim\gamma}\|\boldsymbol{x}-\boldsymbol{y}\|$$

式中：$\Gamma(p_r, p_\theta)$ 为边际分布为 p_r 和 p_θ 的联合分布函数集合；$(\boldsymbol{x},\boldsymbol{y})$ 为按照概率分布函数 γ 采样得到的样本。

Wasserstein 距离的对偶形式可以写成

$$W(p_r, p_\theta) = \sup_{\|f\|_L\leqslant 1} (\mathcal{E}_{\boldsymbol{x}\sim p_r}[f(\boldsymbol{x})] - \mathcal{E}_{\boldsymbol{x}\sim p_\theta}[f(\boldsymbol{x})]) \tag{5.18}$$

式中：$\|f\|_L\leqslant 1$ 代表 f 函数为 1-Lipschitz 函数。

采用上述分布函数的距离准则，对抗生成网络中的判决网络可以用神经网络来近似。假设 $f(\boldsymbol{x};\phi)$ 是以 ϕ 为参数的神经网络，其最后一层为线性层，即值域范围不受限制。在训练的过程中，为了更新 ϕ 的值使得 $f(\boldsymbol{x},\phi)$ 为 1-Lipschitz 函数，可以采用对梯度进行限制的方法，即对梯度超过 1 的函数进行惩罚：

$$\max_{\phi\in\Phi} (\mathcal{E}_{\boldsymbol{x}\sim p_r}[f(\boldsymbol{x};\phi)] - \mathcal{E}_{\boldsymbol{x}\sim p_\theta}[f(\boldsymbol{x};\phi)]) - \lambda\int_{\boldsymbol{x}}\max(0, \|\nabla_{\boldsymbol{x}}f(\boldsymbol{x},\phi)\|-1)\mathrm{d}\boldsymbol{x}$$

式中：λ 为惩罚因子。

由于无法遍历整个 $\boldsymbol{x}$ 的空间，上述积分值无法计算。为此，定义一个新的分布 $p_p(\boldsymbol{x})$，确保分布 $p_p(\boldsymbol{x})$ 中 $\boldsymbol{x}$ 所对应的 $\nabla_{\boldsymbol{x}}f(\boldsymbol{x},\phi)$ 都小于 1。由此，目标函数可以改写成

$$\max_{\phi\in\Phi} (\mathcal{E}_{\boldsymbol{x}\sim p_r}[f(\boldsymbol{x};\phi)] - \mathcal{E}_{\boldsymbol{x}\sim p_\theta}[f(\boldsymbol{x};\phi)]) - \lambda\mathcal{E}_{\boldsymbol{x}\sim p_p}[\max(0, \|\nabla_{\boldsymbol{x}}f(\boldsymbol{x},\phi)\|-1)]$$

另一种比较好的方法是对判别网络的参数更新进行归一化，即将 $\dfrac{\phi}{\|\phi\|}$ 代替 ϕ。

对于生成网络，其目标是使得判别网络对生成样本的打分尽量高，即

$$\max_{\boldsymbol{\theta}} \mathcal{E}_{\boldsymbol{z}\sim p(\boldsymbol{z})}[f(G(\boldsymbol{z};\boldsymbol{\theta});\phi)]$$

当 $f(\boldsymbol{x};\phi)$ 为不饱和函数时，其关于参数 $\boldsymbol{\theta}$ 的梯度不会消失，避免了原始 GAN 训练不稳定的问题。

习题

1. 假设输入图像为

$$\begin{bmatrix} 1 & 2 & 3 & 4 \\ 5 & 6 & 7 & 8 \\ 0 & 1 & 1 & 1 \\ 2 & 3 & 4 & 5 \end{bmatrix}$$

卷积核为

$$\begin{bmatrix} 0 & 1 & 0 \\ 1 & 1 & 1 \\ 0 & 1 & 0 \end{bmatrix}$$

假设步长为 1，试计算卷积结果。

2. 假设输入图像为

$$\begin{bmatrix} 1 & 2 & 3 & 4 \\ 5 & 6 & 7 & 8 \\ 0 & 1 & 1 & 1 \\ 2 & 3 & 4 & 5 \end{bmatrix}$$

假设池化核为 2×2，试分别计算步长为 1 的均值池化和最大值池化结果。

3. 假设一个定义在图 G 上的噪声图信号 $y = f_0 + \eta$，其中高斯噪声 η 与信号 f_0 不相关。若原始信号 f_0 相对于图 G 是平滑的，利用该平滑先验信息从噪声信号 y 中恢复出原始信号 f_0 可通过求解如下正则化问题：

$$\arg\min_f \|f - y\|^2 + c f^{\mathrm{T}} L f$$

式中：$c > 0$ 为正则化参数；L 为已知拉普拉斯矩阵。试计算上述优化问题的最优解，并对其进行分析。

4. 切比雪夫多项式 $T_k(y)$ 通过如下递推关系生成

$$T_k(y) = 2y T_{k-1}(y) - T_{k-2}(y)$$

式中：$T_0(y) = 1, T_1(y) = y$。对于一个拉普拉斯矩阵为 L 的图 G，令 $L = U \Lambda U^{\mathrm{T}}$ 为特征值分解。若 $k \geqslant 0$，试证明

$$U T_k(\tilde{\Lambda}) U^{\mathrm{T}} = T_k(\tilde{L})$$

式中

$$\tilde{\Lambda} = \frac{2\Lambda}{\lambda_{\max}} - I, \quad \tilde{L} = \frac{2L}{\lambda_{\max}} - I$$

5. 推导受限玻耳兹曼机的隐变量和可见变量条件概率计算公式。

6. 考虑由两个神经元构成的简单 Hopfield 网络，网络的突触权值矩阵为

$$W = \begin{bmatrix} 0 & -1 \\ -1 & 0 \end{bmatrix}$$

每个神经元的偏置为 0，网络的四个可能状态为

$$\boldsymbol{x}_1 = \begin{bmatrix} +1 \\ +1 \end{bmatrix}, \boldsymbol{x}_2 = \begin{bmatrix} -1 \\ +1 \end{bmatrix}, \boldsymbol{x}_3 = \begin{bmatrix} -1 \\ -1 \end{bmatrix}, \boldsymbol{x}_4 = \begin{bmatrix} +1 \\ -1 \end{bmatrix}$$

试说明状态 $\boldsymbol{x}_2$ 和 $\boldsymbol{x}_4$ 是稳定的。

7. 考虑 5 个神经元组成的 Hopfield 网络，它需要存储一下三个基本记忆：

$$\boldsymbol{\xi}_1 = \begin{bmatrix} +1 \\ +1 \\ +1 \\ +1 \\ +1 \end{bmatrix}, \boldsymbol{\xi}_2 = \begin{bmatrix} +1 \\ -1 \\ -1 \\ +1 \\ -1 \end{bmatrix}, \boldsymbol{\xi}_3 = \begin{bmatrix} -1 \\ +1 \\ -1 \\ +1 \\ +1 \end{bmatrix}$$

试计算网络的 5×5 突触权值矩阵。当 $\boldsymbol{\xi}_1$ 的第二个元素反转时，根据所计算得到的突触权值矩阵，计算其恢复的记忆点。

8. Softmax 交叉熵的计算公式为

$$L = -\frac{1}{n} \sum_{i=1}^{n} y_i \log y_i$$

式中

$$y_i = \frac{\exp(x_i)}{\sum\limits_{j=1}^{n} \exp(x_j)}$$

试推导 $\dfrac{\partial L}{\partial x_i}$ 的计算公式。

9. 假设二分类问题有 $p(c_1) = p(c_2)$。样本 $\boldsymbol{x}$ 在两个类的条件概率分布为 $p(\boldsymbol{x}|c_1)$ 和 $p(\boldsymbol{x}|c_2)$，假设分类器 $f(\boldsymbol{x}) = p(c_1|\boldsymbol{x})$ 用于预测样本 $\boldsymbol{x}$ 来自类别 c_1 的条件概率。证明：若采用交叉熵损失函数

$$L(f) = \mathcal{E}_{\boldsymbol{x} \sim p(\boldsymbol{x}|c_1)}[\log f(\boldsymbol{x})] + \mathcal{E}_{\boldsymbol{x} \sim p(\boldsymbol{x}|c_2)}[\log(1 - f(\boldsymbol{x}))]$$

其最优分类器为

$$f^*(\boldsymbol{x}) = \frac{p(\boldsymbol{x}|c_1)}{p(\boldsymbol{x}|c_1) + p(\boldsymbol{x}|c_2)}$$

10. 生成对抗网络训练的目标函数为

$$\min_{G} \max_{D} V(D, G) = \mathcal{E}_{\boldsymbol{x} \sim p_d(\boldsymbol{x})}[\log D(\boldsymbol{x})] + \mathcal{E}_{\boldsymbol{x} \sim p_g(\boldsymbol{x})}[\log(1 - D(\boldsymbol{x}))]$$

证明：如果生成模型固定不变，目标函数最优值对应的判别模型为

$$D_G(\boldsymbol{x}) = \frac{p_d(\boldsymbol{x})}{p_d(\boldsymbol{x}) + p_g(\boldsymbol{x})}$$

第 6 章

近似推理方法

针对大多数复杂模型，由于计算量很大，很难进行精确推理，往往需要对其进行近似处理。本章主要介绍确定性近似推理方法和采样近似推理方法。

确定性近似推理方法也称为变分推理，它直接对后验概率分布的表达式进行近似。近似分布函数有特定的参数形式，如高斯分布或者因子表示形式。虽然确定性近似得不到精确解，但是计算效率较高。

采样近似方法也称为随机近似方法，它在允许无限计算资源情况下进行足够多的采样并且得到精确解，然而在计算资源受限情况下只能给出近似解。采样近似方法植根于数学、物理和化学等基础科学，具有广泛的认可度。

6.1　确定性近似推理

针对含有隐变量的模型，其推理过程通常需要进行高维积分操作，很难进行高效且精确的计算，因此通常采用近似技巧来辅助推理。

6.1.1　拉普拉斯近似

拉普拉斯近似方法的主要思想是用高斯分布去近似一个概率分布的峰值区域，从而实现对目标分布的近似。考虑如下连续变量的指数型概率分布：

$$p(\boldsymbol{x}) = \frac{1}{Z}\exp[-E(\boldsymbol{x})]$$

令 $\boldsymbol{x}^* = \underset{\boldsymbol{x}\in\mathbb{R}^d}{\arg\min}\, E(\boldsymbol{x})$。拉普拉斯近似方法是通过在 $\boldsymbol{x}^*$ 处对 $E(\boldsymbol{x})$ 进行局部展开：

$$E(\boldsymbol{x}) \approx E(\boldsymbol{x}^*) + \partial\boldsymbol{x}^{\mathrm{T}}E(\boldsymbol{x}^*)(\boldsymbol{x}-\boldsymbol{x}^*) + \frac{1}{2}(\boldsymbol{x}-\boldsymbol{x}^*)^{\mathrm{T}}\boldsymbol{H}(\boldsymbol{x}-\boldsymbol{x}^*)$$

式中：

$$\boldsymbol{H} = \frac{\partial^2}{\partial\boldsymbol{x}\partial\boldsymbol{x}^{\mathrm{T}}}E(\boldsymbol{x})$$

$\boldsymbol{H}$ 为 Hessian 矩阵，且有

由于 $\partial\boldsymbol{x}E(\boldsymbol{x}^*) = 0$，从而有

$$p(\boldsymbol{x}) \propto \exp[-E(\boldsymbol{x}^*)]\exp\left[-\frac{1}{2}(\boldsymbol{x}-\boldsymbol{x}^*)^{\mathrm{T}}\boldsymbol{H}(\boldsymbol{x}-\boldsymbol{x}^*)\right]$$

根据上述高斯函数近似，得到如下近似积分值：

$$\int_{\boldsymbol{x}}p(\boldsymbol{x})\mathrm{d}\boldsymbol{x} \propto \exp[-E(\boldsymbol{x}^*)]\int_{\boldsymbol{x}}\exp\left[-\frac{1}{2}(\boldsymbol{x}-\boldsymbol{x}^*)^{\mathrm{T}}\boldsymbol{H}(\boldsymbol{x}-\boldsymbol{x}^*)\right]\mathrm{d}\boldsymbol{x} = \exp[-E(\boldsymbol{x}^*)]|2\pi\boldsymbol{H}^{-1}|^{1/2}$$

借助于高斯分布具有显示积分表达式的优势，拉普拉斯近似方法可以认为是最直接的，但不一定是最好的近似方法。比如，目标分布是多峰分布时，拉普拉斯近似方法只能得到单峰高斯分布近似。

6.1.2 KL 变分近似

变分方法是用简单概率分布 $q(\boldsymbol{x})$ 去近似复杂的概率分布 $p(\boldsymbol{x})$。将 $\mathrm{KL}(q, p)$ 定义为两类分布函数的距离，则简单概率分布 $q(\boldsymbol{x})$ 的参数通过最小化 $\mathrm{KL}(q, p)$ 来获得。两个典型的例子：

归一化因子的下界：针对如 $p(\boldsymbol{x}) = \dfrac{1}{Z} \exp[\phi(\boldsymbol{x})]$ 的概率分布形式，定义 KL 距离为

$$\mathrm{KL}(q, p) = \mathcal{E}_q[\log q] - \mathcal{E}_q[\log p]$$
$$= \mathcal{E}_q[\log q] - \mathcal{E}_q[\phi(\boldsymbol{x})] + \log Z$$

由于 $\mathrm{KL}(q, p) \geqslant 0$，从而有

$$\log Z \geqslant \underbrace{-\mathcal{E}_q[\log q]}_{\text{熵}} + \underbrace{\mathcal{E}_q[\phi(\boldsymbol{x})]}_{U}$$

因此，KL 变分法为归一化因子 Z 提供了下界。

边缘似然概率的下界：在贝叶斯建模过程中，由参数 $\boldsymbol{\theta}$ 决定的模型 $\mathcal{M}$ 所产生数据 $\mathcal{D}$ 的似然函数为

$$p(\mathcal{D}|\mathcal{M}) = \int_{\boldsymbol{\theta}} p(\mathcal{D}|\boldsymbol{\theta}, \mathcal{M}) p(\boldsymbol{\theta}|\mathcal{M}) \mathrm{d}\boldsymbol{\theta}$$

似然函数 $p(\mathcal{D}|\mathcal{M})$ 用于衡量模型的拟合性能。当 $\boldsymbol{\theta}$ 维度很高时，上述积分运算很难高效完成。利用贝叶斯公式

$$p(\boldsymbol{\theta}|\mathcal{D}, \mathcal{M}) = \frac{p(\mathcal{D}|\boldsymbol{\theta}, \mathcal{M}) p(\boldsymbol{\theta}|\mathcal{M})}{p(\mathcal{D}|\mathcal{M})}$$

得到如下 KL 距离：

$$\mathrm{KL}[q(\boldsymbol{\theta}|\mathcal{M}), p(\boldsymbol{\theta}|\mathcal{D}, \mathcal{M})] = \mathcal{E}_q[\log q(\boldsymbol{\theta}|\mathcal{M})] - \mathcal{E}_q[\log p(\boldsymbol{\theta}|\mathcal{D}, \mathcal{M})]$$
$$= \mathcal{E}_q[\log q(\boldsymbol{\theta}|\mathcal{M})] - \mathcal{E}_q[\log (p(\mathcal{D}|\boldsymbol{\theta}, \mathcal{M}) p(\boldsymbol{\theta}|\mathcal{M}))] + \log p(\mathcal{D}|\mathcal{M})$$

由于 KL 距离大于零，可以得到 $\log p(\mathcal{D}|\mathcal{M})$ 的下界：

$$\log p(\mathcal{D}|\mathcal{M}) \geqslant -\mathcal{E}_q[\log q(\boldsymbol{\theta}|\mathcal{M})] + \mathcal{E}_q[\log (p(\mathcal{D}|\boldsymbol{\theta}, \mathcal{M}) p(\boldsymbol{\theta}|\mathcal{M}))]$$

上述等式成立的条件为 $q(\boldsymbol{\theta}|\mathcal{M}) = p(\boldsymbol{\theta}|\mathcal{D}, \mathcal{M})$。

针对上述概率分布的近似表达形式，$q(\cdot)$ 函数的结构和形式起着非常重要的作用。接下来将讨论概率分解推理和结构变分推理两种形式。

1. 概率分解推理

图结构模型：对于图结构模型，概率分布 $p(\mathcal{X})$ 具有很强的局部特性，即

$$p(\mathcal{X}) = \frac{1}{Z} \prod_i p_i(\mathcal{X}_i)$$

式中：$Z = \int \prod_i p_i(\mathcal{X}_i) \mathrm{d}\mathcal{X}$，$\mathcal{X}_i$ 为 $\mathcal{X}$ 的子集。

针对上述概率分布的分解形式，确定如下 KL 距离：

$$\begin{aligned}
\mathrm{KL}(q, p) &= \mathcal{E}_{q(\mathcal{X})}[\log q(\mathcal{X})] - \mathcal{E}_{q(\mathcal{X})}[\log p(\mathcal{X})] \\
&= \mathcal{E}_{q(\mathcal{X})}[\log q(\mathcal{X})] - \sum_i \mathcal{E}_{q(\mathcal{X}_i)}[\log p_i(\mathcal{X}_i)] + \log Z \geqslant 0
\end{aligned}$$

最优 $q(\mathcal{X})$ 通过求解如下优化问题获得：

$$q^*(\mathcal{X}) = \arg\min_q \mathcal{E}_{q(\mathcal{X})}[\log q(\mathcal{X})] - \sum_i \mathcal{E}_{q(\mathcal{X}_i)}[\log p_i(\mathcal{X}_i)]$$

广义平均场模型：当概率分布 $p(\boldsymbol{x})$ 不具备良好局部特征时，用概率分解函数 $q(\boldsymbol{x}) = \prod_i q(x_i)$ 来近似。它们之间的 KL 距离可以写成

$$\mathrm{KL}[q(\boldsymbol{x}), p(\boldsymbol{x})] = \left(\sum_i \mathcal{E}_{q(x_i)}[\log q(x_i)] \right) - \left(\mathcal{E}_{\prod_i q(x_i)}[\log p(\boldsymbol{x})] \right)$$

上式中与 $q(x_i)$ 有关的项可以提取出来写成

$$\mathcal{E}_{q(x_i)}[\log q(x_i)] - \mathcal{E}_{q(x_i)} \left(\mathcal{E}_{\prod_{j \neq i} q(x_j)}[\log p(\boldsymbol{x})] \right) \tag{6.1}$$

从上式可以看出，最优的 $q(x_i)$ 需要满足

$$q(x_i) \propto \exp \left(\mathcal{E}_{\prod_{j \neq i} q(x_j)}[\log p(\boldsymbol{x})] \right) \tag{6.2}$$

通过上述异步更新，可以不断减小 KL 距离值，从而获得 $p(\boldsymbol{x})$ 的近似值 $\prod_i q(x_i)$。

例 6.1（贝叶斯二值图像去噪）

定义关于二值变量 $x_i \in \{+1, -1\}, i = 1, \cdots, D$ 的马尔可夫随机场：

$$p(\boldsymbol{x}) = \frac{1}{Z(\boldsymbol{W}, \boldsymbol{b})} \exp \left[\sum_{i,j} W_{i,j} x_i x_j + \sum_i b_i x_i \right] \tag{6.3}$$

式中

$$Z(\boldsymbol{W}, \boldsymbol{b}) = \sum_x \exp \left[\sum_{i,j} W_{i,j} x_i x_j + \sum_i b_i x_i \right]$$

该随机场模型可以用于描述二值图像受噪声干扰以及修复的过程。记 $\boldsymbol{x}$ 为干净二值图像，$\boldsymbol{y}$ 为受噪声干扰后的二值图像。对于干净图像的像素 $x_i \in \{\pm 1\}$ 以及受不相关噪声干扰后的观测 $y_i \in \{\pm 1\}$ 具有如下联合概率分布关系：

$$p(\boldsymbol{y}|\boldsymbol{x}) = \prod_i p(y_i|x_i), \quad p(y_i|x_i) \propto \exp(\gamma y_i x_i)$$

若干净二值图像 $\boldsymbol{x}$ 是平滑的马尔可夫随机场：

$$p(\boldsymbol{x}) \propto \exp\left(\sum_{i,j} W_{i,j} x_i x_j\right)$$

则后验概率分布可以写成

$$p(\boldsymbol{x}|\boldsymbol{y}) = \frac{p(\boldsymbol{y}|\boldsymbol{x})p(\boldsymbol{x})}{\sum_{\boldsymbol{x}} p(\boldsymbol{y}|\boldsymbol{x})p(\boldsymbol{x})} \propto \exp\left[\sum_{i,j} W_{i,j} x_i x_j + \sum_i \gamma y_i x_i\right]$$

基于上述后验概率分布函数的表达式，去噪操作可以通过最大化后验概率来获得：

$$\boldsymbol{x}^* = \arg\max_{\boldsymbol{x}} p(\boldsymbol{x}|\boldsymbol{y})$$

式中：$\boldsymbol{x}^*$ 为去噪之后的最终图像。

例 6.2（KL 变分二值图像去噪）

若采用贝叶斯方法，则其对应的计算量会非常大。对于马尔可夫随机场式(6.3)，采用 $q(\boldsymbol{x})$ 来近似 $p(\boldsymbol{x})$，其对应的 KL 距离为

$$\text{KL}[q(\boldsymbol{x}), p(\boldsymbol{x})] = \mathcal{E}_{q(\boldsymbol{x})}[\log q(\boldsymbol{x})] - \sum_{i,j} W_{i,j}\mathcal{E}_{q(\boldsymbol{x})}[x_i x_j] - \sum_i b_i \mathcal{E}_{q(x)}[x_i] + \log Z \geqslant 0$$

从而有如下归一化因子的下界表达式：

$$\log Z \geqslant -\mathcal{E}_{q(\boldsymbol{x})}[\log q(\boldsymbol{x})] + \sum_{i,j} W_{i,j}\mathcal{E}_{q(\boldsymbol{x})}[x_i x_j] + \sum_i b_i \mathcal{E}_{q(\boldsymbol{x})}[x_i]$$

若近似概率分布有因子分解形式 $q(\boldsymbol{x}) = \prod_i q(x_i)$，即假设 x_i 相互独立，则上述不等式可以转换成

$$\log Z \geqslant -\sum_i \mathcal{E}_{q(x_i)}[\log q(x_i)] + \sum_{i,j} W_{i,j}\mathcal{E}_{q(x_i)}[x_i]\mathcal{E}_{q(x_j)}[x_j] + \sum_i b_i \mathcal{E}_{q(x_i)}[x_i]$$

对于二值分布 $q(x_i)$，令

$$q(x_i = 1) = \frac{\exp(\alpha_i)}{\exp(\alpha_i) + \exp(-\alpha_i)}$$

计算得到

$$\mathcal{E}_{q(x_i)}[x_i] = 1 \times q(x_i = 1) - 1 \times q(x_i = -1) = \frac{\exp(\alpha_i) - \exp(-\alpha_i)}{\exp(\alpha_i) + \exp(-\alpha_i)} = \tanh(\alpha_i)$$

$$\log Z \geqslant \sum_i H(\alpha_i) + \sum_{i,j} W_{i,j} \tanh(\alpha_i) \tanh(\alpha_j) + \sum_i b_i \tanh(\alpha_i)$$

式中

$$H(\alpha_i) = \log[\exp(\alpha_i) + \exp(-\alpha_i)] - \alpha_i \tanh(\alpha_i)$$

通过对下界函数关于 α_i 求导置零得到如下方程：

$$\alpha_i = b_i + \sum_{i,j} W_{i,j} \tanh(\alpha_j)$$

假定 α^* 为上述方程的解，则有

$$\mathcal{E}_p(x_i) \approx \mathcal{E}_q(x_i) = \tanh(\alpha_i^*)$$

即 $\mathcal{E}_q(x_i)$ 为最终恢复的像素值。

---

2. 结构变分推理

在设计 EM 算法的过程中，为了使相应的熵和能量项便于计算，对近似概率分布 $q(\boldsymbol{x})$ 进行全因子分解，这意味着所有 $\boldsymbol{x}$ 元素是相互独立的。然而，相互独立假设过于粗糙，因此考虑具有更加丰富结构化形式的近似概率分布 $q(\boldsymbol{x})$。

如图 6.1所示，图 6.1（a）的概率分布可以写成

$$p(x_1, x_2, x_3, x_4) = \frac{1}{Z}\phi(x_1, x_2)\phi(x_2, x_3)\phi(x_3, x_4)\phi(x_4, x_1)\phi(x_1, x_3) \tag{6.4}$$

其可以用图 6.1（b）所示的结构化概率分布来进行近似：

$$q(x_1, x_2, x_3, x_4) = \frac{q(x_1, x_2)q(x_1, x_3)q(x_1, x_4)}{q(x_1)q(x_1)} \tag{6.5}$$

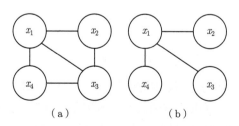

（a）　　　　　　　　（b）

图 **6.1**　结构化概率分布的图表示

针对该例子，其对应的 KL 距离有如下形式：

$$\text{KL}(q,p) = H_q(x_1, x_2) + H_q(x_1, x_3) + H_q(x_1, x_4) - 2H_q(x_1)$$
$$+ \sum_{i \sim j} \mathcal{E}_{q(x_i, x_j)}[\log \phi(x_i, x_j)]$$

式中：$H_q(\boldsymbol{x})$ 是 $q(\boldsymbol{x})$ 的熵。

6.2 采样近似推理

在实际应用中，精确推理一般用于结构比较简单的模型。当图模型的结构比较复杂时，精确推理的计算开销会比较大。此外，若图模型中的变量为连续变量，而且积分函数没有闭式解，则很难实现精确推理。本节主要介绍采样近似推理方法：通过数值模拟的方式对某个分布 $p(\boldsymbol{x})$ 进行采样，并用这些样本来进行与分布 $p(\boldsymbol{x})$ 相关的操作，如期望值计算等。

6.2.1 采样推理

推理某个概率分布并不是最终目的，而是基于这个概率分布进行计算并作出决策。通常这些计算和期望相关。不失一般性，假设要推理的概率分布为 $p(\boldsymbol{x})$，并基于 $p(\boldsymbol{x})$ 来计算函数 $f(\boldsymbol{x})$ 的期望值：

$$\mathcal{E}_p[f(\boldsymbol{x})] = \int_{\boldsymbol{x}} f(\boldsymbol{x}) p(\boldsymbol{x}) \mathrm{d}\boldsymbol{x}$$

当分布函数 $p(\boldsymbol{x})$ 比较复杂或难以精确推理时，可通过采样法来近似计算期望值 $\mathcal{E}_p[f(\boldsymbol{x})]$。

1. 蒙特卡罗方法

传统采样法也称为蒙特卡罗方法，是用数值方法来计算期望值。通过独立抽取 N 个服从 $p(\boldsymbol{x})$ 分布的样本 $\{\boldsymbol{x}_1, \cdots, \boldsymbol{x}_N\}$，并计算

$$f_N = \frac{1}{N}\left[f(\boldsymbol{x}_1) + \cdots + f(\boldsymbol{x}_N)\right]$$

根据大数定律，当 N 趋向于无穷大时，样本均值收敛于期望值。

计算机比较容易地随机生成一个在 $[0,1]$ 区间上均布分布的样本 ξ。如果要随机生成服从某个非均匀分布的样本，就需要使用间接采样方法。对于概率密度函数 $p(x)$，其累积分布函数 $\text{cdf}(x)$ 为连续的严格增函数且服从 $[0,1]$ 区间上的均匀分布，这可以从如下关系式得到：

$$p(\text{cdf}(x) \leqslant \xi) = p(x \leqslant \text{cdf}^{-1}(\xi)) = \text{cdf}(\text{cdf}^{-1}(\xi)) = \xi$$

假设 ξ 服从 $[0,1]$ 区间上的均匀分布，则逆函数 $\text{cdf}^{-1}(\xi)$ 服从概率密度函数为 $p(x)$ 的分布。

当 $p(\boldsymbol{x})$ 非常复杂时，其累积分布函数的逆函数很难计算。往往需要采用一些间接采样策略，如拒绝采样、重要性采样、马尔可夫链蒙特卡罗（MCMC）采样等。

2. 拒绝采样

假设原始分布 $p(x)$ 难以直接采样，我们引入一个容易采样的分布 $q(x)$，又称为提议分布。然后，以某个准则来拒绝一部分样本使得最终采集的样本服从分布 $p(x)$，如图 6.2 所示。在拒绝采样中，已知复杂的概率分布函数 $p(x)$，需要构建一个提议分布 $q(x)$ 和一个常数 k，使得 $kq(x)$ 可以覆盖函数 $p(x)$，即 $kq(x) \geqslant p(x)$。

对于每次抽取服从分布 $q(x)$ 的样本 $\hat{x}$，计算接受概率

$$\alpha(\hat{x}) = \frac{p(\hat{x})}{kq(\hat{x})}$$

并以概率 $\alpha(\hat{x})$ 来接受样本 $\hat{x}$。

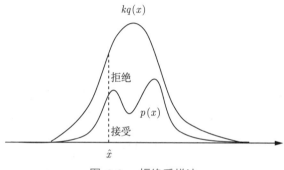

图 6.2　拒绝采样法

判断一个拒绝采样方法的好坏就是看其采样效率，即总体接受率。如果函数 $kq(x)$ 远大于原始分布函数 $p(x)$，那么拒绝率比较高且采样效率低下。然而，在高维空间中，要找到一个和原始分布 $p(x)$ 比较接近的分布比较困难，需要采用其他采样方法。

6.2.2　马尔可夫链蒙特卡罗法

在高维空间中，拒绝采样效率随空间维数增加呈指数下降。马尔可夫链蒙特卡罗方法能够比较容易地对高维变量进行采样。MCMC 方法有许多不同的采样方式，其核心思想是将采样过程看作一个马尔可夫链：

$$x_1, x_2, \cdots, x_{t-1}, x_t, x_{t+1}, \cdots$$

第 $t+1$ 次采样依赖第 t 次抽取的样本 x_t 以及状态转移分布（提议分布）$p(x_{t+1}|x_t)$。如果这个马尔可夫链的平稳分布为 $p(x)$，则在状态平稳时抽取的样本就服从 $p(x)$ 分布。

MCMC 方法的关键是如何构造出平稳分布为 $p(x)$ 的马尔可夫链，并且该马尔可夫链的状态转移分布 $p(x|x')$ 是比较容易采样的分布。当 x 为离散变量时，$p(x|x')$ 是一个状态转移矩阵；当 x 为连续变量时，$p(x|x')$ 是参数化概率分布函数，比如各向同性的高斯分布。

MCMC 采样方法需要注意两点：一是马尔可夫链需要经过一段时间的随机游走才能达到平稳状态，这段时间称为预烧期。预烧期内的采样点一般不服从分布 $p(x)$，需要丢弃。

二是基于马尔可夫链抽取的相邻样本是高度相关的，而在机器学习中要求抽取的样本是独立同分布的。为了使得抽取的样本之间独立，每间隔 M 次随机游走抽取一个样本。当 M 足够大，可以认为抽取的样本是独立的。

1. 马尔可夫序列的平稳分布

对于离散状态系统，一阶马尔可夫模型的状态转移可以表示成

$$p(x_t = i) = \sum_j \underbrace{p(x_t = i | x_{t-1} = j)}_{M_{ij}} p(x_{t-1} = j)$$

边缘概率 $p(x_t = i)$ 代表着在 t 时刻访问状态 i 的频率。给定初始状态分布 $p(x_1)$，根据状态转移函数 $p(x_t | x_{t-1})$ 进行随机采样，则 t 时刻的状态分布为

$$\boldsymbol{p}_t = \boldsymbol{M}^{t-1} \boldsymbol{p}_1$$

式中

$$\boldsymbol{p}_t = [p(x_t = 1) \ \ p(x_t = 2) \cdots p(x_t = D)]^{\mathrm{T}}.$$

当 $t \to \infty$ 时，若 $\boldsymbol{p}_\infty$ 与初始状态分布 $\boldsymbol{p}_1$ 无关，则 $\boldsymbol{p}_\infty$ 称为马尔可夫链的平稳分布。采用矩阵描述形式，平稳分布可通过求解如下方程获得：

$$\boldsymbol{p}_\infty = \boldsymbol{M} \boldsymbol{p}_\infty$$

从上式可以看出，平稳分布为转移矩阵 $\boldsymbol{M}$ 特征值 1 所对应的特征向量。值得注意的是平稳分布可能不唯一。当状态转移矩阵 $\boldsymbol{M}$ 满足所有状态可遍历而且具有非周期性时，平稳分布是唯一的。由于判断一个马尔可夫过程是否满足各态遍历比较困难，可以用细致平稳条件来判断。

细致平稳条件：给定状态空间分布 $\boldsymbol{\pi} \in [0,1]^D$，若状态转移概率矩阵 $\boldsymbol{M} \in \mathbb{R}^{D \times D}$ 满足

$$M_{ij} \pi_j = M_{ji} \pi_i, \quad \forall 1 \leqslant i, j \leqslant K$$

则该马尔可夫链会最终收敛到平稳分布 $\boldsymbol{\pi}$。

细平稳条件可以解释为从状态 i 到状态 j 的流量与从状态 j 到状态 i 的流量相等。细平稳条件的结论可以从如下等式证明：

$$\sum_j M_{ij} \pi_j = \sum_j M_{ji} \pi_i = \pi_i \sum_j M_{ji} = \pi_i$$

即 $\boldsymbol{\pi} = \boldsymbol{M} \boldsymbol{\pi}$。由此可以看出，细平稳条件为马尔可夫链收敛的充分非必要条件。

例 6.3（网页排序）

马尔可夫模型可以用于信息获取和搜索。定义关于网页间连接的邻接矩阵

$$A_{ij} = \begin{cases} 1, & \text{网页} i \sim \text{网页} j \\ 0, & \text{其他} \end{cases}$$

和马尔可夫转移矩阵

$$M_{ij} = \frac{A_{ij}}{\sum\limits_{i'} A_{i'j}}$$

上述马尔可夫链的稳态分布的物理解释：如果状态转移矩阵随机地从网页到网页之间跳转，那么所得到的平稳分布 $p_\infty(i)$ 代表了访问网页 i 的频率，同时也体现了网页 i 的重要性。

2. Metropolis-Hastings 算法

Metropolis-Hastings（MH）算法，是一种应用广泛的 MCMC 方法。假设马尔可夫链的状态转移分布 $p(x'|x)$ 为一个比较容易采样的分布，其平稳分布往往不是 $p(x)$。为此，需要调整状态转移分布函数。考虑如下概率转移函数形式：

$$p(x'|x) = q(x'|x)A(x',x) + \delta(x',x)\left(1 - \int_{x''} q(x''|x)A(x'',x)\mathrm{d}x''\right) \tag{6.6}$$

式中：$q(x'|x)$ 是提议分布而且 $0 < A(x',x) \leqslant 1$。

上述概率转移函数满足概率分布特性，即

$$\int_{x'} p(x'|x)\mathrm{d}x' = \int_{x'} q(x'|x)A(x',x)\mathrm{d}x' + 1 - \int_{x''} q(x''|x)A(x'',x)\mathrm{d}x'' = 1$$

式(6.6)中状态转移函数的第一部分意味着当相邻采样值不相等 $x_t \neq x_{t-1}$ 时，转移概率 $p(x_t|x_{t-1})$ 为 $q(x_t|x_{t-1})A(x_t, x_{t-1})$；第二部分意味着当相邻采样值相等 $x_t = x_{t-1}$ 时，转移概率 $p(x_t|x_{t-1})$ 为 $1 - \int_{x''} q(x''|x)A(x'',x)\mathrm{d}x''$。

算法设计的目的是寻找 $A(x, x')$ 使得 $p(x'|x)$ 的稳态分布为 $p(x)$，即

$$p(x') = \int_x p(x'|x)p(x)\mathrm{d}x$$

$$= \int_x \left(q(x'|x)A(x',x)p(x) + \delta(x',x)p(x')\left(1 - \int_{x''} q(x''|x')A(x'',x')\mathrm{d}x''\right)\right)\mathrm{d}x$$

为了使上式成立，要求

$$\int_x q(x'|x)A(x',x)p(x)\mathrm{d}x = \int_x q(x|x')A(x,x')p(x')\mathrm{d}x$$

MH 算法引入拒绝采样的思想来修正提议分布，使得最终采样的分布为 $p(x)$。在 MH 算法中，假设第 t 次采样的样本为 x_t，首先根据提议分布 $q(x|x_t)$ 抽取一个样本 $\hat{x}$，并以概率 $A(\hat{x}, x_t)$ 来接受 $\hat{x}$ 作为第 $t+1$ 次采样样本 x_{t+1}：

$$A(\hat{x}, x_t) = \min\left(1, \frac{p(\hat{x})q(x_t|\hat{x})}{p(x_t)q(\hat{x}|x_t)}\right)$$

定理 6.1 在 MH 算法中，每次依据 $q(\hat{x}|x_t)$ 随机生成一个样本 $\hat{x}$，并以概率 $A(\hat{x}, x_t)$ 接受该样本，所修正的马尔可夫状态转移概率为

$$q'(\hat{x}|x_t) = q(\hat{x}|x_t)A(\hat{x}, x_t)$$

则该马尔可夫链可以达到平稳状态，且平稳分布为 $p(x)$。

证明：根据马尔可夫链的细致平稳条件可得

$$
\begin{aligned}
p(x_t)q'(\hat{x}|x_t) &= p(x_t)q(\hat{x}|x_t)A(\hat{x}, x_t) \\
&= p(x_t)q(\hat{x}|x_t)\min\left(1, \frac{p(\hat{x})q(x_t|\hat{x})}{p(x_t)q(\hat{x}|x_t)}\right) \\
&= \min\left(p(x_t)q(\hat{x}|x_t), p(\hat{x})q(x_t|\hat{x})\right) \\
&= p(\hat{x})q(x_t|\hat{x})\min\left(\frac{p(x_t)q(\hat{x}|x_t)}{p(\hat{x})q(x_t|\hat{x})}, 1\right) \\
&= p(\hat{x})q(x_t|\hat{x})A(x_t, \hat{x}) \\
&= p(\hat{x})q'(x_t|\hat{x})
\end{aligned}
$$

因此，根据细致平稳条件，可认为 $p(x)$ 是状态转移概率为 $q'(x_t|\hat{x})$ 的马尔可夫链的平稳分布。

如果 MH 算法中的提议分布是对称的，即 $q(\hat{x}|x_t) = q(x_t|\hat{x})$，那么第 $t+1$ 次采样的接受率可以简化为

$$A(\hat{x}, x_t) = \min\left(1, \frac{p(\hat{x})}{p(x_t)}\right)$$

3. 吉布斯采样

吉布斯采样是一种对高维分布进行采样的 MCMC 方法，可以看作 MH 算法的特例。吉布斯采样使用全条件概率作为提议分布来依次对每个维度进行采样，并设置接受率 $A=1$。

对于一个 D 维的随机向量 $\boldsymbol{x} = [x_1, \cdots, x_D]^\mathrm{T}$，其第 m 个变量 x_m 的全条件概率为

$$p(x_m|\boldsymbol{x}_{\backslash m}) = p(x_m|x_1, \cdots, x_{m-1}, x_{m+1}, \cdots, x_D)$$

吉布斯采样可以按照任意的顺序根据全条件分布依次对每个变量进行采样。假设从一个随机的初始化状态 $\boldsymbol{x}^0 = [x_1^0, \cdots, x_D^0]^\mathrm{T}$ 开始，按照下标顺序依次对 D 个变量进行采样：

$$x_1^1 \sim p(x_1|x_2^0, x_3^0, \cdots, x_D^0)$$

$$x_2^1 \sim p(x_2|x_1^1, x_3^0, \cdots, x_D^0)$$

$$\cdots$$

$$x_D^1 \sim p(x_D|x_1^1, x_2^1, \cdots, x_{D-1}^1)$$

$$\cdots$$

$$x_1^t \sim p(x_1 | x_2^{t-1}, x_3^{t-1}, \cdots, x_D^{t-1})$$

$$\cdots$$

$$x_D^t \sim p(x_D | x_1^t, x_2^t, \cdots, x_{D-1}^t)$$

式中：x_m^t 为在 t 轮迭代中变量 x_m 的采样值。

吉布斯采样的连续单步采样构成一个马尔可夫链，用类似 MH 方法来证明其概率分布形式。假设每个单步（采样维度为第 m 维）的状态转移概率为

$$p(\boldsymbol{x} | \boldsymbol{x}') = \begin{cases} \dfrac{p(\boldsymbol{x})}{p(\boldsymbol{x}'_{\backslash m})}, & \boldsymbol{x}_{\backslash m} = \boldsymbol{x}'_{\backslash m} \\ 0, & \text{其他} \end{cases}$$

式中：边际分布 $p(\boldsymbol{x}'_{\backslash m}) = \sum\limits_{x'_m} p(\boldsymbol{x}')$。

根据关系式 $p(\boldsymbol{x}'_{\backslash m}) = p(\boldsymbol{x}_{\backslash m})$ 可以得到

$$p(\boldsymbol{x}')p(\boldsymbol{x} | \boldsymbol{x}') = p(\boldsymbol{x}')\frac{p(\boldsymbol{x})}{p(\boldsymbol{x}'_{\backslash m})} = p(\boldsymbol{x})\frac{p(\boldsymbol{x}')}{p(\boldsymbol{x}_{\backslash m})} = p(\boldsymbol{x})p(\boldsymbol{x}' | \boldsymbol{x})$$

根据细致平稳条件，上述马尔可夫链可以收敛于概率分布 $p(\boldsymbol{x})$。

6.2.3　重要性采样

重要性采样是通过引入重要性权重，将分布 $p(x)$ 下 $f(x)$ 的期望转化为在分布 $q(x)$ 下 $f(x)w(x)$ 的期望，其中 $w(x)$ 为重要性权重。

$$\begin{aligned} \mathcal{E}_p[f(x)] &= \int_x f(x)p(x)\mathrm{d}x = \int_x f(x)\frac{p(x)}{q(x)}q(x)\mathrm{d}x \\ &= \int_x f(x)w(x)q(x)\mathrm{d}x = \mathcal{E}_q[f(x)w(x)] \\ &\approx \frac{1}{N}\sum_{i=1}^{N} f(x^i)w(x^i) \end{aligned}$$

式中：$w(x) = \dfrac{p(x)}{q(x)}$；$x^i$ 为独立从 $q(x)$ 中随机抽取的点。

重要性采样可以在已知未归一化分布 $\hat{p}(x)$ 的情况下计算函数 $f(x)$ 的期望：

$$\begin{aligned} \mathcal{E}_p[f(x)] &= \int_x f(x)\frac{\hat{p}(x)}{Z}\mathrm{d}x = \frac{\displaystyle\int_x f(x)\hat{p}(x)\mathrm{d}x}{\displaystyle\int_x \hat{p}(x)\mathrm{d}x} \\ &\approx \frac{\displaystyle\sum_{i=1}^{N} f(x^i)\hat{w}(x^i)}{\displaystyle\sum_{i=1}^{N} \hat{w}(x^i)} \end{aligned} \tag{6.7}$$

式中：$\hat{w}(x) = \dfrac{\hat{p}(x)}{q(x)}$；$x^i$ 为独立从 $q(x)$ 中随机抽取的点。

考虑将重要性采样应用于时序分布 $p(x_{1:t})$，其中时序样本 $x_{1:t}^l$ 从 $q(x_{1:t})$ 采样得到。当一个新的观测值 x_t 到来之后，需要调整重要性权重。考虑序列 $x_{1:t}^l$ 的未归一化权重：

$$w_t^l = \frac{p(x_{1:t}^l)}{q(x_{1:t}^l)} = \underbrace{\frac{p(x_{1:t-1}^l)}{q(x_{1:t-1}^l)}}_{w_{t-1}^l} \underbrace{\frac{p(x_t^l|x_{1:t-1}^l)}{q(x_t^l|x_{1:t-1}^l)}}_{\alpha_t^l} \tag{6.8}$$

式中：$w_1^l = \dfrac{p(x_1^l)}{q(x_1^l)}$。

上式意味着，在进行序贯重要性采样时，只需要定义条件重要性分布 $q(x_t|x_{1:t-1})$，其中最优的序贯重要性分布函数为 $q(x_t|x_{1:t-1}) = p(x_t|x_{1:t-1})$。

获得未归一化权重值 w_t^l 后，通过式(6.7)进行期望值计算，其中 x^l 为序列样本。

例 6.4（动态贝叶斯网络）

考虑如下隐马尔可夫网络结构：

$$p(v_{1:t}, h_{1:t}) = p(v_1|h_1)p(h_1) \prod_{\tau=2}^{t} p(v_\tau|h_\tau)p(h_\tau|h_{\tau-1})$$

式中：$v_{1:t}$ 为观测序列，$h_{1:t}$ 为隐变量序列。

我们期望在给定观测序列 $v_{1:t}$ 的情况下生成 $h_{1:t}$ 的样本序列。在条件概率分布 $p(v_t|h_t)$ 无法得到归一化因子或者分布函数非高斯情况下，可以采用序贯重要性采样方法，即式(6.8)中的 α_t^l 进行如下更新：

$$\alpha_t^l = \frac{p(v_t|h_t^l)p(h_t^l|h_{t-1}^l)}{q(h_t^l|h_{1:t-1}^l)} \tag{6.9}$$

最优重要性分布通过如下重要性传递来获得：

$$q(h_t|h_{1:t-1}) \propto p(v_t|h_t)p(h_t|h_{t-1})$$

在很多情况下，$p(v_t|h_t)$ 为非高斯或者其归一化因子未知，导致由概率分布 $q(v_t, h_t|h_{1:t-1})$ 生成样本比较困难。假如概率分布 $p(h_t|h_{t-1})$ 比较容易采样，定义

$$q(h_t|h_{1:t-1}) = p(h_t|h_{t-1})$$

在这种情况下，根据式(6.9)有 $\alpha_t^l = p(v_t|h_t^l)$，未归一化的权重通过如下递归计算：

$$w_t^l = w_{t-1}^l \alpha_t^l = w_{t-1}^l p(v_t|h_t^l)$$

当获得未归一化权重值 w_t^l 后，通过式(6.7)进行期望值计算。

例 6.5（粒子滤波）

粒子滤波具有较高的近似能力。用 ρ 来表示滤波后的分布函数：

$$\rho(h_t) \propto p(h_t|v_{1:t})$$

上述滤波迭代形式可以写成

$$\rho(h_t) \propto p(v_t|h_t) \int p(h_t|h_{t-1})\rho(h_{t-1})\mathrm{d}h_{t-1}$$

若消息函数 $\rho(h_{t-1})$ 可近似表示成 delta 脉冲函数之和：

$$\rho(h_{t-1}) \approx \sum_{l=1}^{L} w_{t-1}^l \delta(h_{t-1}, h_{t-1}^l)$$

其中归一化权重满足 $\sum_{l=1}^{L} w_{t-1}^l = 1$，$h_{t-1}^l$ 为粒子。将上式代入滤波迭代方程可得

$$\rho(h_t) \approx \frac{1}{Z} p(v_t|h_t) \sum_{l=1}^{L} p(h_t|h_{t-1}^l) w_{t-1}^l \tag{6.10}$$

式中：Z 为归一化常数，在很多时候很难精确计算。

为此，将通过重要性采样的方法来生成新的粒子，从而来近似表达 $\rho(h_t)$。假设从重要性分布 $q(h_t)$ 生成 L 个样本 $h_t^1, \cdots, h_t^L$，这些粒子能够产生如下未归一化的权重：

$$\tilde{w}_t^l = \frac{p(v_t|h_t^l) \sum\limits_{l'=1}^{L} p(h_t^l|h_{t-1}^{l'}) w_{t-1}^{l'}}{q(h_t^l)}$$

其中上式分子对应于式(6.10)中的未归一化概率分布函数，$h_{t-1}^{l'}$ 为已知粒子。对应的归一化权重因子为

$$w_t^l = \frac{\tilde{w}_t^l}{\sum\limits_{l'} \tilde{w}_t^{l'}}$$

基于新的权重，采用如下脉冲函数之和来近似 $\rho(h_t)$：

$$\rho(h_t) \approx \sum_{l=1}^{L} w_t^l \delta(h_t, h_t^l)$$

习题

1. 假设 $f(x) \geqslant g(x)$。对于 $\tilde{f}(x) = \int_a^x f(z)\mathrm{d}z$，$\tilde{g}(x) = \int_a^x g(z)\mathrm{d}z$ 和 $\hat{f}(x) = \int_a^x \tilde{f}(z)\mathrm{d}z$，$\hat{g}(x) = \int_a^x \tilde{g}(z)\mathrm{d}z$，试证明：

$$\tilde{f}(x) \geqslant \tilde{g}(x), \quad \hat{f}(x) \geqslant \hat{g}(x)$$

2. 根据关系式 $e^x \geqslant 0$ 和习题 1 的双重积分不等式，证明：

$$e^x \geqslant e^a(1+x-a)$$

3. 令 $\boldsymbol{x} \to \boldsymbol{s}^\mathrm{T} \boldsymbol{W} \boldsymbol{s}$ 其中 $\boldsymbol{s} \in \{0,1\}^D$ 和 $a \to \boldsymbol{h}^\mathrm{T} \boldsymbol{s} + \theta$。根据习题 2 结论，试推导玻耳兹曼机分离函数 $Z = \sum\limits_{\boldsymbol{s}} e^{\boldsymbol{s}^\mathrm{T} \boldsymbol{W} \boldsymbol{s}}$ 的下界。

4. 考虑成对马尔可夫网络模型

$$p(\boldsymbol{x}) = \frac{1}{Z} e^{\boldsymbol{x}^\mathrm{T} \boldsymbol{W} \boldsymbol{x} + \boldsymbol{b}^\mathrm{T} \boldsymbol{x}}$$

其中：对称矩阵 $\boldsymbol{W}$ 可以分解成

$$\boldsymbol{W} = \sum_{i=1}^{I} q_i \boldsymbol{W}_i$$

其中：$0 \leqslant q_i \leqslant 1$；$\sum\limits_{i=1}^{I} q_i = 1$；矩阵 $\boldsymbol{W}_i$ 对应的图具有树结构。试推导出归一化因子 Z 的上界（提示：$\mathcal{E}(e^x) \geqslant e^{\mathcal{E}(x)}$）。

5. 假设非负函数 $f(x)$ 相对于分布 $p(x)$ 的均值写成

$$J = \log \int_x p(x)f(x)\mathrm{d}x$$

最简单的詹森不等式为 $J \geqslant \int p(x)\log f(x)\mathrm{d}x$。试证明：

$$J \geqslant -\mathrm{KL}(q(x)|p(x)) + \mathcal{E}_{q(x)}[\log f(x)]$$

和

$$J \geqslant -\mathrm{KL}(q(x)|p(x)) - \mathrm{KL}(q(x)|f(x)) - H(q(x))$$

式中：$H[q(x)]$ 为概率分布 $q(x)$ 的熵。

6. 考虑如下指数分布函数：

$$q(\boldsymbol{x}) = \frac{1}{Z(\boldsymbol{\phi})} e^{\boldsymbol{\phi}^\mathrm{T} g(\boldsymbol{x})}$$

采用 $q(\boldsymbol{x})$ 对分布 $p(\boldsymbol{x})$ 在 KL 散度 $\mathrm{KL}(p,q)$ 意义下进行近似。试证明：

$$\mathcal{E}_{p(\boldsymbol{x})}[g(\boldsymbol{x})] = \mathcal{E}_{q(\boldsymbol{x})}[g(\boldsymbol{x})]$$

对任意分布函数在 KL 散度 $\mathrm{KL}(p|q)$ 意义下进行最优高斯拟合 $\mathcal{N}(\boldsymbol{x}|\boldsymbol{\mu}, \sigma^2 \boldsymbol{I})$，其矩关系满足

$$\boldsymbol{\mu} = \mathcal{E}_{p(\boldsymbol{x})}[\boldsymbol{x}], \quad \sigma^2 \boldsymbol{I} = \mathcal{E}_{p(\boldsymbol{x})}[\boldsymbol{x}^\mathrm{T}] - \mathcal{E}_{p(\boldsymbol{x})}^2[\boldsymbol{x}]$$

7. 考虑对称高斯提议分布

$$\tilde{q}(\boldsymbol{x}'|\boldsymbol{x}) = \mathcal{N}_{\boldsymbol{x}'}(\boldsymbol{x}, \sigma_q^2 \boldsymbol{I})$$

和目标分布

$$p(\boldsymbol{x}) = \mathcal{N}_{\boldsymbol{x}}(0, \sigma_p^2 \boldsymbol{I})$$

其中：$\dim(\boldsymbol{x}) = N$。试证明：

$$\mathcal{E}_{\tilde{q}(\boldsymbol{x}'|\boldsymbol{x})} \left[\log \frac{p(\boldsymbol{x}')}{p(\boldsymbol{x})} \right] = -\frac{N\sigma_q^2}{2\sigma_p^2}$$

8. 假设分布 $p(x)$ 满足 $p(x) \propto \exp(\sin(x))$，$-\pi \leqslant x \leqslant \pi$。若对 $q(x) = \mathcal{N}_x(0, \sigma^2)$ 进行拒绝采样，试证明满足不等式 $\dfrac{p^*(x)}{q(x)} \leqslant M$ 的合适 M 值为

$$M = \mathrm{e}^{1 + \frac{\pi^2}{2\sigma^2}} \sqrt{2\pi\sigma^2}$$

9. 考虑如下联合分布：

$$p(x_1, \cdots, x_6) = p(x_1)p(x_2)p(x_3|x_1, x_2)p(x_4|x_3)p(x_5|x_3)p(x_6|x_4, x_5)$$

若 x_5 为给定状态值，试写出剩余变量的联合分布 $p(x_1, x_2, x_3, x_4, x_6)$，并解释如何进行序贯采样来获得该分布。

10. 考虑从后验概率分布 $p(\boldsymbol{\theta}|\mathcal{D}) \propto p(\mathcal{D}|\boldsymbol{\theta})p(\boldsymbol{\theta})$ 中进行采样。假如 $q(\mathcal{D}, \mathcal{D}', \boldsymbol{\theta}) = q(\mathcal{D}|\mathcal{D}')p(\mathcal{D}'|\boldsymbol{\theta})p(\boldsymbol{\theta})$，其中 $q(\mathcal{D}|\mathcal{D}') = \delta(\mathcal{D} - \mathcal{D}')$。试证明：

$$q(\boldsymbol{\theta}|\mathcal{D}) = p(\boldsymbol{\theta}|\mathcal{D})$$

第二篇

模型推理

第7章

静态统计模型

静态统计模型是指训练样本在时间上无显式因果关系或者模型在空间上无反馈结构。典型的静态统计学习包括已知样本标记的拟合和未知样本标记的聚类。线性学习方法在一定程度上能够为非线性学习问题提供解决思路和方法，包括采用线性核函数表示、贝叶斯线性模型和隐线性模型等。在统计学习框架下，概率统计模型往往具有非线性特征，其相关的概率计算也比较复杂。本章主要学习几类典型的静态统计模型，包括线性拟合模型、贝叶斯线性模型、隐线性模型和潜在语义模型。

7.1节主要介绍线性拟合，包括模型参数估计的性能分析和模型结构的选择。

7.2节主要介绍贝叶斯线性模型。在似然函数基础上考虑待估计参数的先验知识，形成贝叶斯正则化模型；然后，通过极大似然估计方法或者 EM 算法实现模型参数以及超参数的估计。

7.3节主要介绍隐线性模型，即含有隐变量的线性概率模型。针对高维数据或者复杂模型，通过挖掘其潜在的隐变量可以简化数据或者模型的表示形式，从而广泛应用于图像处理和大规模网络建模。

7.4节主要介绍潜在语义模型，通过矩阵分解发现文本与单词之间基于话题的语义关系。潜在语义分析本质上是一类隐变量线性建模方法，在数据压缩和语义挖掘方面具有重要应用价值。

7.1 线性回归模型

假设在噪声干扰下的线性观测模型如下：

$$y_t = \boldsymbol{x}_t^{\mathrm{T}} \boldsymbol{w} + e_t \tag{7.1}$$

式中：$\boldsymbol{w} \in \mathbb{R}^d$ 为权重向量；e_t 为均值为零、方差为 λ_0 的白噪声。

给定 N 个观测样本 $\boldsymbol{X}_N = [\boldsymbol{x}_1, \cdots, \boldsymbol{x}_N]^{\mathrm{T}}$ 和 $\boldsymbol{Y}_N = [y_1, \cdots, y_N]^{\mathrm{T}}$，最小二乘估计通过求解如下优化问题获得：

$$\min_{\boldsymbol{w}} \|\boldsymbol{Y}_N - \boldsymbol{X}_N \boldsymbol{w}\|^2$$

当 $\boldsymbol{X}_N$ 列满秩时，最小二乘估计表示成

$$\hat{\boldsymbol{w}}_N = (\boldsymbol{X}_N^{\mathrm{T}} \boldsymbol{X}_N)^{-1} \boldsymbol{X}_N^{\mathrm{T}} \boldsymbol{Y}_N \tag{7.2}$$

根据最小二乘法得到的参数估计和真实值之间存在如下误差：

$$\tilde{\boldsymbol{w}}_N = \hat{\boldsymbol{w}}_N - \boldsymbol{w} = (\boldsymbol{X}_N^{\mathrm{T}} \boldsymbol{X}_N)^{-1} \boldsymbol{X}_N^{\mathrm{T}} \boldsymbol{E}_N$$

式中：$\boldsymbol{E}_N = [e_1, \cdots, e_N]^{\mathrm{T}}$。

假如矩阵 $\lim\limits_{N\to\infty}\frac{1}{N}(\boldsymbol{X}_N^{\mathrm{T}}\boldsymbol{X}_N)$ 非奇异，而且

$$\lim_{N\to\infty}\frac{1}{N}(\boldsymbol{X}_N^{\mathrm{T}}\boldsymbol{E}_N)=0$$

当 $N\to\infty$ 时，可以得到

$$\hat{\boldsymbol{w}}_N\to\boldsymbol{w}$$

这意味着，$\hat{\boldsymbol{w}}_N$ 是参数向量 $\boldsymbol{w}$ 的一致估计。

由于

$$\mathcal{E}(\hat{\boldsymbol{w}}_N)=\mathcal{E}[(\boldsymbol{X}_N^{\mathrm{T}}\boldsymbol{X}_N)^{-1}\boldsymbol{X}_N^{\mathrm{T}}\boldsymbol{Y}_N]=\boldsymbol{w}$$

称 $\hat{\boldsymbol{w}}_N$ 为无偏估计。当观测噪声独立同分布且满足 $e_t\sim\mathcal{N}(0,\lambda_0)$ 时，无偏估计 $\hat{\boldsymbol{w}}$ 的协方差矩阵可以写成

$$\mathrm{cov}(\hat{\boldsymbol{w}}_N)=\mathcal{E}(\tilde{\boldsymbol{w}}_N\tilde{\boldsymbol{w}}_N^{\mathrm{T}})=\lambda_0[\boldsymbol{X}_N^{\mathrm{T}}\boldsymbol{X}_N]^{-1}$$

从上式可以看出：随着观测数量的增大，最小二乘估计的方差越小，精度越高。

在实际应用中，噪声方差 λ_0 往往是未知的，其无偏估计通过如下定理得到：

定理 7.1 针对线性模型式(7.1)，其中观测噪声 e_t 为零均值、方差为 λ_0 的白噪声。在给定测量数据 $\{\boldsymbol{X}_N,\boldsymbol{Y}_N\}$ 和式(7.2)中的最小二乘估计 $\hat{\boldsymbol{w}}_N$ 时，方差参数 λ_0 的无偏估计为

$$\hat{\lambda}_N=\frac{N}{N-d}V_N(\hat{\boldsymbol{w}}_N)\tag{7.3}$$

式中

$$V_N(\hat{\boldsymbol{w}}_N)=\frac{1}{N}\|\boldsymbol{Y}_N-\boldsymbol{X}_N^{\mathrm{T}}\hat{\boldsymbol{w}}_N\|^2$$

证明：通过定义正交补投影矩阵

$$\boldsymbol{P}_{\boldsymbol{X}}^{\perp}=\boldsymbol{I}-\boldsymbol{X}_N(\boldsymbol{X}_N^{\mathrm{T}}\boldsymbol{X}_N)^{-1}\boldsymbol{X}_N^{\mathrm{T}}$$

得到如下估计误差：

$$\boldsymbol{\Xi}_N=\boldsymbol{Y}_N-\boldsymbol{X}_N\hat{\boldsymbol{w}}_N=\boldsymbol{Y}_N-\boldsymbol{X}_N(\boldsymbol{X}_N^{\mathrm{T}}\boldsymbol{X}_N)^{-1}\boldsymbol{X}_N^{\mathrm{T}}\boldsymbol{Y}_N$$

$$=\boldsymbol{P}_{\boldsymbol{X}}^{\perp}(\boldsymbol{X}_N\boldsymbol{w}+\boldsymbol{E}_N)=\boldsymbol{P}_{\boldsymbol{X}}^{\perp}\boldsymbol{E}_N$$

更进一步可以获得

$$\mathcal{E}[\boldsymbol{\Xi}_N^{\mathrm{T}}\boldsymbol{\Xi}_N]=\mathcal{E}(\boldsymbol{E}_N^{\mathrm{T}}\boldsymbol{P}_{\boldsymbol{X}}^{\perp}\boldsymbol{E}_N)=\mathcal{E}[\mathrm{tr}(\boldsymbol{P}_{\boldsymbol{X}}^{\perp}\boldsymbol{E}_N\boldsymbol{E}_N^{\mathrm{T}})]$$

$$=\lambda_0\mathrm{tr}(\boldsymbol{P}_{\boldsymbol{X}}^{\perp})=(N-d)\lambda_0$$

上式最后一个等式用到了投影矩阵的 0/1 特征值结论。

根据上式，λ_0 的无偏估计如下：

$$\hat{\lambda}_N=\frac{1}{N-d}\boldsymbol{\Xi}_N^{\mathrm{T}}\boldsymbol{\Xi}_N=\frac{N}{N-d}V_N(\hat{\boldsymbol{w}}_N)$$

7.1.1 最优线性无偏估计

考虑如下加权二乘估计:

$$\hat{\boldsymbol{w}}_N = \arg\min_{\boldsymbol{w}} \|\boldsymbol{Y}_N - \boldsymbol{X}_N\boldsymbol{w}\|_{\boldsymbol{Q}}^2$$

$$= [\boldsymbol{X}_N^{\mathrm{T}}\boldsymbol{Q}\boldsymbol{X}_N]^{-1}\boldsymbol{X}_N^{\mathrm{T}}\boldsymbol{Q}\boldsymbol{Y}_N \tag{7.4}$$

可以看出上述二乘估计是无偏估计,而且其协方差矩阵可以写成

$$\mathrm{cov}(\hat{\boldsymbol{w}}_N) = \boldsymbol{P}_N(\boldsymbol{Q}) = [\boldsymbol{X}_N^{\mathrm{T}}\boldsymbol{Q}\boldsymbol{X}_N]^{-1}\boldsymbol{X}_N^{\mathrm{T}}\boldsymbol{Q}\boldsymbol{R}_N\boldsymbol{Q}\boldsymbol{X}_N[\boldsymbol{X}_N^{\mathrm{T}}\boldsymbol{Q}\boldsymbol{X}_N]^{-1} \tag{7.5}$$

式中: $\boldsymbol{R}_N = \mathcal{E}(\boldsymbol{E}_N\boldsymbol{E}_N^{\mathrm{T}})$。

如何选择权重矩阵 $\boldsymbol{Q}$ 才能够使得上述协方差矩阵最小呢?

定理 7.2 式(7.5)中协方差矩阵 $\boldsymbol{P}_N(\boldsymbol{Q})$ 在 $\boldsymbol{Q} = \boldsymbol{R}_N^{-1}$ 时能够达到最小值。

证明: 根据矩阵不等式

$$\begin{bmatrix} \boldsymbol{X}_N^{\mathrm{T}} \\ \boldsymbol{X}_N^{\mathrm{T}}\boldsymbol{Q}\boldsymbol{R}_N \end{bmatrix} \boldsymbol{R}_N^{-1} \begin{bmatrix} \boldsymbol{X}_N^{\mathrm{T}} \\ \boldsymbol{X}_N^{\mathrm{T}}\boldsymbol{Q}\boldsymbol{R}_N \end{bmatrix}^{\mathrm{T}} \geqslant 0$$

可得

$$\boldsymbol{X}_N^{\mathrm{T}}\boldsymbol{R}_N^{-1}\boldsymbol{X}_N \geqslant \boldsymbol{X}_N^{\mathrm{T}}\boldsymbol{Q}\boldsymbol{X}_N[\boldsymbol{X}_N^{\mathrm{T}}\boldsymbol{Q}\boldsymbol{R}_N\boldsymbol{Q}\boldsymbol{X}_N]^{-1}\boldsymbol{X}_N^{\mathrm{T}}\boldsymbol{Q}\boldsymbol{X}_N$$

对上述不等式求逆即可得到结论。

当 $\boldsymbol{Q} = \boldsymbol{R}_N^{-1}$ 时,最小二乘估计也称为最优线性无偏估计。

7.1.2 参数估计的概率分布

受到噪声干扰,$\hat{\boldsymbol{w}}_N$ 和 $\hat{\lambda}_N$ 本质上是随机变量。因此,研究其分布函数具有重要意义。当 $\boldsymbol{E}_N$ 为高斯分布且 $\mathcal{E}[\boldsymbol{E}_N\boldsymbol{E}_N^{\mathrm{T}}] = \boldsymbol{R}_N$ 时,可以得到

$$\boldsymbol{Y}_N \in \mathcal{N}(\boldsymbol{X}_N\boldsymbol{w}^*, \boldsymbol{R}_N)$$

式中: $\boldsymbol{w}^*$ 为权重向量估计的真值。

根据表达式 $\hat{\boldsymbol{w}}_N = \boldsymbol{X}_N^{\dagger}\boldsymbol{Y}_N$,其中 "$\dagger$" 为 Moore-Penrose 伪逆算子,可以得到

$$\hat{\boldsymbol{w}}_N \in \mathcal{N}(\boldsymbol{w}^*, \boldsymbol{P}_N) \tag{7.6}$$

式中: $\boldsymbol{P}_N = \lambda_0(\boldsymbol{X}_N\boldsymbol{X}_N^{\mathrm{T}})^{-1}$ (当 $\boldsymbol{Q}$ 为单位阵时,$\boldsymbol{P}_N$ 表达式可由式(7.5)得到)。

根据式(7.3)中关于 $V_N(\boldsymbol{w})$ 的定义,当 $\hat{\boldsymbol{w}}_N = \boldsymbol{w}^*$ 时,有

$$NV_N(\boldsymbol{w}^*) = \boldsymbol{E}_N^{\mathrm{T}}\boldsymbol{E}_N = \sum_{t=1}^{N} \boldsymbol{e}_t^{\mathrm{T}}\boldsymbol{e}_t$$

进而得到

$$\frac{N}{\lambda_0} V_N(\boldsymbol{w}^*) \in \chi^2(N)$$

式中：$\chi^2(N)$ 代表自由度为 N 的卡方分布。

定理 7.3 当 $\boldsymbol{w}^*$ 未知时，采用 $\hat{\boldsymbol{w}}_N$ 代替 $\boldsymbol{w}^*$ 就会使得估计分布变成

$$\frac{N}{\lambda_0} V_N(\hat{\boldsymbol{w}}_N) \in \chi^2(N-d) \tag{7.7}$$

证明： 假设正交补投影矩阵 $\boldsymbol{P}_{\boldsymbol{X}}^\perp$ 的特征值分解可以写成

$$\boldsymbol{P}_{\boldsymbol{X}}^\perp = \boldsymbol{U}_N^{\mathrm{T}} \boldsymbol{D}_N \boldsymbol{U}_N$$

式中：$\boldsymbol{U}_N$ 为正交矩阵；$\boldsymbol{D}_N$ 是对角元素为 0 或者 1 的对角阵，且 $\mathrm{tr}(\boldsymbol{D}_N) = N-d$。

$$\begin{aligned}
\frac{N}{\lambda_0} V_N(\hat{\boldsymbol{\theta}}_N) &= \frac{1}{\lambda_0} \boldsymbol{E}_N^{\mathrm{T}} \boldsymbol{P}_{\boldsymbol{X}}^\perp \boldsymbol{E}_N \\
&= \frac{1}{\lambda_0} \boldsymbol{E}_N^{\mathrm{T}} \boldsymbol{U}_N^{\mathrm{T}} \boldsymbol{D}_N \boldsymbol{U}_N \boldsymbol{E}_N \\
&= \frac{1}{\lambda_0} \sum_{t=1}^{N-d} \bar{\boldsymbol{e}}_t^{\mathrm{T}} \bar{\boldsymbol{e}}_t
\end{aligned}$$

因为上式中的 $\boldsymbol{U}_N$ 是正交矩阵，所以 $\{\bar{\boldsymbol{e}}_t\}_{t=1}^{N-d}$ 依然是均值为零、方差为 λ_0 的独立同分布噪声。由此，式(7.7)中的结论得证。

7.1.3 参数估计的置信区间

根据式(7.6)可以得到 $\hat{\boldsymbol{w}}_N - \boldsymbol{w}^*$ 的分布函数：

$$(\hat{\boldsymbol{w}}_N - \boldsymbol{w}^*)^{\mathrm{T}} \boldsymbol{P}_N^{-1} (\hat{\boldsymbol{w}}_N - \boldsymbol{w}^*) \in \chi^2(d)$$

区间 $\|\hat{\boldsymbol{w}}_N - \boldsymbol{w}^*\|_{\boldsymbol{P}_N^{-1}} \geqslant \alpha$ 内的概率记为 $\chi_\alpha^2(d)$，称为 $\chi^2(d)$ 的置信水平 α。

当 $\boldsymbol{R}_N = \boldsymbol{I}$ 时，有 $\boldsymbol{P}_N = \lambda_0 [\boldsymbol{X}_N^{\mathrm{T}} \boldsymbol{X}_N]^{-1}$。由于 λ_0 未知，可以用 $\hat{\lambda}_N = \dfrac{N}{N-d} V_N(\hat{\boldsymbol{w}}_N)$ 来代替，从而得到

$$\frac{1}{d\hat{\lambda}_N} \cdot (\hat{\boldsymbol{w}}_N - \boldsymbol{w}^*)^{\mathrm{T}} [\boldsymbol{X}_N^{\mathrm{T}} \boldsymbol{X}_N] (\hat{\boldsymbol{w}}_N - \boldsymbol{w}^*) = \frac{(\hat{\boldsymbol{w}}_N - \boldsymbol{w}^*)^{\mathrm{T}} \boldsymbol{P}_N^{-1} (\hat{\boldsymbol{w}}_N - \boldsymbol{w}^*)}{d \cdot \hat{\lambda}_N / \lambda_0} \in \mathcal{F}(d, N-d)$$

式中：$\mathcal{F}(d, N-d)$ 代表自由度为 d 和自由度为 $N-d$ 两个卡方分布的比值。因此，根据 $\mathcal{F}$ 分布和置信水平 α 可以计算出置信区域 $\mathcal{F}_\alpha(d, N-d)$。

7.1.4 回归变量的选择——F 检验法

对 d 维回归向量进行拟合时，从式(7.7)的证明过程可以得出

$$V_N(\hat{\boldsymbol{w}}_N) = \frac{1}{N}\boldsymbol{E}_N^{\mathrm{T}}\boldsymbol{P}_{\boldsymbol{X}}^{\perp}\boldsymbol{E}_N$$

其均值为

$$\mathcal{E}(V_N(\hat{\boldsymbol{w}}_N)) = \frac{N-d}{N}\lambda_0$$

由此可以看出：d 值越大，拟合误差越小。为此在选择回归变量的维度时，增加一些回归变量会导致拟合误差快速减小。

定理 7.4 对于模型 $y_t = \boldsymbol{x}_t^{\mathrm{T}}\boldsymbol{w} + e_t$，令 $V_N^1 = \min_{\boldsymbol{w}}\ \|\boldsymbol{Y}_N - \boldsymbol{X}_N\boldsymbol{w}\|^2$。若对该模型增加一些回归变量，得到一个新模型：

$$y_t = \boldsymbol{x}_t^{\mathrm{T}}\boldsymbol{w} + \boldsymbol{\zeta}_t^{\mathrm{T}}\boldsymbol{\eta} + e_t$$

式中：$\boldsymbol{\zeta}_t \in \mathbb{R}^r$ 为新增回归向量。

令 $V_N^2 = \min_{\boldsymbol{w},\boldsymbol{\eta}}\ \|\boldsymbol{Y}_N - \boldsymbol{X}_N^{\mathrm{T}}\boldsymbol{w} - \boldsymbol{Z}_N^{\mathrm{T}}\boldsymbol{\eta}\|^2$，其中

$$\boldsymbol{Z}_N = \begin{bmatrix} \boldsymbol{\zeta}_1 & \cdots & \boldsymbol{\zeta}_N \end{bmatrix}^{\mathrm{T}}$$

根据上述两个模型，可以得到

(1) $\dfrac{V_N^2}{\lambda_0} \in \chi^2(N-d-r)$

(2) $\dfrac{V_N^1 - V_N^2}{\lambda_0} \in \chi^2(r)$

(3) $t(d,r,N) = \dfrac{N-d-r}{V_N^2}\cdot\dfrac{V_N^1 - V_N^2}{r} \in \mathcal{F}(r, N-d-r)$

式中：$\chi^2(\cdot)$ 和 $\mathcal{F}(\cdot,\cdot)$ 分别为卡方分布和 F 分布。

证明：第一个结论显而易见，第三个结论建立在第一和第二个结论基础之上。接下来证明第二个结论。令

$$V_N^1 = \boldsymbol{Y}_N^{\mathrm{T}}\boldsymbol{P}_{\boldsymbol{X}}^{\perp}\boldsymbol{Y}_N = \boldsymbol{Y}_N^{\mathrm{T}}\left(\boldsymbol{I} - \boldsymbol{X}_N(\boldsymbol{X}_N^{\mathrm{T}}\boldsymbol{X}_N)^{-1}\boldsymbol{X}_N^{\mathrm{T}}\right)\boldsymbol{Y}_N$$

$$V_N^2 = \boldsymbol{Y}_N^{\mathrm{T}}\left(\boldsymbol{I} - \begin{bmatrix} \boldsymbol{X}_N & \boldsymbol{Z}_N \end{bmatrix}\begin{bmatrix} \boldsymbol{X}_N^{\mathrm{T}}\boldsymbol{X}_N & \boldsymbol{X}_N^{\mathrm{T}}\boldsymbol{Z}_N \\ \boldsymbol{Z}_N^{\mathrm{T}}\boldsymbol{X}_N & \boldsymbol{Z}_N^{\mathrm{T}}\boldsymbol{Z}_N \end{bmatrix}^{-1}\begin{bmatrix} \boldsymbol{X}_N^{\mathrm{T}} \\ \boldsymbol{Z}_N^{\mathrm{T}} \end{bmatrix}\right)\boldsymbol{Y}_N$$

因为矩阵

$$\begin{bmatrix} \boldsymbol{X}_N & \boldsymbol{Z}_N \end{bmatrix}\begin{bmatrix} \boldsymbol{X}_N^{\mathrm{T}}\boldsymbol{X}_N & \boldsymbol{X}_N^{\mathrm{T}}\boldsymbol{Z}_N \\ \boldsymbol{Z}_N^{\mathrm{T}}\boldsymbol{X}_N & \boldsymbol{Z}_N^{\mathrm{T}}\boldsymbol{Z}_N \end{bmatrix}^{-1}\begin{bmatrix} \boldsymbol{X}_N^{\mathrm{T}} \\ \boldsymbol{Z}_N^{\mathrm{T}} \end{bmatrix} - \boldsymbol{X}_N(\boldsymbol{X}_N^{\mathrm{T}}\boldsymbol{X}_N)^{-1}\boldsymbol{X}_N^{\mathrm{T}}$$

是秩为 r 的投影矩阵，所以有

$$\frac{V_N^1 - V_N^2}{\lambda_0} \in \chi^2(r)$$

上述定理表明：若增加 r 个回归变量导致 $t(d, r, N)$ 显著降低，则可以认为该回归变量应该包含在回归向量中。

7.1.5 回归变量的选择——AIC 检验法

为了能够体现回归算法的泛化能力，不仅仅考虑训练误差，更应该考虑测试误差。若回归变量的维度选择不恰当，则拟合残差可以分解成噪声方差、模型偏差和估计方差三部分。考虑模型 $y_t = \boldsymbol{x}_t^{\mathrm{T}} \boldsymbol{w} + e_t$，通过训练数据 $\{\boldsymbol{x}_t, y_t\}$ 可以获得参数估计 $\hat{\boldsymbol{w}}$。假设 $(\boldsymbol{x}, y_0)$ 为测试数据，则有

$$
\begin{aligned}
E(\hat{\boldsymbol{w}}_N) &= \mathcal{E}_{y_0}[(y_0 - \boldsymbol{x}^{\mathrm{T}} \hat{\boldsymbol{w}}_N)^2] \\
&= \mathcal{E}_{y_0}[y_0 - \boldsymbol{x}^{\mathrm{T}} \boldsymbol{w} + \boldsymbol{x}^{\mathrm{T}} \boldsymbol{w} - \boldsymbol{x}^{\mathrm{T}} \mathcal{E}(\hat{\boldsymbol{w}}_N) + \boldsymbol{x}^{\mathrm{T}} \mathcal{E}(\hat{\boldsymbol{w}}_N) - \boldsymbol{x}^{\mathrm{T}} \hat{\boldsymbol{w}}_N] \\
&= \mathcal{E}_{y_0}[y_0 - \boldsymbol{x}^{\mathrm{T}} \boldsymbol{w}]^2 + [\boldsymbol{x}^{\mathrm{T}} \boldsymbol{w} - \boldsymbol{x}^{\mathrm{T}} \mathcal{E}(\hat{\boldsymbol{w}}_N)]^2 + \mathcal{E}[\boldsymbol{x}^{\mathrm{T}} \hat{\boldsymbol{w}}_N - \boldsymbol{x}^{\mathrm{T}} \mathcal{E}(\hat{\boldsymbol{w}}_N)]^2 \\
&= \text{噪声方差} + \text{偏差平方} + \text{估计方差}
\end{aligned}
$$

式中：$\mathcal{E}_{y_0}$ 是对测试数据求期望。

上述第三个等式成立的条件是测试样本所含噪声和训练样本所含噪声独立同分布。

对于训练集 $\{\boldsymbol{x}_t, y_t\}_{t=1}^N$，其训练误差定义为

$$\bar{E}(\hat{\boldsymbol{w}}_N) = \frac{1}{N} \sum_{t=1}^N (y_t - \boldsymbol{x}_t^{\mathrm{T}} \hat{\boldsymbol{w}}_N)^2 \tag{7.8}$$

测试误差（泛化误差）通常是指对所有具有独立同分布样本的期望误差，记为

$$E(\hat{\boldsymbol{w}}_N) = \frac{1}{N} \sum_{t=1}^N \mathcal{E}_y \left(y_t - \boldsymbol{x}_t^{\mathrm{T}} \hat{\boldsymbol{w}}_N\right)^2$$

定义测试误差和训练误差的差值：

$$\mathrm{opt}(\hat{\boldsymbol{w}}_N) = E(\hat{\boldsymbol{w}}_N) - \bar{E}(\hat{\boldsymbol{w}}_N) \tag{7.9}$$

根据上述误差定义和物理解释，opt 的值肯定非负。

为了提升算法的泛化能力，通常需要最小化如下测试误差：

$$E(\hat{\boldsymbol{w}}_N) = \bar{E}(\hat{\boldsymbol{w}}_N) + \mathrm{opt}(\hat{\boldsymbol{w}}_N)$$

其中：$\bar{E}$ 的表达式已由式(7.8)给出，而 opt 的表达式需要根据式(7.9)推导得到：

$$
\begin{aligned}
\operatorname{opt}(\hat{w}_N) &= \frac{1}{N} \sum_{t=1}^{N} \left[\mathcal{E}_{y_0} \left(y_{0t} - \boldsymbol{x}_t^{\mathrm{T}} \hat{\boldsymbol{w}} \right)^2 - \left(y_t - \boldsymbol{x}_t^{\mathrm{T}} \hat{\boldsymbol{w}} \right)^2 \right] \\
&= \frac{1}{N} \sum_{t=1}^{N} \left[\mathcal{E}_{y_0} \left(y_{0t} - \boldsymbol{x}_t^{\mathrm{T}} \boldsymbol{w} + \boldsymbol{x}_t^{\mathrm{T}} \boldsymbol{w} - \boldsymbol{x}_t^{\mathrm{T}} \hat{\boldsymbol{w}} \right)^2 - \left(y_t - \boldsymbol{x}_t^{\mathrm{T}} \boldsymbol{w} + \boldsymbol{x}_t^{\mathrm{T}} \boldsymbol{w} - \boldsymbol{x}_t^{\mathrm{T}} \hat{\boldsymbol{w}} \right)^2 \right] \\
&= \lambda_0 - \frac{1}{N} \sum_{t=1}^{N} \left(y_t - \boldsymbol{x}_t^{\mathrm{T}} \boldsymbol{w} \right)^2 + \frac{2}{N} \sum_{t=1}^{N} (y_t - \boldsymbol{x}_t^{\mathrm{T}} \boldsymbol{w})(\boldsymbol{x}_t^{\mathrm{T}} \hat{\boldsymbol{w}} - \boldsymbol{x}_t^{\mathrm{T}} \boldsymbol{w})
\end{aligned}
$$

当 $N \to \infty$ 时，有

$$
\lim_{N \to \infty} \operatorname{opt}(\hat{\boldsymbol{w}}_N) = \lim_{N \to \infty} \frac{2}{N} \sum_{t=1}^{N} (y_t - \boldsymbol{x}_t^{\mathrm{T}} \boldsymbol{w})^{\mathrm{T}} (\boldsymbol{x}_t^{\mathrm{T}} \hat{\boldsymbol{w}} - \boldsymbol{x}_t^{\mathrm{T}} \boldsymbol{w}) = \frac{2d}{N} \lambda_0
$$

通过上式可以得到

$$
\mathcal{E}_y E(\hat{\boldsymbol{w}}_N) = \mathcal{E}_y \bar{E}(\hat{\boldsymbol{w}}_N) + 2 \cdot \frac{d}{N} \lambda_0
$$

式中：$\mathcal{E}_y$ 是对训练数据求期望。

由上述分析可以得到 AIC(Akaike Information Criterion) 准则：

$$
E(\hat{\boldsymbol{w}}_N) = \bar{E}(\hat{\boldsymbol{w}}_N) + \frac{2\dim[\hat{\boldsymbol{w}}_N]}{N} \lambda_0
$$

然而，在噪声方差 λ_0 未知的情况下，将估计值式 (7.3) 代入上式可得

$$
E(\hat{\boldsymbol{w}}_N) \approx \frac{1 + \dim[\hat{\boldsymbol{w}}_N]/N}{1 - \dim[\hat{\boldsymbol{w}}_N]/N} V_N(\hat{\boldsymbol{w}}_N)
$$

7.1.6　回归变量的选择——BIC 检验法

BIC(Bayesian Information Criterion) 准则通常描述采用极大似然方法进行拟合，其初衷是要实现数据的最短描述，即 $\dim[\boldsymbol{w}_0] \cdot \frac{\log(N)}{N}$ 最小化。BIC 准则可以写成

$$
J(w_0) = V_N(w_0) + \frac{\dim[\boldsymbol{w}_0] \log(N)}{N}
$$

BIC 准则也可以从贝叶斯估计的角度进行推导。假设有很多候选模型，由 $M_i(i = 1, \cdots, M)$ 来描述。用 $\boldsymbol{z} = (\boldsymbol{x}, y)$ 来表述训练数据，则两个候选模型的后验概率比为

$$
\frac{p(M_i | \boldsymbol{z})}{p(M_j | \boldsymbol{z})} = \frac{p(M_i)}{p(M_j)} \frac{p(\boldsymbol{z} | M_i)}{p(\boldsymbol{z} | M_j)}
$$

若 $p(M_i|\boldsymbol{z}) > p(M_j|\boldsymbol{z})$，选择模型 M_i；反之，选择模型 M_j。因此，需要选择模型 M_i 使得后验概率 $p(M_i|\boldsymbol{z})$ 尽量大。

由于先验概率是固定的，只需要最大化 $p(\boldsymbol{z}|M_i)$ 即可。假设参数 $\boldsymbol{w}^i$ 和模型 M_i 相对应，则可以得到如下概率积分公式：

$$p(\boldsymbol{z}|M_i) = \int_{\boldsymbol{w}^i} p(\boldsymbol{z}|\boldsymbol{w}^i, M_i)p(\boldsymbol{w}^i)\mathrm{d}\boldsymbol{w}_i = \int_{\boldsymbol{w}^i} \exp[-C(\boldsymbol{w}^i)]\mathrm{d}\boldsymbol{w}^i$$

式中：$p(\boldsymbol{z}|\boldsymbol{w}^i, M_i)p(\boldsymbol{w}^i)$ 表示成广义指数分布形式 $\exp[-C(\boldsymbol{w}^i)]$。上述积分通常很难进行精确计算，除非 $C(\boldsymbol{w}^i)$ 为参数的二次型。

为了能够简化贝叶斯（后验概率）比较方法，将采用拉普拉斯方法来进行近似计算，即在极大似然估计值 $\hat{\boldsymbol{w}}^i = \arg\min\limits_{\boldsymbol{w}^i} C(\boldsymbol{w}^i)$ 处进行二阶泰勒展开：

$$C(\boldsymbol{w}^i) \approx C(\hat{\boldsymbol{w}}^i) + (\boldsymbol{w}^i - \hat{\boldsymbol{w}}^i)^{\mathrm{T}} \underbrace{\left.\frac{\partial C(\boldsymbol{w}^i)}{\partial \boldsymbol{w}^i}\right|_{\hat{w}^i}}_{=0} + \frac{1}{2}(\boldsymbol{w}^i - \hat{\boldsymbol{w}}^i)^{\mathrm{T}}\boldsymbol{H}(\boldsymbol{w}^i - \hat{\boldsymbol{w}}^i)$$

式中：$\boldsymbol{H}$ 为 Hessian 矩阵。

$$\boldsymbol{H} = \left.\frac{\partial^2 C(\boldsymbol{w}^i)}{\partial \boldsymbol{w}^i \partial \boldsymbol{w}^{i,\mathrm{T}}}\right|_{\hat{w}^i}$$

因此，概率分布 $\exp[-C(\boldsymbol{w}^i)]$ 可以近似表示成

$$\exp\left[-\frac{1}{2}(\boldsymbol{w}^i - \hat{\boldsymbol{w}}^i)^{\mathrm{T}}\boldsymbol{H}(\boldsymbol{w}^i - \hat{\boldsymbol{w}}^i)\right] \propto \mathcal{N}(\hat{\boldsymbol{w}}^i, \boldsymbol{H}^{-1})$$

其对应的积分可以写成

$$\int_{\boldsymbol{w}^i} \exp[-C(\boldsymbol{w}^i)]\mathrm{d}\boldsymbol{w}^i$$
$$\approx \int_{\boldsymbol{w}^i} \exp\left[-C(\hat{\boldsymbol{w}}^i) - \frac{1}{2}(\boldsymbol{w}^i - \hat{\boldsymbol{w}}^i)^{\mathrm{T}}\boldsymbol{H}(\boldsymbol{w}^i - \hat{\boldsymbol{w}}^i)\right]\mathrm{d}\boldsymbol{w}^i$$
$$= \exp[-C(\hat{\boldsymbol{w}}^i)]\left[(2\pi)^{\dim[\boldsymbol{w}^i]/2}|\boldsymbol{H}|^{-1/2}\right]$$

当拟合问题中的回归变量独立同分布而且 N 个训练样本也相互独立时，Hessian 矩阵可以近似成 $\boldsymbol{H} = N \cdot \boldsymbol{I}_{\dim[w^i]}$，从而有 $|\boldsymbol{H}| = N^{\dim[w^i]}$。对上述积分公式进行负对数操作得到

$$-\log p(\boldsymbol{z}|M_i) = C(\hat{\boldsymbol{w}}^i) + \frac{\dim[\boldsymbol{w}^i] \cdot \log(N)}{2} \tag{7.10}$$

式中

$$C(\boldsymbol{w}^i) = \frac{1}{2}\sum_{t=1}^{N}\|y_t - \boldsymbol{x}_t^{\mathrm{T}}\boldsymbol{w}^i\|^2$$

上式为 BIC 准则，其推导过程没有用到参数向量 $\boldsymbol{w}^i$ 的先验知识。BIC 准则能够用于模型比较，可以看出 $\dfrac{\dim[\boldsymbol{w}^i]\log(N)}{2}$ 项对参数的数量进行了惩罚，因此能够得到比较稀疏的模型结构。值得注意的是：BIC 准则式(7.10)没有用到特殊的先验知识，因此其实际效果可能不如拉普拉斯近似。

7.2　贝叶斯线性模型

7.2.1　贝叶斯拟合

考虑带噪声的广义线性模型

$$y_t = \boldsymbol{w}^{\mathrm{T}}\phi(\boldsymbol{x}_t) + e_t \tag{7.11}$$

式中：参数向量 $\boldsymbol{w} \in \mathbb{R}^d$；观测噪声 $e_t \sim \mathcal{N}_\eta(0, \sigma^2)$。

上述模型所对应的输出概率分布为

$$p(y_t|\boldsymbol{w}, \boldsymbol{x}_t) = \mathcal{N}_y(\boldsymbol{w}^{\mathrm{T}}\phi(\boldsymbol{x}_t), \sigma^2)$$

给定独立同分布的数据集 $\mathcal{D} = \{\boldsymbol{x}_t, y_t\}_{t=1}^N$，以 $\boldsymbol{w}$ 为参数的似然函数可写成

$$p(\mathcal{D}_y|\mathcal{D}_x, \boldsymbol{w}) = \prod_{t=1}^N p(y_t|\boldsymbol{w}, \boldsymbol{x}_t)$$

当 $\boldsymbol{w}$ 为随机向量时，需要在似然函数基础上考虑随机向量 $\boldsymbol{w}$ 的概率分布，其对应的后验概率分布可以写成

$$p(\boldsymbol{w}|\mathcal{D}) \propto p(\mathcal{D}_y|\mathcal{D}_x, \boldsymbol{w})p(\boldsymbol{w})$$

令 $\beta = 1/\sigma^2$，对数后验概率分布可以写成

$$\log p(\boldsymbol{w}|\mathcal{D}) = -\frac{\beta}{2}\sum_{t=1}^N (y_t - \boldsymbol{w}^{\mathrm{T}}\phi(\boldsymbol{x}_t))^2 + \log p(\boldsymbol{w}) + \frac{N}{2}\log\beta + \text{const}$$

预测输出值 $\boldsymbol{w}^{\mathrm{T}}\phi(\boldsymbol{x}_t)$ 与 $\boldsymbol{w}$ 成正比，为了使预测输出尽量平滑，定义权重向量 $\boldsymbol{w}$ 的先验概率为

$$p(\boldsymbol{w}|\alpha) = \mathcal{N}_{\boldsymbol{w}}(0, \alpha^{-1}I) = \left(\frac{\alpha}{2\pi}\right)^{d/2}\exp\left(-\frac{\alpha}{2}\boldsymbol{w}^{\mathrm{T}}\boldsymbol{w}\right)$$

式中：α 为方差的倒数。令参数集合 $\boldsymbol{\Gamma} = \{\alpha, \beta\}$，概率分布函数 $p(\mathcal{D}|\boldsymbol{\Gamma}, \boldsymbol{w})p(\boldsymbol{w})$ 可以写成

$$p(\mathcal{D}|\boldsymbol{\Gamma}, \boldsymbol{w})p(\boldsymbol{w}) = \exp\left(-\frac{\beta}{2}\sum_{t=1}^N (y_t - \boldsymbol{w}^{\mathrm{T}}\phi(\boldsymbol{x}_t))^2 - \frac{\alpha}{2}\boldsymbol{w}^{\mathrm{T}}\boldsymbol{w}\right)\left(\frac{\beta}{2\pi}\right)^{N/2}\left(\frac{\alpha}{2\pi}\right)^{d/2} \tag{7.12}$$

根据式(7.12)，概率分布函数 $p(\boldsymbol{w}|\mathcal{D})$ 的对数形式可以写成

$$\log p(\boldsymbol{w}|\boldsymbol{\Gamma},\mathcal{D}) = -\frac{\beta}{2}\sum_{t=1}^{N}(y_t - \boldsymbol{w}^{\mathrm{T}}\phi(\boldsymbol{x}_t))^2 - \frac{\alpha}{2}\boldsymbol{w}^{\mathrm{T}}\boldsymbol{w} + \mathrm{const}$$

因此，$p(\boldsymbol{w}|\boldsymbol{\Gamma},\mathcal{D})$ 具有如下正态分布形式：

$$p(\boldsymbol{w}|\boldsymbol{\Gamma},\mathcal{D}) = \mathcal{N}_{\boldsymbol{w}}(\boldsymbol{m},\boldsymbol{S}) \tag{7.13}$$

其协方差矩阵和均值向量可以表示成

$$\boldsymbol{S} = \left(\alpha\boldsymbol{I} + \beta\sum_{t=1}^{N}\phi(\boldsymbol{x}_t)\phi^{\mathrm{T}}(\boldsymbol{x}_t)\right)^{-1}, \quad \boldsymbol{m} = \beta\cdot\boldsymbol{S}\sum_{t=1}^{N}y_t\phi(\boldsymbol{x}_t) \tag{7.14}$$

在实际应用场景中，参数集合 $\boldsymbol{\Gamma}$ 往往是未知的，因此广义线性模型式(7.11)的建模问题归结为对参数集合 $\boldsymbol{\Gamma}$ 的求解。接下来，将讨论如何利用数据集 $\mathcal{D} = \{\boldsymbol{x}_t, y_t\}_{t=1}^{N}$ 对超参数集合 $\boldsymbol{\Gamma}$ 进行估计。

1. 超参数的极大似然估计

当 $\boldsymbol{\Gamma}$ 为确定性参数时，极大似然估计方法需要最大化如下对数似然函数：

$$\boldsymbol{\Gamma}^* = \max_{\boldsymbol{\Gamma}}\ \log p(\mathcal{D}|\boldsymbol{\Gamma}) \tag{7.15}$$

首先，将对数似然函数关于 $\boldsymbol{\Gamma}$ 求导可得

$$\begin{aligned}
\frac{\partial}{\partial\boldsymbol{\Gamma}}\log p(\mathcal{D}|\boldsymbol{\Gamma}) &= \frac{\partial_{\boldsymbol{\Gamma}}p(\mathcal{D}|\boldsymbol{\Gamma})}{p(\mathcal{D}|\boldsymbol{\Gamma})} = \frac{\partial_{\boldsymbol{\Gamma}}\int p(\mathcal{D},\boldsymbol{w}|\boldsymbol{\Gamma})\mathrm{d}\boldsymbol{w}}{p(\mathcal{D}|\boldsymbol{\Gamma})} \\
&= \int \frac{p(\boldsymbol{w}|\mathcal{D},\boldsymbol{\Gamma})\partial_{\boldsymbol{\Gamma}}p(\mathcal{D},\boldsymbol{w}|\boldsymbol{\Gamma})}{p(\mathcal{D},\boldsymbol{w}|\boldsymbol{\Gamma})}\mathrm{d}\boldsymbol{w} \\
&= \mathcal{E}_{p(\boldsymbol{w}|\mathcal{D},\boldsymbol{\Gamma})}\left[\frac{\partial}{\partial\boldsymbol{\Gamma}}\left(\log p(\mathcal{D}|\boldsymbol{w},\boldsymbol{\Gamma})p(\boldsymbol{w}|\boldsymbol{\Gamma})\right)\right]
\end{aligned}$$

由于似然函数项 $p(\mathcal{D}|\boldsymbol{w},\boldsymbol{\Gamma})$ 与 α 无关，因此可以得到

$$\frac{\partial}{\partial\alpha}\log p(\mathcal{D}|\boldsymbol{\Gamma}) = \mathcal{E}_{p(\boldsymbol{w}|\boldsymbol{\Gamma},\mathcal{D})}\left[\frac{\partial}{\partial\alpha}\log p(\boldsymbol{w}|\alpha)\right]$$

根据表达式

$$\log p(\boldsymbol{w}|\alpha) = -\frac{\alpha}{2}\boldsymbol{w}^{\mathrm{T}}\boldsymbol{w} + \frac{d}{2}\log\alpha + \mathrm{const}$$

可以得到

$$\frac{\partial}{\partial\alpha}\log p(\mathcal{D}|\boldsymbol{\Gamma}) = \frac{1}{2}\mathcal{E}_{p(\boldsymbol{w}|\boldsymbol{\Gamma},\mathcal{D})}\left[-\boldsymbol{w}^{\mathrm{T}}\boldsymbol{w} + \frac{d}{\alpha}\right]$$

将上述导数置零可得

$$\alpha^+ = \frac{d}{\mathcal{E}_{p(\boldsymbol{w}|\boldsymbol{\Gamma},\mathcal{D})}[\boldsymbol{w}^{\mathrm{T}}\boldsymbol{w}]}$$

根据式(7.13)所示的高斯分布 $p(\boldsymbol{w}|\boldsymbol{\Gamma},\mathcal{D}) = \mathcal{N}_{\boldsymbol{w}}(\boldsymbol{m},\boldsymbol{S})$，上式 α 参数更新可以写成

$$\alpha^+ = \frac{d}{\mathrm{tr}(\boldsymbol{S}) + \boldsymbol{m}^{\mathrm{T}}\boldsymbol{m}} \tag{7.16}$$

类似地，β 的更新公式为

$$\beta^+ = \left(\frac{1}{N}\sum_{t=1}^{N}(y_t - \boldsymbol{m}^{\mathrm{T}}\boldsymbol{\phi}(\boldsymbol{x}_t))^2 + \mathrm{tr}(\boldsymbol{S}\hat{\boldsymbol{S}})\right)^{-1} \tag{7.17}$$

式中

$$\hat{\boldsymbol{S}} = \frac{1}{N}\sum_{t=1}^{N}\boldsymbol{\phi}(\boldsymbol{x}_t)\boldsymbol{\phi}^{\mathrm{T}}(\boldsymbol{x}_t)$$

如上所述，参数 $\boldsymbol{\Gamma}$ 可以按照式(7.16)和式(7.17)进行交替迭代更新，直到收敛为止。

2. 超参数的 EM 估计

为了最大化式(7.15)中的似然函数，将 $\boldsymbol{w}$ 看成隐变量。根据 EM 算法的 KL 下界函数表达式(4.12)，能量函数项可以写成

$$E = \mathcal{E}_{p(\boldsymbol{w}|\mathcal{D},\boldsymbol{\Gamma}^{\mathrm{old}})}[\log p(\mathcal{D}|\boldsymbol{w},\boldsymbol{\Gamma})p(\boldsymbol{w}|\boldsymbol{\Gamma})]$$

为了最大化能量函数，需要对 E 关于 $\boldsymbol{\Gamma}$ 求导：

$$\frac{\partial}{\partial\boldsymbol{\Gamma}}E = \mathcal{E}_{p(\boldsymbol{w}|\mathcal{D},\boldsymbol{\Gamma}^{\mathrm{old}})}\left[\frac{\partial}{\partial\boldsymbol{\Gamma}}\log p(\mathcal{D}|\boldsymbol{w},\boldsymbol{\Gamma})p(\boldsymbol{w}|\boldsymbol{\Gamma})\right]$$

根据式(7.12)中关于 $\log p(\mathcal{D}|\boldsymbol{w},\boldsymbol{\Gamma})p(\boldsymbol{w}|\boldsymbol{\Gamma})$ 的表达式可以得到

$$\begin{aligned}
\frac{\partial}{\partial\beta}E &= \frac{N}{2\beta} - \frac{1}{2}\sum_{t=1}^{N}\mathcal{E}_{p(\boldsymbol{w}|\mathcal{D},\boldsymbol{\Gamma}^{\mathrm{old}})}[y_t - \boldsymbol{w}^{\mathrm{T}}\boldsymbol{\phi}(\boldsymbol{x}_t)]^2 \\
&= \frac{N}{2\beta} - \frac{1}{2}\sum_{t=1}^{N}\mathcal{E}_{p(\boldsymbol{w}|\mathcal{D},\boldsymbol{\Gamma}^{\mathrm{old}})}[y_t - \boldsymbol{m}^{\mathrm{T}}\boldsymbol{\phi}(\boldsymbol{x}_t)]^2 - \frac{1}{2}\mathrm{tr}\left(\boldsymbol{S}\sum_{t=1}^{N}\boldsymbol{\phi}(\boldsymbol{x}_t)\boldsymbol{\phi}^{\mathrm{T}}(\boldsymbol{x}_t)\right)
\end{aligned}$$

其中：$\boldsymbol{S}$ 的表达式见式(7.14)。将上述导数置零可以得到 β 的更新公式：

$$\beta^+ = \left(\frac{1}{N}\sum_{t=1}^{N}(y_t - \boldsymbol{m}^{\mathrm{T}}\boldsymbol{\phi}(\boldsymbol{x}_t))^2 + \mathrm{tr}(\boldsymbol{S}\hat{\boldsymbol{S}})\right)^{-1}$$

式中

$$\hat{\boldsymbol{S}} = \frac{1}{N}\sum_{t=1}^{N} \boldsymbol{\phi}(\boldsymbol{x}_t)\boldsymbol{\phi}^{\mathrm{T}}(\boldsymbol{x}_t)$$

类似地，对 E 关于 α 进行求导得到

$$\frac{\partial}{\partial\alpha}E = \frac{d}{2\alpha} - \frac{1}{2}\mathcal{E}_{p(\boldsymbol{w}|\mathcal{D},\boldsymbol{\Gamma}^{\mathrm{old}})}(\boldsymbol{w}^{\mathrm{T}}\boldsymbol{w}) = \frac{d}{2\alpha} - \frac{1}{2}\left(\mathrm{tr}(\boldsymbol{S}) + \boldsymbol{m}^{\mathrm{T}}\boldsymbol{m}\right)$$

将上式置零可以得到 α 的更新公式：

$$\alpha^+ = \frac{d}{\mathcal{E}_{p(\boldsymbol{w}|\boldsymbol{\Gamma},\mathcal{D})}[\boldsymbol{w}^{\mathrm{T}}\boldsymbol{w}]} = \frac{d}{\mathrm{tr}(\boldsymbol{S}) + \boldsymbol{m}^{\mathrm{T}}\boldsymbol{m}}$$

从上述结论可以看出：针对贝叶斯线性拟合问题，极大似然方法和 EM 算法得到相同的估计结果。

7.2.2　贝叶斯分类

考虑如下 Logistic 回归模型：

$$p(c=1|\boldsymbol{w},\boldsymbol{x}) = \sigma\left(\sum_{i=1}^{d} w_i\boldsymbol{\phi}_i(\boldsymbol{x})\right), \quad \sigma(x) = \frac{1}{1+\exp(-x)}$$

或者

$$p(c|\boldsymbol{w},\boldsymbol{x}) = \sigma[(2c-1)\boldsymbol{w}^{\mathrm{T}}\boldsymbol{\phi}(\boldsymbol{x})], \quad c\in\{0,1\}$$

针对上述模型，采用极大似然估计获得 $\boldsymbol{w}$ 的最优值。为了能够处理 $\boldsymbol{w}$ 估计过程中的噪声干扰，假设 $\boldsymbol{w}$ 的先验概率为

$$p(\boldsymbol{w}|\alpha) = \mathcal{N}(0,\alpha^{-1}\boldsymbol{I}) = \frac{\alpha^{d/2}}{(2\pi)^{d/2}}\exp(-\alpha\boldsymbol{w}^{\mathrm{T}}\boldsymbol{w}/2)$$

式中：α 为表示精度（逆方差）的超参数。

给定训练数据集 $\mathcal{D} = \{(\boldsymbol{x}_t,c_t), t=1,\cdots,N\}$，设计贝叶斯分类器意味着需要估计 α 的值（而不是随机变量 $\boldsymbol{w}$ 的值）。关于 $\boldsymbol{w}$ 的后验概率可以写成

$$p(\boldsymbol{w}|\alpha,\mathcal{D}) = \frac{p(\mathcal{D}|\boldsymbol{w},\alpha)p(\boldsymbol{w}|\alpha)}{p(\mathcal{D}|\alpha)} = \frac{1}{p(\mathcal{D}|\alpha)}p(\boldsymbol{w}|\alpha)\prod_{t=1}^{N}p(c_t|\boldsymbol{x}_t,\boldsymbol{w}) \tag{7.18}$$

由于 $p(c_n|\boldsymbol{x}_n,\boldsymbol{w})$ 是非常规概率分布函数，直接推断的计算复杂度很大，从而难以实施。

1. 超参数优化

当超参数为确定值时，可以通过最大化如下似然函数进行估计：

$$p(\mathcal{D}|\alpha) = \int p(\mathcal{D}|\boldsymbol{w},\alpha)p(\boldsymbol{w}|\alpha)\mathrm{d}\boldsymbol{w}$$

$$= \int \prod_{t=1}^{N}p(c_t|\boldsymbol{x}_t,\boldsymbol{w})\left(\frac{\alpha}{2\pi}\right)^{d/2}\exp\left(-\frac{\alpha}{2}\boldsymbol{w}^{\mathrm{T}}\boldsymbol{w}\right)\mathrm{d}\boldsymbol{w} \tag{7.19}$$

上述积分可以通过拉普拉斯或者 KL 变分近似来进行计算。不管采用哪种近似方法，其导数形式都相同。接下来将推导似然函数关于超参数的导数形式。

由于超参数 α 与似然函数 $p(c_t|\boldsymbol{x}_t, \boldsymbol{w})$ 无关，对其求导置零得到

$$\frac{\partial}{\partial \alpha} \log p(\mathcal{D}|\alpha) = \frac{1}{2}\mathcal{E}_{p(\boldsymbol{w}|\alpha, \mathcal{D})}[-\boldsymbol{w}^{\mathrm{T}}\boldsymbol{w} + d/\alpha] = 0$$

或者参数 α 的更新为

$$\alpha^+ = \frac{d}{\mathcal{E}_{p(\boldsymbol{w}|\alpha, \mathcal{D})}[\boldsymbol{w}^{\mathrm{T}}\boldsymbol{w}]}$$

由于上述表达式中的期望不能直接准确计算，可以将后验概率 $p(\boldsymbol{w}|\alpha, \mathcal{D})$ 用 $q(\boldsymbol{w}|\alpha, \mathcal{D}) = \mathcal{N}(\boldsymbol{m}, \boldsymbol{S})$ 来代替，从而得到如下计算结果：

$$\alpha^+ = \frac{d}{\mathrm{tr}(\boldsymbol{S}) + \boldsymbol{m}^{\mathrm{T}}\boldsymbol{m}} \tag{7.20}$$

接下来将介绍如何使用拉普拉斯近似方法来获得 $\boldsymbol{m}$ 和 $\boldsymbol{S}$ 的估计值。

2. 拉普拉斯近似

式(7.18)中关于 $\boldsymbol{w}$ 的后验概率可以写成

$$p(\boldsymbol{w}|\alpha, \mathcal{D}) \propto \exp(-E(\boldsymbol{w}))$$

式中

$$E(\boldsymbol{w}) = \frac{\alpha}{2}\boldsymbol{w}^{\mathrm{T}}\boldsymbol{w} - \sum_{t=1}^{N} \log \sigma(\boldsymbol{w}^{\mathrm{T}}\boldsymbol{h}_t), \quad \boldsymbol{h}_t = (2c_t - 1)\phi(\boldsymbol{x}_t)$$

拉普拉斯近似方法拟将 $E(\boldsymbol{w})$ 近似成关于 $\boldsymbol{w}$ 的二次型函数。为了达到该目的，将设计牛顿方法来寻找 $E(\boldsymbol{w})$ 的最小值。$E(\boldsymbol{w})$ 的一阶导数可以写成

$$\partial E = \alpha \boldsymbol{w} - \sum_{t=1}^{N}(1 - \sigma(\boldsymbol{w}^{\mathrm{T}}\boldsymbol{h}_t))\boldsymbol{h}_t$$

$E(\boldsymbol{w})$ 的 Hessian 矩阵可以表示成

$$\boldsymbol{H}(\boldsymbol{w}) = \alpha \boldsymbol{I} + \sum_{t=1}^{N} \sigma(\boldsymbol{w}^{\mathrm{T}}\boldsymbol{h}_t)[1 - \sigma(\boldsymbol{w}^{\mathrm{T}}\boldsymbol{h}_t)]\boldsymbol{h}_t\boldsymbol{h}_t^{\mathrm{T}}$$

由于上述 Hessian 矩阵为正定矩阵可以推断出 $E(\boldsymbol{w})$ 为凸函数，从而可以对 $\boldsymbol{w}$ 进行如下迭代更新：

$$\boldsymbol{w}^+ = \boldsymbol{w} - \boldsymbol{H}^{-1}(\boldsymbol{w})\partial E$$

若 $\boldsymbol{w}^*$ 为 $E(\boldsymbol{w})$ 最优解，根据第 6 章所介绍的拉普拉斯近似原理，式(7.20)中参数 $\boldsymbol{m}$ 和 $\boldsymbol{S}$ 的估计值分别如下：

$$\boldsymbol{m} = \boldsymbol{w}^*, \quad \boldsymbol{S} = \boldsymbol{H}^{-1}(\boldsymbol{w}^*)$$

7.2.3 贝叶斯正则化

针对广义线性模型(7.11)，若给定独立同分布的数据集 $\mathcal{D} = \{\boldsymbol{x}_t, y_t\}_{t=1}^{N}$，本节将讨论模型参数和超参数估计的贝叶斯正则化方法。令

$$\boldsymbol{\Phi}_N = [\phi(\boldsymbol{x}_1), \cdots, \phi(\boldsymbol{x}_N)]^{\mathrm{T}}, \quad \boldsymbol{Y}_N = [y_1, \cdots, y_N]^{\mathrm{T}}$$

若采用最小二乘法对参数向量 $\boldsymbol{w}$ 进行估计，可得

$$\hat{\boldsymbol{w}}_N = (\boldsymbol{\Phi}_N^{\mathrm{T}} \boldsymbol{\Phi}_N)^{-1} \boldsymbol{\Phi}_N^{\mathrm{T}} \boldsymbol{Y}_N$$

可以证明上述最小二乘估计是无偏估计，即 $\mathcal{E}(\hat{\boldsymbol{w}}_N) = \boldsymbol{w}$。其对应的协方差能够达到 Cramer-Rao 下界：

$$\mathrm{cov}[\hat{\boldsymbol{w}}_N] = \sigma^2 (\boldsymbol{\Phi}_N^{\mathrm{T}} \boldsymbol{\Phi}_N)^{-1}$$

上述结论成立的前提是 $\boldsymbol{\Phi}_N^{\mathrm{T}} \boldsymbol{\Phi}_N$ 可逆。在小样本数据情形下，该条件可能无法满足。为此，贝叶斯方法或者正则化方法常被用于可靠参数估计，其利用模型参数的先验信息填补数据不足的缺陷。常见的 Tikhonov 正则化方法可以表示成如下优化问题：

$$
\begin{aligned}
\hat{\boldsymbol{w}}_N &= \arg\min_{\boldsymbol{w}} \|\boldsymbol{Y}_N - \boldsymbol{\Phi}_N \boldsymbol{w}\|^2 + \sigma^2 \boldsymbol{w}^{\mathrm{T}} \boldsymbol{\Pi}^{-1} \boldsymbol{w} \\
&= [\boldsymbol{\Phi}_N^{\mathrm{T}} \boldsymbol{\Phi}_N + \sigma^2 \boldsymbol{\Pi}^{-1}]^{-1} \boldsymbol{\Phi}_N^{\mathrm{T}} \boldsymbol{Y}_N
\end{aligned}
\tag{7.21}
$$

式中：$\boldsymbol{\Pi}$ 为半正定矩阵。

从上式看出，加入正则化项可以提高参数估计的鲁棒性，降低对数据量的要求。根据贝叶斯估计原理，正则化项取决于参数向量的概率分布。因此，优化问题式(7.21) 中的正则项参数 $\boldsymbol{\Pi}$ 隐含着模型参数 $\boldsymbol{w}$ 的协方差信息。

根据最优估计理论，极大似然估计能够得到无偏一致估计，但是贝叶斯方法往往得到有偏估计，其偏移量为

$$\hat{\boldsymbol{w}}_{\mathrm{bias}} = \mathcal{E}\hat{\boldsymbol{w}}_N - \boldsymbol{w} = -[\boldsymbol{\Phi}_N^{\mathrm{T}} \boldsymbol{\Phi}_N + \sigma^2 \boldsymbol{\Pi}^{-1}]^{-1} \sigma^2 \boldsymbol{\Pi}^{-1} \boldsymbol{w}$$

对应的协方差矩阵为

$$\mathrm{cov}(\hat{\boldsymbol{w}}_N) = \sigma^2 [\boldsymbol{\Phi}_N^{\mathrm{T}} \boldsymbol{\Phi}_N + \sigma^2 \boldsymbol{\Pi}^{-1}]^{-1} \boldsymbol{\Phi}_N^{\mathrm{T}} \boldsymbol{\Phi}_N [\boldsymbol{\Phi}_N^{\mathrm{T}} \boldsymbol{\Phi}_N + \sigma^2 \boldsymbol{\Pi}^{-1}]^{-1}$$

从协方差矩阵可以看出，当 $\boldsymbol{\Phi}_N^{\mathrm{T}} \boldsymbol{\Phi}_N$ 为奇异矩阵时，即使很小的正则化矩阵 $\boldsymbol{\Pi}^{-1} = \delta \boldsymbol{I}$，也能极大地提高参数估计的鲁棒性。从偏移量公式可以看出，小正则化矩阵引起小偏移量。因此，从偏移和方差的平衡角度来看，正则化方法能够以较小的偏差换取较高精度的参数估计，比较适合实际应用。

针对正则化方法得到的估计值 $\hat{\boldsymbol{w}}_N$，其关于真值 $\boldsymbol{w}$ 的均方误差为

$$
\begin{aligned}
&\mathcal{E}[(\hat{\boldsymbol{w}}_N - \boldsymbol{w})(\hat{\boldsymbol{w}}_N - \boldsymbol{w})^{\mathrm{T}}] \\
&= [\boldsymbol{\Phi}_N^{\mathrm{T}} \boldsymbol{\Phi}_N + \boldsymbol{\Pi}^{-1}]^{-1} (\sigma^2 \boldsymbol{\Phi}_N^{\mathrm{T}} \boldsymbol{\Phi}_N + \boldsymbol{\Pi}^{-1} \boldsymbol{w} \boldsymbol{w}^{\mathrm{T}} \boldsymbol{\Pi}^{-1}) [\boldsymbol{\Phi}_N^{\mathrm{T}} \boldsymbol{\Phi}_N + \boldsymbol{\Pi}^{-1}]^{-1}
\end{aligned}
$$

由于上述均方误差依赖于正则化参数 $\boldsymbol{\Pi}$，接下来将讨论如何选择 $\boldsymbol{\Pi}$ 使得上述均方误差最小。

定理 7.5 考虑如下矩阵函数：

$$M(\boldsymbol{Q}) = (\boldsymbol{QR}+\boldsymbol{I})^{-1}(\boldsymbol{QRQ}+\boldsymbol{Z})(\boldsymbol{RQ}+\boldsymbol{I})^{-1}$$

式中：$\boldsymbol{Q}$、$\boldsymbol{R}$、$\boldsymbol{Z}$ 为半正定矩阵。

对于任意半正定矩阵 $\boldsymbol{Q}$，有如下不等式：

$$M(\boldsymbol{Q}) \geqslant M(\boldsymbol{Z})$$

上述等式成立的条件为 $\boldsymbol{Q} = \boldsymbol{Z}$。

从上述定理可以看出，当 $\boldsymbol{\Pi} = \boldsymbol{w}\boldsymbol{w}^{\mathrm{T}}$ 时，$\hat{\boldsymbol{w}}_N$ 的均方误差最小。这意味着，当模型参数 $\boldsymbol{w}$ 的真值已知的情况下，能够获得最小均方误差的估计。

总而言之，贝叶斯方法或者正则化方法通过引入先验信息来获得更加精确的参数估计，尽管可能会引入一定的偏差。该思想为数据融合以及迁移学习提供了理论支撑。

(7.3) 隐线性模型

针对 4.4 节介绍的混合概率分布模型，其隐变量为离散值。然而，当隐变量为连续值时，其对应的模型为连续隐变量模型。本节主要针对含连续隐变量的线性模型展开讨论。

7.3.1 因子分析模型

因子分析模型是传统的统计模型，其本质上是概率主成分模型或低维生成模型，可以应用于人脸识别。假设 $\boldsymbol{v} \in \mathbb{R}^d$ 为可观测向量，$V = \{\boldsymbol{v}_1, \cdots, \boldsymbol{v}_N\}$ 为样本数据集合。希望寻找 H 维（低维）的概率模型来表示该数据集合：

$$\boldsymbol{v} = \boldsymbol{F}\boldsymbol{h} + \boldsymbol{c} + \boldsymbol{\epsilon} \tag{7.22}$$

式中：$\boldsymbol{\epsilon}$ 为高斯分布噪声，$\boldsymbol{\epsilon} \sim \mathcal{N}(0, \boldsymbol{\Psi}), F \in \mathbb{R}^{d \times H}$。

当 $\boldsymbol{\Psi} = \sigma^2 \boldsymbol{I}$ 时，上述模型为概率主成分分析（PPCA）模型；而当 $\boldsymbol{\Psi} = \mathrm{diag}(\psi_1, \cdots, \psi_D)$ 时，上述模型为因子分析模型。

上述模型的似然函数可以表示成

$$p(\boldsymbol{v}|\boldsymbol{h}) = \mathcal{N}_{\boldsymbol{v}}(\boldsymbol{F}\boldsymbol{h}+\boldsymbol{c}, \boldsymbol{\Psi}) \propto \exp\left[-\frac{1}{2}(\boldsymbol{v}-\boldsymbol{F}\boldsymbol{h}-\boldsymbol{c})^{\mathrm{T}}\boldsymbol{\Psi}^{-1}(\boldsymbol{v}-\boldsymbol{F}\boldsymbol{h}-\boldsymbol{c})\right]$$

对于隐变量 $\boldsymbol{h}$，定义其先验分布为 $p(\boldsymbol{h})$。常见的选择有

$$p(\boldsymbol{h}) = \mathcal{N}(0, \boldsymbol{I}) \propto \exp\left(-\frac{\boldsymbol{h}^{\mathrm{T}}\boldsymbol{h}}{2}\right)$$

$$p(\boldsymbol{v}) = \int p(\boldsymbol{v}|\boldsymbol{h})p(\boldsymbol{h})\mathrm{d}\boldsymbol{h} = \mathcal{N}(\boldsymbol{c}, \boldsymbol{F}\boldsymbol{F}^{\mathrm{T}} + \boldsymbol{\Psi})$$

在上式中，矩阵 $\boldsymbol{F}$ 出现的形式为 $\boldsymbol{FF}^{\mathrm{T}} + \boldsymbol{\Psi}$。对于任意旋转矩阵 $\boldsymbol{R}$ 满足 $\boldsymbol{RR}^{\mathrm{T}} = \boldsymbol{I}$ 有

$$\boldsymbol{FR}(\boldsymbol{FR})^{\mathrm{T}} + \boldsymbol{\Psi} = \boldsymbol{FF}^{\mathrm{T}} + \boldsymbol{\Psi}$$

虽然 $\boldsymbol{F}$ 矩阵不唯一，但其对应的列向量空间是不变的。

针对隐线性模型(7.22)，接下来将采用极大似然估计方法对模型参数 $\{\boldsymbol{c}, \boldsymbol{F}, \boldsymbol{\Psi}\}$ 进行估计。假设数据集合 V 中的样本服从独立同分布假设，对数似然函数可以写成

$$\log p(V) = \sum_{n=1}^{N} \log p(\boldsymbol{v}_n)$$

$$= -\frac{1}{2} \sum_{n=1}^{N} (\boldsymbol{v}_n - \boldsymbol{c})^{\mathrm{T}} \boldsymbol{\Sigma}_D^{-1} (\boldsymbol{v}_n - \boldsymbol{c}) - \frac{N}{2} \log |2\pi \boldsymbol{\Sigma}_D|$$

式中：$\boldsymbol{\Sigma}_D = \boldsymbol{FF}^{\mathrm{T}} + \boldsymbol{\Psi}$。

对 $\log p(V)$ 关于 $\boldsymbol{c}$ 求导置零得到

$$\boldsymbol{c} = \frac{1}{N} \sum_{n=1}^{N} \boldsymbol{v}_n = \bar{\boldsymbol{v}}$$

定义样本协方差矩阵

$$\boldsymbol{S} = \frac{1}{N} \sum_{n=1}^{N} (\boldsymbol{v}_n - \bar{\boldsymbol{v}})(\boldsymbol{v}_n - \bar{\boldsymbol{v}})^{\mathrm{T}}$$

则有

$$\log p(V) = -\frac{N}{2} \left(\mathrm{tr}(\boldsymbol{\Sigma}_D^{-1} \boldsymbol{S}) + \log |2\pi \boldsymbol{\Sigma}_D| \right) \tag{7.23}$$

为了最大化上述对数似然函数，采用交替最小化方法来获得矩阵 $\boldsymbol{F}$ 和 $\boldsymbol{\Psi}$ 的估计值。

7.3.2 概率主成分分析

概率主成分分析模型是指隐线性模型式(7.22)中 $\boldsymbol{\epsilon}$ 的协方差矩阵为 $\boldsymbol{\Psi} = \sigma^2 \boldsymbol{I}$。采用极大似然估计方法式(7.23)，可以得到中间变量 $\boldsymbol{\Sigma}_D$ 的最优解：

$$\hat{\boldsymbol{\Sigma}}_D = \boldsymbol{S}$$

式中：$\boldsymbol{S}$ 为样本协方差矩阵。

接下来，对矩阵 $\boldsymbol{S}$ 进行特征值分解，并令 $\boldsymbol{S}$ 的特征值从大到小排列为 $\lambda_1, \lambda_2, \cdots, \lambda_d$。根据矩阵 $\boldsymbol{\Sigma}_D$ 的低秩加对角结构特征，可以得到 σ^2 的最优值：

$$\sigma^2 = \frac{1}{d - H} \sum_{j=H+1}^{d} \lambda_j$$

在获得 $\boldsymbol{\Psi} = \sigma^2\boldsymbol{I}$ 的最优解后，对矩阵 $\boldsymbol{S} - \sigma^2\boldsymbol{I}$ 进行特征值分解得到 $\boldsymbol{H}$ 的估计值。

从上述结论可以看出：σ^2 的最优解不依赖于 $\boldsymbol{F}$ 值，而是直接由样本协方差矩阵来决定。由于 PPCA 模型的训练不需要迭代，因此其被广泛应用，而且该方法可以为因子分析模型的训练提供初始值。

7.3.3　典型相关分析

典型相关分析（CCA）是用于提取不同空间随机向量 $\boldsymbol{x}$ 和 $\boldsymbol{y}$ 的相关特征。在实际应用场景中，$\boldsymbol{x}$ 可以代表人的声音，$\boldsymbol{y}$ 可以代表人脸信息。CCA 模型是特殊的因子分析模型，可以利用隐藏因子 $h \in \mathbb{R}$ 进行建模：

$$p(\boldsymbol{x}, \boldsymbol{y}) = \int p(\boldsymbol{x}|h)p(\boldsymbol{y}|h)p(h)\mathrm{d}h$$

式中

$$p(\boldsymbol{x}|h) = \mathcal{N}(\boldsymbol{a} \cdot h, \boldsymbol{\Psi}_x), \ \ p(\boldsymbol{y}|h) = \mathcal{N}(\boldsymbol{b} \cdot h, \boldsymbol{\Psi}_y), \ \ p(h) = \mathcal{N}(0, 1)$$

其中：$\boldsymbol{a}, \boldsymbol{b} \in \mathbb{R}^d$ 为参数向量。

CCA 模型可以表示成如下形式：

$$\underbrace{\begin{bmatrix} \boldsymbol{x} \\ \boldsymbol{y} \end{bmatrix}}_{\boldsymbol{z}} = \underbrace{\begin{bmatrix} \boldsymbol{a} \\ \boldsymbol{b} \end{bmatrix}}_{\boldsymbol{f}} h + \begin{bmatrix} \boldsymbol{\epsilon}_x \\ \boldsymbol{\epsilon}_y \end{bmatrix} \tag{7.24}$$

其中：$\boldsymbol{\epsilon}_x \sim \mathcal{N}(0, \boldsymbol{\Psi}_x)$ 和 $\boldsymbol{\epsilon}_y \sim \mathcal{N}(0, \boldsymbol{\Psi}_y)$。上式中 $\boldsymbol{z}$ 的概率分布可以写成

$$p(\boldsymbol{z}) = \mathcal{N}(0, \boldsymbol{\Sigma}), \ \boldsymbol{\Sigma} = \boldsymbol{f}\boldsymbol{f}^{\mathrm{T}} + \boldsymbol{\Psi}, \ \boldsymbol{\Psi} = \begin{bmatrix} \boldsymbol{\Psi}_x & \\ & \boldsymbol{\Psi}_y \end{bmatrix}$$

由此看出，CCA 模型就是均值为零的因子分析模型。

采用因子分析模型的极大似然估计方法可以得到

$$\boldsymbol{f}(1 + \boldsymbol{f}^{\mathrm{T}}\boldsymbol{\Psi}^{-1}\boldsymbol{f}) = \boldsymbol{S}\boldsymbol{\Psi}^{-1}\boldsymbol{f} \ \ \Rightarrow \ \ \boldsymbol{f} \propto \boldsymbol{S}\boldsymbol{\Psi}^{-1}\boldsymbol{f}$$

即最优向量 $\boldsymbol{f}$ 为矩阵 $\boldsymbol{S}\boldsymbol{\Psi}^{-1}$ 的主特征向量，其中 $\boldsymbol{S}$ 为样本协方差矩阵。将 $\boldsymbol{\Psi}_x = \sigma_x^2\boldsymbol{I}$ 和 $\boldsymbol{\Psi}_y = \sigma_y^2\boldsymbol{I}$ 代入上式，可得

$$\boldsymbol{a} \propto \frac{1}{\sigma_x^2}\boldsymbol{S}_{xx}\boldsymbol{a} + \frac{1}{\sigma_y^2}\boldsymbol{S}_{xy}\boldsymbol{b}, \ \ \ \boldsymbol{b} \propto \frac{1}{\sigma_x^2}\boldsymbol{S}_{yx}\boldsymbol{a} + \frac{1}{\sigma_y^2}\boldsymbol{S}_{yy}\boldsymbol{b}$$

消除向量 $\boldsymbol{b}$ 得到如下等式：

$$\left(\boldsymbol{I} - \frac{\gamma}{\sigma_x^2}\boldsymbol{S}_{xx}\right)\boldsymbol{a} = \frac{\gamma^2}{\sigma_x^2\sigma_y^2}\boldsymbol{S}_{xy}\left(\boldsymbol{I} - \frac{\gamma}{\sigma_y^2}\boldsymbol{S}_{yy}\right)^{-1}\boldsymbol{S}_{yx}\boldsymbol{a}$$

从上式可以看出，当 $\sigma_x^2, \sigma_y^2 \to 0$ 时，上式退化成传统的 CCA 模型：

$$S_{xy}S_{yy}^{-1}S_{yx}a = \lambda^2 S_{xx}a$$

CCA 模型式(7.24)是因子分析模型的特例，是通过最大化联合似然函数 $p(\boldsymbol{x}, \boldsymbol{y}|h)$ 得到的。当 $\boldsymbol{x}$ 代表系统输入、$\boldsymbol{y}$ 代表系统输出时，通过上述方法可以获得最优预测模型 $p(\boldsymbol{y}|\boldsymbol{x}, h)$。

7.4　潜在语义模型

潜在语义分析是一种无监督学习方法，主要用于文本的话题分析，其特点是通过矩阵分解发现文本与单词之间的基于话题的语义关系。在文本信息处理中，传统方法以单词向量表示文本的语义内容，以单词向量空间的度量表示语义相似度。潜在语义分析旨在解决这种方法不能准确表示语义的问题，试图从大量文本数据中发现潜在的话题，并以话题向量表示文本的语义内容，以话题向量空间的度量更准确地表示文本之间的语义相似度。

潜在语义模型可以分成确定性语义模型和概率语义模型。确定性语义模型主要采用低秩矩阵分解方法进行处理，而概率语义模型主要采用隐变量线性建模方法进行处理。

7.4.1　确定性潜在语义模型

单词向量空间：给定一个含有 n 个文本的集合 $D = \{d_1, d_2, \cdots, d_n\}$，以及在所有文本中出现 m 个单词的集合 $W = \{w_1, w_2, \cdots, w_m\}$。将单词在文本中出现的频数用一个单词-文本矩阵表示，记作 $\boldsymbol{X}$：

$$\boldsymbol{X} = \begin{bmatrix} x_{11} & x_{12} & \cdots & x_{1n} \\ x_{21} & x_{22} & \cdots & x_{2n} \\ \vdots & \vdots & \ddots & \vdots \\ x_{m1} & x_{m2} & \cdots & x_{mn} \end{bmatrix}$$

式中：X_{ij} 表示单词 w_i 在文本 d_j 中出现的频数。

由于单词的种类很多，每个具有特定主题的文本中出现单词种类通常很少，所以以单词-文本矩阵是一个稀疏矩阵。单词-文本矩阵的第 j 列向量 $\boldsymbol{x}_j = [x_{1j}, \cdots, x_{mj}]^\mathrm{T}$ 表示文本 d_j 中单词的分布情况。这时，单词-文本矩阵可以写成

$$\boldsymbol{X} = [\boldsymbol{x}_1, \boldsymbol{x}_2, \cdots, \boldsymbol{x}_n]$$

话题向量空间：话题是指文本所讨论的内容或主题。一个文本一般含有若干话题。若两个文本的话题相似，则两个文本的语义也应该相似。话题由若干语义相关的单词表示，同义词表示同一个话题，而多义词可表示不同话题。这样，基于话题的模型可以解决基于单

词的模型存在的问题。假设所有文本包含 k 个话题，每个话题由一个定义在单词集合 W 上的 m 维向量表示，称为话题向量，即

$$\boldsymbol{t}_l = [t_{l1}, t_{l2}, \cdots, t_{ml}]^{\mathrm{T}}, \quad l = 1, 2, \cdots, k$$

式中：t_{il} 是单词 w_i 在话题 $\boldsymbol{t}_l$ 中的权重，若该权重越大，则该单词在话题中的重要度越高。

话题向量空间 $\boldsymbol{T}$ 也可以表示为一个矩阵，称为单词-话题矩阵，记作

$$\boldsymbol{T} = [\boldsymbol{t}_1, \boldsymbol{t}_2, \cdots, \boldsymbol{t}_k]$$

文本在话题向量空间的表示：考虑文本集合 D 中的文本 d_j，在单词向量空间中由向量 $\boldsymbol{x}_j$ 表示。将 $\boldsymbol{x}_j$ 投影到话题向量空间 $\boldsymbol{T}$ 中，得到在话题向量空间的一个向量 $\boldsymbol{y}_j \in \mathbb{R}^k$，其表达式为 $\boldsymbol{y}_j = [y_{1j}, y_{2j}, \cdots, y_{kj}]^{\mathrm{T}}$。具体地，文本 d_j 所对应的向量 $\boldsymbol{x}_j$ 可以表示成

$$\boldsymbol{x}_j = \boldsymbol{T}\boldsymbol{y}_j$$

令矩阵 $\boldsymbol{Y} = [\boldsymbol{y}_1, \boldsymbol{y}_2, \cdots, \boldsymbol{y}_n]$ 表示话题在文本中出现的情况，该矩阵又称为话题-文本矩阵。因此，单词-文本矩阵 $\boldsymbol{X}$ 可以表示成单词-话题矩阵 $\boldsymbol{T}$ 和话题-文本矩阵 $\boldsymbol{Y}$ 的乘积：

$$\boldsymbol{X} = \boldsymbol{T}\boldsymbol{Y} \tag{7.25}$$

从上式可以看出，潜在语义分析是将文本在单词向量空间的表示通过线性变换转换为在话题向量空间的表示，在数学上又称为矩阵因子分解。

潜在语义分析：确定性潜在语义分析主要利用矩阵奇异值分解。如式(7.25)所示，若话题数量小于单词向量维度和文本数量，即 $k < \min\{m, n\}$，则对单词-文本矩阵 $\boldsymbol{X}$ 进行奇异值分解可以获得单词-话题矩阵 $\boldsymbol{T}$ 和话题-文本矩阵 $\boldsymbol{Y}$。然而，矩阵 $\boldsymbol{T}$ 和 $\boldsymbol{Y}$ 以乘积形式出现，无法唯一确定。再者，矩阵奇异值分解会导致单词-话题矩阵存在负元素值，不符合实际应用场景。为此，很多时候需要对单词-文本矩阵 $\boldsymbol{X}$ 进行非负矩阵分解，即寻找两个非负矩阵 $\boldsymbol{W} \geqslant 0$ 和 $\boldsymbol{H} \geqslant 0$ 使得 $\boldsymbol{X} = \boldsymbol{W}\boldsymbol{H}$。最优化问题可以写成

$$\min_{\boldsymbol{W}, \boldsymbol{H}} J(\boldsymbol{W}, \boldsymbol{H})$$

$$\mathrm{s.t.} \quad J(\boldsymbol{W}, \boldsymbol{H}) = \frac{1}{2}\|\boldsymbol{X} - \boldsymbol{W}\boldsymbol{H}\|_F^2$$

$$\boldsymbol{W}, \boldsymbol{H} \geqslant 0$$

接下来采用梯度下降法进行求解。首先计算目标函数的梯度：

$$\frac{\partial J}{\partial W_{ij}} = (\boldsymbol{W}\boldsymbol{H}\boldsymbol{H}^{\mathrm{T}})_{ij} - (\boldsymbol{X}\boldsymbol{H}^{\mathrm{T}})_{ij}$$

$$\frac{\partial J}{\partial H_{ij}} = (\boldsymbol{W}^{\mathrm{T}}\boldsymbol{W}\boldsymbol{H})_{ij} - (\boldsymbol{W}^{\mathrm{T}}\boldsymbol{X})_{ij}$$

然后对参数进行梯度下降更新：

$$W_{ij} \leftarrow W_{ij} - \lambda_{ij} \left[(\boldsymbol{WHH}^{\mathrm{T}})_{ij} - (\boldsymbol{XH}^{\mathrm{T}})_{ij} \right]$$

$$H_{ij} \leftarrow H_{ij} - \mu_{ij} \left[(\boldsymbol{W}^{\mathrm{T}}\boldsymbol{WH})_{ij} - (\boldsymbol{W}^{\mathrm{T}}\boldsymbol{X})_{ij} \right]$$

若选取步长 λ_{ij}、μ_{ij} 如下：

$$\lambda_{ij} = \frac{W_{ij}}{(\boldsymbol{WHH}^{\mathrm{T}})_{ij}}, \quad \mu_{ij} = \frac{H_{ij}}{(\boldsymbol{W}^{\mathrm{T}}\boldsymbol{WH})_{ij}}$$

则可以得到如下简洁更新规则：

$$W_{ij} \leftarrow W_{ij} \frac{(\boldsymbol{XH}^{\mathrm{T}})_{ij}}{(\boldsymbol{WHH}^{\mathrm{T}})_{ij}}$$

$$H_{ij} \leftarrow H_{ij} \frac{(\boldsymbol{W}^{\mathrm{T}}\boldsymbol{X})_{ij}}{(\boldsymbol{W}^{\mathrm{T}}\boldsymbol{WH})_{ij}}$$

为了能够使梯度下降法正常运行，应该选取初始矩阵 $\boldsymbol{W}$ 和 $\boldsymbol{H}$ 为非负矩阵，这样可以保证迭代过程及结果均为非负。

7.4.2　概率潜在语义模型

概率潜在语义模型是一种利用概率生成模型对文本集合进行话题分析的无监督学习方法。模型的最大特点是用隐变量表示话题。整个模型表示文本生成话题，话题生成单词，从而得到单词-文本共现数据的过程。

生成模型： 令 $p(d)$ 表示生成文本 d 的概率，$p(t|d)$ 表示文本 d 生成话题 t 的概率，$p(w|t)$ 表示话题 t 生成单词 w 的概率。假设这些概率分布均为多项分布。通常，一个文本的内容由相关话题来决定，一个话题的内容由相关单词来决定。生成模型通过以下步骤生成单词–文本共现数据：

（1）依据概率分布 $p(d)$，从文本集合中随机选取文本 d，共生成 n 个文本。

（2）在文本 d 给定的情况下，依据条件概率分布 $p(t|d)$，从话题集合中随机选取话题 t，共生成 k 个话题；

（3）在话题 t 给定的条件下，依据条件概率分布 $p(w|t)$，从单词集合中随机选取单词 w。

在生成模型中，单词变量 w 和文本变量 d 是观测变量，而话题变量 t 是隐变量。因此，每个单词–文本对 (w,d) 的生成概率由以下公式决定：

$$p(w,d) = p(d) \sum_t p(t|d)p(w|t)$$

上述生成模型在话题 t 给定的条件下，假设单词 w 与文本 d 条件独立。

共现模型：共现模型与生成模型等价，可以对每个单词-文本进行如下分解，即

$$p(w,d) = \sum_t p(w|t)p(t)p(d|t) \tag{7.26}$$

在上述共现模型在话题 t 给定的条件下，单词 w 与文本 d 是条件独立的。虽然生成模型和共现模型在概率上是等价的，但是具有不同物理意义。生成模型刻画了从文本到单词生成的（有向非对称）过程，共现模型描述了文本-单词共现数据的内在（无向对称）关联模式。共现模型(7.26)同确定性潜在语义模型的奇异值分解 $\boldsymbol{W} = \boldsymbol{U\Sigma V}^{\mathrm{T}}$ 具有类似的几何解释，其中 $\boldsymbol{U}$、$\boldsymbol{V}$ 为正交矩阵，$\boldsymbol{\Sigma}$ 为非负对角矩阵。对应关系可以表示成

$$p(w|t) \sim \boldsymbol{U}, \ \ p(t) \sim \boldsymbol{\Sigma}, \ \ p(d|t) \sim \boldsymbol{V}$$

模型学习：概率潜在语义模型是含有隐变量的模型，其学习通常使用 EM 算法。给定单词-文本共现数据矩阵 $\boldsymbol{X}$，其中 X_{ij} 为单词-文本对 (w_i, d_j) 出现的频数，目标是估计概率潜在语义分析模型（生成模型）的参数，即 $p(w_i|t_l)$ 和 $p(t_l|d_j)$ 的值。给定单词-文本共现数据，其对数极大似然函数可以表示成

$$L = \sum_{i,j} X_{ij} \log p(w_i, d_j) = \sum_{ij} X_{ij} \log \left[\sum_l p(w_i|t_l)p(t_l|d_j)p(d_j) \right]$$

E 步：Q 函数为完全数据的似然函数对不完全数据的条件概率分布的期望，即

$$Q = \sum_l \left\{ \sum_{ij} X_{ij} \log p(d_j) + X_{ij} \log p(w_i|t_l)p(t_l|d_j) \right\} p(t_l|w_i, d_j)$$

式中：$p(t_l|w_i, d_j)$ 代表不完全数据，是已知变量；条件概率分布 $p(w_i|t_l)$ 和 $p(t_l|d_j)$ 的乘积代表完全数据，是未知变量；$p(d_j)$ 可以从数据中直接统计得到。根据上一步迭代得到的 $p(t_l|d_j)$ 和 $p(w_i|t_l)$，可计算 $p(t_l|w_i, d_j)$ 的值：

$$p(t_l|w_i, d_j) = \frac{p(w_i|t_l)p(t_l|d_j)}{\sum_l p(w_i|t_l)p(t_l|d_j)}$$

M 步：通过约束优化求解 Q 函数的最大值，这里 $p(w_i|t_l)$ 和 $p(t_l|d_j)$ 是变量，且满足约束条件

$$\sum_i p(w_i|t_l) = 1, \quad \sum_l p(t_l|d_j) = 1$$

应用拉格朗日乘子法可以得到如下最优解：

$$p(w_i|t_l) = \frac{\sum_j X_{ij} p(t_l|w_i, d_j)}{\sum_{ij} X_{ij} p(t_l|w_i, d_j)}$$

$$p(t_l|d_j) = \frac{\sum_i X_{ij} p(t_l|w_i, d_j)}{\sum_{il} X_{ij} p(t_l|w_i, d_j)}$$

通过迭代执行上述 E 步和 M 步直到收敛，可以得到概率潜在语义分析模型（生成模型）的参数值 $p(w_i|t_l)$ 和 $p(t_l|d_j)$。

习题

1. 采用 Softmax 函数将输入向量 $\boldsymbol{x}$ 分类成 $c = 1, 2, \cdots, C$ 中的一类：

$$p(c|\boldsymbol{x}) = \frac{\mathrm{e}^{\boldsymbol{w}_c^{\mathrm{T}}\boldsymbol{x}}}{\sum\limits_{c'=1}^{C} \mathrm{e}^{\boldsymbol{w}_{c'}^{\mathrm{T}}\boldsymbol{x}}}$$

给定如下训练样本集合 $\mathcal{D} = \{(\boldsymbol{x}_n, c_n), n = 1, 2, \cdots, N\}$，试写出对数似然函数 $L(\mathcal{D})$ 并证明 Hessian 矩阵 $\left[\dfrac{\partial^2 L(\mathcal{D})}{\partial \boldsymbol{w}_i \partial \boldsymbol{w}_j^{\mathrm{T}}}\right]$ 为负定矩阵。

2. 给定训练数据集 $\mathcal{D} = \{(\boldsymbol{x}_n, c_n), n = 1, 2, \cdots, N\}$ 其中 $c_n \in \{0, 1\}$。采用 Logistic 回归模型 $p(c = 1) = \sigma(\boldsymbol{w}^{\mathrm{T}}\boldsymbol{x} + b)$。假设训练数据样本独立同分布，证明对数似然函数 L 关于 w 的导数为

$$\partial_w L = \sum_{n=1}^{N} (c_n - \sigma(\boldsymbol{w}^{\mathrm{T}}\boldsymbol{x}_n + b))\boldsymbol{x}_n$$

3. 给定训练数据集 $\mathcal{D} = \{(\boldsymbol{x}_n, c_n), n = 1, 2, \cdots, N\}, c_n \in \{0, 1\}$。采用如下判别模型：

$$p(c = 1|\boldsymbol{x}) = \sigma(b_0 + v_1 g(\boldsymbol{w}_1^{\mathrm{T}}\boldsymbol{x} + b_1) + v_2 g(\boldsymbol{w}_2^{\mathrm{T}}\boldsymbol{x} + b_2))$$

式中

$$g(x) = \exp(-0.5x^2), \sigma(x) = \mathrm{e}^x/(1 + \mathrm{e}^x)$$

假设样本独立同分布，试计算对数似然函数关于 $\boldsymbol{w}_1$、$\boldsymbol{w}_2$, b_1、b_2, v_1、v_2 的导数。

4. 对于线性函数 $f = \boldsymbol{w}^{\mathrm{T}}\boldsymbol{x} + c$，其中 $\boldsymbol{x}$、c 为固定值且 $p(\boldsymbol{w}) \sim \mathcal{N}(0, \boldsymbol{\Sigma})$。试证明 $p(f)$ 为高斯分布，并写出其分布函数。

5. 对于函数

$$E(\boldsymbol{w}) = \frac{\alpha}{2}\boldsymbol{w}^{\mathrm{T}}\boldsymbol{w} - \sum_{n=1}^{N} \log \sigma(\boldsymbol{w}^{\mathrm{T}}\boldsymbol{h}^n)$$

试证明其 Hessian 矩阵为正定矩阵。

6. 证明样本协方差矩阵 $\boldsymbol{S}_{ij} = \dfrac{1}{N}\sum\limits_{n=1}^{N} x_i^n x_j^n - \bar{x}_i \bar{x}_j$ 为半正定矩阵，其中 $\bar{x}_i = \dfrac{1}{N}\sum\limits_{n=1}^{N} x_i^n$，而 x_i^n 为第 n 个样本的第 i 个特征。

7. 考虑如下马尔可夫过程

$$\boldsymbol{x}_t = \boldsymbol{A}\boldsymbol{x}_{t-1} + \boldsymbol{\eta}_t, \quad t \geqslant 2$$

式中：$\boldsymbol{\eta}_t \sim \mathcal{N}(0, \sigma^2 \boldsymbol{I})$，$p(\boldsymbol{x}_1) = \mathcal{N}(0, \boldsymbol{\Sigma})$

试证明 $\boldsymbol{x}_t$ 的协方差矩阵有如下形式：

$$\mathcal{E}(\boldsymbol{x}_{t'} \boldsymbol{x}_t^{\mathrm{T}}) = \boldsymbol{A}^{t'-1} \boldsymbol{\Sigma} (\boldsymbol{A}^{t-1})^{\mathrm{T}} + \sigma^2 \sum_{\tau=2}^{\min(t, t')} \boldsymbol{A}^{t'-\tau} (\boldsymbol{A}^{t-\tau})^{\mathrm{T}}$$

8. 对 $\sum_{n=1}^{N} \mathcal{E}_{p^{\mathrm{old}}(h|v_n)}[\log p(h)]$ 关于分布 $p(h)$ 进行优化。定义如下拉格朗日函数：

$$L(p(h), \lambda) = \sum_{n=1}^{N} \mathcal{E}_{p^{\mathrm{old}}(h|v_n)}[\log p(h)] + \lambda \left(1 - \sum_h p(h) \right)$$

通过对 L 函数关于 $p(h)$ 和 λ 求导置零，试证明 $p(h)$ 的最优解为

$$p(h) = \frac{1}{N} \sum_{n=1}^{N} p^{\mathrm{old}}(h|v_n)$$

9. 针对带约束因子分析模型

$$\boldsymbol{x} = \begin{bmatrix} \boldsymbol{A} & 0 \\ 0 & \boldsymbol{B} \end{bmatrix} \boldsymbol{h} + \boldsymbol{\epsilon}, \quad \boldsymbol{\epsilon} \sim \mathcal{N}(0, \mathrm{diag}(\psi_1, \cdots, \psi_n)), \quad \boldsymbol{h} \sim \mathcal{N}(0, \boldsymbol{I})$$

假设 $\boldsymbol{x}^1, \cdots, \boldsymbol{x}^N$ 独立同分布，试推导估计 $\boldsymbol{A}$ 和 $\boldsymbol{B}$ 的 EM 算法。

10. 考虑如下 ICA 模型：

$$p(\boldsymbol{y}, \boldsymbol{x}|\boldsymbol{w}) = \prod_{j=1}^{J} p(y_j|\boldsymbol{x}, \boldsymbol{w}) \prod_{i=1}^{d} p(x_i), \quad \boldsymbol{w} = [\boldsymbol{w}_1, \cdots, \boldsymbol{w}_J]$$

式中：$\boldsymbol{y} \in \mathbb{R}^J$ 为输出；$\boldsymbol{x} \in \mathbb{R}^d$ 为隐变量；$p(y_j|\boldsymbol{x}, \boldsymbol{w}) = \mathcal{N}_{y_j}(\boldsymbol{w}_j^{\mathrm{T}} \boldsymbol{x}, \sigma^2)$。

若样本数据 $y_1, \cdots, y_N$ 服从独立同分布，试推导其对应的 EM 算法。

第 8 章

概率图模型

概率图模型是指特征向量的各变量之间具有显式结构特征和内在统计关联。概率图的学习和推理建立在图论和概率论基础之上，主要通过挖掘和利用图结构信息来提升概率计算效率。考虑图像语义的标注问题，即希望用一个标签来标记图像中各像素所属的目标类别。例如，在一个道路场景中，目标类别包括"道路""天空""车辆""树木""建筑物"或其他类别。对于这样一幅拥有 10000 像素的图像，这意味着需要构建一个模型从 10000 像素到 6^{10000} 种可能状态之间对应关系，所涉及的参数数量远远超过了物理存储极限。针对该问题，切实可行的解决方案是构建一系列独立的局部模型，通过局部像素之间的内在关联性来消除冗余表示，从而大大降低参数数量和所需计算量。

本章主要介绍概率图模型、图模型学习以及图模型推理三部分内容。

8.1节介绍图模型，其主要用于描述高维随机变量之间的概率依赖关系。图模型分为有向图和无向图两类。

8.2节介绍图模型的学习方法，包括图模型的结构和参数估计。

8.3节介绍图模型的推理方法，通过图模型中部分变量的观测值来推断其他变量的概率分布。

8.1 图模型

概率图模型是用图结构来描述多元随机变量之间条件独立关系的概率模型，为高维空间中的概率模型研究提供了方便。

针对随机变量 $\{x_1, x_2\}$，若联合概率分布满足 $p(x_1, x_2) = p(x_1)p(x_2)$，则说明 x_1 和 x_2 是相互独立的，即两个变量之间的信息相互独立。给定变量 $\{x_1, x_2, x_3\}$，在固定 x_2 的情况下，变量 x_1 和 x_3 条件独立可以表示成

$$p(x_1, x_3 | x_2) = p(x_1 | x_2)p(x_3 | x_2)$$

或者

$$p(x_1 | x_2, x_3) = p(x_1 | x_2), \quad p(x_3 | x_1, x_2) = p(x_3 | x_2)$$

其物理意义是指：在已知 x_2 的情况下，变量 x_1 将不会提供有关 x_3 的任何进一步信息；反之亦然。若给定变量 x_2 的条件下 x_1 和 x_3 条件独立，则可以得到

$$p(x_1, x_2, x_3) = p(x_1)p(x_2 | x_1)p(x_3 | x_2)$$

通过上式看出，条件独立关系就意味着可以对复杂的概率分布进行因子分解，从而用更少的参数来描述概率分布。图结构可将概率模型进行可视化，并以一种直观、简单的方式描述随机变量之间的条件独立性，并将一个复杂的联合概率模型分解为一些简单条件概率模型的组合。

图模型有以下三个基本问题：

（1）**表示问题**：对于一个概率模型，如何通过图结构来描述变量之间的依赖关系。

（2）**学习问题**：包括图结构学习和参数学习。

（3）**推理问题**：在已知部分变量时，计算其他变量的条件概率分布。

概率图模型主要分成以下两类：

（1）有向图模型使用有向非循环图来描述变量之间的关系。若两个节点之间有连接边，则表示对应的两个变量存在因果关系。

（2）无向图模型使用无向图来描述变量之间的关系，每条边代表两个变量之间的概率依赖关系，但并不一定是因果关系。

8.1.1　有向图模型

有向图模型也称为贝叶斯网络或者信念网络，是一类用有向图来描述随机向量概率分布的模型。对于一个 D 维随机向量 $\boldsymbol{x}$ 和包含 D 个节点的有向图 G，图中的每个节点对应一个随机变量，每条连边 e_{ij} 对因变量 x_i 和 x_j 之间的因果关系。令 x_{π_k} 代表 x_k 的所有父节点变量集合，$p(x_k|x_{\pi_k})$ 表示每个随机变量的局部条件概率分布。如果 $\boldsymbol{x}$ 的联合概率分布可以分解成每个随机变量 x_k 的局部条件概率的乘积形式，即

$$p(\boldsymbol{x}) = \prod_{k=1}^{D} p(x_k|x_{\pi_k})$$

则 $(G, \boldsymbol{x})$ 构成了一个贝叶斯网络。

有向模型中的任意一条边对应的两个节点具有直接因果关系，肯定是非条件独立的。如果两个节点不是直接相连的，但可以通过一条路径连接起来，那么这两个节点之间的条件独立性变得稍微复杂一点。如图 8.1 所示，三个节点之间存在着三种连接关系：

（1）共果关系（头对头）：当 x_2 未知时，x_1 和 x_3 是独立的；当 x_2 已知时，x_1 和 x_3 不独立。

（2）共因关系（尾对尾）：当 x_2 已知时，x_1 和 x_3 是独立的；当 x_2 未知时，x_1 和 x_3 不独立。

（3）间接因果关系（头对尾）：当 x_2 已知时，x_1 和 x_3 是独立的；当 x_2 未知时，x_1 和 x_3 不独立。

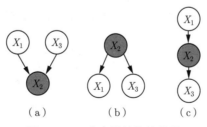

图 8.1　三个变量的依赖关系

D 分离是一种用来判断随机变量之间是否条件独立的图形化方法。对于一个有向无环图 E，如果 A、B、C 是三个集合，为了判断 A 和 B 是否是关于 C 条件独立，考虑 E 中所有 A 和 B 之间的无向路径。对于其中的一条路径，如果满足如下两个条件中的任意一条：

（1）路径中存在某个非共果关系的节点 X，该节点属于集合 C；

（2）路径中存在某个共果关系的节点 X，该节点或其子节点不属于集合 C。

则称这条路径是阻塞的。

如果 A、B 之间所有的路径都是堵塞的，则 A、B 就是关于 C 条件独立的；否则，A、B 不是关于 C 条件独立的。

例 8.1（D 分离原理）

如图 8.2 所示，根据 D 分离原理可以得到如下结论：

（1）变量 a 和 b 在已知 e 或 c 时非条件独立。

（2）变量 a 和 b 在已知 f 时条件独立。

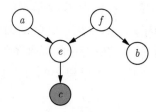

图 8.2　D 分离的应用示例

贝叶斯网络的局部马尔可夫性质：每个随机变量在给定父节点的情况下，条件独立于它的非后代节点，记为

$$x_k \perp z | x_{\pi_k}$$

式中：z 为 x_k 的非后代变量。

马尔可夫覆盖：对于网络中的一个节点 t，当存在一个点集使得以该点集作为条件时，t 与网络中的其他节点条件独立，则这些集合中的最小集合被定义为 t 节点的马尔可夫覆盖。在贝叶斯网络中，单个变量节点 t 的马尔可夫覆盖是由该节点的父节点、子节点和子节点的父节点所组成的集合。

例 8.2（马尔可夫覆盖）

如图 8.3 所示，节点 3 的马尔可夫覆盖是由节点 2、4 和 7 组成的集合。

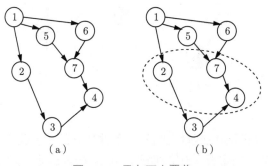

（a）　　　　　　　　　（b）

图 8.3　马尔可夫覆盖

有向图模型主要有朴素贝叶斯分类器、隐马尔可夫模型和深度信念网络。

朴素贝叶斯分类器是一类简单的概率分类器，在强（朴素）独立性假设的条件下运用贝叶斯公式来计算每个类别的条件概率。假设一个 D 维的特征样本 $\boldsymbol{x}$ 和其对应的类别 y，则类别 y 的条件概率为

$$p(y|\boldsymbol{x}) = \frac{p(\boldsymbol{x}|y)p(y)}{p(\boldsymbol{x})}$$

假设在给定 y 的情况下，$\boldsymbol{x}$ 的不同分量之间条件独立，即 $x_i \perp x_j|y, \forall i \neq j$，则条件概率可以分解成

$$p(y|\boldsymbol{x}) \propto p(y) \prod_{i=1}^{D} p(x_i|y)$$

从上式看出，朴素贝叶斯分类器的模型简单，可以有效防止过拟合的问题。

隐马尔可夫模型是用来表示一种含有隐变量的马尔可夫过程。令 y_t 为可观测变量，x_t 为其对应的隐变量。所有的隐变量 x_t 构成一个马尔可夫链，每个可观测变量 y_t 依赖当前时刻的隐变量 x_t。因此，隐马尔可夫模型的联合概率可以分解为

$$p(x, y) = \prod_{t=1}^{T} p(x_t|x_{t-1})p(y_t|x_t)$$

深度信念网络采用参数化模型来建模有向图模型中的条件概率分布。一种简单的参数化模型为 Sigmoid 信念网络，其变量取值为 $\{0,1\}$。对于变量 x_k 和其父节点集合 π_k，其条件概率分布表示为

$$p(x_k = 1|x_{\pi_k}) = \sigma \left(\theta_0 + \sum_{x_i \in x_{\pi_k}} \theta_i x_i \right)$$

式中：$\sigma(\cdot)$ 为 Logistic 函数；θ_i 为待学习参数。

可以看出，Sigmoid 信念网络和 Logistic 回归模型类似。

8.1.2 无向图模型

无向图也称为马尔可夫随机场或者马尔可夫网络，是一类用无向图来描述一组具有局部马尔可夫性质的随机向量。对于一个 D 维随机向量 $\boldsymbol{x}$ 和具有 D 个节点的无向图 G，图中每个节点代表一个随机变量。如果 $(G, \boldsymbol{x})$ 满足局部马尔可夫性质，即

$$p(x_k|x_{\backslash k}) = p(x_k|x_{\pi_k})$$

式中：$x_{\backslash k}$ 为除 x_k 外其他变量的集合，则 $(G, \boldsymbol{x})$ 构成了一个马尔可夫随机场。

由于无向图模型并不提供变量的拓扑顺序，因此无法用链式法则对 $p(\boldsymbol{x})$ 进行逐一分解。无向图模型的联合概率一般以全连通子图为单位进行分解。无向图中的全连通子图称为团。在所有团中，若一个团不能被其他的团包含，则称为最大团。无向图中的联合概率可以分解为一系列定义在最大团上非负函数的乘积形式：

$$p(\boldsymbol{x}) = \frac{1}{Z} \prod_{c \in \mathcal{C}} \phi_c(\boldsymbol{x}_c) \tag{8.1}$$

式中：$\mathcal{C}$ 为 G 中的最大团集合；$\phi_c(\boldsymbol{x}_c)$ 为定义在团 c 上的势能函数，$\phi_c(\boldsymbol{x}_c) \geqslant 0$；$Z$ 为归一化配分函数，$Z = \sum\limits_{\boldsymbol{x} \in \mathcal{X}} \prod\limits_{c \in \mathcal{C}} \phi_c(\boldsymbol{x}_c)$，$\mathcal{X}$ 为随机向量 $\boldsymbol{x}$ 的取值空间。

式(8.1)中定义的分布形式也称为吉布斯分布。

例 8.3（Ising 模型）

对于二维方格图结构，Ising 模型可以表示为

$$\phi_c(x_i, x_j) = \mathrm{e}^{-\frac{1}{2T}(x_i - x_j)^2}, \quad x_i \in \{-1, +1\}$$

式中：x_i 和 x_j 为同一条边上的两个状态值。

Ising 模型期望邻居节点上的状态具有相同值，即具有磁化效应。对于极大的温度值 T，所有的状态会表现出相对独立性，表现不出磁化现象；对于较小的温度值 T，所有节点的状态会体现出很强的磁化效应。

因子图模型（如图 8.4 所示）定义为

$$f(x_1, \cdots, x_n) = \prod_i \psi_i(\mathcal{X}_i)$$

式中：$\mathcal{X}_i$ 为图中的团；ψ_i 为因子。

每个因子 ψ_i 用方框表示，而变量用圆圈表示。团内每个变量 $x_j \in \mathcal{X}_i$ 都与因子 ψ_i 连接，形成了一个二部图。

在有向图转为无向图的过程中，可能会引入环结构（不便利用信念传播算法进行处理）。引入因子图主要有两个作用：一是因子图可以将图中的环去掉，转化为无环图；二是因子图会使计算变得更简便。通常，一个无向图可能存在多个因子图，图 8.4 展示了一个有环无向图的两种因子分解形式。

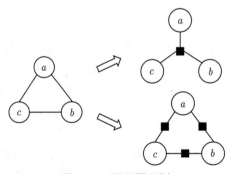

图 8.4　因子图示例

由于势能函数必须为正，把其定义为

$$\phi_c(\boldsymbol{x}_c) = \exp[-E_c(\boldsymbol{x}_c)]$$

式中：$E_c(\boldsymbol{x}_c)$ 为能量函数。

由此，无向图上定义的概率分布可以表示为

$$p(\boldsymbol{x}) = \frac{1}{Z} \prod_{c \in \mathcal{C}} \phi_c(\boldsymbol{x}_c) = \frac{1}{Z} \exp \left(\sum_{c \in \mathcal{C}} -E_c(\boldsymbol{x}_c) \right)$$

这种形式的分布又称为玻耳兹曼分布。

常见的无向图模型包括对数线性模型、条件随机场等。

（1）对数线性模型：势能函数的一般定义为

$$\phi_c(\boldsymbol{x}_c | \boldsymbol{\theta}_c) = \exp \left(\boldsymbol{\theta}_c^{\mathrm{T}} f_c(\boldsymbol{x}_c) \right)$$

而联合概率 $p(\boldsymbol{x})$ 的对数形式为

$$\ln p(\boldsymbol{x} | \boldsymbol{\theta}) = \sum_{c \in \mathcal{C}} \boldsymbol{\theta}_c^{\mathrm{T}} f_c(\boldsymbol{x}_c) - \ln Z(\boldsymbol{\theta})$$

这种形式的无向图模型也称为最大熵模型。若用对数线性模型来刻画条件概率 $p(\boldsymbol{y}|\boldsymbol{x})$，则有

$$p(\boldsymbol{y}|\boldsymbol{x}, \boldsymbol{\theta}) = \frac{1}{Z(\boldsymbol{x}, \boldsymbol{\theta})} \exp \left(\boldsymbol{\theta}^{\mathrm{T}} f(\boldsymbol{x}, \boldsymbol{y}) \right)$$

式中

$$Z(\boldsymbol{x}, \boldsymbol{\theta}) = \sum_y \exp \left(\boldsymbol{\theta}^{\mathrm{T}} f(\boldsymbol{x}, \boldsymbol{y}) \right)$$

（2）条件随机场：条件概率 $p(\boldsymbol{y}|\boldsymbol{x})$ 中 $\boldsymbol{y}$ 一般为随机向量，通常需要对 $p(\boldsymbol{y}|\boldsymbol{x})$ 进行因子分解。此时，条件概率 $p(\boldsymbol{y}|\boldsymbol{x})$ 可以表示成

$$p(\boldsymbol{y}|\boldsymbol{x}, \boldsymbol{\theta}) = \frac{1}{Z(\boldsymbol{x}, \boldsymbol{\theta})} \exp \left(\sum_{c \in \mathcal{C}} \boldsymbol{\theta}_c^{\mathrm{T}} f_c(\boldsymbol{x}, \boldsymbol{y}_c) \right)$$

8.1.3 有向图和无向图之间的转换

有向图和无向图之间可以相互转换，但将无向图转为有向图通常比较困难。在实际应用中，将有向图转为无向图更加重要。

如图 8.5 中的有向图，其联合概率分布可以分解为

$$p(\boldsymbol{x}) = p(x_1)p(x_2)p(x_3)p(x_4|x_1, x_2, x_3)$$

其中：$p(x_4|x_1, x_2, x_3)$ 和四个变量都有关。如果要转换为无向图，这四个变量都要归于一个团中。因此，需要将 x_4 的三个父节点之间加上连边，这个过程称为道德化，转换后的无向图称为道德图。在道德化的过程中，原有向图中的一些独立性会丢失。

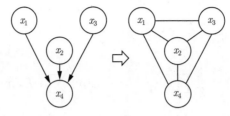

图 8.5　有向图转为无向图

8.2　图模型学习

图模型学习可以分为网络结构学习和网络参数估计。网络结构学习通常用变量之间的后验概率和条件独立性来判断变量之间的连接关系，从而逐步建立网络结构图。网络参数估计通常指在给定图模型结构下的参数估计，可分为不含隐变量的参数估计和含隐变量的参数估计。

8.2.1　不含隐变量的参数估计

若图模型中不含隐变量（所有变量都是可观测的），则网络参数可以直接通过极大似然法进行估计。

对于有向图模型，所有变量 $\boldsymbol{x}$ 的联合概率分布可以分解为每个随机变量 x_k 的局部条件概率的连乘形式。假设每个局部条件概率 $p(x_k|x_{\pi_k})$ 的参数为 θ_k，则对数似然函数为

$$\mathcal{L}(\boldsymbol{X}_N|\boldsymbol{\theta}) = \frac{1}{N}\sum_{t=1}^{N}\ln p(\boldsymbol{x}^t|\boldsymbol{\theta})$$

$$= \frac{1}{N}\sum_{t=1}^{N}\sum_{k=1}^{d}\ln p(x_k^t|x_{\pi_k}^t, \boldsymbol{\theta}_k)$$

式中：$\boldsymbol{\theta}_k$ 为图模型中的第 k 个节点所对应的参数；x_k^t 为第 t 个样本中第 k 个特征。

当所有变量可观测时，最大化对数似然只需要分别最大化每个变量的条件似然值来估计其参数：

$$\boldsymbol{\theta}_k = \arg\max_{\boldsymbol{\theta}_k}\sum_{t=1}^{N}\ln p(x_k^t|x_{\pi_k}^t, \boldsymbol{\theta}_k)$$

对于无向图模型，所有变量 $\boldsymbol{x}$ 的联合概率密度分布可以写成

$$p(\boldsymbol{x}, \boldsymbol{\theta}) = \frac{1}{Z(\boldsymbol{\theta})}\exp\left(\sum_{c\in\mathcal{C}}\boldsymbol{\theta}_c^{\mathrm{T}}f_c(\boldsymbol{x}_c)\right)$$

式中：c 代表无向图中的一个团；$Z(\boldsymbol{\theta}) = \sum_{\boldsymbol{x}}\exp\left(\sum_{c\in\mathcal{C}}\boldsymbol{\theta}_c^{\mathrm{T}}f_c(\boldsymbol{x}_c)\right)$。

给定 N 个训练样本集合 $\boldsymbol{X}_N$，其对数似然函数可以写成

$$\mathcal{L}(\boldsymbol{X}_N, \boldsymbol{\theta}) = \frac{1}{N} \sum_{t=1}^{N} \ln p(\boldsymbol{x}^t, \boldsymbol{\theta})$$

$$= \frac{1}{N} \sum_{t=1}^{N} \left(\sum_{c \in \mathcal{C}} \boldsymbol{\theta}_c^{\mathrm{T}} f_c(\boldsymbol{x}_c^t) \right) - \ln Z(\boldsymbol{\theta})$$

若采用梯度上升法进行极大似然估计，则需要对 $\mathcal{L}(\cdot)$ 关于 $\boldsymbol{\theta}_c$ 求导：

$$\frac{\partial \mathcal{L}}{\partial \boldsymbol{\theta}_c} = \frac{1}{N} \sum_{t=1}^{N} \left(f_c(\boldsymbol{x}_c^t) \right) - \frac{\partial \ln Z(\boldsymbol{\theta})}{\partial \boldsymbol{\theta}_c}$$

式中

$$\frac{\partial \ln Z(\boldsymbol{\theta})}{\partial \boldsymbol{\theta}_c} = \sum_{\boldsymbol{x}} \frac{1}{Z(\boldsymbol{\theta})} \exp \left(\sum_{c \in \mathcal{C}} \boldsymbol{\theta}_c^{\mathrm{T}} f_c(\boldsymbol{x}_c) \right) f_c(\boldsymbol{x}_c)$$

$$= \sum_{\boldsymbol{x}} p(\boldsymbol{x}, \boldsymbol{\theta}) f_c(\boldsymbol{x}_c) = \mathcal{E}_{\boldsymbol{x} \sim p(\boldsymbol{x}, \boldsymbol{\theta})}[f_c(\boldsymbol{x}_c)]$$

偏导数公式可以写成

$$\frac{\partial \mathcal{L}}{\partial \boldsymbol{\theta}_c} = \mathcal{E}_{\boldsymbol{x} \sim \tilde{p}(\boldsymbol{x})}[f_c(\boldsymbol{x}_c)] - \mathcal{E}_{\boldsymbol{x} \sim p(\boldsymbol{x}, \boldsymbol{\theta})}[f_c(\boldsymbol{x}_c)]$$

式中：$\tilde{p}(\boldsymbol{x})$ 为经验分布（其对应的期望操作为加权平均）。

因此，无向图最大似然估计的优化目标可理解为：对于每个团 c 上的向量特征 $f_c(\boldsymbol{x}_c)$，其在经验分布下的期望等于其在模型分布 $p(\boldsymbol{x}, \boldsymbol{\theta})$ 下的期望。

对于贝叶斯网络的参数学习可以参考第 2 章的内容，包括最大后验概率估计和最小风险估计等参数估计方法。

8.2.2　含隐变量的参数估计

若图模型包含隐变量，即部分变量不可观测，则可以采用 EM 算法来进行参数估计（详见 4.4.1 节）。对数边际似然函数为

$$\ln p(\boldsymbol{x}|\boldsymbol{\theta}) = \sum_z p(z) \ln p(\boldsymbol{x}|\boldsymbol{\theta})$$

$$= \sum_z p(z) \left(\ln p(\boldsymbol{x}, z|\boldsymbol{\theta}) - \ln p(z|\boldsymbol{x}, \boldsymbol{\theta}) \right)$$

$$= \sum_z p(z) \ln \frac{p(\boldsymbol{x}, z|\boldsymbol{\theta})}{p(z)} - \sum_z p(z) \ln \frac{p(z|\boldsymbol{x}, \boldsymbol{\theta})}{p(z)}$$

$$= \mathcal{B}(p(z), p(\boldsymbol{x}, z|\boldsymbol{\theta})) + \mathrm{KL}[p(z), p(z|\boldsymbol{x}, \boldsymbol{\theta})]$$

从上式可以看出，通过不断的最大化下界函数 $\mathcal{B}(p(z), p(\boldsymbol{x}, z|\boldsymbol{\theta}))$ 能够逐步提升参数估计性能。

8.2.3 贝叶斯网络学习

在实际应用场景中，贝叶斯网络的结构和参数需要同步学习，即根据训练样本集找出结构最"恰当"的贝叶斯网络。网络结构的选择通常与我们的偏好相关（称为先验知识）：网络结构越复杂，拟合效果越好，似然函数值也会越大，然而复杂结构模型不利于计算和推广。为此，在贝叶斯网络学习的过程中，通常需要平衡模型复杂程度和数据拟合程度之间的利弊。

给定训练样本集 $\boldsymbol{X}_N = \{x_1, \cdots, x_N\}$，贝叶斯网络 $B = (G, \boldsymbol{\theta})$ 在 X_N 上的评价函数可以写为

$$S(B|X_N) = -\mathrm{LL}(\boldsymbol{X}_N|B) + \lambda \cdot P(B) \tag{8.2}$$

式中：$P(B)$ 描述网络模型的复杂度；$\mathrm{LL}(\boldsymbol{X}_N|B)$ 表示对数似然函数。

上述评价函数的第二项可以看成正则化项或者最大后验估计中的先验知识项。通过选择合适的 λ 值并最小化评价函数，能够获得结构合理的贝叶斯网络估计。

网络模型的复杂度可以用（待估计）参数的数目或者参数的"最小描述长度"（Minimal Description Length, MDL）来进行量化。常用的网络结构、系统阶次的选择准则有 AIC 准则和 BIC 准则（详见 7.1 节）：对 AIC 准则，模型复杂度为 $P(B) = |B|$，其中 $|B|$ 为参数数目；对 BIC 准则，模型复杂度为 $P(B) = \dfrac{|B|}{2} \log N$，其中 N 为样本数目。

8.3 图模型推理

通过已知变量观测值来推断未知变量的过程称为"推理"，其中已知变量观测值称为"证据"。在图模型中，推理是指在观测到部分变量 $\boldsymbol{X}_N = \{x_1, \cdots, x_N\}$ 时，计算其他变量集合 $\boldsymbol{W}_N = \{w_1, \cdots, w_N\}$ 的条件概率 $p(\boldsymbol{W}_N|\boldsymbol{X}_N)$。其他变量的最大后验估计可以通过求解如下优化问题来获得：

$$\hat{\boldsymbol{W}}_N = \arg\max_{\boldsymbol{W}_N} p(\boldsymbol{W}_N|\boldsymbol{X}_N)$$

$$= \arg\max_{\boldsymbol{W}_N} p(\boldsymbol{X}_N|\boldsymbol{W}_N)p(\boldsymbol{W}_N)$$

状态量的取值空间巨大，导致很难计算出每种可能取值的概率并从中选择最大值，因此需要寻找智能高效算法来提升计算效率。除了求最大后验概率，也可以最大化边缘后验分布：

$$\hat{w}_i = \arg\max_{w_i} p(w_i|\boldsymbol{X}_N)$$

式中

$$p(w_i|\boldsymbol{X}_N) = \int\int p(\boldsymbol{W}_N|\boldsymbol{X}_N)\mathrm{d}w_{1:i-1}\mathrm{d}w_{i+1:N}$$

显然,通过直接计算联合概率分布计算量太大,并且直接对其进行边缘化计算也不现实,因此有必要使用概率分布函数的条件独立关系来有效计算边缘概率分布。

8.3.1 精确推理

精确推理算法是指可以计算出条件概率 $p(\boldsymbol{W}_N|\boldsymbol{X}_N)$ 的算法。本节主要介绍变量消除法和信念传播法。

1. 变量消除法

如图 8.6 所示,假设推理问题为计算 $p(x_1|x_4)$,则需要计算两个边际概率 $p(x_1, x_4)$ 和 $p(x_4)$。根据独立性假设,有

$$p(x_1, x_4) = \sum_{x_2, x_3} p(x_1)p(x_2|x_1)p(x_3|x_1)p(x_4|x_2, x_3)$$

或者可以写成

$$p(x_1, x_4) = p(x_1)\sum_{x_3} p(x_3|x_1)\sum_{x_2} p(x_2|x_1)p(x_4|x_2, x_3)$$

后一种计算方法利用动态规划的思想,每次通过消除一个变量来减少边际分布的计算复杂度。随着模型规模的增长,变量消除法的收益越大。

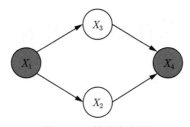

图 8.6　简单有向图

变量消除法的一个缺点是在计算多个边际分布时存在很多重复计算。比如,计算边际概率 $p(x_4)$ 和 $p(x_3)$ 时,很多局部求和计算是重复的。

例 8.4(链式 MAP 推理)

链式隐马尔可夫图模型可以用来描述一组连续测量值 $\{y_i\}_{i=1}^N$ 和一组离散状态 $\{x_i\}_{i=1}^N$ 之间的联合概率。针对链式图模型,根据条件独立结构可以用来寻找比穷举搜索法更高效的 MAP 推理算法。其 MAP 解由下式给出:

$$\hat{x}_{1:N} = \arg\max_{x_{1:N}} p(x_{1:N}|y_{1:N})$$

$$= \arg\min_{x_{1:N}} -\ln p(x_{1:N}, y_{1:N})$$

$$= \arg\min_{x_{1:N}} -\sum_{i=1}^{N} \ln p(y_i|x_i) - \sum_{i=2}^{N} \ln p(x_i|x_{i-1})$$

$$= \arg\min_{x_{1:N}} \sum_{i=1}^{N} U_i(x_i) + \sum_{i=2}^{N} P_i(x_i, x_{i-1})$$

式中：U_i 为依赖单个变量 x_i 的一元项；P_i 为依赖两个在时间上连续变量 (x_{i-1}, x_i) 的二元项。

假如每个状态变量有 K 个可能值，任何具有上述形式的最优问题可以在多项式时间复杂度内使用 Viterbi 算法来求解。为了优化该代价函数，令 $\{U_{i,k}\}_{i=1,k=1}^{N,K}$ 表示二维节点-值集合，即第 i 个节点取值为 $x_i = k$ 的代价为 $U_{i,k}$。每个节点 $U_{i,k}$ 连接到下一节点 $U_{i+1,k'}$ 的代价为 $P_{i+1}(x_{i+1} = k', x_i = k)$。因此，解决链式 MAP 推理问题的 Viterbi 算法主要是要去寻找一条最小代价路径的方法。从左到右搜索图，在每个顶点处计算到达该节点的最小可能累积代价。

---

2. 链式信念传播法

信念传播算法也称为和积算法或消息传递算法，是将变量消除法中的和积操作看作消息，并保存起来，这样就可以节省大量的计算资源。

如图 8.7 所示的无向马尔可夫链为例，其联合概率为

$$p(\boldsymbol{x}) = \frac{1}{Z} \prod_{c \in \mathcal{C}} \phi_c(\boldsymbol{x}_c) = \frac{1}{Z} \prod_{t=1}^{T-1} \phi(x_t, x_{t+1})$$

式中：$\phi(x_t, x_{t+1})$ 为定义在团 (x_t, x_{t+1}) 上的势能函数。

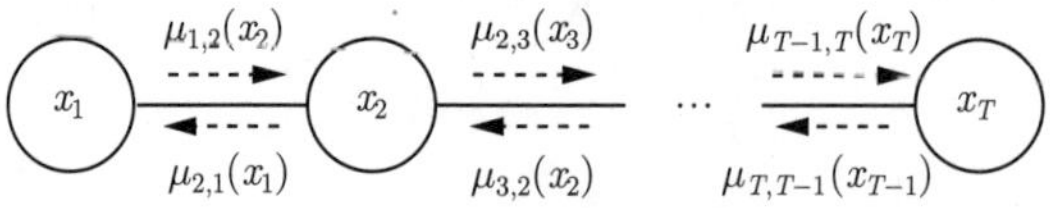

图 8.7　信念传播

第 t 个变量的边际概率 $p(x_t)$ 可以通过如下方式计算得到：

$$p(x_t) = \sum_{x_1, \cdots, x_{t-1}} \sum_{x_{t+1}, \cdots, x_T} p(\boldsymbol{x})$$

$$= \frac{1}{Z} \sum_{x_1, \cdots, x_{t-1}} \sum_{x_{t+1}, \cdots, x_T} \prod_{t=1}^{T-1} \phi(x_t, x_{t+1})$$

根据乘法的分配律，边际概率 $p(x_i)$ 通过下面方式进行计算：

$$p(x_t) = \frac{1}{Z}\left(\sum_{x_{t-1}}\phi(x_{t-1}, x_t)\cdots\left(\sum_{x_2}\phi(x_2, x_3)\left(\sum_{x_1}\phi(x_1, x_2)\right)\right)\right)$$

$$\cdot\left(\sum_{x_{t+1}}\phi(x_t, x_{t+1})\cdots\left(\sum_{x_{T-1}}\phi(x_{T-2}, x_{T-1})\left(\sum_{x_T}\phi(x_{T-1}, x_T)\right)\right)\right)$$

$$= \frac{1}{Z}\mu_{t-1,t}(x_t)\mu_{t+1,t}(x_t)$$

式中：$\mu_{t-1,t}(x_t)$ 为变量 x_{t-1} 向变量 x_t 传递的消息，定义为

$$\mu_{t-1,t}(x_t) = \sum_{x_{t-1}}\phi(x_{t-1}, x_t)\mu_{t-2,t-1}(x_{t-1})$$

而 $\mu_{t+1,t}(x_t)$ 是变量 x_{t+1} 向变量 x_t 传递的消息，定义为

$$\mu_{t+1,t}(x_t) = \sum_{x_{t+1}}\phi(x_t, x_{t+1})\mu_{t+2,t+1}(x_{t+1})$$

由于 $\mu_{t-1,t}(x_t)$ 和 $\mu_{t+1,t}(x_t)$ 都可以递归计算，因此边际概率 $p(x_t)$ 的计算复杂度大大降低。

对于链式结构图模型，其消息传递过程如下：

（1）依次计算前向传递的消息 $\mu_{t-1,t}(x_t), t = 1, \cdots, T-1$；

（2）依次计算反向传递的消息 $\mu_{t+1,t}(x_t), t = T-1, \cdots, 1$；

（3）在任意节点 t 上计算配分函数，即

$$Z = \sum_{x_t}\mu_{t-1,t}(x_t)\mu_{t+1,t}(x_t)$$

由此，节点 t 所对应变量 x_t 的概率为

$$p(x_t) = \frac{1}{Z}\mu_{t-1,t}(x_t)\mu_{t+1,t}(x_t)$$

值得注意的是：链式信念传播法为 9.1.3 节的前向-后向滤波算法提供了理论指导。

3. 因子图信念传播法

上述链式结构的信念传播算法可以推广到因子图模型，如图 8.8 所示。

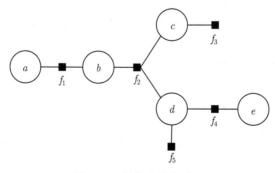

图 8.8　树状图结构模型

边缘概率 $p(a,b)$ 可以表示成

$$p(a,b) = f_1(a,b) \underbrace{\sum_{c,d} f_2(b,c,d) f_3(c) f_5(d) \sum_e f_4(d,e)}_{\mu_{f_2 \to b}(b)}$$

式中：$\mu_{f_2 \to b}$ 为因子 f_2 向变量 b 传播消息，该消息也可以表示成

$$\mu_{f_2 \to b} = \sum_{c,d} f_2(b,c,d) \underbrace{f_3(c)}_{\mu_{c \to f_2}(c)} \underbrace{f_5(d) \sum_e f_4(d,e)}_{\mu_{d \to f_2}(d)}$$

以及

$$\mu_{d \to f_2}(d) = \underbrace{f_5(d)}_{\mu_{f_5 \to d}(d)} \underbrace{\sum_e f_4(d,e)}_{\mu_{f_4 \to d}(d)}$$

式中：$\mu_{c \to f_2}(c) \equiv \mu_{f_3 \to c}(c)$。

类似地，边缘概率 $p(a)$ 通过如下计算得到：

$$p(a) = \underbrace{\sum_b f_1(a,b) \mu_{f_2 \to b}(b)}_{\mu_{f_1 \to a}(a)}$$

其中：$\mu_{f_2 \to b}(b) \equiv \mu_{b \to f_1}(b)$。

上述计算模式称为和积算法，主要通过节点所接收到的所有信息来更新概率分布函数。在执行和积算法前，需要规划好信息传播路径。从叶子节点因子出发，开始传播消息。消息传播模式可以分为变量到因子传播、因子到变量传播以及边缘概率计算（图 8.9），具体如下：

变量到因子信息传播：$\mu_{x \to f}(x) = \prod\limits_{g \in \{\mathcal{N}_x \setminus f\}} \mu_{g \to x}(x)$

因子到变量信息传播：$\mu_{f \to x}(x) = \sum\limits_{\mathcal{X}_f \setminus x} \phi_f(\mathcal{X}_f) \prod\limits_{y \in \{\mathcal{N}_f \setminus x\}} \mu_{y \to f}(y)$

边缘概率分布计算：$p(x) \propto \prod\limits_{f \in \mathcal{N}_x} \mu_{f \to x}(x)$

式中：$\mathcal{X}_f$ 为因子 f 所连接的节点结合；$\mathcal{N}_x$ 为节点 x 相邻的因子集合。

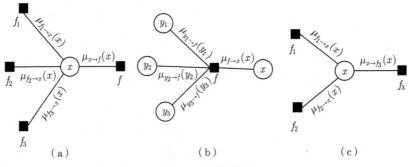

图 8.9　和积算法

（a）变量到因子信息传播；（b）因子到变量信息传播；（c）边缘概率计算示意图

对于一般的树结构因子图，若需要计算任意节点的边缘分布，需要执行如下步骤：

（1）选择任意一个变量节点或因子节点作为根节点；

（2）由叶子节点向根节点执行一次消息传递；

（3）由根节点向叶子节点执行一次消息传递；

（4）计算任意变量节点的边缘分布。

若只要计算某一个变量的边缘分布，则可以将该变量设置为根节点，然后执行一次叶子节点向根节点的消息传递即可。上述和积算法的初始化为：从叶子变量节点出发的消息值初始化为 1；从叶子因子节点出发的消息值初始化为因子函数值。

例 8.5（因子图和积算法）

如图 8.10(a) 所示，利用和积算法给出边缘概率计算的过程。首先，以 x_3 为根节点进行两次消息传递，消息传递路径分别如图 8.10(b) 和图 8.10(c) 所示。

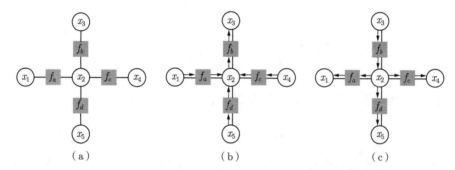

图 8.10　和积算法应用例子

从叶子节点向根节点的消息传递为

$$\mu_{x_1 \to f_a}(x_1) = 1$$

$$\mu_{f_a \to x_2}(x_2) = \sum_{x_1} f_a(x_1, x_2)$$

$$\mu_{x_4 \to f_c}(x_4) = 1$$

$$\mu_{f_c \to x_2}(x_2) = \sum_{x_4} f_c(x_2, x_4)$$

$$\mu_{x_5 \to f_d}(x_5) = 1$$

$$\mu_{f_d \to x_2}(x_2) = \sum_{x_5} f_d(x_2, x_5)$$

$$\mu_{x_2 \to f_b}(x_2) = \mu_{f_a \to x_2}(x_2)\, \mu_{f_c \to x_2}(x_2)\, \mu_{f_d \to x_2}(x_2)$$

$$\mu_{f_b \to x_3}(x_3) = \sum_{x_2} f_b(x_2, x_3)\, \mu_{x_2 \to f_b}(x_2)$$

从根节点向叶子节点的消息传递为

$$\mu_{x_3 \to f_b}(x_3) = 1$$

$$\mu_{f_b \to x_2}(x_2) = \sum_{x_3} f_b(x_2, x_3)$$

$$\mu_{x_2 \to f_a}(x_2) = \mu_{f_b \to x_2}(x_2)\, \mu_{f_c \to x_2}(x_2)\, \mu_{f_d \to x_2}(x_2)$$

$$\mu_{f_a \to x_1}(x_1) = \sum_{x_2} f_a(x_1, x_2)\, \mu_{x_2 \to f_a}(x_2)$$

$$\mu_{x_2 \to f_c}(x_2) = \mu_{f_a \to x_2}(x_2)\, \mu_{f_b \to x_2}(x_2)\, \mu_{f_d \to x_2}(x_2)$$

$$\mu_{f_c \to x_4}(x_4) = \sum_{x_2} f_c(x_2, x_4)\, \mu_{x_2 \to f_c}(x_2)$$

$$\mu_{x_2 \to f_d}(x_2) = \mu_{f_a \to x_2}(x_2)\, \mu_{f_b \to x_2}(x_2)\, \mu_{f_c \to x_2}(x_2)$$

$$\mu_{f_d \to x_5}(x_5) = \sum_{x_2} f_d(x_2, x_5)\, \mu_{x_2 \to f_d}(x_2)$$

然后，根据所得到的消息的值计算任意节点的边缘分布。例如，节点 x_2 的边缘分布为

$$p(x_2) = \mu_{f_a \to x_2}(x_2)\, \mu_{f_b \to x_2}(x_2)\, \mu_{f_c \to x_2}(x_2)\, \mu_{f_d \to x_2}(x_2)$$

除了计算单个变量节点的边缘分布，和积算法还可方便地用于求解与一个因子节点相连的所有变量节点的边缘分布。

上述和积算法不能够用于处理带有环路的图结构，而具有环路的图结构需要用联合树来处理。同时，为了避免大量概率乘积结果趋于零的数值计算问题，采用对概率的对数进行计算。

4. 最大积算法

很多应用场景需要计算最有可能的状态向量值：

$$\arg \max_{x_1, \cdots, x_n} p(x_1, x_2, \cdots, x_n)$$

为了能够有效计算树结构模型的最优状态估计，需要挖掘跟上述和积算法类似的因子分解形式，即通过局部计算来分解上述最优化问题。

考虑如图 8.11 所示的链式结构因子图，其中 a、b、c、d 为变量节点，f_1、f_2、f_3、f_4 为因子节点。联合概率可以表示为

$$p(a, b, c, d) = f_1(a, b) f_2(b, c) f_3(c, d) f_4(d)$$

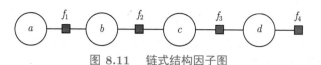

图 8.11　链式结构因子图

其最大化形式可以写成

$$\max_{a,b,c,d} p(a,b,c,d) = \max_{a,b,c,d} f_1(a,b) f_2(b,c) f_3(c,d) f_4(d)$$

$$= \max_{a} \max_{b} f_1(a,b) \max_{c} f_2(b,c) \max_{d} f_3(c,d) f_4(d)$$

$$= \max_{a} \max_{b} f_1(a,b) \max_{c} f_2(b,c) \mu_{d \to c}(c)$$

$$= \max_{a} \max_{b} f_1(a,b) \mu_{c \to b}(b)$$

$$= \max_{a} \mu_{b \to a}(a)$$

从上述例子可以看出，最大积算法跟和积算法很类似，主要操作包括：

（1）变量到因子信息传播：$\mu_{x \to f}(x) = \prod_{g \in \{\mathcal{N}_x \setminus f\}} \mu_{g \to x}(x)$；

（2）因子到变量信息传播：$\mu_{f \to x}(x) = \max_{\mathcal{X}_f \setminus x} \phi_f(\mathcal{X}_f) \prod_{y \in \{\mathcal{N}_f \setminus x\}} \mu_{y \to f}(y)$；

（3）最可能的状态估计：$x^* = \arg\max_{x} \prod_{f \in \mathcal{N}_x} \mu_{f \to x}(x)$。

例 8.6（最大积算法应用例子）

考虑如下定义在二值变量上的分布函数：

$$p(a,b,c) = p(a|b)p(b|c)p(c)$$

式中

$$p(a=1|b=1) = 0.3, \quad p(a=1|b=0) = 0.2, \quad p(b=1|c=1) = 0.75$$

$$p(b=1|c=0) = 0.1, \quad p(c=1) = 0.4$$

试确定最优可能的状态向量值 $\arg\max_{a,b,c} p(a,b,c)$。

解：定义 $\mu_{c \to b}(b) = \max_{c} p(b|c)p(c)$。若 $b=1$，则有

$$p(b=1|c=1)p(c=1) = 0.75 \times 0.4, \quad p(b=1|c=0)p(c=0) = 0.1 \times 0.6$$

以及 $\mu_{c \to b}(b=1) = 0.3$。类似地，可以得到 $\mu_{c \to b}(b=0) = 0.54$。

然后考虑

$$\mu_b(a) = \max_{b} p(a|b)\mu_{c \to b}(b)$$

若 $a=1, b=1$，则有

$$p(a=1|b=1)\mu_{c\to b}(b=1)=0.09, \quad p(a=1|b=0)\mu_{c\to b}(b=0)=0.108$$

以及 $\mu_{b\to a}(a=1)=0.108$。类似地，可以得到 $\mu_{b\to a}(a=0)=0.432$。

然后，考虑如下最优状态

$$a^*=\arg\max_a \mu_{b\to a}(a)=0$$

给定了 a 的最优状态值之后，通过反向追踪可以得到

$$b^*=\arg\max_b p(a=0|b)\mu_{c\to b}(b)=0, \quad c^*=\arg\max_c p(b=0|c)p(c)=0$$

8.3.2 联合树算法

联合树主要用于多连通结构的边缘概率分布推理，它能够处理信念网络和马尔可夫网络。联合树算法通过变量聚集的方式将有环的图结构转换成无环的图结构形式，以此来提高消息传输效率。

1. 团结构图

首先考虑链式结构的概率分布函数：

$$p(a,b,c,d)=p(a|b)p(b|c)p(c|d)p(d)$$

$$=\frac{p(a,b)}{p(b)}\frac{p(b,c)}{p(c)}\frac{p(c,d)}{p(d)}p(d)=\frac{p(a,b)p(b,c)p(c,d)}{p(b)p(c)}$$

从上式可以看出，分子表达式 $p(a,b)p(b,c)p(c,d)$ 重复考虑了 b、c 变量，通过除以分母中的 $p(b)$ 和 $p(c)$ 来消除重复变量。通过上述分析，任意一个图可以表示成团结构图，其中团包括 $\phi_1(\mathcal{X}^1),\cdots,\phi_n(\mathcal{X}^n)$。对于相邻团 $\mathcal{X}^i$ 和 $\mathcal{X}^j$，$\mathcal{X}^s=\mathcal{X}^i\cap\mathcal{X}^j$ 定义为相应交集或者分割集，其对应的势函数记为 $\phi_s(\mathcal{X}^s)$。因此，团结构图可以用于表示如下函数形式：

$$\frac{\prod_c \phi_c(\mathcal{X}^c)}{\prod_s \phi_s(\mathcal{X}^s)}$$

团结构图将马尔可夫网络转化成适用于推理的结构。如图 8.12 所示，该马尔可夫网络可以表示成

$$p(a,b,c,d)=\frac{\phi(a,b,c)\phi(b,c,d)}{Z}=\frac{p(a,b,c)p(b,c,d)}{p(b,c)}$$

式中：Z 为分割集势函数，可以设置为归一化常数。当分割集的势函数设置为边缘概率密度分布 $Z=p(b,c)$ 时，原始团的势函数分别为 $\phi(a,b,c)=p(a,b,c)$，$\phi(b,c,d)=p(b,c,d)$。上述公式中的变换包括

$$\phi(a,b,c)\to p(a,b,c), \quad \phi(b,c,d)\to p(b,c,d), \quad Z\to p(b,c)$$

上述变换具有十分重要的意义，即通过变换之后能够从势函数中直接读取边缘概率分布。联合树算法提供了系统性的团结构势函数转换方法，使得更新后的势函数包含其边缘概率分布。

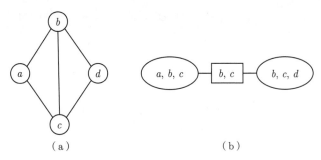

图 8.12　团结构图示例

若两个相邻团 $\mathcal{V}$ 和 $\mathcal{W}$ 的交集为 $\mathcal{S}$，变量集合 $\mathcal{X} = \mathcal{V} \cup \mathcal{W}$ 的分布为 $p(\mathcal{X}) = \dfrac{\phi(\mathcal{V})\phi(\mathcal{W})}{\phi(\mathcal{S})}$。我们的目标是寻找一个新势能函数

$$p(\mathcal{X}) = \frac{\hat{\phi}(\mathcal{V})\hat{\phi}(\mathcal{W})}{\hat{\phi}(\mathcal{S})} \tag{8.3}$$

使得

$$\hat{\phi}(\mathcal{V}) = p(\mathcal{V}), \quad \hat{\phi}(\mathcal{W}) = p(\mathcal{W}), \quad \hat{\phi}(\mathcal{S}) = p(\mathcal{S})$$

新势能函数或者边缘概率分布可以表示成

$$p(\mathcal{W}) = \sum_{\mathcal{V} \setminus \mathcal{S}} p(\mathcal{X}) = \sum_{\mathcal{V} \setminus \mathcal{S}} \frac{\phi(\mathcal{V})\phi(\mathcal{W})}{\phi(\mathcal{S})} = \phi(\mathcal{W}) \sum_{\mathcal{V} \setminus \mathcal{S}} \frac{\phi(\mathcal{V})}{\phi(\mathcal{S})}$$

或者

$$p(\mathcal{V}) = \sum_{\mathcal{W} \setminus \mathcal{S}} p(\mathcal{X}) = \sum_{\mathcal{W} \setminus \mathcal{S}} \frac{\phi(\mathcal{V})\phi(\mathcal{W})}{\phi(\mathcal{S})} = \phi(\mathcal{V}) \sum_{\mathcal{W} \setminus \mathcal{S}} \frac{\phi(\mathcal{W})}{\phi(\mathcal{S})}$$

上述两个公式具有对称性，即它们在交换 $\mathcal{V}$ 和 $\mathcal{W}$ 后是相同的。

定义 $\phi^*(\mathcal{S}) = \sum_{\mathcal{V} \setminus \mathcal{S}} \phi(\mathcal{V})$，可以得到

$$\phi^*(\mathcal{W}) = \phi(\mathcal{W})\frac{\phi^*(\mathcal{S})}{\phi(\mathcal{S})} = p(\mathcal{W})$$

上述表达式仍然是一个团结构图的表示形式，因为

$$\frac{\phi(\mathcal{V})\phi^*(\mathcal{W})}{\phi^*(\mathcal{S})} = \frac{\phi(\mathcal{V})\phi(\mathcal{W})}{\phi(\mathcal{S})} = p(\mathcal{X})$$

从上述分析看出，在 $\mathcal{W}$ 吸收了来自 $\mathcal{V}$ 的信息之后，可以得到 $\phi^*(\mathcal{W}) = p(\mathcal{W})$。然后，当 $\mathcal{V}$ 吸收了来自 $\mathcal{W}$ 的信息之后，其对应的势函数 $\phi^*(\mathcal{V})$ 包含了边缘概率 $p(\mathcal{V})$。在分割集合 $\mathcal{S}$ 参加了双向信息吸收之后，可以得到

$$\phi^{**}(\mathcal{S}) = \sum_{\mathcal{W}\backslash\mathcal{S}} \phi^*(\mathcal{W}) = \sum_{\mathcal{W}\backslash\mathcal{S}} \frac{\phi(\mathcal{W})\phi^*(\mathcal{S})}{\phi(\mathcal{S})} = \sum_{(\mathcal{W}\cup\mathcal{V})\backslash\mathcal{S}} \frac{\phi(\mathcal{W})\phi(\mathcal{V})}{\phi(\mathcal{S})} = p(\mathcal{S})$$

接着，$\mathcal{V}$ 的新势能函数 $\phi^*(\mathcal{V})$ 可以写成

$$\phi^*(\mathcal{V}) = \frac{\phi(\mathcal{V})\phi^{**}(\mathcal{S})}{\phi^*(\mathcal{S})} = \frac{\sum_{\mathcal{W}\backslash\mathcal{S}} \phi(\mathcal{V})\phi(\mathcal{S})}{\phi(\mathcal{S})} = p(\mathcal{V})$$

从式(8.3)可以得到

$$\hat{\phi}(\mathcal{V}) = \phi^*(\mathcal{V}) = p(\mathcal{V}), \quad \hat{\phi}(\mathcal{S}) = \phi^{**}(\mathcal{S}) = p(\mathcal{S}), \quad \hat{\phi}(\mathcal{W}) = \phi^*(\mathcal{W}) = p(\mathcal{W})$$

从团 $\mathcal{V}$ 经过 $\mathcal{S}$ 到 $\mathcal{W}$ 的吸收是指对原势函数 $\phi(\mathcal{S})$ 和 $\phi(\mathcal{W})$ 做如下更新：

$$\phi^*(\mathcal{S}) = \sum_{\mathcal{V}\backslash\mathcal{S}} \phi(\mathcal{V}), \quad \phi^*(\mathcal{W}) = \phi(\mathcal{W})\frac{\phi^*(\mathcal{S})}{\phi(\mathcal{S})}$$

若要对一个复杂结构图的势函数进行更新，需要提前设计好更新顺序。若团 $\mathcal{V}$ 要发送信息给邻居 $\mathcal{W}$，其前提条件是团 $\mathcal{V}$ 接收到所有来自它邻居节点信息。重复类似的信息吸收操作，直到信息在每条边上都完成了双向传播，如图 8.13 所示。

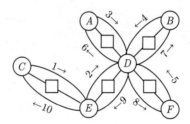

图 8.13   团结构树的吸收路径

2. 联合树的一致性

考虑如图 8.14(a) 所示的无环马尔可夫网络：

$$p(x_1, x_2, x_3, x_4) = \phi(x_1, x_4)\phi(x_2, x_4)\phi(x_3, x_4)$$

虽然马尔可夫网络是无环的，但是其团结构图是有环的，如图 8.14(b) 所示。若把分割集的势函数都统一设置为 1，可以得到如下公式：

$$p(x_1, x_4) = \sum_{x_2, x_3} p(x_1, x_2, x_3, x_4) = \phi(x_1, x_4) \sum_{x_2} \phi(x_2, x_4) \sum_{x_3} \phi(x_3, x_4)$$

$$p(x_2, x_4) = \sum_{x_1, x_3} p(x_1, x_2, x_3, x_4) = \phi(x_2, x_4) \sum_{x_1} \phi(x_1, x_4) \sum_{x_3} \phi(x_3, x_4)$$

$$p(x_3, x_4) = \sum_{x_1, x_2} p(x_1, x_2, x_3, x_4) = \phi(x_3, x_4) \sum_{x_1} \phi(x_1, x_4) \sum_{x_2} \phi(x_2, x_4)$$

由上式可以得到

$$p(x_1, x_2, x_3, x_4) = \phi(x_1, x_4)\phi(x_2, x_4)\phi(x_3, x_4)$$

$$= \frac{p(x_1, x_4)p(x_2, x_4)p(x_3, x_4)}{\left(\sum_{x_1} \phi(x_1, x_4) \sum_{x_2} \phi(x_2, x_4) \sum_{x_3} \phi(x_3, x_4) \right)^2}$$

$$= \frac{p(x_1, x_4)p(x_2, x_4)p(x_3, x_4)}{p^2(x_4)}$$

由此可以看出，所生成的团结构图是有效的。同时，也发现该团结构图可以等价表示成图 8.14(c)，即如果有变量同时出现在环路上的所有边上，则可以将该变量从任意一条环路边上去掉。若去掉之后的边为空集，则相应的边就删除。

针对如图 8.14(c) 所示的团结构网络，可以采用如下四步来进行势函数的更新：

（1）$(x_3, x_4) \to (x_1, x_4)$：分割集势函数更新 $\phi_1^*(x_4) = \sum_{x_3} \phi(x_3, x_4)$，团势能函数更新 $\phi^*(x_1, x_4) = \phi(x_1, x_4)\dfrac{\phi_1^*(x_4)}{\phi_1(x_4)} = \phi(x_1, x_4)\phi_1^*(x_4)$。

（2）$(x_1, x_4) \to (x_2, x_4)$：分割集势函数更新 $\phi_2^*(x_4) = \sum_{x_1} \phi^*(x_1, x_4)$，团势能函数更新 $\phi^*(x_2, x_4) = \phi(x_2, x_4)\dfrac{\phi_2^*(x_4)}{\phi_2(x_4)} = \phi(x_2, x_4)\phi_2^*(x_4)$。更进一步有

$$\phi^*(x_2, x_4) = \phi(x_2, x_4) \sum_{x_1} \phi^*(x_1, x_4) = \phi(x_2, x_4) \sum_{x_1} \phi(x_1, x_4) \sum_{x_3} \phi(x_3, x_4)$$

$$= \sum_{x_1, x_3} p(x_1, x_2, x_3, x_4) = p(x_2, x_4)$$

（3）$(x_2, x_4) \to (x_1, x_4)$：分割集势函数更新 $\phi_2^{**}(x_4) = \sum_{x_2} \phi^*(x_2, x_4) = p(x_4)$，团势能函数更新 $\phi^{**}(x_1, x_4) = \phi^*(x_1, x_4)\dfrac{\phi_2^{**}(x_4)}{\phi_2^*(x_4)}$。更进一步有

$$\phi^{**}(x_1, x_4) = \phi^*(x_1, x_4)\frac{\phi^{**}(x_4)}{\phi^*(x_4)}$$

$$= \phi(x_1, x_4) \sum_{x_3} \phi(x_3, x_4)\frac{\sum_{x_2} \phi(x_2, x_4) * \phi_2^*(x_4)}{\phi_2^*(x_4)}$$

$$= \sum_{x_2, x_3} \phi(x_1, x_4)\phi(x_3, x_4)\phi(x_2, x_4) = p(x_1, x_4)$$

（4）$(x_1, x_4) \rightarrow (x_3, x_4)$：分割集势函数更新 $\phi_1^{**}(x_4) = \sum\limits_{x_1} \phi^{**}(x_1, x_4) = p(x_4)$，团势能函数更新 $\phi^*(x_3, x_4) = \phi(x_3, x_4) \dfrac{\phi_1^{**}(x_4)}{\phi_1^*(x_4)} = p(x_3, x_4)$。

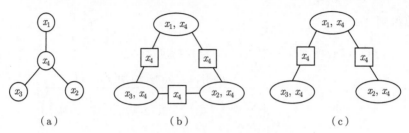

（a） （b） （c）

图 8.14　团结构马尔可夫网络

经过一轮完整的前向和后向信息传播，新的势函数将包含正确的边缘概率分布。更新之后的表示是一致的条件为：任意两个团 $\mathcal{V}, \mathcal{W}$ 和它们的交集 $\mathcal{I}$ 存在如下关系

$$\sum_{\mathcal{V} \backslash \mathcal{I}} \phi(\mathcal{V}) = \sum_{\mathcal{W} \backslash \mathcal{I}} \phi(\mathcal{W})$$

为了保证全局一致性，如果两个团有一个相同变量，则该变量必须存在于两个团之间的交集。一棵团结构树是联合树的条件为：对于任意节点集合 $\mathcal{V}$ 和 $\mathcal{W}$，它们之间连接路径上的节点集合包含 $\mathcal{V} \cap \mathcal{W}$。

3. 联合树构建

联合树构建的主要步骤包括：有向图的道德化，团结构树生成，联合树的生成（在团结构树的基础上，形成权重最大生成树）。如图 8.15 所示，设置如下团势函数：

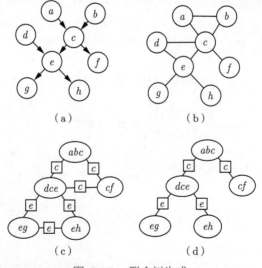

（a） （b）

（c） （d）

图 8.15　联合树生成

$$\phi(a,b,c) = p(a)p(b)p(c|a,b), \ \phi(d,c,e) = p(d)p(e|d,c), \ \phi(c,f) = p(f|c)$$

$$\phi(e,g) = p(g|e), \ \phi(e,h) = p(h|e)$$

并把所有的分割集势函数设置成 1。通过规划一个合理的信息吸收操作顺序，就可以得到每个团结构的边缘概率密度分布。

对于带环的马尔可夫图结构（如图 8.16 所示），考虑如下分布函数：

$$p(a,b,c,d) = \phi(a,b)\phi(b,c)\phi(c,d)\phi(d,a)$$

接下来构建一棵团结构树。首先选择节点 d 作为消除节点，从而有

$$p(a,b,c) = \phi(a,b)\phi(b,c)\sum_d \phi(c,d)\phi(d,a)$$

吸收节点 d 后的子图引入了一条节点 a 和 c 之间的额外连接。根据上式，可以得到

$$p(a,b,c,d) = \frac{p(a,b,c)}{\sum_d \phi(c,d)\phi(d,a)}\phi(c,d)\phi(d,a)$$

类似地，消除节点 b 可得

$$p(a,c,d) = \phi(c,d)\phi(d,a)\sum_b \phi(a,b)\phi(b,c)$$

以及

$$p(a,b,c,d) = \frac{p(a,b,c)p(a,c,d)}{\sum_d \phi(c,d)\phi(d,a)\sum_b \phi(a,b)\phi(b,c)} = \frac{p(a,b,c)p(a,c,d)}{p(a,c)}$$

从上式可以看出，消去节点 d 将产生一条 a 和 c 之间的连接，形成生成表示或者三角化表示。图 8.16（c）为生成表示。通过消除节点和添加连接的过程称为图三角化。一个三角化无向图中任何长度大于或等于 4 条边的环必有一条弦，这样的图也称为可分解图。从某种意义上来讲，三角化无向图的概率分布能够写成边缘概率分布的乘积除以分割集概率的形式，即三角化团结构图存在一棵联合树。

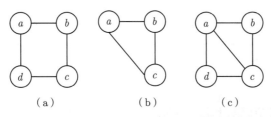

图 8.16　带环无向图的节点吸收示例

无向图三角化方法通过贪婪节点消除来获得，具体步骤包括：

（1）选择那些消除后不会产生额外连接的简单节点，并进行消除。

（2）在剩下图中选择具有最少邻居的非简单节点，消除这个节点，并连接该节点的所有邻居。

（3）将所有节点按照消除顺序进行标记，得到一个完美消除序列，即按照该序列进行节点消除，不会产生额外的连接。

例 8.7（三角化和团结构树生成）

图 8.17 和图 8.18 分别给出了带环无向图的三角化过程和对应的团结构生成树。

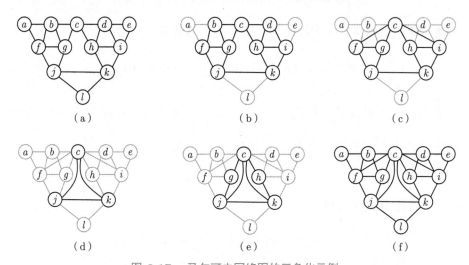

图 8.17　马尔可夫网络图的三角化示例

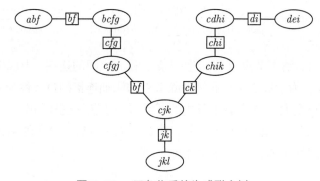

图 8.18　三角化后的生成联合树

4. 联合树算法总结

联合树算法可以总结成如下五个步骤：

（1）**道德化**：将每个节点对应的父节点进行连接。

（2）**三角化**：确保长度超过或者等于 4 条边的环有一条弦。

（3）**联合树**：从三角化团结构图中，寻找一棵联合树。

（4）**势函数**：对联合树的每个团设置势函数，并将分割集的势函数设置为 1。

（5）**信息传播**：进行吸收操作，直到所有连接边的双向更新都完成为止。

最后，所有团结构的边缘概率分布能够从联合树中直接读取。

很多无向图对应的三角化图具有全连接结构，如二分类图网络，这样会导致出现大规模团结构和复杂计算。针对这种情形，可采用近似推理方法。

8.3.3　网格模型

网格模型是指每个节点与四个邻接节点都有直接联系，这意味着潜在的图模型存在回环。本节采用马尔可夫随机场来描述网格图模型，然后采用图割算法来解决最大后验（MAP）推理问题。网格模型通常用于处理图像增强或分割问题。

1. 马尔可夫随机场

假设马尔可夫随机场有 N 个节点，与每个节点相关联的随机变量集合为 $\{x_n\}_{n=1}^N$。第 n 个节点的邻域集合为 $\mathcal{N}_n$，则马尔可夫随机场模型需要满足如下马尔可夫特征：

$$p(x_n|\boldsymbol{x}_{\backslash n}) = p(x_n|\boldsymbol{x}_{\mathcal{N}_n})$$

即在给定邻域前提下，该节点有条件地独立于所有其他变量。

马尔可夫随机场 $\boldsymbol{x}$ 可以看成一个无向模型，其联合概率描述为势函数的乘积：

$$p(\boldsymbol{x}) = \frac{1}{Z} \prod_{j=1}^J \phi_j(\boldsymbol{x}_{C_j})$$

式中：$\phi_j(\cdot)$ 为第 j 个势函数；C_j 为图的子团。

在网格模型中，子团通常由每条边的两个节点（端点）构成。上述联合概率密度分布可以写成如下吉布斯形式：

$$p(\boldsymbol{x}) = \frac{1}{Z} \exp\left(-\sum_{j=1}^J \psi_j(\boldsymbol{x}_{C_j})\right)$$

式中：$\psi_j(\cdot)$ 为第 j 个成本函数。

对于一个 2×2 的图像模型，其相关离散状态的概率 $p(\boldsymbol{x})$ 可以写成如下乘积形式：

$$p(\boldsymbol{x}) = \frac{1}{Z} \phi_{12}(x_1, x_2) \phi_{13}(x_1, x_3) \phi_{2,4}(x_2, x_4) \phi_{3,4}(x_3, x_4)$$

若每个像素的状态值 $x_i \in \{0, 1\}$，则 $\phi_{ij}(x_i, x_j)$ 返回四个可能的值，这四个值取决于 (x_i, x_j) 的四种组合 $\{00, 01, 10, 11\}$。由于四个节点中每个节点有 2 种状态，因此马尔可夫随机场 $\boldsymbol{x}$ 共有 16 种可能的组合，而且每一组合的概率值也能够计算得到。从势函数看出：当邻域有相同状态时，势函数返回较大数值；相反，邻域状态不同时，势函数返回较小值。这体现了势函数所起的平滑作用。

2. 马尔可夫随机场的 MAP 推理

针对如图 8.19 所示的马尔可夫网格模型，其 MAP 推理可以表示成

$$\hat{\boldsymbol{x}} = \arg\max_{\boldsymbol{x}} \sum_{i=1}^{N} \ln p(y_n, x_n) - \sum_{(i,j)\in\mathcal{C}} \psi(x_i, x_j)$$

$$= \arg\min_{\boldsymbol{x}} \sum_{i=1}^{N} -\ln p(y_n, x_n) + \sum_{(i,j)\in\mathcal{C}} \psi(x_i, x_j)$$

$$= \arg\min_{\boldsymbol{x}} \sum_{i=1}^{N} U_i(x_i) + \sum_{(i,j)\in\mathcal{C}} P_{ij}(x_i, x_j)$$

式中：$U_i(x_i)$ 为像素 i 在 x_i 状态下观测数据的成本；$P_{ij}(x_i, x_j)$ 为邻域 (i,j) 处放置状态值 x_i 和 x_j 的成本函数。

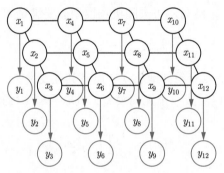

图 8.19   二维马尔可夫随机场

上述优化问题具有跟例 8.4 类似的形式，因此可以采用 Viterbi 方法进行求解。

3. 网格有向模型

马尔可夫随机场能够采用图割方法进行求解，因此备受学者关注。然而，无向图模型的主要缺陷在于难以确定模型中的参数。一种备选方案为使用有向模型，如图 8.20 所示。采用有向模型的学习过程则相对简单。

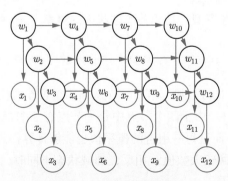

图 8.20   有向网格图模型

为了便于理解，考虑该模型中 MAP 推理的成本函数：

$$\hat{\boldsymbol{w}} = \arg\max_{\boldsymbol{w}} \ln p(\boldsymbol{x}|\boldsymbol{w}) + \ln p(\boldsymbol{w})$$

$$= \arg\min_{\boldsymbol{w}} \sum_{n=1}^{N} -\ln p(x_n|w_n) - \sum_{n=1}^{N} \ln p(w_n|\boldsymbol{w}_{\mathcal{N}_n})$$

式中：$\boldsymbol{w}_{\mathcal{N}_n}$ 为节点 w_n 的相邻节点。

针对图 8.20 所示的有向网格模型，上式可以写成如下通用形式：

$$\hat{\boldsymbol{w}} = \arg\min_{\boldsymbol{w}} \sum_{n=1}^{N} U_n(w_n) + \sum_{n=1}^{N} T_n(w_n, w_{n,p_1}, w_{n,p_2})$$

式中：$U_n(w_n)$ 为一元项；$T_n(w_n, w_{n,p_1}, w_{n,p_2})$ 为三元项。

上式无法采用现有的多项式算法对其进行优化。但由于该模型是一个有向图模型，从该模型中获取样本相对容易，因此可以采用近似推理来进行求解（详见第 6 章）。

习题

1. 假设 $\boldsymbol{A}$ 为图的邻接矩阵，其中 $A_{ij} = 1$ 当节点 i 和 j 之间有连接，否则 $A_{ij} = 0$。试说明 $[A^k]_{ij}$ 表示节点 j 到节点 i 距离为 k 的路径数目。

2. 针对分布表达形式 $p(a,b,c) = p(c|a,b)p(a)p(b)$，判断 $a \perp b$ 和 $a \perp b|c$ 是否成立。

3. 考虑分布表达式 $p(a,b,c) = p(c|b)p(b|a)p(a)$。假设离散变量的取值为 $\mathrm{dom}(a) = \mathrm{dom}(c) = \{1,2\}$ 和 $\mathrm{dom}(b) = \{1,2,3\}$。给定

$$p(a) = \begin{bmatrix} 3/5 \\ 2/5 \end{bmatrix}, p(b|a) = \begin{bmatrix} 1/4 & 15/40 \\ 1/12 & 1/8 \\ 2/3 & 1/2 \end{bmatrix}, p(c|b) = \begin{bmatrix} 1/3 & 1/2 & 15/40 \\ 2/3 & 1/2 & 5/8 \end{bmatrix}$$

试证明 $a \perp c$。

4. 考虑如下分布形式：

$$p(a,b,c,d) = \phi_{ab}(a,b)\phi_{bc}(b,c)\phi_{cd}(c,d)\phi_{da}(d,a)$$

其中：ϕ 为势函数。

试画出该分布的马尔可夫网络并判断 $a \perp c$ 是否成立。

5. 考虑如下分布形式：

$$p(t_1, t_2, y_1, y_2, h) = p(y_1|y_2, t_1, t_2, h)p(y_2|t_2, h)p(t_1)p(t_2)p(h)$$

试画出该分布的信念网络，并判断在 $p(t_1, t_2, y_1, y_2)$ 分布函数下 $t_1 \perp y_2$ 是否成立。

6. 受限玻耳兹曼机的网络结构是包含显变量 $\boldsymbol{v} = (v_1, \cdots, v_V)$ 和隐变量 $\boldsymbol{h} = (h_1, \cdots, h_H)$ 的二部图：

$$p(\boldsymbol{v}, \boldsymbol{h}) = \frac{1}{Z(\boldsymbol{W}, \boldsymbol{a}, \boldsymbol{b})} \exp\left(\boldsymbol{v}^{\mathrm{T}} \boldsymbol{W} \boldsymbol{h} + \boldsymbol{a}^{\mathrm{T}} \boldsymbol{v} + \boldsymbol{b}^{\mathrm{T}} \boldsymbol{h}\right)$$

其中：所有变量均为 0/1 二值变量。试证明在显变量条件下的隐变量分布可以表示成

$$p(\boldsymbol{h}|\boldsymbol{v}) = \prod_i p(h_i|\boldsymbol{v}), \quad p(h_i = 1|\boldsymbol{v}) = \sigma\left(b_i + \sum_j W_{ji} v_j\right)$$

式中：$\sigma(x) = \mathrm{e}^x / (1 + \mathrm{e}^x)$。

7. 考虑如下隐马尔可夫模型：

$$p(v_1, \cdots, v_T, h_1, \cdots, h_T) = p(h_1) p(v_1|h_1) \prod_{t=2}^{T} p(v_t|h_t) p(h_t|h_{t-1})$$

试推导 $p(h_t, h_{t+1}|v_1, \cdots, v_T)$ 的计算公式。

8. 考虑分布 $p(y|x_1, \cdots, x_T) p(x_1) \prod_{t=2}^{T} p(x_t|x_{t-1})$，其中所有变量为二值变量。画出该分布的联合树，并分析计算 $p(x_T)$ 的复杂度。

9. 考虑如下分布：

$$p(a, b, c, d, e, f) = p(a) p(b|a) p(c|b) p(d|c) p(e|d) p(f|a, e)$$

试画出该分布的信念网络、道德图以及联合树，并证明该分布可以表示成

$$p(a|f) p(b|a, c) p(c|a, d) p(d|a, e) p(e|a, f) p(f)$$

第9章

马尔可夫模型

概率图模型是指随机变量在空间上存在关联，而马尔可夫模型是指随机变量在时间维度上存在因果关系，因此马尔可夫模型也称为动态系统模型。无可置疑的是，自然界的智能主要体现在对因果关系和行为序列的建模。从某种角度来讲，时序数据的建模能够预测事件未来的发展趋势，如运动物体的跟踪和金融市场的走势预测等。

本章所介绍的马尔可夫模型为有向图模型，是贝叶斯网络的一种特殊形式。

9.1 节介绍离散状态值的马尔可夫模型，包括观测序列的概率计算、状态序列的估计和模型参数的辨识。

9.2 节介绍连续状态值的马尔可夫模型，包括自回归模型、线性高斯模型和非线性高斯模型的滤波和辨识。

9.1 离散状态马尔可夫模型

对于时间序列，由于其随机变量数量随着时间变长而增加，往往需要对序列生成的模型进行建模。离散马尔可夫模型在金融、语音处理和网页排序方面有着广泛应用。

9.1.1 马尔可夫模型

假设时间序列 $v_1, \cdots, v_T$ 的模型为 $p(v_{1:T})$。根据时间序列在时间维度上的因果特性，其可以分解为

$$p(v_{1:T}) = \prod_{t=1}^{T} p(v_t | v_{1:t-1})$$

当 $t = 1$ 时，$p(v_t | v_{1:t-1}) = p(v_1)$。

独立性假设：最近历史信息比久远历史信息对于当前状态来说有着更重要的影响，因此在马尔可夫模型中用最近历史信息来预测当前或者未来的状态。根据独立性假设，马尔可夫模型可以表示成

$$p(v_t | v_{1:t-1}) = p(v_t | v_{t-L:t-1})$$

式中：L 为马尔可夫模型的阶数，$L \geqslant 1$。

由此，一阶马尔可夫模型可以写成

$$p(v_{1:T}) = p(v_1)p(v_2|v_1) \cdots p(v_T|v_{T-1})$$

对于稳态马尔可夫模型，其状态转移概率 $p(v_t = s' | v_{t-1} = s)$ 是时不变的。对于非稳态马尔可夫模型，其状态转移概率是时变的。

定理 9.1 给定一阶马尔可夫序列 $v_{1:T}$，若采用极大似然估计方法来对稳态马尔可夫模型进行建模，其状态转移概率的估计值与状态转移事件发生的频数成正比：

$$p(v_t = i | v_{t-1} = j) \propto \sum_{t=2}^{T} \mathbb{I}(v_t = i, v_{t-1} = j) \tag{9.1}$$

式中：$\mathbb{I}$ 为指示函数。

证明：定义 $p(v_t = i | v_{t-1} = j) = \theta_{i|j}$。在给定初始状态 v_1 的情况下，似然函数可以写成

$$p(v_{2:T} | \boldsymbol{\theta}, v_1) = \prod_{t=2}^{T} \theta_{v_t | v_{t-1}} = \prod_{t=2}^{T} \left(\prod_{i,j} \theta_{i|j}^{\mathbb{I}[v_t = i, v_{t-1} = j]} \right)$$

在约束条件 $\sum_i \theta_{i|j} = 1$ 的情况下，最大化似然函数需要借助拉格朗日方法。记

$$L(\boldsymbol{\theta}) = \sum_{t=2}^{T} \left(\sum_{i,j} \mathbb{I}[v_t = i, v_{t-1} = j] \log \theta_{i|j} \right) + \sum_j \lambda_j \left(1 - \sum_i \theta_{i|j} \right)$$

对上式关于 $\theta_{i|j}$ 求导置零可以得到式(9.1)。

9.1.2 隐马尔可夫模型

隐马尔可夫模型是指含有隐变量 $h_{1:T}$ 的马尔可夫过程，其中观测变量通过条件概率密度函数 $p(v_t | h_t)$ 与隐变量（或状态）建立联系。隐马尔可夫模型通常假设任意时刻的观测只依赖该时刻状态，即

$$p(v_t | v_{t+1}, h_{t+1}, v_t, h_t, \cdots, v_1, h_1) = p(v_t | h_t)$$

因此，隐马尔可夫模型的联合分布可以写成

$$p(h_{1:T}, v_{1:T}) = p(v_1 | h_1) p(h_1) \prod_{t=2}^{T} p(v_t | h_t) p(h_t | h_{t-1})$$

对于稳态隐马尔可夫模型，转移函数 $p(h_t | h_{t-1})$ 和观测函数 $p(v_t | h_t)$ 是时不变的。对于离散状态马尔可夫过程，转移分布可以由矩阵 $\boldsymbol{A} \in \mathbb{R}^{H \times H}$ 来表示：

$$A_{ji} = p(h_t = j | h_{t-1} = i)$$

观测分布用矩阵 $\boldsymbol{B} \in \mathbb{R}^{V \times H}$ 来表示：

$$B_{ji} = p(v_t = j | h_t = i)$$

在给定初始状态分布 $\boldsymbol{\pi} = p(h_1)$ 的情形下，隐马尔可夫模型由转移矩阵 $\boldsymbol{A}$ 和观测矩阵 $\boldsymbol{B}$ 来进行生成观测序列。

隐马尔可夫模型有三个基本问题：观测序列的概率计算；状态序列的估计或推理；模型参数 $(\boldsymbol{A}, \boldsymbol{B}, \boldsymbol{\pi})$ 的学习。常见的状态估计或推理包括如下四种：

（1）滤波：推断当前状态 $p(h_t | v_{1:t})$。

（2）预测：推断未来状态 $p(h_t | v_{1:s}), t > s$。

（3）平滑：推断过去状态 $p(h_t | v_{1:u}), u > t$。

（4）最佳状态序列估计：$\underset{h_{1:T}}{\arg\max}\, p(h_{1:T} | v_{1:T})$。

9.1.3 观测序列概率计算

给定模型参数 $(\boldsymbol{A}, \boldsymbol{B}, \boldsymbol{\pi})$ 和观测序列 $v_{1:T} = (v_1, v_2, \cdots, v_T)$，计算序列 $v_{1:T}$ 出现的概率。最直接的方法是按照概率公式计算，通过列举所有可能长度为 T 的状态序列，求得状态序列与观测序列的联合概率，然后对所有可能的状态序列求和。假设状态序列 $h_{1:T} = (h_1, h_2, \cdots, h_T)$，则输出观测序列的概率可以写成

$$p(v_{1:T}) = \sum_{h_{1:T}} p(v_{1:T}|h_{1:T}) p(h_{1:T})$$

$$= \sum_{h_{1:T}} p(v_1|h_1) p(h_1) \prod_{t=2}^{T} p(v_t|h_t) p(h_t|h_{t-1})$$

由于上述直接计算需要对所有可能的状态序列求和，计算量很大，因此需要设计高效计算方法。

1. 前向算法

前向概率定义为到时刻 t 的观测序列 $v_{1:t}$ 和状态 h_t 的联合概率，记作

$$\alpha(h_t) = p(h_t, v_{1:t}) = \sum_{h_{t-1}} p(v_t|h_t) p(h_t|h_{t-1}) p(h_{t-1}, v_{1:t-1})$$

上式可以简化成

$$\alpha(h_t) = \underbrace{p(v_t|h_t)}_{\text{纠正项}} \underbrace{\sum_{h_{t-1}} p(h_t|h_{t-1}) \alpha(h_{t-1})}_{\text{预测项}} \tag{9.2}$$

式中

$$\alpha(h_1) = p(h_1, v_1) = p(v_1|h_1) p(h_1)$$

式(9.2)包括预测和纠正项，其中预测项看成模型，而纠正项是通过观测值来纠正状态估计的误差。

在快速获得前向概率 $\alpha(h_t) = p(h_t, v_{1:t})$ 之后，最终的观测序列概率通过如下计算得到：

$$p(v_{1:T}) = \sum_{h_T} \alpha(h_T) = \sum_{h_T} p(h_T, v_{1:T})$$

2. 后向算法

后向概率定义在时刻 t 状态为 h_t 条件下，从 $t+1$ 到 T 的部分观测序列为 $v_{t+1:T}$ 的概率，记作

$$\beta(h_t) = p(v_{t+1:T}|h_t)$$

可以发现

$$\beta(h_{t-1}) = p(v_{t:T}|h_{t-1}) = \sum_{h_t} p(v_t, h_t, v_{t+1:T}|h_{t-1})$$

$$= \sum_{h_t} p(v_{t+1:T}|h_t)p(v_t|h_t)p(h_t|h_{t-1}) \qquad (9.3)$$

$$= \sum_{h_t} p(v_t|h_t)p(h_t|h_{t-1})\beta(h_t)$$

式中：$\beta(h_T) = 1$。

在快速获得后向概率 $\beta(h_t) = p(v_{t+1:T}|h_t)$ 之后，最终的观测序列概率如下：

$$p(v_{1:T}) = \sum_{h_1} p(v_{2:T}|h_1)p(v_1|h_1)p(h_1)$$

3. 前向−后向算法

前向−后向算法是通过 h_t 将序列分成过去和未来两部分：

$$p(h_t, v_{1:T}) = p(h_t, v_{1:t}, v_{t+1:T})$$

$$= p(h_t, v_{1:t})p(v_{t+1:T}|h_t)$$

$$= \alpha(h_t)\beta(h_t)$$

从上式可以看出，$\alpha(h_t)$ 和 $\beta(h_t)$ 分别代表历史信息和未来信息，是两个独立的序列，可以分别通过前向和后向迭代计算获得。$\alpha(h_t)$ 的前向迭代计算如式(9.2) 所示，而 $\beta(h_t)$ 的后向迭代计算通过如式(9.3) 所示。最终的观测序列概率如下：

$$p(v_{1:T}) = \sum_{h_t} p(h_t, v_{1:T}) = \sum_{h_t} \alpha(h_t)\beta(h_t)$$

例 9.1（观测序列概率计算示例）

假设有 3 个盒子，编号分别为 1、2、3，每个盒子都装有红、白两种颜色的小球，数目如下所示。

盒子号	1	2	3
红球数	5	4	7
白球数	5	6	3

给定选择盒子的先验概率 $\boldsymbol{\pi}$ 和转移概率矩阵 $\boldsymbol{A}$，以及选择有色球的观测矩阵 $\boldsymbol{B}$：

$$\boldsymbol{\pi} = \begin{bmatrix} 0.2 \\ 0.4 \\ 0.4 \end{bmatrix}, \boldsymbol{A} = \begin{bmatrix} 0.5 & 0.3 & 0.2 \\ 0.2 & 0.5 & 0.3 \\ 0.3 & 0.2 & 0.5 \end{bmatrix}, \boldsymbol{B} = \begin{bmatrix} 0.5 & 0.5 \\ 0.4 & 0.6 \\ 0.7 & 0.3 \end{bmatrix}^{\mathrm{T}}$$

计算输出观测序列"红白红"的概率。

解: 令观测向量 $v_{1:3} = (1, 2, 1)$，状态向量为 $h_{1:3}$。根据前向算法，第一步计算 $\alpha(h_1)$:

$$\alpha(h_1 = 1) = 0.1, \ \alpha(h_1 = 2) = 0.16, \ \alpha(h_1 = 3) = 0.28$$

然后根据式(9.2)计算 $\alpha(h_2)$:

$$\alpha(h_2 = 1) = 0.5 \times (0.5 \times 0.1 + 0.3 \times 0.16 + 0.2 \times 0.28) = 0.0770$$

$$\alpha(h_2 = 2) = 0.6 \times (0.2 \times 0.1 + 0.5 \times 0.16 + 0.3 \times 0.28) = 0.1104$$

$$\alpha(h_2 = 3) = 0.3 \times (0.3 \times 0.1 + 0.2 \times 0.16 + 0.5 \times 0.28) = 0.0606$$

类似地，$\alpha(h_3)$ 计算如下:

$$\alpha(h_3 = 1) = 0.5 \times (0.5 \times 0.0770 + 0.3 \times 0.1104 + 0.2 \times 0.0606) = 0.0419$$

$$\alpha(h_3 = 2) = 0.4 \times (0.2 \times 0.0770 + 0.5 \times 0.1104 + 0.3 \times 0.0606) = 0.0355$$

$$\alpha(h_3 = 3) = 0.7 \times (0.3 \times 0.0770 + 0.2 \times 0.1104 + 0.5 \times 0.0606) = 0.0528$$

最终，观测序列的概率计算如下:

$$p(v_1 = 1, v_2 = 2, v_3 = 1) = \sum_{h_3} \alpha(h_3) = 0.0419 + 0.0355 + 0.0528 = 0.1302$$

9.1.4 状态序列估计

1. 状态滤波

滤波是指在给定观测信息 $v_{1:t}$ 来确定隐变量 h_t 的分布。为了获得条件概率分布 $p(h_t|v_{1:t})$，首先计算联合概率分布 $p(h_t, v_{1:t})$，然后计算边缘概率。

前向概率 $\alpha(h_t) = p(h_t, v_{1:t})$ 通过式(9.2)进行计算。状态滤波的后验概率 $p(h_t|v_{1:t}) \propto \alpha(h_t)$ 通过对 $p(h_t, v_{1:t})$ 进行归一化得到:

$$p(h_t|v_{1:t}) = \frac{p(h_t, v_{1:t})}{p(v_{1:t})} = \frac{\alpha(h_t)}{\sum\limits_{h_t} \alpha(h_t)}$$

在计算过程中，$\alpha(h_t)$ 随着时间的增大而逐渐减小。为了处理该数值问题，将采用对数函数 $\log \alpha(h_t)$ 更新的方法。

2. 状态平滑

这里将介绍两种计算 $p(h_t|v_{1:T})$ 的平滑方法：一种是并行平滑方法；另一种是纠正平滑方法。

并行平滑方法是通过 h_t 将序列分成过去和未来两部分：

$$p(h_t, v_{1:T}) = p(h_t, v_{1:t}, v_{t+1:T})$$

$$= p(h_t, v_{1:t})p(v_{t+1:T}|h_t)$$

$$= \alpha(h_t)\beta(h_t)$$

前向概率 $\alpha(h_t)$ 和后向概率 $\beta(h_t)$ 可分别由式(9.2)和式(9.3)计算得到。在获得序列 $\alpha(h_t)$ 和 $\beta(h_t)$ 之后，状态平滑所对应的后验概率为

$$p(h_t|v_{1:T}) = \gamma(h_t) = \frac{\alpha(h_t)\beta(h_t)}{\sum\limits_{h_t}\alpha(h_t)\beta(h_t)}$$

上述并行状态平滑方法也称为前向–后向平滑方法。该方法在隐马尔可夫模型建模中比较常用，与因子图中的消念传播方法很类似。

纠正平滑跟并行算法不同的是直接对后验概率进行处理：

$$p(h_t|v_{1:T}) = \sum_{h_{t+1}} p(h_t, h_{t+1}|v_{1:T})$$

$$= \sum_{h_{t+1}} p(h_t|h_{t+1}, v_{1:t}, v_{t+1:T})p(h_{t+1}|v_{1:T})$$

$$= \sum_{h_{t+1}} p(h_t|h_{t+1}, v_{1:t})p(h_{t+1}|v_{1:T})$$

令 $\gamma(h_t) = p(h_t|v_{1:T})$，上式可以简化成

$$\gamma(h_t) = \sum_{h_{t+1}} p(h_t|h_{t+1}, v_{1:t})\gamma(h_{t+1})$$

式中：$\gamma(h_T) \propto \alpha(h_T)$。系数项 $p(h_t|h_{t+1}, v_{1:t})$ 从物理层面认为是动态系统的反向传播，可以表示成如下形式：

$$p(h_t|h_{t+1}, v_{1:t}) = \frac{p(h_{t+1}, h_t|v_{1:t})}{p(h_{t+1}|v_{1:t})} = \frac{p(h_{t+1}|h_t)p(h_t|v_{1:t})}{p(h_{t+1}|v_{1:t})} \propto p(h_{t+1}|h_t)p(h_t|v_{1:t})$$

其中：$p(h_{t+1}|v_{1:t})$ 为归一化项，且有

$$p(h_{t+1}|v_{1:t}) = \sum_{h_t} p(h_{t+1}|h_t)p(h_t|v_{1:t})$$

纠正平滑是一种序贯方法：首先通过前向迭代计算 $\alpha(h_t)$、$p(h_t|v_{1:t})$ 和系数项 $p(h_t|h_{t+1}, v_{1:t})$，然后反向迭代计算 $\gamma(h_t)$，其中反向迭代是对滤波结果的纠正。这类平滑算法也称为 Rauch-Tung-Striebel 平滑算法，其主要优势是前向滤波后，$\gamma(h_t)$ 的更新环节就不再需要观测信息 $v_{1:T}$。

除了上述单个状态的平滑，也可以对相邻的状态对进行联合平滑估计：

$$p(h_t, h_{t+1}|v_{1:T}) \propto p(v_{1:t}, v_{t+1}, v_{t+2:T}, h_{t+1}, h_t)$$

$$= p(v_{t+2:T}|v_{1:t}, v_{t+1}, h_t, h_{t+1})p(v_{1:t}, v_{t+1}, h_t, h_{t+1})$$

$$= p(v_{t+2:T}|h_{t+1})p(v_{t+1}|h_t, h_{t+1}, v_{1:t})p(h_t, h_{t+1}, v_{1:t})$$

$$= p(v_{t+2:T}|h_{t+1})p(v_{t+1}|h_{t+1})p(h_{t+1}|h_t)p(h_t, v_{1:t})$$

由上式可以得到

$$p(h_t, h_{t+1}|v_{1:T}) \propto \beta(h_{t+1})p(v_{t+1}|h_{t+1})p(h_{t+1}|h_t)\alpha(h_t)$$

3. 状态预测

隐马尔可夫过程的预测包含隐状态预测和未来观测的预测。隐状态的预测可以写成

$$p(h_{t+1}|v_{1:t}) = \sum_{h_t} p(h_{t+1}|h_t)p(h_t, v_{1:t}) = \sum_{h_t} p(h_{t+1}|h_t)\alpha(h_t)$$

未来观测的预测可以写成

$$p(v_{t+1}|v_{1:t}) = \sum_{h_t, h_{t+1}} p(v_{t+1}|h_{t+1})p(h_{t+1}|h_t)p(h_t|v_{1:t})$$

式中：$p(h_t|v_{1:t}) \propto \alpha(h_t)$。

4. 最佳状态序列估计

关于 $p(h_{1:T}|v_{1:T})$ 的最佳状态序列 $h_{1:T}$ 可以通过最大化如下联合概率得到：

$$p(h_{1:T}, v_{1:T}) = \prod_{t=1}^{T} p(v_t|h_t)p(h_t|h_{t-1})$$

最可能的路径能够通过下式获得：

$$\max_{h_T} \prod_{t=1}^{T} p(v_t|h_t)p(h_t|h_{t-1})$$

$$= \left\{ \prod_{t=1}^{T-1} p(v_t|h_t)p(h_t|h_{t-1}) \right\} \underbrace{\max_{h_T} p(v_T|h_T)p(h_T|h_{T-1})}_{\mu(h_{T-1})}$$

式中：$\mu(h_{T-1})$ 暗含了从最末端到倒数第二步的传递消息。

采用类似的表示形式，得到如下迭代关系式：

$$\mu(h_{t-1}) = \max_{h_t} p(v_t|h_t)p(h_t|h_{t-1})\mu(h_t)$$

式中：$\mu(h_T) = 1$。

这就意味着，关于 $h_2, \cdots, h_T$ 的最大化信息被压缩到信息 $\mu(h_1)$ 中，从而最有可能的状态 h_1^* 如下所示：

$$h_1^* = \arg\max_{h_1} p(v_1|h_1)p(h_1)\mu(h_1)$$

一旦获得 h_1^* 后，通过反向追踪可以获得

$$h_t^* = \arg\max_{h_t} p(v_t|h_t)p(h_t|h_{t-1}^*)\mu(h_t)$$

上述求解最佳隐状态序列的方法有时也称为 Viterbi 算法。

例 9.2（最佳状态序列估计）

考虑盒子和有色球模型 $(\boldsymbol{A}, \boldsymbol{B}, \boldsymbol{\pi})$，其中状态集合 $h = \{1, 2, 3\}$，观测集合 $v = \{红, 白\}$：

$$\boldsymbol{\pi} = \begin{bmatrix} 0.2 \\ 0.4 \\ 0.4 \end{bmatrix}, \boldsymbol{A} = \begin{bmatrix} 0.5 & 0.3 & 0.2 \\ 0.2 & 0.5 & 0.3 \\ 0.3 & 0.2 & 0.5 \end{bmatrix}, \boldsymbol{B} = \begin{bmatrix} 0.5 & 0.5 \\ 0.4 & 0.6 \\ 0.7 & 0.3 \end{bmatrix}^{\mathrm{T}}$$

已知观测序列为"红，白，红"（记成 1,2,1），试求最优状态序列。

解：将"红，白"分别记成 1，2。要在所有可能的路径中选择一条最优路径，按照以下步骤求解：

步骤一，在 $t = 1$ 时，计算每个状态和观测为红（$v_1 = 1$）的联合概率：

$$p(v_1 = 1, h_1 = 1) = 0.1, \ p(v_1 = 1, h_1 = 2) = 0.16, \ p(v_1 = 1, h_1 = 3) = 0.28$$

步骤二，在 $t = 2$ 时，计算每个状态和 $v_1 = 1, v_2 = 2$ 的最大联合概率：

$$p(v_1 = 1, v_2 = 2, h_2 = 1) = \max\{0.0250, 0.0240, 0.0280\} = 0.028$$

$$p(v_1 = 1, v_2 = 2, h_2 = 2) = \max\{0.0120, 0.0480, 0.0504\} = 0.0504$$

$$p(v_1 = 1, v_2 = 2, h_2 = 3) = \max\{0.0090, 0.0096, 0.0420\} = 0.0420$$

步骤三，在 $t = 3$ 时，计算每个状态和 $v_1 = 1, v_2 = 2, v_3 = 1$ 的最大联合概率：

$$p(v_1 = 1, v_2 = 2, v_3 = 1, h_3 = 1) = \max\{0.0070, 0.0076, 0.0042\} = 0.0076$$

$$p(v_1 = 1, v_2 = 2, v_3 = 1, h_3 = 2) = \max\{0.0022, 0.0101, 0.0050\} = 0.0101$$

$$p(v_1 = 1, v_2 = 2, v_3 = 1, h_3 = 3) = \max\{0.0059,\ 0.0071,\ 0.0147\} = 0.0147$$

因此，最优路径的终点状态为 $h_3 = 3$，其对应的最优前序状态为 $h_2 = 3$。从步骤二的结果看出，$h_2 = 3$ 的最优前序状态为 $h_1 = 3$。因此，最佳状态序列为 $h_{1:3} = (3, 3, 3)$。

9.1.5　模型参数估计

根据训练数据是否包含状态序列，隐马尔可夫模型的学习分为监督学习与无监督学习。

1. 监督学习

给定 N 组长度为 T 的训练数据 $\{v_t^k, h_t^k\}_{t=1, k=1}^{T,N}$，隐马尔可夫模型的参数可以利用极大似然估计法来进行估计。具体方法如下：

（1）转移矩阵定义为 $\boldsymbol{A}_{ij} = p(h_{t+1} = i | h_t = j)$。假设 t 时刻状态处于 $h_t = j$ 而 $t+1$ 时刻状态处于 $h_{t+1} = i$ 的频数为 $\boldsymbol{A}_{ij}$，则转移矩阵的估计为

$$\boldsymbol{A}_{ij} \doteq \frac{\boldsymbol{A}_{ij}}{\sum_i \boldsymbol{A}_{ij}}$$

（2）观测矩阵定义为 $\boldsymbol{B}_{ij} = p(v_t = i | h_t = j)$。假设 t 时刻状态处于 $h_t = j$ 且观测处于 $v_t = i$ 的频数为 $\boldsymbol{B}_{ij}$，则观测矩阵的估计为

$$\boldsymbol{B}_{ij} \doteq \frac{\boldsymbol{B}_{ij}}{\sum_i \boldsymbol{B}_{ij}}$$

（3）初始状态概率 $p(h_1)$ 根据 N 组样本中初始状态的频数进行估计。

2. 无监督学习

给定数据集 $V = \{v_{1:T}^1, \cdots, v_{1:T}^N\}$ 包含 N 条马尔可夫序列。这里的学习任务是寻找最有可能生成数据集 V 的隐马尔可夫模型转移矩阵 $\boldsymbol{A}$，观测矩阵 $\boldsymbol{B}$ 和初始状态概率 $\boldsymbol{a} = p(h_1)$。假设 N 条马尔可夫序列之间相互独立，而且隐含离散状态的数量和离散观测值的数量也是已知的。接下来将设计 EM 算法来学习隐马尔可夫模型。

采用 EM 算法进行隐马尔可夫模型的学习也称为 Baum-Welch 算法，主要分成 M 步和 E 步。

M 步：最大化如下能量函数

$$\sum_{n=1}^{N} \mathcal{E}_{q(h^n | v^n)} \log p(v^n, h^n)$$

式中：$h^n = h_{1:T}^n$。

根据隐马尔可夫模型的结构，能量函数可以写成

$$\sum_{n=1}^{N}\left(\mathcal{E}_{q(h_1^n|v^n)}\log p(h_1^n)+\sum_{t=1}^{T-1}\mathcal{E}_{q(h_t^n,h_{t+1}^n|v^n)}\log p(h_{t+1}^n|h_t^n)\right.$$
$$\left.+\sum_{t=1}^{T}\mathcal{E}_{q(h_t^n|v^n)}\log p(v_t^n|h_t^n)\right)$$

类似于式(9.1)的结果，上式中的参数可更新如下：

$$a_i^{\mathrm{new}}=p^{\mathrm{new}}(h_1=i)=\frac{1}{N}\sum_{n=1}^{N}q(h_1^n=i|v^n)$$

$$A_{i'i}^{\mathrm{new}}=p^{\mathrm{new}}(h_{t+1}=i'|h_t=i)\propto\sum_{n=1}^{N}\sum_{t=1}^{T-1}q(h_t^n=i,h_{t+1}^n=i'|v^n)$$

$$B_{ji}^{\mathrm{new}}=p^{\mathrm{new}}(v_t=j|h_t=i)\propto\sum_{n=1}^{N}\sum_{t=1}^{T}\mathbb{I}(v_t^n=j)q(h_t^n=i|v^n)$$

E 步：对 $q(h_1^n=i|v^n)=p(h_1^n=i|v^n)$，$q(h_t^n=i,h_{t+1}^n=i'|v^n)=p(h_t^n=i,h_{t+1}^n=i'|v^n)$ 和 $q(h_t^n=i|v^n)=p(h_t^n=i|v^n)$ 进行平滑更新，即在 M 步所获得的 $\boldsymbol{A}$、$\boldsymbol{B}$、$\boldsymbol{a}$ 估计值基础上，利用 9.1.4 节介绍的平滑技术对隐状态或者相邻状态对进行平滑推理。

9.2 连续状态马尔可夫模型

9.2.1 自回归模型

考虑单变量自回归模型

$$v_t=\sum_{l=1}^{L}a_lv_{t-l}+\eta_t,\quad \eta_t\sim\mathcal{N}(\mu,\sigma^2)$$

上述自回归模型的物理意义是利用之前的 L 个观测值对未来观测进行预测。自回归模型对应着 L 阶马尔可夫模型：

$$p(v_{1:T})=\prod_{t=L+1}^{T}p(v_t|v_{t-L:t-1})=\prod_{t=L+1}^{T}\mathcal{N}(\boldsymbol{a}^{\mathrm{T}}\boldsymbol{v}^{t-1},\sigma^2)$$

式中：

$$\boldsymbol{a}=(a_1,\cdots,a_L)^{\mathrm{T}},\quad \boldsymbol{v}^{t-1}=[v_{t-1},\cdots,v_{t-L}]^{\mathrm{T}}$$

自回归模型的学习可采用极大似然估计法，其对应的似然函数可以写成

$$\log p(v_{1:T}) = -\frac{1}{2\sigma^2} \sum_{t=L+1}^{T} (v_t - \boldsymbol{a}^{\mathrm{T}}\boldsymbol{v}^{t-1})^2 - \frac{T-L}{2}\log(2\pi\sigma^2)$$

将上式关于 $\boldsymbol{a}$ 求导置零, 可得

$$\boldsymbol{a} = \left(\sum_t \boldsymbol{v}^{t-1}\boldsymbol{v}^{t-1,T}\right)^{-1} \sum_t v_t \boldsymbol{v}^{t-1}$$

类似地, 噪声方差的估计为

$$\sigma^2 = \frac{1}{T-L} \sum_{t=L+1}^{T} (v_t - \boldsymbol{a}^{\mathrm{T}}\boldsymbol{v}^{t-1})^2$$

9.2.2 状态空间模型

状态空间模型可用于描述复杂的循环网络模型。典型的循环神经网络通常包含隐状态和观测值, 同时隐状态之间在时间维度上存在因果联系。由于隐状态包含了循环神经网络的本质信息, 如何通过观测值估计状态信息具有重要应用价值。

循环神经网络或者状态空间模型可以写成

$$\begin{cases} \boldsymbol{x}_{t+1} = g(\boldsymbol{u}_t, \boldsymbol{x}_t) + \boldsymbol{\epsilon}_t \\ \boldsymbol{y}_t = h(\boldsymbol{u}_t, \boldsymbol{x}_t) + \boldsymbol{\delta}_t \end{cases} \tag{9.4}$$

式中: $g(\cdot)$ 为传递模型; $h(\cdot)$ 为观测模型; $\boldsymbol{\epsilon}_t$ 和 $\boldsymbol{\delta}_t$ 分别为过程噪声和观测噪声。

一类特殊的状态空间模型为线性高斯模型:

$$\begin{cases} \boldsymbol{x}_{t+1} = \boldsymbol{A}_t\boldsymbol{x}_t + \boldsymbol{B}_t\boldsymbol{u}_t + \boldsymbol{\epsilon}_t, & \boldsymbol{\epsilon}_t \sim \mathcal{N}(0, \boldsymbol{Q}_t) \\ \boldsymbol{y}_t = \boldsymbol{C}_t\boldsymbol{x}_t + \boldsymbol{D}_t\boldsymbol{u}_t + \boldsymbol{\delta}_t, & \boldsymbol{\delta}_t \sim \mathcal{N}(0, \boldsymbol{R}_t) \end{cases} \tag{9.5}$$

例 9.3(动态目标物体跟踪)

假设一个物体在二维空间中的状态 $\boldsymbol{x}_t = [x_1(t), x_2(t), \dot{x}_1(t), \dot{x}_2(t)]$, 其包含位置信息和速度信息。假设该物体恒速运动, 但模型由于受到风和地面不平等因素的影响会包含随机噪声。因此模型可以表示成

$$\boldsymbol{x}_{t+1} = \begin{bmatrix} 1 & 0 & \Delta & 0 \\ 0 & 1 & 0 & \Delta \\ 0 & 0 & 1 & 0 \\ 0 & 0 & 0 & 1 \end{bmatrix} \boldsymbol{x}_t + \boldsymbol{\epsilon}_t$$

$$\boldsymbol{y}_t = \begin{bmatrix} 1 & 0 & 0 & 0 \\ 0 & 1 & 0 & 0 \end{bmatrix} \boldsymbol{x}_t + \boldsymbol{\delta}_t$$

式中：Δ 为采样周期。

通过对带噪声位置信息的观测，可以实现对隐状态的估计，从而得到运动物体的速度信息。

例 9.4（机器人同步定位和建图）

移动机器人在三维空间中的地图学习和自主定位称为 SLAM。假设三维地图由 K 个地标位置来表示，记为 $\boldsymbol{L}_1, \cdots, \boldsymbol{L}_K \in \mathbb{R}^3$。令 $\boldsymbol{z}_t$ 表示机器人在不同时刻的位置信息，$\boldsymbol{x}_t = [\boldsymbol{z}_t^{\mathrm{T}}, \boldsymbol{L}_1^{\mathrm{T}}, \cdots, \boldsymbol{L}_K^{\mathrm{T}}]^{\mathrm{T}}$ 为状态向量。假如机器人能够测量到离最近地标的距离 y_t，则机器人能够根据测量信息随时调整自己的位置估计。令观测模型为 $p(y_t|\boldsymbol{z}_t, \boldsymbol{L}_1, \cdots, \boldsymbol{L}_k)$，机器人运动模型为 $p(\boldsymbol{z}_{t+1}|\boldsymbol{z}_t, \boldsymbol{u}_t)$，则可以通过状态估计方法来实现 SLAM。

例 9.5（在线参数学习）

关于测量方程 $y_t = \boldsymbol{x}_t^{\mathrm{T}}\boldsymbol{\theta} + w_t$ 中参数向量 $\boldsymbol{\theta}$ 的估计问题。首先，建立如下状态空间模型：

$$\boldsymbol{\theta}_{t+1} = \boldsymbol{I} \cdot \boldsymbol{\theta}_t + 0 \cdot \boldsymbol{I}$$

$$y_t = \boldsymbol{x}_t^{\mathrm{T}}\boldsymbol{\theta}_t + w_t$$

然后，采用状态估计方法实现在线参数估计。

例 9.6（时间序列预测）

经典的时间序列预测基于如下自回归移动平均（ARMA）模型：

$$z_t = \sum_{i=1}^{p} \alpha_i z_{t-i} + \sum_{j=1}^{p} \beta_j w_{t-j} + v_t$$

式中：w_t、v_t 为独立高斯噪声。

由于上述 ARMA 模型可以等价转换成如下状态空间模型：

$$\boldsymbol{x}_{t+1} = \begin{bmatrix} \alpha_1 & 1 & & \\ \alpha_2 & 0 & \ddots & \\ \vdots & \vdots & \ddots & 1 \\ \alpha_p & 0 & \cdots & 0 \end{bmatrix} \boldsymbol{x}_t + \begin{bmatrix} \beta_1 \\ \beta_2 \\ \vdots \\ \beta_p \end{bmatrix} w_t$$

$$z_t = \begin{bmatrix} 1 & 0 & \cdots & 0 \end{bmatrix} \boldsymbol{x}_t + v_t$$

因此，时间序列预测可以通过状态估计来实现。

9.2.3 线性高斯状态空间模型

1. 卡尔曼滤波

针对线性高斯状态空间模型式(9.5)，通过卡尔曼滤波能够实现状态估计。主要分成预测和更新两个步骤。记

$$\boldsymbol{x}_{t|t-1} = \mathcal{E}[\boldsymbol{x}_t|\boldsymbol{y}_{1:t-1}, \boldsymbol{u}_{1:t}], \boldsymbol{\Sigma}_{t|t-1} = \mathcal{E}[(\boldsymbol{x}_t - \boldsymbol{x}_{t|t-1})(\boldsymbol{x}_t - \boldsymbol{x}_{t|t-1})^{\mathrm{T}}]$$

$$\boldsymbol{x}_{t|t} = \mathcal{E}[\boldsymbol{x}_t|\boldsymbol{y}_{1:t}, \boldsymbol{u}_{1:t}], \boldsymbol{\Sigma}_{t|t} = \mathcal{E}[(\boldsymbol{x}_t - \boldsymbol{x}_{t|t})(\boldsymbol{x}_t - \boldsymbol{x}_{t|t})^{\mathrm{T}}]$$

状态预测方程为

$$\begin{cases} \boldsymbol{x}_{t+1|t} = \boldsymbol{A}_t\boldsymbol{x}_{t|t} + \boldsymbol{B}_t\boldsymbol{u}_t \\ \boldsymbol{\Sigma}_{t+1|t} = \boldsymbol{A}_t\boldsymbol{\Sigma}_{t|t}\boldsymbol{A}_t^{\mathrm{T}} + \boldsymbol{Q}_t \end{cases} \tag{9.6}$$

状态更新方程为

$$\begin{cases} \boldsymbol{x}_{t|t} = \boldsymbol{x}_{t|t-1} + \boldsymbol{K}_t[\boldsymbol{y}_t - \boldsymbol{C}_t\boldsymbol{x}_{t|t-1} - \boldsymbol{D}_t\boldsymbol{u}_t] \\ \boldsymbol{\Sigma}_{t|t} = \boldsymbol{\Sigma}_{t|t-1} - \boldsymbol{K}_t\boldsymbol{C}_t\boldsymbol{\Sigma}_{t|t-1} \end{cases} \tag{9.7}$$

式中

$$\boldsymbol{K}_t = \boldsymbol{\Sigma}_{t|t-1}\boldsymbol{C}_t^{\mathrm{T}}(\boldsymbol{C}_t\boldsymbol{\Sigma}_{t|t-1}\boldsymbol{C}_t^{\mathrm{T}} + \boldsymbol{R}_t)^{-1}$$

综上所述，卡尔曼滤波算法总结如下：

初始化 $\boldsymbol{x}_{1|0} = \mathcal{E}[\boldsymbol{x}_1]$ 和 $\boldsymbol{\Sigma}_{1|0} = \mathrm{cov}[\boldsymbol{x}_1]$

for $t = 1, 2, 3, \cdots, T$

   （1）计算卡尔曼增益 $\boldsymbol{K}_t = \boldsymbol{\Sigma}_{t|t-1}\boldsymbol{C}_t^{\mathrm{T}}(\boldsymbol{C}_t\boldsymbol{\Sigma}_{t|t-1}\boldsymbol{C}_t^{\mathrm{T}} + \boldsymbol{R}_t)^{-1}$。

   （2）状态预测 $\boldsymbol{x}_{t+1|t} = \boldsymbol{A}_t\boldsymbol{x}_{t|t-1} + \boldsymbol{B}_t\boldsymbol{u}_t + \boldsymbol{K}_t[\boldsymbol{y}_t - \boldsymbol{C}_t\boldsymbol{x}_{t|t-1} - \boldsymbol{D}_t\boldsymbol{u}_t]$。

   （3）更新状态协方差矩阵 $\boldsymbol{\Sigma}_{t+1|t} = \boldsymbol{A}_t\boldsymbol{\Sigma}_{t|t-1}\boldsymbol{A}_t^{\mathrm{T}} - \boldsymbol{A}_t\boldsymbol{K}_t\boldsymbol{C}_t\boldsymbol{\Sigma}_{t|t-1}\boldsymbol{A}_t^{\mathrm{T}} + \boldsymbol{Q}_t$。

end

在滤波过程中，协方差矩阵 $\boldsymbol{\Sigma}_{t|t}$ 是两个非负定矩阵的差值。若计算精度不高，则其计算结果有可能违背非负定的理论特征，从而导致发散现象。为了解决该问题，一种有效的方法是采用平方根滤波，即将 $\boldsymbol{\Sigma}_{t|t}$ 表示成

$$\boldsymbol{\Sigma}_{t|t} = \boldsymbol{P}_{t|t}^{1/2}\boldsymbol{P}_{t|t}^{T/2}$$

这样即使 $\boldsymbol{P}_{t|t}^{1/2}$ 的计算存在误差，$\boldsymbol{\Sigma}_{t|t}$ 依然为非负定矩阵。针对递归公式

$$\boldsymbol{\Sigma}_{t|t} = \boldsymbol{\Sigma}_{t|t-1} - \boldsymbol{\Sigma}_{t|t-1}\boldsymbol{C}_t^{\mathrm{T}}(\boldsymbol{C}_t\boldsymbol{\Sigma}_{t|t-1}\boldsymbol{C}_t^{\mathrm{T}} + \boldsymbol{R}_t)^{-1}\boldsymbol{C}_t\boldsymbol{\Sigma}_{t|t-1}$$

定义如下非负定分块矩阵：

$$\boldsymbol{H}_t = \begin{bmatrix} \boldsymbol{C}_t \boldsymbol{\Sigma}_{t|t-1} \boldsymbol{C}_t^{\mathrm{T}} + \boldsymbol{R}_t & \boldsymbol{C}_t \boldsymbol{\Sigma}_{t|t-1} \\ \boldsymbol{\Sigma}_{t|t-1} \boldsymbol{C}_t^{\mathrm{T}} & \boldsymbol{\Sigma}_{t|t-1} \end{bmatrix}$$

$$= \begin{bmatrix} \boldsymbol{R}_t^{1/2} & \boldsymbol{C}_t \boldsymbol{\Sigma}_{t|t-1}^{1/2} \\ 0 & \boldsymbol{\Sigma}_{t|t-1}^{1/2} \end{bmatrix} \begin{bmatrix} \boldsymbol{R}_t^{1/2} & 0 \\ \boldsymbol{\Sigma}_{t|t-1}^{T/2} \boldsymbol{C}_t^{T/2} & \boldsymbol{\Sigma}_{t|t-1}^{1/2} \end{bmatrix}$$

若进行如下 LQ 矩阵分解：

$$\begin{bmatrix} \boldsymbol{R}_t^{1/2} & \boldsymbol{C}_t \boldsymbol{\Sigma}_{t|t-1}^{1/2} \\ 0 & \boldsymbol{\Sigma}_{t|t-1}^{1/2} \end{bmatrix} = \begin{bmatrix} \boldsymbol{Z}_{11,t} & 0 \\ \boldsymbol{Z}_{21,t} & \boldsymbol{Z}_{22,t} \end{bmatrix} \boldsymbol{\Theta}_t$$

式中：$\boldsymbol{\Theta}_t$ 为正交矩阵。

则有如下关系：

$$\begin{bmatrix} \boldsymbol{R}_t^{1/2} & \boldsymbol{C}_t \boldsymbol{\Sigma}_{t|t-1}^{1/2} \\ 0 & \boldsymbol{\Sigma}_{t|t-1}^{1/2} \end{bmatrix} \begin{bmatrix} \boldsymbol{R}_t^{1/2} & 0 \\ \boldsymbol{\Sigma}_{t|t-1}^{T/2} \boldsymbol{C}_t^{T/2} & \boldsymbol{\Sigma}_{t|t-1}^{1/2} \end{bmatrix} = \begin{bmatrix} \boldsymbol{Z}_{11,t} & 0 \\ \boldsymbol{Z}_{21,t} & \boldsymbol{Z}_{22,t} \end{bmatrix} \begin{bmatrix} \boldsymbol{Z}_{11,t}^{\mathrm{T}} & \boldsymbol{Z}_{21,t}^{\mathrm{T}} \\ 0 & \boldsymbol{Z}_{22,t}^{\mathrm{T}} \end{bmatrix}$$

由此可以得到

$$\begin{cases} \boldsymbol{Z}_{11,t} \boldsymbol{Z}_{11,t}^{\mathrm{T}} = \boldsymbol{C}_t \boldsymbol{\Sigma}_{t|t-1} \boldsymbol{C}_t^{\mathrm{T}} + \boldsymbol{R}_t \\ \boldsymbol{Z}_{11,t} \boldsymbol{Z}_{21,t}^{\mathrm{T}} = \boldsymbol{C}_t \boldsymbol{\Sigma}_{t|t-1} \\ \boldsymbol{Z}_{21,t} \boldsymbol{Z}_{21,t}^{\mathrm{T}} + \boldsymbol{Z}_{22,t} \boldsymbol{Z}_{22,t}^{\mathrm{T}} = \boldsymbol{\Sigma}_{t|t-1} \end{cases}$$

或者

$$\begin{cases} \boldsymbol{Z}_{11,t} = [\boldsymbol{C}_t \boldsymbol{\Sigma}_{t|t-1} \boldsymbol{C}_t^{\mathrm{T}} + \boldsymbol{R}_t]^{1/2} \\ \boldsymbol{Z}_{21,t} = \boldsymbol{\Sigma}_{t|t-1} \boldsymbol{C}_t^{\mathrm{T}} [\boldsymbol{C}_t \boldsymbol{\Sigma}_{t|t-1} \boldsymbol{C}_t^{\mathrm{T}} + \boldsymbol{R}_t]^{-1/2} = \boldsymbol{K}_t \boldsymbol{Z}_{11,t} \\ \boldsymbol{Z}_{22,t} = [\boldsymbol{\Sigma}_{t|t-1} - \boldsymbol{\Sigma}_{t|t-1} \boldsymbol{C}_t^{\mathrm{T}} (\boldsymbol{C}_t \boldsymbol{\Sigma}_{t|t-1} \boldsymbol{C}_t^{\mathrm{T}} + \boldsymbol{R}_t)^{-1} \boldsymbol{C}_t \boldsymbol{\Sigma}_{t|t-1}]^{1/2} = \boldsymbol{\Sigma}_{t|t}^{1/2} \end{cases}$$

综上所述，平方根卡尔曼滤波算法总结如下：

输入：$\boldsymbol{x}_{1|0} = \mathcal{E}[\boldsymbol{x}(1)]$ 和 $\boldsymbol{\Sigma}_{1|0} = \mathrm{cov}[\boldsymbol{x}(1)]$

for $t = 1, 2, 3, \cdots, T$

  （1）进行如下 LQ 矩阵分解 $\begin{bmatrix} \boldsymbol{R}_t^{1/2} & \boldsymbol{C}_t \boldsymbol{\Sigma}_{t|t-1}^{1/2} \\ 0 & \boldsymbol{\Sigma}_{t|t-1}^{1/2} \end{bmatrix} = \begin{bmatrix} \boldsymbol{Z}_{11,t} & 0 \\ \boldsymbol{Z}_{21,t} & \boldsymbol{Z}_{22,t} \end{bmatrix} \boldsymbol{\Theta}_t$。

  （2）状态更新为：$\boldsymbol{x}_{t|t} = \boldsymbol{x}_{t|t-1} + \boldsymbol{Z}_{21,t} \boldsymbol{Z}_{11,t}^{-1} [\boldsymbol{y}_t - \boldsymbol{C}_t \boldsymbol{x}_{t|t-1} - \boldsymbol{D}_t \boldsymbol{u}_t]$，$\boldsymbol{\Sigma}_{t|t} = \boldsymbol{Z}_{22,t} \boldsymbol{Z}_{22,t}^{\mathrm{T}}$。

  （3）状态预测：$\boldsymbol{x}_{t+1|t} = \boldsymbol{A}_t \boldsymbol{x}_{t|t} + \boldsymbol{B}_t \boldsymbol{u}_t$，$\boldsymbol{\Sigma}_{t+1|t} = \boldsymbol{A}_t \boldsymbol{\Sigma}_{t|t} \boldsymbol{A}_t^{\mathrm{T}} + \boldsymbol{Q}_t$。

end

平方根卡尔曼滤波方法具有较高的鲁棒性，因此在工程中比较常用。

2. 卡尔曼平滑

卡尔曼滤波是信息随时间进行前向传播。若利用 $\boldsymbol{y}_{1:T}$ 的观测值对 $\boldsymbol{x}_t, (1 \leqslant t \leqslant T)$ 进行估计，则该状态估计称为平滑。其对应的操作包括两部分：先从左到右正向滤波，再从右到左反向平滑。从左到右正向滤波见式(9.6)和式(9.7)，从右到左的反向平滑公式如下：

$$\boldsymbol{x}_{t|T} = \boldsymbol{x}_{t|t} + \boldsymbol{J}_t[\boldsymbol{x}_{t+1|T} - \boldsymbol{x}_{t+1|t}]$$

$$\boldsymbol{\Sigma}_{t|T} = \boldsymbol{\Sigma}_{t|t} + \boldsymbol{J}_t[\boldsymbol{\Sigma}_{t+1|T} - \boldsymbol{\Sigma}_{t+1|t}]\boldsymbol{J}_t^{\mathrm{T}}$$

$$\boldsymbol{J}_t = \boldsymbol{\Sigma}_{t|t}\boldsymbol{A}_t^{\mathrm{T}}\boldsymbol{\Sigma}_{t+1|t}^{-1}$$

反向平滑公式的推导如下：

首先给出如下联合概率密度分布：

$$p\left(\boldsymbol{x}_t, \boldsymbol{x}_{t+1}|\boldsymbol{y}_{1:t}\right) = \mathcal{N}\left(\begin{bmatrix} \boldsymbol{x}_{t|t} \\ \boldsymbol{x}_{t+1|t} \end{bmatrix}, \begin{bmatrix} \boldsymbol{\Sigma}_{t|t} & \boldsymbol{\Sigma}_{t|t}\boldsymbol{A}_t^{\mathrm{T}} \\ \boldsymbol{A}_t\boldsymbol{\Sigma}_{t|t} & \boldsymbol{\Sigma}_{t+1|t} \end{bmatrix}\right)$$

从上式可以得到

$$p\left(\boldsymbol{x}_t|\boldsymbol{x}_{t+1}, \boldsymbol{y}_{1:t}\right) = \mathcal{N}\left(\boldsymbol{x}_{t|t} + \boldsymbol{J}_t[\boldsymbol{x}_{t+1} - \boldsymbol{x}_{t+1|t}], \boldsymbol{\Sigma}_{t|t} - \boldsymbol{J}_t\boldsymbol{\Sigma}_{t+1|t}\boldsymbol{J}_t^{\mathrm{T}}\right)$$

由于上式中的 $\boldsymbol{x}_{t+1}$ 未知，令其估计值为 $\boldsymbol{x}_{t+1|T}$，可以得到

$$\boldsymbol{x}_{t|T} = \mathcal{E}[\boldsymbol{x}_t|\boldsymbol{y}_{1:T}] = \boldsymbol{x}_{t|t} + J_t[\boldsymbol{x}_{t+1|T} - \boldsymbol{x}_{t+1|t}]$$

$$\boldsymbol{\Sigma}_{t|T} = \boldsymbol{\Sigma}_{t|t} - \boldsymbol{J}_t\boldsymbol{\Sigma}_{t+1|t}\boldsymbol{J}_t^{\mathrm{T}} + \boldsymbol{J}_t\boldsymbol{\Sigma}_{t+1|T}\boldsymbol{J}_t^{\mathrm{T}}$$

其中：最末尾的方差项来源于 $\boldsymbol{J}_t[\boldsymbol{x}_{t+1} - \boldsymbol{x}_{t+1|T}]$。

综上所述，卡尔曼平滑算法总结如下：

输入：$\boldsymbol{x}_{1|0} = \mathcal{E}[\boldsymbol{x}(1)]$ 和 $\boldsymbol{\Sigma}_{1|0} = \mathrm{cov}[\boldsymbol{x}(1)]$

for $t = 1, 2, 3, \cdots, T$

    计算卡尔曼增益 $\boldsymbol{K}_t = \boldsymbol{\Sigma}_{t|t-1}\boldsymbol{C}_t^{\mathrm{T}}(\boldsymbol{C}_t\boldsymbol{\Sigma}_{t|t-1}\boldsymbol{C}_t^{\mathrm{T}} + \boldsymbol{R}_t)^{-1}$。

    状态更新 $\boldsymbol{x}_{t|t} = \boldsymbol{x}_{t|t-1} + \boldsymbol{K}_t[\boldsymbol{y}_t - \boldsymbol{C}_t\boldsymbol{x}_{t|t-1} - \boldsymbol{D}_t\boldsymbol{u}_t]$。

    协方差矩阵更新 $\boldsymbol{\Sigma}_{t|t} = \boldsymbol{\Sigma}_{t|t-1} - \boldsymbol{K}_t\boldsymbol{C}_t\boldsymbol{\Sigma}_{t|t-1}$。

    状态预测 $\boldsymbol{x}_{t+1|t} = \boldsymbol{A}_t\boldsymbol{x}_{t|t} + \boldsymbol{B}_t\boldsymbol{u}_t$。

    协方差矩阵更新 $\boldsymbol{\Sigma}_{t+1|t} = \boldsymbol{A}_t\boldsymbol{\Sigma}_{t|t}\boldsymbol{A}_t^{\mathrm{T}} + \boldsymbol{Q}_t$。

end

for $t = T, T-1, \cdots, 1$

    计算反向增益 $\boldsymbol{J}_t = \boldsymbol{\Sigma}_{t|t}\boldsymbol{A}_t^{\mathrm{T}}\boldsymbol{\Sigma}_{t+1|t}^{-1}$。

    状态平滑 $\boldsymbol{x}_{t|T} = \boldsymbol{x}_{t|t} + \boldsymbol{J}_t[\boldsymbol{x}_{t+1|T} - \boldsymbol{x}_{t+1|t}]$。

    更新状态协方差矩阵 $\boldsymbol{\Sigma}_{t|T} = \boldsymbol{\Sigma}_{t|t} + \boldsymbol{J}_t[\boldsymbol{\Sigma}_{t+1|T} - \boldsymbol{\Sigma}_{t+1|t}]\boldsymbol{J}_t^{\mathrm{T}}$。

end

卡尔曼平滑算法是先进行前向滤波，在完成滤波之后再进行后向平滑。平滑过程的初值由前向滤波得到，同时平滑过程中需要用到前向滤波的中间变量值。

9.2.4 非线性高斯状态空间模型

1. 扩展卡尔曼滤波

对于非线性状态空间模型式(9.4)，通常采用扩展卡尔曼滤波（EKF）方法。其基本思想是对非线性函数 g 和 h 在当前状态估计点进行一阶泰勒线性化，然后采用标准卡尔曼滤波。分别对非线性函数 g 和 h 在 $\boldsymbol{x}_{t|t}$ 和 $\boldsymbol{x}_{t|t-1}$ 处进行线性化可得

$$g(\boldsymbol{u}_t, \boldsymbol{x}_t) \approx g(\boldsymbol{u}_t, \boldsymbol{x}_{t|t}) + \boldsymbol{G}_t[\boldsymbol{x}_t - \boldsymbol{x}_{t|t}]$$

$$h(\boldsymbol{u}_t, \boldsymbol{x}_t) \approx h(\boldsymbol{u}_t, \boldsymbol{x}_{t|t-1}) + \boldsymbol{H}_t[\boldsymbol{x}_t - \boldsymbol{x}_{t|t-1}]$$

式中

$$\boldsymbol{G}_t = \left.\frac{\partial g}{\partial \boldsymbol{x}}\right|_{\boldsymbol{x}=\boldsymbol{x}_{t|t}}, \boldsymbol{H}_t = \left.\frac{\partial h}{\partial \boldsymbol{x}}\right|_{\boldsymbol{x}=\boldsymbol{x}_{t|t-1}}$$

根据上述线性化公式，EKF 算法总结如下：

输入：$\boldsymbol{x}_{1|0} = \mathcal{E}[\boldsymbol{x}(1)]$ 和 $\boldsymbol{\Sigma}_{1|0} = \text{cov}[\boldsymbol{x}(1)]$
for $t = 1, 2, 3, \cdots$
（1）计算卡尔曼增益 $\boldsymbol{K}_t = \boldsymbol{\Sigma}_{t|t-1}\boldsymbol{H}_t^{\mathrm{T}}(\boldsymbol{H}_t\boldsymbol{\Sigma}_{t|t-1}\boldsymbol{H}_t^{\mathrm{T}} + \boldsymbol{R}_t)^{-1}$。
（2）状态更新 $\boldsymbol{x}_{t|t} = \boldsymbol{x}_{t|t-1} + \boldsymbol{K}_t[\boldsymbol{y}_t - h(\boldsymbol{u}_t, \boldsymbol{x}_{t|t-1})]$。
（3）协方差矩阵 $\boldsymbol{\Sigma}_{t|t} = \boldsymbol{\Sigma}_{t|t-1} - \boldsymbol{K}_t\boldsymbol{C}_t\boldsymbol{\Sigma}_{t|t-1}$。
（4）状态预测 $\boldsymbol{x}_{t+1|t} = g[\boldsymbol{u}_t, \boldsymbol{x}_{t|t}]$。
（5）协方差矩阵 $\boldsymbol{\Sigma}_{t+1|t} = \boldsymbol{G}_t\boldsymbol{\Sigma}_{t|t}\boldsymbol{G}_t^{\mathrm{T}} + \boldsymbol{Q}_t$。
end

EKF 是线性卡尔曼滤波的拓展。若存在如下两种情况，则性能会不令人满意：一是当先验协方差矩阵 $\boldsymbol{\Sigma}_{0|0}$ 很大时，概率分布会被非线性函数扩散开来，导致概率分布远离均值，从而造成线性化误差很大；二是当非线性函数在均值附近的非线性程度很大时，线性化误差会很大。

2. 无迹卡尔曼滤波

为了解决 EKF 存在的问题，无迹卡尔曼滤波（UKF）不需要计算函数的导数，适用于含加性正态分布噪声的非线性模型。UKF 的执行主要分成状态演化和测量合并两个步骤。

状态演化：假设前一时刻的后验分布为高斯分布，均值为 $\boldsymbol{x}_{t-1|t-1}$，协方差为 $\boldsymbol{\Sigma}_{t-1|t-1}$；预测得到的分布也为高斯分布，均值为 $\boldsymbol{x}_{t|t-1}$，协方差为 $\boldsymbol{\Sigma}_{t|t-1}$。令状态向量 $\boldsymbol{x}_t$ 的维数为 d。首先生成 $2d+1$ 个 Sigma 点 $\{\boldsymbol{x}_{t-1}^j\}_{j=0}^{2d}$，使其分布充分接近前一时刻的后验高斯

分布:

$$p(\boldsymbol{x}_{t-1}|\boldsymbol{y}_{1:t-1}) \approx \sum_{j=0}^{2d} a_j \delta(\boldsymbol{x}_{t-1} - \boldsymbol{x}_{t-1}^j)$$

其中权重参数 a_j 满足 $\sum_{j=0}^{2d} a_j = 1$,而 Sigma 点的选择需满足

$$\boldsymbol{x}_{t-1|t-1} = \sum_{j=0}^{2d} a_j \boldsymbol{x}_{t-1}^j$$

$$\boldsymbol{\Sigma}_{t-1|t-1} = \sum_{j=0}^{2d} a_j (\boldsymbol{x}_{t-1}^j - \boldsymbol{x}_{t-1|t-1})(\boldsymbol{x}_{t-1}^j - \boldsymbol{x}_{t-1|t-1})^{\mathrm{T}}$$

选择 Sigma 点的一种可行方案为

$$\boldsymbol{x}_{t-1}^0 = \boldsymbol{x}_{t-1|t-1}$$

$$\boldsymbol{x}_{t-1}^j = \boldsymbol{x}_{t-1|t-1} + \sqrt{\frac{d}{1-a_0}} \boldsymbol{\Sigma}_{t-1|t-1}^{1/2} \boldsymbol{e}_j, \quad j = 1, 2, \cdots, d$$

$$\boldsymbol{x}_{t-1}^{d+j} = \boldsymbol{x}_{t-1|t-1} - \sqrt{\frac{d}{1-a_0}} \boldsymbol{\Sigma}_{t-1|t-1}^{1/2} \boldsymbol{e}_j, \quad j = 1, 2, \cdots, d$$

式中: $\boldsymbol{e}_j$ 为单位矩阵的第 j 列。

选择 $a_j = \dfrac{1-a_0}{2d}$。在得到 $2d+1$ 个 Sigma 点后,通过非线性变换得到新样本 $\boldsymbol{x}_t^j = g(\boldsymbol{u}_{t-1}, \boldsymbol{x}_{t-1}^j)$,继而可以得到预测高斯分布的均值和方差:

$$\boldsymbol{x}_{t|t-1} = \sum_{j=0}^{2d} a_j \boldsymbol{x}_t^j$$

$$\boldsymbol{\Sigma}_{t|t-1} = \sum_{j=0}^{2d} a_j (\boldsymbol{x}_t^j - \boldsymbol{x}_{t|t-1})(\boldsymbol{x}_t^j - \boldsymbol{x}_{t|t-1})^{\mathrm{T}} + \boldsymbol{Q}_t$$

测量合并:用上述状态演化类似的方法,将 $p(\boldsymbol{x}_t|\boldsymbol{y}_{1:t-1})$ 用 $2d+1$ 个 Sigma 点 $\{\boldsymbol{x}_t^j\}_{j=0}^{2d}$ 进行组合,即

$$p(\boldsymbol{x}_t|\boldsymbol{y}_{1:t-1}) \approx \sum_{j=0}^{2d} a_j \delta(\boldsymbol{x}_t - \boldsymbol{x}_t^j)$$

用测量模型对 Sigma 点进行处理得到

$$\boldsymbol{y}_t^j = h(\boldsymbol{u}_t, \boldsymbol{x}_t^j)$$

计算其相关均值和方差:

$$\boldsymbol{\mu}_y = \sum_{j=0}^{2d} a_j \boldsymbol{y}_t^j$$

$$\boldsymbol{\Sigma}_y = \sum_{j=0}^{2d} a_j (\boldsymbol{y}_t^j - \boldsymbol{\mu}_y)(\boldsymbol{y}_t^j - \boldsymbol{\mu}_y)^{\mathrm{T}} + \boldsymbol{R}_t$$

得到测量合并公式如下:

$$\boldsymbol{x}_{t|t} = \boldsymbol{x}_{t|t-1} + \boldsymbol{K}_t[\boldsymbol{y}_t - \boldsymbol{\mu}_y]$$

$$\boldsymbol{\Sigma}_{t|t} = \boldsymbol{\Sigma}_{t|t-1} - \boldsymbol{K}_t \boldsymbol{\Sigma}_y \boldsymbol{K}_t^{\mathrm{T}}$$

式中

$$\boldsymbol{K}_t = \left(\sum_{j=0}^{2d} a_j (\boldsymbol{x}_t^j - \boldsymbol{x}_{t|t-1})(\boldsymbol{y}_t^j - \boldsymbol{\mu}_y)^{\mathrm{T}} \right) \boldsymbol{\Sigma}_y^{-1}$$

综上所述,无迹卡尔曼滤波算法总结如下:

输入: $\boldsymbol{x}_{0|0}$, $\boldsymbol{\Sigma}_{0|0}$ 和 $0 < a_0 < 1$

---

for $t = 0, 1, 2, \cdots, T$

   (1)选择 $2d+1$ 个 Sigma 点 $\boldsymbol{x}^0 = \boldsymbol{x}_{t-1|t-1}, \boldsymbol{x}_{t-1}^j = \boldsymbol{x}_{t-1|t-1} + \sqrt{\dfrac{d}{1-a_0}} \boldsymbol{\Sigma}_{t-1|t-1}^{1/2} \boldsymbol{e}_j$,

      $\boldsymbol{x}_{t-1}^{d+j} = \boldsymbol{x}_{t-1|t-1} - \sqrt{\dfrac{d}{1-a_0}} \boldsymbol{\Sigma}_{t-1|t-1}^{1/2} \boldsymbol{e}_j$, $j = 1, 2, \cdots, d$。

   (2)选择 $a_j = \dfrac{1-a_0}{2d}$, $j = 1, 2, \cdots, 2d$。

   (3)状态预测 $\boldsymbol{x}_{t|t-1} = \sum\limits_{j=0}^{2d} a_j \boldsymbol{x}_t^j$, 其中 $\boldsymbol{x}_t^j = g(\boldsymbol{u}_{t-1}, \boldsymbol{x}_{t-1}^j)$。

   (4)协方差矩阵 $\boldsymbol{\Sigma}_{t|t-1} = \sum\limits_{j=0}^{2d} a_j (\boldsymbol{x}_t^j - \boldsymbol{x}_{t|t-1})(\boldsymbol{x}_t^j - \boldsymbol{x}_{t|t-1})^{\mathrm{T}} + \boldsymbol{Q}_t$。

   (5)测量合并 $\boldsymbol{\mu}_y = \sum\limits_{j=0}^{2d} a_j \boldsymbol{y}_t^j$, 其中 $\boldsymbol{y}_t^j = h(\boldsymbol{u}_t, \boldsymbol{x}_t^j)$,

      $\boldsymbol{\Sigma}_y = \sum\limits_{j=0}^{2d} a_j (\boldsymbol{y}_t^j - \boldsymbol{\mu}_y)(\boldsymbol{y}_t^j - \boldsymbol{\mu}_y)^{\mathrm{T}} + \boldsymbol{R}_t$。

   (6)计算滤波增益 $\boldsymbol{K}_t = \left(\sum\limits_{j=0}^{2d} a_j (\boldsymbol{x}_t^j - \boldsymbol{x}_{t|t-1})(\boldsymbol{y}_t^j - \boldsymbol{\mu}_y)^{\mathrm{T}} \right) \boldsymbol{\Sigma}_y^{-1}$。

   (7)状态更新 $\boldsymbol{x}_{t|t} = \boldsymbol{x}_{t|t-1} + \boldsymbol{K}_t[\boldsymbol{y}_t - \boldsymbol{\mu}_y]$。

   (8)协方差矩阵 $\boldsymbol{\Sigma}_{t|t} = \boldsymbol{\Sigma}_{t|t-1} - \boldsymbol{K}_t \boldsymbol{\Sigma}_y \boldsymbol{K}_t^{\mathrm{T}}$。

end

无迹卡尔曼滤波可以看成二阶泰勒展开的近似,其效果优于扩展卡尔曼滤波。

3. 粒子滤波

扩展卡尔曼滤波和无迹卡尔曼滤波在一定程度上能够处理非线性时序模型和测量模型,但是这两种滤波只能将这些不确定的状态表示为正态分布,因此不能很好地处理概率分布为多峰分布的状态。粒子滤波器(PF)将概率分布描述为状态空间中一组粒子的形式来近似计算。每个粒子代表一个可能状态的假设,当状态受数据严格约束时,所有的粒子

会相互接近形成一些相互竞争的聚类。给定观测序列 $\boldsymbol{y}_{1:t}$ 的情况下，所有状态的联合分布为 $p(\boldsymbol{x}_{1:t}|\boldsymbol{y}_{1:t})$。然而，由于该后验概率密度函数的复杂性，一般不直接根据 $p(\boldsymbol{x}_{1:t}|\boldsymbol{y}_{1:t})$ 进行采样并计算积分，而是通过重要分布 $q(\boldsymbol{x}_{1:t}|\boldsymbol{y}_{1:t})$ 来代替。该后验概率密度函数可以写成

$$
\begin{aligned}
p(\boldsymbol{x}_{1:t}|\boldsymbol{y}_{1:t}) &= \frac{p(\boldsymbol{x}_{1:t}, \boldsymbol{y}_{1:t})}{Z_t} \\
&= \frac{p(\boldsymbol{x}_t, \boldsymbol{x}_{1:t-1}, \boldsymbol{y}_t, \boldsymbol{y}_{1:t-1})}{Z_t} \\
&= \frac{p(\boldsymbol{y}_t|\boldsymbol{x}_t)p(\boldsymbol{x}_t|\boldsymbol{x}_{t-1})p(\boldsymbol{x}_{t-1}, \boldsymbol{y}_{1:t-1})}{Z_t}
\end{aligned}
$$

式中：$Z_t = p(\boldsymbol{y}_{1:t})$。

选择一个重要概率分布 $q_t(\boldsymbol{x}_{1:t})$，其可以写成如下递推形式：

$$
q_t(\boldsymbol{x}_{1:t}) = q_1(\boldsymbol{x}_1)\prod_{k=2}^{t} q_k(\boldsymbol{x}_k|\boldsymbol{x}_{1:k-1})
$$

令

$$
p(\boldsymbol{x}_{1:t}|\boldsymbol{y}_{1:t}) = \frac{\phi_t(\boldsymbol{x}_{1:t})}{Z_t}
$$

式中：$\phi_t(\boldsymbol{x}_{1:t}) = p(\boldsymbol{x}_{1:t}, \boldsymbol{y}_{1:t})$。

根据 6.2.3 节所介绍的重要性采样方法，归一化权重可以通过如下公式递推得到：

$$
\begin{aligned}
w_t(\boldsymbol{x}_{1:t}) &= \frac{\phi_t(\boldsymbol{x}_{1:t})}{q_t(\boldsymbol{x}_{1:t})} \\
&= \frac{\phi_{t-1}(\boldsymbol{x}_{1:t-1})\phi_t(\boldsymbol{x}_{1:t})}{q_t(\boldsymbol{x}_{1:t})\phi_{t-1}(\boldsymbol{x}_{1:t-1})} \\
&= \frac{\phi_{t-1}(\boldsymbol{x}_{1:t-1})}{q_{t-1}(\boldsymbol{x}_{1:t-1})}\frac{\phi_t(\boldsymbol{x}_{1:t})}{\phi_{t-1}(\boldsymbol{x}_{1:t-1})q_t(\boldsymbol{x}_t|\boldsymbol{x}_{1:t-1})} \\
&= w_{t-1}(\boldsymbol{x}_{1:t-1})\alpha_t(\boldsymbol{x}_{1:t})
\end{aligned}
$$

式中

$$
\alpha_k(\boldsymbol{x}_{1:k}) = \frac{\phi_k(\boldsymbol{x}_{1:k})}{\phi_{k-1}(\boldsymbol{x}_{1:k-1})q_k(\boldsymbol{x}_k|\boldsymbol{x}_{1:k-1})} = \frac{p(\boldsymbol{y}_k|\boldsymbol{x}_k)p(\boldsymbol{x}_k|\boldsymbol{x}_{k-1})}{q_k(\boldsymbol{x}_k|\boldsymbol{x}_{1:k-1})}
$$

在实际操作中通常将 $q_k(\boldsymbol{x}_k|\boldsymbol{x}_{1:k-1})$ 设置成

$$
q_k(\boldsymbol{x}_k|\boldsymbol{x}_{1:k-1}) = p(\boldsymbol{x}_k|\boldsymbol{x}_{1:k-1}, \boldsymbol{y}_{1:k}) = p(\boldsymbol{x}_k|\boldsymbol{x}_{k-1}, \boldsymbol{y}_k)
$$

从而有

$$
\alpha_k(\boldsymbol{x}_{1:k}) = \frac{p(\boldsymbol{y}_k|\boldsymbol{x}_k)p(\boldsymbol{x}_k|\boldsymbol{x}_{k-1})}{p(\boldsymbol{x}_k|\boldsymbol{x}_{k-1}, \boldsymbol{y}_k)} = p(\boldsymbol{y}_k|\boldsymbol{x}_{k-1})
$$

$$
w_k(\boldsymbol{x}_{1:k}) = w_{k-1}(\boldsymbol{x}_{1:k-1})p(\boldsymbol{y}_k|\boldsymbol{x}_{k-1})
$$

根据上述推导并结合例 6.5，粒子滤波通过如下步骤来执行：

（1）重要性分布定义为 $q(\boldsymbol{x}_k|\boldsymbol{x}_{k-1}, \boldsymbol{y}_k) = p(\boldsymbol{x}_k|\boldsymbol{x}_{k-1}, \boldsymbol{y}_k)$，并根据该分布产生样本 $\boldsymbol{x}_k^i$；

（2）计算重要性权值：

$$w_k^i = w_{k-1}^i \frac{p(\boldsymbol{y}_k|\boldsymbol{x}_k^i)p(\boldsymbol{x}_k^i|\boldsymbol{x}_{k-1}^i)}{q(\boldsymbol{x}_k^i|\boldsymbol{x}_{k-1}^i, \boldsymbol{y}_k^i)}$$

（3）计算归一化权重值：

$$\tilde{w}_k^i = \frac{w_k^i}{\sum\limits_{j=1}^{N} w_k^i}$$

（4）获得后验概率分布：

$$\hat{p}(\boldsymbol{x}_k|\boldsymbol{y}_{1:k}) = \sum_{j=1}^{N} \tilde{w}_k^i \delta(\boldsymbol{x}_k - \boldsymbol{x}_k^i)$$

有时候为了防止权重值的退化，可以根据归一化权重值对生成的样本进行重采样。

9.2.5 动态系统参数辨识

在许多实际应用中，物理模型（过程）形式已知而参数未知，需要设计学习算法进行参数估计和辨识。参数学习通常需要考虑参数的可辨识性和参数辨识算法的设计。

1. 参数的可辨识性分析

考虑如下线性动态模型：

$$\begin{cases} \boldsymbol{h}_{t+1} = \boldsymbol{A}\boldsymbol{h}_t + \boldsymbol{\eta}_t^h, & \boldsymbol{\eta}_t^h \sim \mathcal{N}(0, \boldsymbol{\Sigma}_h) \\ \boldsymbol{v}_t = \boldsymbol{B}\boldsymbol{h}_t + \boldsymbol{\eta}_t^v, & \boldsymbol{\eta}_t^v \sim \mathcal{N}(0, \boldsymbol{\Sigma}_v) \end{cases} \tag{9.8}$$

对于上述线性动态系统模型，只有系统输出 $\boldsymbol{v}_{1:T}$ 已知，而隐状态和参数矩阵都未知。将对原始系统进行变换使得新的模型依然能够得到相同的系统输出 $\boldsymbol{v}_{1:T}$。选取一个可逆矩阵 $\boldsymbol{R}$，将系统方程转换成

$$\begin{cases} \boldsymbol{R}\boldsymbol{h}_{t+1} = \boldsymbol{R}\boldsymbol{A}\boldsymbol{R}^{-1}\boldsymbol{R}\boldsymbol{h}_t + \boldsymbol{R}\boldsymbol{\eta}_t^h \\ \boldsymbol{v}_t = \boldsymbol{B}\boldsymbol{R}^{-1}\boldsymbol{R}\boldsymbol{h}_t + \boldsymbol{\eta}_t^v \end{cases}$$

令

$$\hat{\boldsymbol{h}}_t = \boldsymbol{R}\boldsymbol{h}_t, \hat{\boldsymbol{\eta}}_t^h = \boldsymbol{R}\boldsymbol{\eta}_t^h, \hat{\boldsymbol{A}} = \boldsymbol{R}\boldsymbol{A}\boldsymbol{R}^{-1}, \hat{\boldsymbol{B}} = \boldsymbol{B}\boldsymbol{R}^{-1}, \boldsymbol{\Sigma}_h = \boldsymbol{R}\boldsymbol{\Sigma}_h\boldsymbol{R}^{\mathrm{T}}$$

则新的动态模型可产生相同的系统输出 $\boldsymbol{v}_{1:T}$：

$$\begin{cases} \hat{\boldsymbol{h}}_t = \hat{\boldsymbol{A}}\hat{\boldsymbol{h}}_{t-1} + \hat{\boldsymbol{\eta}}_t^h \\ \boldsymbol{v}_t = \hat{\boldsymbol{B}}^{-1}\hat{\boldsymbol{h}}_k + \boldsymbol{\eta}_t^v \end{cases}$$

对于任意可逆矩阵 $\boldsymbol{R}$，上述模型都能得到相同的系统输出，模型参数 $\boldsymbol{A}$、$\boldsymbol{B}$、$\boldsymbol{\Sigma}_h$ 是不能唯一确定的。在实际应用中，为了能够得到唯一辨识结果，需要引入未知变量的先验信息，比如稀疏特性或者结构约束等。

2. 参数辨识的 EM 算法

由于线性动态模型式(9.8)含有隐状态变量，将采用 EM 算法对参数 $\boldsymbol{\theta} = \{\boldsymbol{A}, \boldsymbol{B}, \boldsymbol{\mu}_1, \boldsymbol{\Sigma}_1, \boldsymbol{\Sigma}_h, \boldsymbol{\Sigma}_v\}$ 进行辨识，其中 $\boldsymbol{\mu}_1$ 和 $\boldsymbol{\Sigma}_1$ 为初始状态 $\boldsymbol{h}_1$ 的均值和协方差矩阵。

EM 算法的核心是最大化如下能量函数：

$$\mathcal{E}_{q(\boldsymbol{h}_{1:T}|\boldsymbol{v}_{1:T})} \log p(\boldsymbol{v}_{1:T}, \boldsymbol{h}_{1:T})$$

上述能量函数可以分解成

$$\mathcal{E}_{q(\boldsymbol{h}_1|\boldsymbol{v}_{1:T})} \log p(\boldsymbol{h}_1) + \sum_{t=2}^{T} \mathcal{E}_{q(\boldsymbol{h}_t, \boldsymbol{h}_{t-1}|\boldsymbol{v}_{1:T})} \log p(\boldsymbol{h}_t|_{t-1}) + \sum_{t=1}^{T} \mathcal{E}_{q(\boldsymbol{h}_t|\boldsymbol{v}_{1:T})} \log p(\boldsymbol{v}_t|\boldsymbol{h}_t)$$

接下来将介绍 EM 算法的 E 步和 M 步。

E 步：根据上一步迭代获得的 $\boldsymbol{\theta}$ 估计值，采用平滑状态估计方法计算 $p(\boldsymbol{h}_1|\boldsymbol{v}_{1:T})$、$p(\boldsymbol{h}_t, \boldsymbol{h}_{t-1}|\boldsymbol{v}_{1:T})$、$p(\boldsymbol{h}_t|\boldsymbol{v}_{1:T})$，然后分别赋值给 $q(\boldsymbol{h}_1|\boldsymbol{v}_{1:T})$、$q(\boldsymbol{h}_t, \boldsymbol{h}_{t-1}|\boldsymbol{v}_{1:T})$，$q(\boldsymbol{h}_t|\boldsymbol{v}_{1:T})$。

M 步：对模型参数 $\boldsymbol{\theta}$ 进行更新

$$\hat{\boldsymbol{\mu}}_1 = \mathcal{E}(\boldsymbol{h}_1)$$

$$\hat{\boldsymbol{\Sigma}}_1 = \mathcal{E}(\boldsymbol{h}_1\boldsymbol{h}_1^{\mathrm{T}}) - \mathcal{E}(\boldsymbol{h}_1)\mathcal{E}^{\mathrm{T}}(\boldsymbol{h}_1)$$

$$\hat{\boldsymbol{A}} = \left(\sum_{t=1}^{T-1} \mathcal{E}(\boldsymbol{h}_{t+1}\boldsymbol{h}_t^{\mathrm{T}})\right) \left(\sum_{t=1}^{T-1} \mathcal{E}(\boldsymbol{h}_t\boldsymbol{h}_t^{\mathrm{T}})\right)^{-1}$$

$$\hat{\boldsymbol{B}} = \left(\sum_{t=1}^{T-1} \boldsymbol{v}_t\mathcal{E}^{\mathrm{T}}(\boldsymbol{h}_t)\right) \left(\sum_{t=1}^{T-1} \mathcal{E}(\boldsymbol{h}_t\boldsymbol{h}_t^{\mathrm{T}})\right)^{-1}$$

$$\hat{\boldsymbol{\Sigma}}_v = \frac{1}{T}\sum_{t=1}^{T} \left(\boldsymbol{v}_t\boldsymbol{v}_t^{\mathrm{T}} - \boldsymbol{v}_t\mathcal{E}^{\mathrm{T}}(\boldsymbol{h}_t)\hat{\boldsymbol{B}}^{\mathrm{T}}\right)$$

$$\hat{\boldsymbol{\Sigma}}_h = \frac{1}{T-1}\sum_{t=1}^{T-1} \left(\mathcal{E}(\boldsymbol{h}_{t+1}\boldsymbol{h}_{t+1}^{\mathrm{T}} - \hat{\boldsymbol{A}}\mathcal{E}(\boldsymbol{h}_t\boldsymbol{h}_{t+1}^{\mathrm{T}})\right)$$

其中：上述期望 $\mathcal{E}$ 都利用 E 步得到后验概率 $q(\boldsymbol{h}_{1:T}|\boldsymbol{v}_{1:T})$ 进行计算。由于参数不具备可辨识性，EM 算法的性能依赖初始值。若观测矩阵 $\boldsymbol{B}$ 为瘦矩阵，则可以采用因子分析方法在假设观测数据相互独立的情况下对矩阵 $\boldsymbol{B}$ 和 $\boldsymbol{\Sigma}_v$ 进行估计，从而降低 EM 算法带来的不确定性。

3. 参数辨识的子空间方法

针对线性动态模型式(9.8)，子空间方法采用了矩阵 SVD 分解技巧来辅助参数求解。该方法能够将矩阵分解所得到的列空间基向量不确定性和系统辨识的参数不确定性很好地结合在一起，避免了复杂的迭代优化。

在模型式(9.8)中只有系统输出 $\boldsymbol{v}_t$ 是已知的，需要求解系统参数 $\boldsymbol{A}$、$\boldsymbol{B}$、$\boldsymbol{\Sigma}_h$、$\boldsymbol{\Sigma}_v$。假设 $\boldsymbol{\eta}_t^h$、$\boldsymbol{\eta}_t^v$、$\boldsymbol{h}_1$ 为零均值随机变量，$\boldsymbol{h}_t$ 与 $\{\boldsymbol{\eta}_\tau^h, \boldsymbol{\eta}_\tau^v, \tau \geqslant t\}$ 不相关，而且 $\boldsymbol{\eta}_t^h$ 和 $\boldsymbol{\eta}_\tau^v$ 也不相关。定义系统输出的协方差矩阵：

$$\boldsymbol{\Lambda}_0 = \mathcal{E}[\boldsymbol{y}_t \boldsymbol{y}_t^{\mathrm{T}}], \quad \boldsymbol{\Lambda}_i = \mathcal{E}[\boldsymbol{y}_t \boldsymbol{y}_{t-i}^{\mathrm{T}}], \quad i = 1, 2, \cdots, L$$

上述协方差矩阵能够通过样本观测值近似计算得到。根据模型式(9.8)的特点，对系统输出的协方差矩阵进行如下参数化：

$$\boldsymbol{\Lambda}_0 = \boldsymbol{A} \boldsymbol{P} \boldsymbol{A}^{\mathrm{T}} + \boldsymbol{\Sigma}_h$$

$$\boldsymbol{\Lambda}_1 = \mathcal{E}[(\boldsymbol{B} \boldsymbol{h}_t + \boldsymbol{\eta}_t^v)(\boldsymbol{B} \boldsymbol{h}_{t-1} + \boldsymbol{\eta}_{t-1}^v)^{\mathrm{T}}] = \boldsymbol{B}(\boldsymbol{A} \boldsymbol{P} \boldsymbol{B}^{\mathrm{T}})$$

$$\vdots$$

$$\boldsymbol{\Lambda}_i = \boldsymbol{B} \boldsymbol{A}^{i-1}(\boldsymbol{A} \boldsymbol{P} \boldsymbol{B}^{\mathrm{T}}), \quad i = 1, 2, \cdots, L$$

其中：$\boldsymbol{P} = \mathcal{E}(\boldsymbol{h}_t \boldsymbol{h}_t^{\mathrm{T}})$ 为未知状态的协方差矩阵。

在给定输出协方差矩阵 $\{\boldsymbol{\Lambda}_i\}_{i=0}^L$ 的情况下，将设计子空间辨识方法对未知参数进行估计。

令 $\boldsymbol{G} = \boldsymbol{A} \boldsymbol{P} \boldsymbol{B}^{\mathrm{T}}$，则 $\boldsymbol{\Lambda}_i = \boldsymbol{B} \boldsymbol{A}^{i-1} \boldsymbol{G}, (i = 1, 2, \cdots, L)$ 可以看成一个线性系统的马尔可夫序列。利用该序列构建如下 Hankel 矩阵：

$$\mathcal{H} = \begin{bmatrix} \boldsymbol{\Lambda}_1 & \cdots & \boldsymbol{\Lambda}_{l_1} \\ \vdots & \ddots & \vdots \\ \boldsymbol{\Lambda}_{l_2} & \cdots & \boldsymbol{\Lambda}_L \end{bmatrix} = \begin{bmatrix} \boldsymbol{B} \\ \vdots \\ \boldsymbol{B} \boldsymbol{A}^{l_2-1} \end{bmatrix} \begin{bmatrix} \boldsymbol{G} & \cdots & \boldsymbol{A}^{l_1-1} \boldsymbol{G} \end{bmatrix}$$

可以看出由马尔可夫序列构造的 Hankel 矩阵具有低秩特性，其秩为线性空间的阶数或者状态 $\boldsymbol{h}_t$ 的维度。

对 Hankel 矩阵进行 SVD 分解：

$$\mathcal{H} = \boldsymbol{U} \boldsymbol{S} \boldsymbol{V}^{\mathrm{T}}$$

式中：$\boldsymbol{S}$ 为非零奇异值构成的对角矩阵。

矩阵 $\boldsymbol{U}$ 和 $[\boldsymbol{B}^{\mathrm{T}}, \cdots, \boldsymbol{A}^{l_2-1,\mathrm{T}} \boldsymbol{B}^{\mathrm{T}}]^{\mathrm{T}}$ 有相同的列空间，即

$$\boldsymbol{U} = \begin{bmatrix} \boldsymbol{B} \\ \vdots \\ \boldsymbol{B} \boldsymbol{A}^{l_2-1} \end{bmatrix} \boldsymbol{Q}$$

式中：Q 为任意的非奇异矩阵。

根据 $[B^T, \cdots, A^{l_2-1,T}B^T]^T$ 的平移特性，对 A、B 进行如下估计：

$$\hat{B} = U(1 : d_v, :)$$

$$\hat{A} = U^{\dagger}(1 : (l_2 - 1)d_v, :)U(d_v + 1 : l_2 d_v, :)$$

式中：$d_v = \dim(v_t)$。

在获得 A、B 的估计值之后，根据如下关系式计算出状态协方差矩阵 $\hat{P}$：

$$\Lambda_i = BA^{i-1}(A\hat{P}B^T), i = 1, 2, \cdots, L$$

进一步，噪声的协方差矩阵的估计为

$$\hat{\Sigma}_h = \hat{P} - A\hat{P}A^T, \quad \hat{\Sigma}_y = \Lambda_0 - B\hat{P}B^T$$

习题

1. 随机矩阵 M 的元素为非负，而且满足 $\sum_i M_{ij} = 1$。考虑特征值 λ 和特征向量 e 满足 $\sum_j M_{ij}e_j = \lambda e_i$。若 $\sum_i e_i > 0$，试证明其对应的特征值满足 $\lambda = 1$。

2. 考虑如下转移矩阵的马尔可夫链：

$$M = \begin{bmatrix} 0 & 1 \\ 1 & 0 \end{bmatrix}$$

试说明该马尔可夫链不存在稳态分布。

3. 考虑三元状态 $\{1, 2, 3\}$ 和二元输出 $\{1, 2\}$ 的隐马尔可夫模型，其状态转移矩阵和观测矩阵分别为

$$A = \begin{bmatrix} 0.5 & 0 & 0 \\ 0.3 & 0.6 & 0 \\ 0.2 & 0.4 & 1 \end{bmatrix}, \quad B = \begin{bmatrix} 0.7 & 0.4 & 0.8 \\ 0.3 & 0.6 & 0.2 \end{bmatrix}$$

式中

$$A_{ij} = p(h_{t+1} = i | h_t = j), B_{ij} = p(v_t = i | h_t = j)$$

假设初始状态的概率向量 $a = [0.9 \quad 0.1 \quad 0]^T$，观测到的序列为 $v_{1:3} = (1, 2, 1)$，试计算 $p(v_{1:3}), p(h_1 | v_{1:3})$ 并求解

$$\arg\max_{h_{1:3}} p(h_{1:3} | v_{1:3})$$

4. 考虑求解隐马尔可夫模型的极大似然估计

$$v_{1:T}^* = \arg\max_{v_{1:T}} p(v_{1:T}, h_{1:T})$$

式中

$$p(h_{1:T}, v_{1:T}) = \prod_{t=1}^{T} p(v_t|h_t)p(h_t|h_{t-1})$$

试采用 EM 框架设计一个求解 $v_{1:T}^*$ 的递归算法。

5. 考虑定义在隐变量 $\mathcal{H} = \{h_1, \cdots, h_T\}$ 和观测变量 $\mathcal{V} = \{v_1, \cdots, v_T\}$ 上的隐马尔可夫模型：

$$p(\mathcal{V}, \mathcal{H}) = p(h_1)p(v_1|h_1) \prod_{t=2}^{T} p(h_t|h_{t-1})p(v_t|h_t)$$

试证明后验概率 $p(\mathcal{H}|\mathcal{V})$ 为马尔可夫链：

$$p(\mathcal{H}|\mathcal{V}) = \tilde{p}(h_1) \prod_{t=2}^{T} \tilde{p}(h_t|h_{t-1})$$

式中：$\tilde{p}(h_t|h_{t-1})$ 和 $\tilde{p}(h_1)$ 为相应的概率分布函数。

6. 考虑二维线性模型

$$\boldsymbol{h}_t = \boldsymbol{R}_\theta \boldsymbol{h}_{t-1}, \quad \boldsymbol{R}_\theta = \begin{bmatrix} \cos\theta & -\sin\theta \\ \sin\theta & \cos\theta \end{bmatrix}$$

试证明矩阵 $\boldsymbol{R}_\theta$ 的特征值为虚数，并将一个角速度为 w 的正弦函数用上述二维线性方程进行建模。

7. 对于任意反对称矩阵 $\boldsymbol{M}$ 满足 $\boldsymbol{M} = -\boldsymbol{M}^{\mathrm{T}}$，证明指数矩阵 $\boldsymbol{A} = \exp(\boldsymbol{M})$ 为正交矩阵，即 $\boldsymbol{A}^{\mathrm{T}}\boldsymbol{A} = \boldsymbol{I}$。

8. 考虑如下线性模型：

$$y_t = \boldsymbol{w}_t^{\mathrm{T}} \boldsymbol{x}_t + \eta_t^y$$

式中：$\eta_t^y \in \mathcal{N}(0, \sigma_y^2)$。给定训练数据集 $\mathcal{D} = (\boldsymbol{x}_t, y_t), t = 1, 2, \cdots, T$。

（1）当权重向量 $\boldsymbol{w}_t = \boldsymbol{w}$ 固定时，用极大似然估计方法对 $\boldsymbol{w}$ 和 σ_y^2 进行估计。

（2）当权重向量满足转移方程 $\boldsymbol{w}_t = \boldsymbol{w}_{t-1} + \boldsymbol{\eta}_t^w$（其中 $\boldsymbol{\eta}_t^w \in \mathcal{N}(0, \boldsymbol{\Sigma}_w)$，$\mathcal{E}(\boldsymbol{w}_1) = 0$）时，试推导 $\mathcal{E}(\boldsymbol{w}_t|\mathcal{D})$ 的平滑估计方法。

9. 证明 Chapman-Kolmogorov 关系式：

$$p(\boldsymbol{w}_t|\boldsymbol{x}_{1:t-1}) = \int p(\boldsymbol{w}_t|\boldsymbol{w}_{t-1})p(\boldsymbol{w}_{t-1}|\boldsymbol{x}_{1:t-1})\mathrm{d}\boldsymbol{w}_{t-1}$$

$$= \int \mathcal{N}_{\boldsymbol{w}_t}[\boldsymbol{\mu}_p + \boldsymbol{\Psi}\boldsymbol{w}_{t-1}, \boldsymbol{\Sigma}_p]\mathcal{N}_{\boldsymbol{w}_{t-1}}[\boldsymbol{\mu}_{t-1}, \boldsymbol{\Sigma}_{t-1}]\mathrm{d}\boldsymbol{w}_{t-1}$$

$$= \mathcal{N}_{\boldsymbol{w}_t}[\boldsymbol{\mu}_p + \boldsymbol{\Psi}\boldsymbol{\mu}_{t-1}, \boldsymbol{\Sigma}_p + \boldsymbol{\Psi}\boldsymbol{\Sigma}_{t-1}\boldsymbol{\Psi}^{\mathrm{T}}]$$

10. 考虑无观测噪声的线性动态系统

$$x_{n+1} = Ax_n, \quad y_n = Bx_n$$

式中：x_n、y_n 分别为状态和观测。

试证明滤波方程可以写成

$$\hat{x}_{n+1|n} = A(I - G_n B)\hat{x}_{n|n-1} + AG_n y_n$$

并给出卡尔曼增益 G_n 的计算式。

第 10 章

马尔可夫决策过程

智能体与环境的交互过程可以描述成马尔可夫序列。如图 10.1 所示，智能体跟外部环境的交互通常表现为"状态—动作—奖励—状态—动作—奖励……"的转移序列。智能体根据初始环境状态 x_1 做相应的决策或者动作 d_1，使环境状态变为 x_2，并反馈给智能体获即时奖励 r_2；然后，智能体又根据环境状态 x_2 做决策或者动作 d_2，环境状态相应改变为 x_3，并获得反馈奖励 r_3；以此重复，可以得到马尔可夫序列，即

$$x_1, d_1, x_2, d_2, \cdots, d_{T-1}, x_T$$

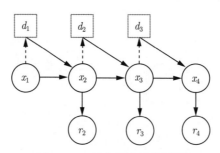

图 10.1   马尔可夫决策过程

典型的马尔可夫决策例子：

K 摇臂赌博机：给定具有 K 个摇臂的赌博机，赌徒在投入一个硬币后选择按下其中一个摇臂，该摇臂会以一定概率吐出硬币，但是每个摇臂吐出硬币的概率赌徒并不知道。赌徒的目标是在给定有限次摇臂机会（有限赌资）的情况下，通过设计一定的摇臂策略来最大化自己的收益。

股票交易决策：传统的时间序列模型只能用来预测未来股票价格，但是不能决定在特定股价下采取何种操作。强化学习能够通过市场基准标准对强化学习模型进行评估，确保强化学习智能体能够准确做出持有、购买或者出售的决定，以保证最大收益。

棋类游戏：在围棋对弈过程中，玩家每布置或移动一个棋子，都暗含了规划（下该步棋所导致的后果或者对手的反击）。因此，棋类游戏能够充分体现出强化学习的特征，即每一步决策的奖励值需要等到多步之后才能得到回馈值（具有一定滞后性）。

本章内容包括基于模型的马尔可夫决策、无模型的强化学习和数据驱动的逆强化学习。

10.1节介绍了基于模型的马尔可夫决策过程，通过智能体对环境感知和行为奖励来确定最佳策略。主要内容包括策略迭代学习和值迭代学习方法。

10.2节介绍了无模型的强化学习，通过采样学习来求解最优策略。主要内容包括策略函数学习和值函数学习方法。

10.3节介绍了基于专家示例的逆强化学习，通过给定专家行为轨迹示例来逆向学习奖励函数并解释专家行为。主要内容包括学习最大边际算法和最大熵算法。

10.1 马尔可夫决策

马尔可夫决策过程是针对具有马尔可夫性质的随机过程序贯地做出决策。下一时间步状态仅与当前状态和动作有关,而此刻之前的状态或动作不对其产生任何影响,如图 10.1 所示。马尔可夫决策过程的主体包括智能体和环境。智能体可以感知外界环境的状态和反馈的奖励,并进行学习和决策。智能体的决策功能是指根据外界环境的状态来做出不同的动作,而学习功能是指根据外界环境的奖励来调整策略。

马尔可夫决策过程的基本要素包括:

(1)状态 s:对环境的描述,可以是离散的或连续的,其状态空间为 $\mathcal{S}$。

(2)动作 a:对智能体行为的描述,可以是离散的或连续的,其动作空间为 $\mathcal{A}$。

(3)策略 $\pi(a|s)$:智能体根据环境状态 s 来决定下一步动作 a 的函数。

(4)状态转移概率 $p(s'|s,a)$:在智能体根据当前状态 s 做出一个动作 a 之后,环境在下一个时刻转变为状态 s' 的概率。

(5)即时奖励 $r(s,a,s')$:标量函数,即智能体根据当前状态 s 做出动作 a 之后,环境会反馈给智能体一个奖励,这个奖励有时也跟下一个时刻的状态 s' 有关。

智能体决策是指智能体如何根据环境状态 s 来决定下一步的动作 a,通常分为确定性策略和随机性策略两种。

确定性策略是从状态空间到动作空间的映射函数:$\pi:\mathcal{S}\to\mathcal{A}$。

随机性策略表示在给定环境状态时,智能体选择某个动作的概率分布:

$$\pi(a|s):=p(a|s),\quad \sum_{a\in\mathcal{A}}\pi(a|s)=1$$

通常情况下,马尔可夫决策使用随机性策略。随机性策略的优点:一是在学习过程中引入随机性,能更好地探索环境;二是随机性策略的动作具有多样性,这一点在多智能体博弈场景中也非常重要(因为采用确定性策略的智能体总是对同样的环境做出相同的动作,会导致它的策略很容易被对手预测)。

环境模型:智能体与环境的交互可以生成时间序列

$$s_0,a_0,s_1,r_1,a_1,s_2,\cdots,s_{t-1},r_{t-1},a_{t-1},s_t,r_t,\cdots$$

式中:$r_t=r(s_{t-1},a_{t-1},s_t)$ 是 t 时刻的即时奖励。

该交互过程可以看作一个马尔可夫决策过程,即具有如下概率转移特征:

$$p(s_{t+1}|s_t,a_t,\cdots,s_0,a_0)=p(s_{t+1}|s_t,a_t)$$

给定初始状态 s_0、策略 $\pi(a|s)$ 和状态转移概率 $p(s'|s,a)$,可以生成如下马尔可夫决策过程的轨迹:

$$\tau=s_0,a_0,s_1,r_1,\cdots,s_{T-1},a_{T-1},s_T,r_T$$

则该轨迹出现的概率为

$$p(\tau) = p(s_0)\prod_{t=0}^{T-1}\pi(a_t|s_t)p(s_{t+1}|s_t,a_t)$$

回报函数：给定策略 $\pi(a|s)$，智能体和环境一次交互所形成轨迹 τ 的累积回报（或奖励）可表示成

$$G(\tau) = \sum_{t=0}^{T-1}r(s_t,a_t,s_{t+1}) \tag{10.1}$$

若引入一个折扣率 $\gamma < 1$ 来降低远期回报的权重，则折扣回报可写成

$$G(\tau) = \sum_{t=0}^{T-1}\gamma^t r(s_t,a_t,s_{t+1}) \tag{10.2}$$

由于策略和状态转移的随机性，马尔可夫决策的目标是学习策略 $\pi_\theta(a|s)$ 来最大化期望回报。

值函数：为了评估策略 π 的期望回报，定义状态值函数和状态–动作值函数。

策略 π 的期望回报可以分解为

$$\mathcal{E}_{\tau\sim p(\tau)}[G(\tau)] = \mathcal{E}_{s\sim p(s_0)}\left[\mathcal{E}_{\tau\sim p(\tau)}\left(\sum_{t=0}^{T-1}\gamma^t r_{t+1}|\tau_{s_0}=s\right)\right]$$

$$= \mathcal{E}_{s\sim p(s_0)}[V^\pi(s)]$$

式中：$V^\pi(s)$ 为状态值函数，表示从状态 s 开始执行策略 π 的期望总回报。

令 $\tau_{1:T}$ 表示轨迹 $s_1,a_1,s_2,a_2,\cdots,s_T,a_T$。根据马尔可夫性质，$V^\pi(s)$ 可以展开成

$$V^\pi(s) = \mathcal{E}_{\tau\sim p(\tau)}[r_1 + \gamma\sum_{t=1}^{T-1}\gamma^{t-1}r_{t+1}|\tau_{s_0}=s]$$

$$= \mathcal{E}_{a\sim\pi(a|s)}\mathcal{E}_{s'\sim p(s'|s,a)}\left[r(s,a,s') + \gamma\mathcal{E}_{\tau_{2:T}\sim p(\tau)}[\sum_{t=1}^{T-1}\gamma^{t-1}r_{t+1}|\tau_{s_1}=s']\right] \tag{10.3}$$

$$= \mathcal{E}_{a\sim\pi(a|s)}\mathcal{E}_{s'\sim p(s'|s,a)}[r(s,a,s') + \gamma V^\pi(s')]$$

上述公式称为**值函数贝尔曼方程**。当前状态的值函数可以通过下一个状态的值函数来计算。如果给定策略 $\pi(a|s)$、状态转移概率 $p(s'|s,a)$ 和奖励 $r(s,a,s')$，状态值 $V^\pi(s)$ 能够通过迭代方式进行计算。由于存在折扣率，迭代一定步数后，每个状态的值函数就会保持不变。

给定状态 s 和动作 a，式(10.3)中的第二个期望称为状态–动作值函数：

$$Q^\pi(s,a) = \mathcal{E}_{s'\sim p(s'|s,a)}[r(s,a,s') + \gamma V^\pi(s')] \tag{10.4}$$

状态–动作值函数也称为 Q 函数。显然，状态值函数是 Q 函数关于动作的期望，即

$$V^\pi(s) = \mathcal{E}_{a\sim\pi(a|s)}[Q^\pi(s,a)] \tag{10.5}$$

结合上述两个公式可以得到

$$Q^\pi(s,a) = \mathcal{E}_{s'\sim p(s'|s,a)}\left[r(s,a,s') + \gamma\mathcal{E}_{a'\sim\pi(a'|s')}[Q^\pi(s',a')]\right]$$

上述公式称为 **Q 函数贝尔曼方程**。

在定义了值函数的基础上，可以根据值函数来不断优化策略。

10.1.1 策略迭代学习

值函数是对策略 π 的评估。如果策略 π 有限（状态数和动作数都有限），那么可以对所有的策略进行评估并选出最优策略 π^*：

$$\pi^*(s) = \arg\max_\pi V^\pi(s), \forall s$$

其中最优化策略 $\pi^*(s)$ 是关于状态 s 的映射。当状态空间或者动作空间很大时，很难通过上式求得最优策略。一种可行的方式是通过迭代的方法不断优化策略，直到选出最优策略：

$$\pi'(s) = \arg\max_a Q^\pi(s,a) \tag{10.6}$$

如果执行更新策略 π'，那么依据式(10.5)可以推断出

$$V^{\pi'}(s) \geqslant V^\pi(s)$$

因此，最优策略可以通过不断更新策略式(10.6)来学习。

从贝尔曼方程可知，如果知道马尔可夫决策过程的状态转移概率 $p(s'|s,a)$ 和奖励 $r(s,a,s')$，值函数可以通过贝尔曼方程直接计算。策略迭代算法中，每次迭代包含两步：

（1）**策略评估**：计算当前策略 π 下每个状态的值函数。策略评估通过贝尔曼方程式(10.3)进行迭代计算 $V^\pi(s)$。

（2）**策略改进**：首先利用式(10.4)计算 Q 函数值，然后根据式(10.6)更新策略。

策略迭代算法可看成一种演员–评论员（Actor-Critic）结构：策略改进被看成演员的角色，而策略评估被认为评论员的角色。

10.1.2 值迭代学习

策略迭代算法中的策略评估和策略改进交替进行，其中策略评估也是通过内部迭代来进行计算，其计算量比较大。实际应用中，不需要计算出每次策略对应的精确值函数，也就是说内部迭代不需要执行到完全收敛。

值迭代算法将策略评估和策略改进两个过程合并，直接计算最优策略。最优策略 π^* 对应的值函数称为最优值函数，其中包括最优状态值函数 $V^*(s)$ 和最优状态–动作值函数 $Q^*(s,a)$。根据式(10.6)可得到如下关系：

$$V^*(s) = \max_a Q^*(s,a)$$

根据贝尔曼方程，通过迭代的方式来计算最优状态值函数 $V^*(s)$ 和最优状态–动作值函数 $Q^*(s,a)$：

$$V^*(s) = \max_a \mathcal{E}_{s'\sim p(s'|s,a)}[r(s,a,s') + \gamma V^*(s')] \tag{10.7}$$

$$Q^*(s,a) = \mathcal{E}_{s'\sim p(s'|s,a)}[r(s,a,s') + \gamma \max_{a'} Q^*(s',a')] \tag{10.8}$$

上述两个式子称为**贝尔曼最优方程**。

值迭代算法直接求解贝尔曼最优方程，即迭代计算最优值函数。值迭代算法的步骤如下：

（1）通过不断迭代式(10.7)来获得最优值函数 $V^*(s)$。

（2）首先利用式(10.4)计算最优 Q 函数值 $Q^*(s,a)$，然后针对所有状态 s 计算最优策略：

$$\pi(s) = \arg\max_a Q^*(s,a)$$

策略迭代和值迭代的不同之处：策略迭代采用贝尔曼方程来计算值函数，并根据值函数来改进策略；值迭代使用贝尔曼最优方程来更新值函数，收敛时的值函数是最优值函数，其对应的策略也是最优策略。

当状态数量较多时，策略迭代和值迭代算法效率都比较低。一种有效的方法是通过神经网络来近似计算值函数，以减少复杂度，并提高泛化能力。

10.2 强化学习

马尔可夫决策过程通常需要知道准确模型，包括状态转移概率函数 $p(s'|s,a)$ 和奖励函数 $r(s,a,s')$。然而，针对复杂不确定环境（或模型未知情形），智能体需要与环境进行交互，采集样本数据，并根据这些样本来求解马尔可夫决策过程的最优策略。这种模型未知而通过采样学习的算法也称为无模型强化学习算法。

10.2.1 无模型的值函数学习方法

无模型的值函数学习方法主要有蒙特卡罗法和时序差分法两大类。

1. 蒙特卡罗法

令 Q 函数 $Q^\pi(s,a)$ 是初始状态为 s 并执行动作 a 后所得到的期望总回报：

$$Q^\pi(s,a) = \mathcal{E}_{\tau\sim p(\tau)}[G(\tau_{s_0=s,a_0=a})]$$

其中累积奖励函数 G 的定义见式(10.1)和式(10.2)。如果模型未知，Q 函数通过采样法来进行计算，这就是蒙特卡罗法。给定一个策略 π，智能体从状态 s 和动作 a 开始，通过随机游走的方式来探索环境，并计算其总回报。假设进行 N 次试验，得到 N 个轨迹 $\tau^1, \cdots, \tau^N$，其总回报分别为 $G(\tau^1), \cdots, G(\tau^N)$。$Q$ 函数近似为

$$Q^\pi(s, a) \approx \hat{Q}^\pi(s, a) = \frac{1}{N} \sum_{n=1}^{N} G(\tau^n_{s_0=s, a_0=a})$$

在获得 $\hat{Q}^\pi(s, a)$ 估计值之后，根据式(10.6)进行策略改进。然后，根据新策略重新采样来获得 Q 函数值，并不断重复，直至收敛。

在蒙特卡罗法中，如果采用确定性策略 π，每次试验得到的轨迹是一样的，无法进一步改进策略。这种情况仅利用当前策略，缺失了对环境的探索。然而，试验轨迹应尽可能覆盖所有状态和动作，以便找到更好的策略。为了平衡利用和探索，拟设计贪心策略。对于目标策略 π，其对应的 ϵ 贪心策略为

$$\pi^\epsilon(s) = \begin{cases} \arg\max_a Q^\pi(s, a), & \text{概率} 1 - \epsilon \\ \text{随机选择其他动作}, & \text{概率} \epsilon \end{cases}$$

在蒙特卡罗法中，计算 Q 值的采样策略和动作选择策略相同且都为 $\pi^\epsilon(s)$ 的强化学习方法称为**同策略方法**，采样策略 $\pi^\epsilon(s)$ 和动作选择策略不同的强化学习方法称为**异策略方法**。

2. 时序差分法

蒙特卡罗法一般需要采集完整的轨迹才能对策略进行评估并更新模型，因此效率比较低。时序差分学习方法对蒙特卡罗方法进行了改进，通过引入动态规划策略来提高学习效率。时序差分学习方法是模拟一段轨迹，每行动一步（或者几步），就利用贝尔曼方程来评估行动前状态的价值。

首先将蒙特卡罗法中函数 $\hat{Q}^\pi(s, a)$ 的估计改为增量计算方式。假设第 N 次试验后值函数 $\hat{Q}^\pi_N(s, a)$ 的平均值为

$$\begin{aligned} \hat{Q}^\pi_N(s, a) &= \frac{1}{N} \sum_{n=1}^{N} G(\tau^n_{s_0=s, a_0=a}) \\ &= \frac{1}{N} \left(G(\tau^N_{s_0=s, a_0=a}) + \sum_{n=1}^{N-1} G(\tau^n_{s_0=s, a_0=a}) \right) \\ &= \frac{1}{N} \left(G(\tau^N_{s_0=s, a_0=a}) + (N-1)\hat{Q}^\pi_{N-1}(s, a) \right) \\ &= \hat{Q}^\pi_{N-1}(s, a) + \frac{1}{N} [G(\tau^N_{s_0=s, a_0=a}) - \hat{Q}^\pi_{N-1}(s, a)] \end{aligned}$$

若上式中的更新步长 $1/N$ 改为一个较小正数 α。每次采样一个新轨迹 $\tau_{s_0=s, a_0=a}$ 就可以更新

$$\hat{Q}^\pi(s, a) \leftarrow \hat{Q}^\pi(s, a) + \alpha \left(G(\tau_{s_0=s, a_0=a}) - \hat{Q}^\pi(s, a) \right)$$

式中：$G(\tau_{s_0=s,a_0=a})$ 为一次完整轨迹所得到的总回报。

本质上，上式可以看成采用权重 α 和 $1-\alpha$ 分别对 $G(\tau_{s_0=s,a_0=a})$ 和 $\hat{Q}^{\pi}(s,a)$ 进行加权求和。

SARSA 算法：为了提高效率，采用动态规划的方法来计算 $G(\tau_{s_0=s,a_0=a})$，而不需要得到完整的轨迹。从 s,a 开始，采样下一步状态 s' 和动作 a'，并得到奖励 $r(s,a,s')$，然后利用贝尔曼方程来近似估计 $G(\tau_{s_0=s,a_0=a})$：

$$G(\tau_{s_0=s,a_0=a,s_1=s',a_1=a'}) = r(s,a,s') + \gamma G(\tau_{s_0=s',a_0=a'})$$

$$\approx r(s,a,s') + \gamma \hat{Q}^{\pi}(s',a')$$

因此，值函数 $\hat{Q}^{\pi}(s,a)$ 通过如下方式进行更新：

$$\hat{Q}^{\pi}(s,a) \leftarrow \hat{Q}^{\pi}(s,a) + \alpha \left(r(s,a,s') + \gamma \hat{Q}^{\pi}(s',a') - \hat{Q}^{\pi}(s,a) \right)$$

因此，更新 $\hat{Q}^{\pi}(s,a)$ 只需要知道当前状态 s 和动作 a，奖励 $r(s,a,s')$，以及下一步状态 s' 和动作 a'。这种策略学习方法称为 SARSA（State Action Reward State Action，SARSA）算法。在 SARSA 算法中，动作采样和优化的策略都是 π^{ϵ}，因此 SARSA 是同策略方法。为了提高计算效率，不需要对环境中所有的 s、a 组合进行穷举，并计算值函数。只需要将当前探索 (s,a,r,s',a') 中 s'、a' 作为下一次估计的起始状态和动作。

SARSA 算法的主要步骤：

输入：初始状态 s，采样和动作选择策略 $\pi^{\epsilon}(\cdot)$

循环开始

    执行动作 $a = \pi^{\epsilon}(s)$，观测 s' 和 $r(s,a,s')$

    选择优化动作：$a' = \pi^{\epsilon}(s')$

    Q 值更新：$Q(s,a) \leftarrow Q(s,a) + \alpha [r(s,a,s') + \gamma Q(s',a') - Q(s,a)]$

    策略更新：$\pi(s) = \arg\max\limits_{a} Q(s,a)$

循环结束

时序差分学习是强化学习的主要学习方法，其关键步骤就是在每次迭代中优化 Q 函数来减少现实奖励 $r(s,a,s') + \gamma Q(s',a')$ 和预期奖励 $Q(s,a)$ 的差距。时序差分学习方法和蒙特卡罗法的不同之处：蒙特卡罗法需要一条完整的路径才能知道其总回报，不依赖马尔可夫性质；而时序差分学习方法只需要一步采样，其总回报通过马尔可夫性质来近似估计。

Q 学习算法：Q 学习算法是一种异策略的时序差分学习方法。在 Q 学习中，Q 函数的估计方法为

$$Q(s,a) \leftarrow Q(s,a) + \alpha \left(r(s,a,s') + \gamma \max_{a'} Q(s',a') - Q(s,a) \right)$$

即相当于让 $Q(s,a)$ 直接去估计最优值函数 $Q^*(s,a)$。与 SARSA 算法不同，Q 学习算法不通过 π^{ϵ} 来选下一步的动作 a'，而是直接求解最优 Q 函数，因此 Q 学习是异策略方法。

Q 学习算法的核心迭代步骤：

输入：初始状态 s，采样策略 $\pi^\epsilon(\cdot)$
循环开始
执行动作 $a = \pi^\epsilon(s)$，观测 s' 和 $r(s, a, s')$
Q 值更新：$Q(s, a) \leftarrow Q(s, a) + \alpha \left[r(s, a, s') + \gamma \max_{a'} Q(s', a') - Q(s, a) \right]$
策略更新：$\pi(s) = \arg\max_a Q(s, a)$
循环结束

深度 Q 学习：为了在连续状态和动作空间中计算值函数 $Q^\pi(s, a)$，拟设计近似函数 $Q_\phi(s, a)$ 来简化计算，称为值函数近似，即

$$Q^\pi(s, a) \approx Q_\phi(s, a),$$

式中：$Q_\phi(s, a)$ 是一个参数为 ϕ 的函数或神经网络，输出为一个实数，称为 Q 网络。如果动作为有限离散的 M 个动作 $a_1, \cdots, a_M$，那么可以让 Q 网络输出一个 M 维向量，其中第 m 维表示 $Q_\phi(s, a_m)$，对应值函数 $Q^\pi(s, a_m)$ 的近似值：

$$\boldsymbol{Q}_\phi(s) = \begin{bmatrix} Q_\phi(s, a_1) \\ \vdots \\ Q_\phi(s, a_M) \end{bmatrix} \approx \begin{bmatrix} Q^\pi(s, a_1) \\ \vdots \\ Q^\pi(s, a_M) \end{bmatrix}$$

接下来讨论如何学习参数 ϕ 使函数 $Q_\phi(s, a)$ 逼近值函数 $Q^\pi(s, a)$。如果采用蒙特卡罗法，直接让 $Q_\phi(s, a)$ 去逼近平均总回报 $\hat{Q}^\pi(s, a)$，即最小化如下目标函数：

$$\min_\phi \ (\hat{Q}^\pi(s, a) - Q_\phi(s, a))^2$$

如果采用 Q 学习方法，需要通过最小化如下目标函数来求解 ϕ：

$$\min_\phi \mathcal{L}(s, a, s'|\phi)$$

$$\text{s.t.} \quad \mathcal{L}(s, a, s'|\phi) = \left(r(s, a, s') + \gamma \max_{a'} \underline{Q_\phi(s', a')} - \underline{Q_\phi(s, a)} \right)^2$$

针对 Q 学习方法，上述目标函数存在三个问题：一是目标不稳定，参数学习的目标依赖于参数本身；二是样本之间有很强的相关性；三是通过 Q 值函数最大化所确定的最优行为会导致迭代收敛到局部极值点。深度 Q 网络能够有效解决前两个问题。深度 Q 网络采取两个措施：一是目标网络冻结，即在一个时间段内固定目标中的参数，来稳定学习目标；二是经验回放，即构建一个经验池来消除数据相关性的影响，其中经验池是由智能体的历史数据所构成的集合。训练时，随机从经验池中抽取历史样本代替当前样本进行训练，这样就打破了和相邻训练样本的相似性，避免模型陷入局部最优。第三个问题可以通过 ϵ 贪心探索策略来解决。

10.2.2 无模型的策略函数学习方法

强化学习的目标是通过学习最优策略 $\pi_{\boldsymbol{\theta}}(a|s)$ 来最大化期望回报。一种直接方法是在策略空间通过直接搜索来得到最佳策略，称为策略搜索。策略搜索本质是一个优化问题，可分为基于梯度的优化和无梯度优化。跟值函数优化方法相比，策略搜索不需要值函数，直接优化策略。参数化的策略能够处理连续状态和动作，可以直接学习随机性策略。

策略梯度是一种基于梯度的强化学习方法。假设 $\pi_{\boldsymbol{\theta}}(a|s)$ 是一个关于 $\boldsymbol{\theta}$ 的连续可微函数，用梯度上升法来优化参数 $\boldsymbol{\theta}$ 使目标函数 $\mathcal{J}(\boldsymbol{\theta})$ 最大化：

$$\mathcal{J}(\boldsymbol{\theta}) = \int p_{\boldsymbol{\theta}}(\tau) G(\tau) \mathrm{d}\tau$$

式中：τ 为给定策略 $\pi_{\boldsymbol{\theta}}(a|s)$ 所生成的轨迹。

目标函数 $\mathcal{J}(\boldsymbol{\theta})$ 关于策略参数 $\boldsymbol{\theta}$ 的导数为

$$\begin{aligned}
\frac{\partial \mathcal{J}(\boldsymbol{\theta})}{\partial \boldsymbol{\theta}} &= \frac{\partial}{\partial \boldsymbol{\theta}} \int p_{\boldsymbol{\theta}}(\tau) G(\tau) \mathrm{d}\tau \\
&= \int \frac{\partial p_{\boldsymbol{\theta}}(\tau)}{\partial \boldsymbol{\theta}} G(\tau) \mathrm{d}\tau \\
&= \int p_{\boldsymbol{\theta}}(\tau) \left(\frac{1}{p_{\boldsymbol{\theta}}(\tau)} \frac{\partial p_{\boldsymbol{\theta}}(\tau)}{\partial \boldsymbol{\theta}} \right) G(\tau) \mathrm{d}\tau \\
&= \mathcal{E}_{\tau \sim p_{\boldsymbol{\theta}}(\tau)} \left[\frac{\partial}{\partial \boldsymbol{\theta}} \log p_{\boldsymbol{\theta}}(\tau) G(\tau) \right]
\end{aligned}$$

式中：$\dfrac{\partial}{\partial \boldsymbol{\theta}} \log p_{\boldsymbol{\theta}}(\tau)$ 可以分解为

$$\begin{aligned}
\frac{\partial}{\partial \boldsymbol{\theta}} \log p_{\boldsymbol{\theta}}(\tau) &= \frac{\partial}{\partial \boldsymbol{\theta}} \log \left(p(s_0) \prod_{t=0}^{T-1} \pi_{\boldsymbol{\theta}}(a_t|s_t) p(s_{t+1}|s_t, a_t) \right) \\
&= \frac{\partial}{\partial \boldsymbol{\theta}} \left(\log p(s_0) + \sum_{t=0}^{T-1} \log \pi_{\boldsymbol{\theta}}(a_t|s_t) + \sum_{t=0}^{T-1} \log p(s_{t+1}|s_t, a_t) \right) \\
&= \sum_{t=0}^{T-1} \frac{\partial}{\partial \boldsymbol{\theta}} \log \pi_{\boldsymbol{\theta}}(a_t|s_t)
\end{aligned}$$

可以看出，$\dfrac{\partial}{\partial \boldsymbol{\theta}} \log p_{\boldsymbol{\theta}}(\tau)$ 和状态转移概率无关，而只与策略函数相关。因此，策略梯度可以写为

$$\begin{aligned}
\frac{\partial \mathcal{J}(\boldsymbol{\theta})}{\partial \boldsymbol{\theta}} &= \mathcal{E}_{\tau \sim p_{\boldsymbol{\theta}}(\tau)} \left[\frac{\partial}{\partial \boldsymbol{\theta}} \log p_{\boldsymbol{\theta}}(\tau) G(\tau) \right] \\
&= \mathcal{E}_{\tau \sim p_{\boldsymbol{\theta}}(\tau)} \left[\left(\sum_{t=0}^{T-1} \frac{\partial}{\partial \boldsymbol{\theta}} \log \pi_{\boldsymbol{\theta}}(a_t|s_t) \right) G(\tau) \right]
\end{aligned}$$

$$= \sum_{t=0}^{T-1} \left[\mathcal{E}_{s_t} \left(\mathcal{E}_{a_t} \left(\frac{\partial}{\partial \boldsymbol{\theta}} \log \pi_{\boldsymbol{\theta}}(a_t|s_t) [G(\tau_{0:t}) + \gamma^t G(\tau_{t+1:T})] \right) \right) \right]$$

$$= \sum_{t=0}^{T-1} \left[\mathcal{E}_{s_t} \left(\mathcal{E}_{a_t} \left(\frac{\partial}{\partial \boldsymbol{\theta}} \log \pi_{\boldsymbol{\theta}}(a_t|s_t) [\gamma^t G(\tau_{t+1:T})] \right) \right) \right]$$

上式中最后一个等式的推导可以参考式(10.10)，其中时刻 t 之前的回报和时刻 t 后的动作无关。为了降低计算量，结合随机梯度上升法，只采集一条轨迹并计算每个时刻的梯度来更新参数：

$$\boldsymbol{\theta} \leftarrow \boldsymbol{\theta} + \alpha \left(\gamma^t G(\tau_{t+1:T}) \frac{\partial}{\partial \boldsymbol{\theta}} \log \pi_{\boldsymbol{\theta}}(a_t|s_t) \right)$$

上述梯度上升法又称为 REINFORCE 算法。该算法的主要缺点是不同路径之间的方差很大，导致训练不稳定，而带基准线的方法能够有效缓解方差不稳定的问题。

1. 带基准线的 REINFORCE 算法

REINFORCE 算法中的策略梯度方差可以通过引入控制变量方法来减小。若对函数 f 进行估计，为了减少其估计方差，拟引入一个已知期望的函数 g，令

$$\hat{f} = f - \alpha(g - \mathcal{E}[g])$$

从上式看出，$\mathcal{E}(\hat{f}) = \mathcal{E}(f)$。接下来将选择 α 来最小化 $\hat{f}$ 的方差：

$$\mathrm{var}(\hat{f}) = \mathrm{var}(f) - 2\alpha \mathrm{cov}(f, g) + \alpha^2 \mathrm{var}(g)$$

式中：α 的最优值为

$$\alpha = \frac{\mathrm{cov}(f, g)}{\mathrm{var}(g)}$$

可以看出，α 与变量 f、g 的相关系数成正比。由此，$\hat{f}$ 方差可以减小到

$$\mathrm{var}(\hat{f}) = \left(1 - \alpha^2\right) \mathrm{var}(f) \tag{10.9}$$

从上式看出，当 f 和 g 的相关性越高时，$\hat{f}$ 的方差越小。

对于 REINFORCE 算法，t 时刻的策略梯度定义为

$$\frac{\partial \mathcal{J}_t(\boldsymbol{\theta})}{\partial \boldsymbol{\theta}} = \mathcal{E}_{s_t} \left[\mathcal{E}_{a_t} [G(\tau) \frac{\partial}{\partial \boldsymbol{\theta}} \log \pi_{\boldsymbol{\theta}}(a_t|s_t)] \right]$$

式中

$$G(\tau) = G(\tau_{0:t}) + \gamma^t G(\tau_{t+1:T})$$

为了减小策略梯度的方差，引入一个和 a_t 无关但与 $G(\tau_{t+1:T})$ 高度相关的基准函数 $b(s_t)$，从而策略梯度变为

$$\frac{\partial \hat{\mathcal{J}}_t(\boldsymbol{\theta})}{\partial \boldsymbol{\theta}} = \mathcal{E}_{s_t}\left[\mathcal{E}_{a_t}[(G(\tau) - b(s_t))\frac{\partial}{\partial \boldsymbol{\theta}}\log \pi_{\boldsymbol{\theta}}(a_t|s_t)]\right]$$

因为 $b(s_t)$ 和 a_t 无关，所以有

$$
\begin{aligned}
\mathcal{E}_{a_t}[b(s_t)\frac{\partial}{\partial \boldsymbol{\theta}}\log \pi_{\boldsymbol{\theta}}(a_t|s_t)] &= \int_{a_t}[b(s_t)\frac{\partial}{\partial \boldsymbol{\theta}}\log \pi_{\boldsymbol{\theta}}(a_t|s_t)]\pi_{\boldsymbol{\theta}}(a_t|s_t)\mathrm{d}a_t \\
&= \int_{a_t}[b(s_t)\frac{\partial}{\partial \boldsymbol{\theta}}\pi_{\boldsymbol{\theta}}(a_t|s_t)]\mathrm{d}a_t \\
&= b(s_t)\frac{\partial}{\partial \boldsymbol{\theta}}\int_{a_t}\pi_{\boldsymbol{\theta}}(a_t|s_t)\mathrm{d}a_t \\
&= b(s_t)\frac{\partial}{\partial \boldsymbol{\theta}}1 = 0
\end{aligned}
\tag{10.10}
$$

由此可得

$$\frac{\partial \mathcal{J}_t(\boldsymbol{\theta})}{\partial \boldsymbol{\theta}} = \frac{\partial \hat{\mathcal{J}}_t(\boldsymbol{\theta})}{\partial \boldsymbol{\theta}}$$

利用式(10.10)结论，t 时刻的策略梯度还可以进一步简化为

$$
\begin{aligned}
\frac{\partial \hat{\mathcal{J}}_t(\boldsymbol{\theta})}{\partial \boldsymbol{\theta}} &= \mathcal{E}_{s_t}\left[\mathcal{E}_{a_t}[(G(\tau_{0:t}) + \gamma^t G(\tau_{t+1:T}) - b(s_t))\frac{\partial}{\partial \boldsymbol{\theta}}\log \pi_{\boldsymbol{\theta}}(a_t|s_t)]\right] \\
&= \mathcal{E}_{s_t}\left[\mathcal{E}_{a_t}[(\gamma^t G(\tau_{t+1:T}) - b(s_t))\frac{\partial}{\partial \boldsymbol{\theta}}\log \pi_{\boldsymbol{\theta}}(a_t|s_t)]\right]
\end{aligned}
$$

为了减小方差，$b(s_t)$ 跟 $G(\tau_{t+1:T})$ 越相关越好，一个很自然的选择为 $b(s_t) = \gamma^t V^{\pi_{\boldsymbol{\theta}}}(s_t)$，其中 $V^{\pi_{\boldsymbol{\theta}}}(s_t)$ 为值函数。由于值函数 $V^{\pi_{\boldsymbol{\theta}}}(s_t)$ 未知，可以用一个可学习的函数 $V_{\boldsymbol{\phi}}(s_t)$ 来近似，目标函数为

$$\mathcal{L}(\boldsymbol{\phi}|s_t, \pi_{\boldsymbol{\theta}}) = (V^{\pi_{\boldsymbol{\theta}}}(s_t) - V_{\boldsymbol{\phi}}(s_t))^2$$

式中：$V^{\pi_{\boldsymbol{\theta}}}(s_t) = \mathcal{E}[G(\tau_{t+1:T})]$ 用蒙特卡罗法来进行估计。采用随机梯度下降法，关于参数 $\boldsymbol{\phi}$ 的随机梯度可以写成

$$\frac{\partial \mathcal{L}(\boldsymbol{\phi}|s_t, \pi_{\boldsymbol{\theta}})}{\partial \boldsymbol{\phi}} = -(G(\tau_{t+1:T}) - V_{\boldsymbol{\phi}}(s_t))\frac{\partial V_{\boldsymbol{\phi}}(s_t)}{\partial \boldsymbol{\phi}}$$

策略函数参数 $\boldsymbol{\theta}$ 的梯度可以写成

$$\frac{\partial \hat{\mathcal{J}}_t(\boldsymbol{\theta})}{\partial \boldsymbol{\theta}} = \mathcal{E}_{s_t}\left[\mathcal{E}_{a_t}\left(\gamma^t (G(\tau_{t+1:T}) - V_{\boldsymbol{\phi}}(s_t))\frac{\partial}{\partial \boldsymbol{\theta}}\log \pi_{\boldsymbol{\theta}}(a_t|s_t)\right)\right]$$

因此，带基准线的 REIFORCE 算法通过如下随机梯度更新来执行：

（1）更新值函数参数：

$$\boldsymbol{\phi} \leftarrow \boldsymbol{\phi} + \beta\left(G(\tau_{t+1:T}) - V_{\boldsymbol{\phi}}(s_t)\right)\frac{\partial V_{\boldsymbol{\phi}}(s_t)}{\partial \boldsymbol{\phi}}$$

（2）更新策略函数参数：

$$\boldsymbol{\theta} \leftarrow \boldsymbol{\theta} + \alpha \gamma^t \left(G(\tau_{t+1:T}) - V_{\boldsymbol{\phi}}(s_t) \right) \frac{\partial}{\partial \boldsymbol{\theta}} \log \pi_{\boldsymbol{\theta}}(a_t | s_t)$$

式中：α 和 β 为更新步长。

2. 演员–评论员算法

在 REINFORCE 算法中，每次需要根据一个策略采集一条完整的轨迹，并计算这条轨迹上的回报 $G(\tau_{t:T})$。这种采样方式的方差比较大，学习效率也比较低。借鉴时序差分学习的思想，使用动态规划方法可以提高采样的效率，即从状态 s 开始的总回报通过当前动作的即时奖励 $r(s,a,s')$ 和下一个状态 s' 的值函数来近似估计。

演员–评论员算法是一种结合策略梯度和时序差分学习的强化学习方法。其中演员是指策略函数 $\pi_{\boldsymbol{\theta}}(a|s)$，即学习一个策略来得到尽量高的回报；评论员是指值函数 $V_{\boldsymbol{\phi}}(s)$，对当前策略的值函数进行估计，即评估演员的好坏。借助于值函数，演员–评论员算法可以进行单步更新参数，不需要等到回合结束才进行更新。在演员–评论员算法中的策略函数 $\pi_{\boldsymbol{\theta}}(a|s)$ 和值函数 $V_{\boldsymbol{\phi}}(s)$ 都是待学习的函数，需要在训练过程中同步学习。

从时刻 t 开始的回报 $G(\tau_{t:T})$ 用下式近似计算：

$$G(\tau_{t:T}) \approx r(s_t, a_t, s_{t+1}) + \gamma V_{\boldsymbol{\phi}}(s_{t+1}) \tag{10.11}$$

在每步更新中，分别对策略函数 $\pi_{\boldsymbol{\theta}}(s,a)$ 和值函数 $V_{\boldsymbol{\phi}}(s)$ 进行学习。一方面，更新参数 $\boldsymbol{\phi}$ 使得值函数 $V_{\boldsymbol{\phi}}(s_t)$ 接近于真实回报 $G(\tau_{t:T})$，即

$$\min_{\boldsymbol{\phi}} \left(G(\tau_{t:T}) - V_{\boldsymbol{\phi}}(s_t) \right)^2$$

另一方面，将值函数 $V_{\boldsymbol{\phi}}(s_t)$ 作为基线函数来更新参数 $\boldsymbol{\theta}$，减少策略梯度的方差，即

$$\boldsymbol{\theta} \leftarrow \boldsymbol{\theta} + \alpha \gamma^t \left(G(\tau_{t:T}) - V_{\boldsymbol{\phi}}(s_t) \right) \frac{\partial}{\partial \boldsymbol{\theta}} \log \pi_{\boldsymbol{\theta}}(a_t | s_t)$$

将式(10.11)分别代入参数 $\boldsymbol{\phi}$ 和 $\boldsymbol{\theta}$ 的迭代公式可以得到如下演员–评论员算法：

$$\boldsymbol{\phi} \leftarrow \boldsymbol{\phi} + \beta (r(s_t, a_t, s_{t+1}) + \gamma V_{\boldsymbol{\phi}}(s_{t+1}) - V_{\boldsymbol{\phi}}(s_t)) \frac{\partial}{\partial \boldsymbol{\phi}} V_{\boldsymbol{\phi}}(s_t)$$

$$\boldsymbol{\theta} \leftarrow \boldsymbol{\theta} + \alpha \gamma^t (r(s_t, a_t, s_{t+1}) + \gamma V_{\boldsymbol{\phi}}(s_{t+1}) - V_{\boldsymbol{\phi}}(s_t)) \frac{\partial}{\partial \boldsymbol{\phi}} \log \pi_{\boldsymbol{\theta}}(a_t | s_t)$$

式中：r、s_{t+1} 分别为在状态 s_t 下执行动作 a_t 所得到的回报值和新状态。

在每步更新中，演员根据当前的环境状态 s_t 和策略 $\pi_{\boldsymbol{\theta}}(a_t | s_t)$ 去执行动作 a_t，更新环境状态为 s_{t+1}，得到即时奖励 $r(s_t, a_t, s_{t+1})$。评论员（值函数 $V_{\boldsymbol{\phi}}(s_t)$）根据环境给出的真实奖励和之前标准下的奖励 $r(s_t, a_t, s_{t+1}) + \gamma V_{\boldsymbol{\phi}}(s_{t+1})$，来调整自己的打分标准，使得自己的打分更接近环境的真实回报。演员则根据评论员的打分，调整自己的策略 $\pi_{\boldsymbol{\theta}}$，争取下次表现得更好。

强化学习是指智能体通过与环境进行交互来获得奖励。在某些情况下，智能体无法从环境中得到奖励，只能采集到一组轨迹示例。比如，在自动驾驶中，我们得到司机的一组轨迹数据，但并不知道司机在每个时刻的即时奖励。逆强化学习（Inverse Reinforcement Learning，IRL）是指奖励函数未知的马尔可夫决策过程，通过给定一组专家（或教师）行为轨迹示例来逆向估计奖励函数 $r(s, a, s')$ 并以此来解释专家行为。

逆强化学习主要分为最大边际方法和基于概率模型的方法。最大边际算法包括学徒学习（AL）、最大化边际规划（MMP）方法和结构化分类方法。最大边际算法的缺点是不同回报函数会导致相同的专家策略，即存在无法解决的歧义问题。基于概率模型的方法可以解决该歧义问题，目前已发展出了多种逆强化学习算法，包括最大熵逆强化学习、相对熵逆强化学习和深度逆强化学习。接下来，将重点介绍最大边际法和最大熵法。

10.3.1 基于最大边际的逆强化学习

作为一类重要的最大边际逆强化学习方法，学徒学习是指智能体从专家示例中学习回报函数，使得在该回报函数下所得的最优策略跟专家示例策略高度吻合。未知回报函数 $r(s)$ 一般是状态 s 的函数，通常用基函数来线性表示：

$$r(s) = w_1\phi_1(s) + w_2\phi_2(s) + \cdots + w_d\phi_d(s)$$
$$= \boldsymbol{w}^{\mathrm{T}}\boldsymbol{\phi}(s)$$

式中：$\boldsymbol{\phi}(s) = [\phi_1(s), \cdots, \phi_d(s)]^{\mathrm{T}} \in \mathbb{R}^d$ 为基函数。逆向强化学习需要对回报函数中的参数向量 $\boldsymbol{w}$ 进行估计。

根据值函数的定义，策略 π 的值函数为

$$\mathcal{E}[V^\pi(s_0)] = \mathcal{E}\left[\sum_{t=0}^\infty \gamma^t r(s_t)|\pi\right] = \boldsymbol{w}^{\mathrm{T}}\mathcal{E}\left[\sum_{t=0}^\infty \gamma^t \boldsymbol{\phi}(s_t)|\pi\right]$$

其中状态序列 $s_0, s_1, s_2, \cdots$ 由策略 π 产生。定义特征期望 $\boldsymbol{\mu}(\pi) = \mathcal{E}\left[\sum_{t=0}^\infty \gamma^t \boldsymbol{\phi}(s_t)|\pi\right]$，其值由策略 π 来决定。给定 m 条专家轨迹，其对应的特征期望计算如下：

$$\hat{\boldsymbol{\mu}}(\pi_E) = \frac{1}{m}\sum_{i=1}^m \sum_{t=0}^\infty \gamma^t \boldsymbol{\phi}(s_t^i)$$

式中：s_t^i 为第 i 条专家轨迹在 t 时刻所对应的状态；π_E 代表专家策略。

在逆向强化学习中，可认为专家轨迹 $\{\tau^i = (s_1^i, s_2^i, \cdots)\}_{i=1}^m$ 是最优策略生成的轨迹。

逆强化学习的目标是寻找一个策略 $\tilde{\pi}$，使其表现与专家策略 π_E 高度吻合，即

$$\|\boldsymbol{\mu}(\tilde{\pi}) - \boldsymbol{\mu}(\pi_E)\|_2 \leqslant \epsilon$$

其中策略 $\tilde{\pi}$ 的特征期望根据策略 $\tilde{\pi}$ 进行蒙特卡罗采样来近似计算。当参数向量 $\boldsymbol{w}$ 满足 $\|\boldsymbol{w}\|_2 \leqslant 1$ 时，值函数满足

$$\left| \mathcal{E}\left[\sum_{t=0}^{\infty} \gamma^t r(s_t)|\tilde{\pi}\right] - \mathcal{E}\left[\sum_{t=0}^{\infty} \gamma^t r(s_t)|\pi_E\right] \right|$$

$$= |\boldsymbol{w}^{\mathrm{T}}\boldsymbol{\mu}(\tilde{\pi}) - \boldsymbol{w}^{\mathrm{T}}\boldsymbol{\mu}(\pi_E)|$$

$$\leqslant \|\boldsymbol{w}\|_2 \|\boldsymbol{\mu}(\tilde{\pi}) - \boldsymbol{\mu}(\pi_E)\|_2 \leqslant \epsilon$$

为了体现专家轨迹对应特征期望 $\boldsymbol{\mu}(\pi_E)$ 的最优性，需要寻找权重向量 $\boldsymbol{w}$ 使得

$$\boldsymbol{w}^{\mathrm{T}}\boldsymbol{\mu}(\pi_E) - \boldsymbol{w}^{\mathrm{T}}\boldsymbol{\mu}(\tilde{\pi}) \geqslant 0 \tag{10.12}$$

综上所述，最大边际逆强化学习通过求解如下优化问题来实现：

$$\boldsymbol{w}^* = \arg\max_{\boldsymbol{w}} \left(\min_{\tilde{\pi}} \boldsymbol{w}^{\mathrm{T}} [\boldsymbol{\mu}(\pi_E) - \boldsymbol{\mu}(\tilde{\pi})] \right)$$

$$\text{s.t.} \|\boldsymbol{w}\| \leqslant 1 \tag{10.13}$$

上述优化问题包括内层最小化和外层最大化。内层最小化可以看成演员角色，即寻找策略 $\tilde{\pi}$ 使其尽量接近专家策略 π_E；外层最大化可以看成评论员角色，即寻找 $\boldsymbol{w}$ 的值使其能最大程度区别出专家策略和估计策略。

逆强化学习通常采用迭代优化方法，第 i 步的权重向量 $\boldsymbol{w}$ 可以通过求解如下优化问题获得：

$$\boldsymbol{w}^i = \arg\max_{t,\boldsymbol{w}} t$$

$$\text{s.t.} \boldsymbol{w}^{\mathrm{T}}\boldsymbol{\mu}(\pi_E) \geqslant \boldsymbol{w}^{\mathrm{T}}\boldsymbol{\mu}(\tilde{\pi}^j) + t, \quad j = 0,1,\cdots,i-1$$

$$\|\boldsymbol{w}\| \leqslant 1$$

式中：$\tilde{\pi}^j, (j \in \{0,1,\cdots,i-1\})$ 为前 $i-1$ 次迭代得到的最优策略。

上述优化的目的是寻找 $\boldsymbol{w}$ 的值来最大化专家策略 π_E 与前 $i-1$ 次迭代策略之间的边际，即在 $\boldsymbol{w}$ 方向上能够最大化专家策略和其他策略的区别。鉴于该分析，逆强化学习可以采用生成对抗网络框架进行求解。

学徒学习是一种交替迭代方法，每次迭代分成两步：第一步是根据所获得的最优策略进行蒙特卡罗采样来计算该最优策略所对应的特征期望，然后利用最大边际方法求出当前回报函数的参数值 $\boldsymbol{w}$；第二步是将当前得到的回报函数 $\boldsymbol{w}^{\mathrm{T}}\boldsymbol{\mu}(\tilde{\pi})$ 作为回报函数，并利用正向强化学习求出此时的最优策略 $\tilde{\pi}$。重复上述交替迭代，直到权重向量收敛为止。

10.3.2　基于最大熵的逆强化学习

最大熵原理是指在学习概率模型时，在所满足约束的概率模型中，熵最大化模型是最优模型。其根本原因在于通过熵最大化所选取的模型，没有对未知情形做任何主观假设。从概率模型的角度出发，逆强化学习问题可以描述成根据一个潜在的概率分布生成专家轨迹，然后根据专家轨迹还原概率模型。

假如在某个强化学习任务中观测到的专家轨迹为 $\zeta = \{s_i, a_i\}_{i=1}^N$。希望使用该专家轨迹信息学习回报函数。跟最大边际方法类似，定义如下线性化回报函数：

$$r(s_i) = \theta_1 \phi_1(s_i) + \cdots + \theta_d \phi_d(s_i) = \boldsymbol{\theta}^{\mathrm{T}} \boldsymbol{\phi}(s_i) \tag{10.14}$$

一条轨迹的长期回报定义为

$$r(\zeta) = \sum_{s_i \in \zeta} \boldsymbol{\theta}^{\mathrm{T}} \boldsymbol{\phi}(s_i) = \boldsymbol{\theta}^{\mathrm{T}} \boldsymbol{f}_\zeta \tag{10.15}$$

式中：$\boldsymbol{f}_\zeta = \sum\limits_{s_i \in \zeta} \boldsymbol{f}_{s_i}$ 为特征累积量。

若考虑 m 条专家示范轨迹 $\{\tilde{\zeta}^i\}_{i=1}^m$，则可以得到如下特征累积量的期望：

$$\tilde{\boldsymbol{f}} = \frac{1}{m} \sum_{i=1}^m \boldsymbol{f}_{\tilde{\zeta}^i} \tag{10.16}$$

在逆强化学习中，最大熵模型的约束为根据策略所生成轨迹的特征累积量期望与专家值相等，即

$$\sum_{\zeta^i} p_\pi(\zeta^i) \boldsymbol{f}_{\zeta^i} = \tilde{\boldsymbol{f}}$$

式中：$\boldsymbol{f}_{\zeta^i}$ 为根据策略 π 所生成的第 i 条轨迹的特征期望；$\tilde{\boldsymbol{f}}$ 为式(10.16)定义的专家期望特征。

最大熵逆强化学习就是在上述特征期望的约束下寻找熵最大的概率分布：

$$\max_{p_\pi(\zeta^i)} -\sum_{\zeta^i} p_\pi(\zeta^i) \log p_\pi(\zeta^i)$$

$$\text{s.t.} \sum_{\zeta^i} p_\pi(\zeta^i) \boldsymbol{f}_{\zeta^i} = \tilde{\boldsymbol{f}}$$

$$\sum_{\zeta^i} p_\pi(\zeta^i) = 1$$

采用拉格朗日方法，其对应的拉格朗日函数为

$$L(p_\pi(\zeta^i), \boldsymbol{\lambda}, \lambda_0) = \sum_{\zeta^i} p_\pi(\zeta^i) \log p_\pi(\zeta^i) - \sum_{j=1}^m \boldsymbol{\lambda}^{\mathrm{T}}(p_\pi(\zeta^j) \boldsymbol{f}_{\zeta^j} - \tilde{\boldsymbol{f}}) - \lambda_0 \left(\sum_{j=1}^m p_\pi(\zeta^j) - 1 \right)$$

通过对概率 $p_\pi(\zeta^i)$ 求导置零，可以得到

$$p_\pi(\zeta^i) = \frac{\exp\left(\boldsymbol{\lambda}^{\mathrm{T}} \boldsymbol{f}_{\zeta^i}\right)}{\exp(1 - \lambda_0)}$$

或者

$$p_\pi(\zeta^i) = \frac{\exp\left(\boldsymbol{\lambda}^{\mathrm{T}} \boldsymbol{f}_{\zeta^i}\right)}{\sum\limits_{j=1}^{m} \exp\left(\boldsymbol{\lambda}^{\mathrm{T}} \boldsymbol{f}_{\zeta^j}\right)}$$

其中未知参数 $\boldsymbol{\lambda}$ 对应着回报函数式(10.15)中的参数向量 $\boldsymbol{\theta}$。令 $\boldsymbol{\theta} = \boldsymbol{\lambda}$，其估计值通过求解如下极大似然函数来获得：

$$\arg\max_{\boldsymbol{\theta}} \sum_{i=1}^{m} \log \frac{\exp\left(\boldsymbol{\theta}^{\mathrm{T}} \boldsymbol{f}_{\zeta^i}\right)}{\sum\limits_{j=1}^{m} \exp\left(\boldsymbol{\theta}^{\mathrm{T}} \boldsymbol{f}_{\zeta^j}\right)} \tag{10.17}$$

在获得 $\boldsymbol{\theta}$ 的极大似然估计值后，可以获得回报函数估计，见式(10.14)。

　　跟最大边际方法类似，最大熵逆强化学习也是一个交替迭代过程，其中每次迭代分成两步：第一步按照已获得的最优策略生成 m 条轨迹，并利用最大熵方法求出当前回报函数的参数值 $\boldsymbol{\theta}$；第二步是将求出的回报函数作为当前系统的回报函数，并利用正向强化学习求出此时的最优策略 π。然后根据最优策略重复上述步骤。

　　最大边际方法和最大熵方法是比较经典的逆强化学习算法，理解其内涵有助于学习生成对抗模仿学习或生成对抗逆强化学习。

习题

　　1. 进行某种游戏获胜的概率为 p。若赢得这场游戏能够挣 S 元，输掉这场游戏会带来 S 元损失。试证明玩这场游戏的期望收入为 $(2p-1)S$ 元。

　　2. 考虑是否读博士的决策。若选择读博士 (E) 将会带来 U_C 元的损失（包括机会成本）；反之，读博士有可能会获得诺贝尔奖 (P)，从而可能会增加收入 (I)，并获得 U_B 收益。假设

$$\mathrm{dom}(E) = (读博士, 不读博士), \mathrm{dom}(I) = (低, 中, 高), \mathrm{dom}(P) = (获奖, 没奖)$$

$p(获奖|不读博士) = 10^{-7}, p(获奖|不读博士) = 10^{-3}$

$p(低|读博士, 没奖) = 0.1, p(中|读博士, 没奖) = 0.5, p(高|读博士, 没奖) = 0.4$

$p(低|不读博士, 没奖) = 0.2, p(中|不读博士, 没奖) = 0.6, p(高|不读博士, 没奖) = 0.2$

$p(低|读博士, 获奖) = 0.01, p(中|读博士, 获奖) = 0.04, p(高|读博士, 获奖) = 0.95$

$p(低|不读博士, 获奖) = 0.01, p(中|不读博士, 获奖) = 0.04, p(高|不读博士, 获奖) = 0.95$

$$U_C(读博士) = -50000, \; U_C(不读博士) = 0$$

$$U_B(低) = 10^5, \; U_B(中) = 2 \times 10^5, \; U_B(高) = 5 \times 10^5$$

试根据上述信息对是否读博士做合理决策。

3. 考虑一阶段的游戏。决策变量 d_1 的定义域为 $\mathrm{dom}(d_1) = (玩, 不玩)$。若决定玩游戏，其成本为 $c_1(玩) = C_1$，否则 $c_1(不玩) = 0$。变量 x_1 表示是否赢得这场游戏，其定义域为 $\mathrm{dom}(x_1) = (赢, 输)$，输赢的概率为

$$p(x_1 = 赢 | d_1 = 玩) = p_1, \; p(x_1 = 赢 | d_1 = 不玩) = 0$$

游戏输赢带来的收益为

$$u_1(x_1 = 赢) = W_1, \; u_1(x_1 = 输) = 0$$

试证明玩这场游戏的期望收益为

$$U(d_1 = 玩) = p_1 W_1 - C_1 \tag{10.18}$$

4. 考虑二阶段游戏。在赢得第一阶段游戏 $(x_1 = 赢)$ 之后，需要做决策 d_2 是否参加第二阶段游戏 $\mathrm{dom}(d_2) = (玩, 不玩)$。假如决定玩第二阶段游戏，获胜的概率为 p_2: $p(x_2 = 赢 | x_1 = 赢, d_2 = 玩) = p_2$；反之，没有获胜的希望，即 $p(x_2 = 赢 | x_1 = 赢, d_2 = 不玩) = 0$。参加第二阶段游戏的成本为

$$c_2(d_2 = 玩) = C_2, \quad c_2(d_2 = 不玩) = 0$$

而收益为

$$u_2(x_2 = 赢) = W_2, \quad u_2(x_2 = 输) = 0$$

证明：在做出第二阶段 d_2 的最佳决策基础之上，第一阶段决策的期望收益为

$$U(d_1 = 玩) = \begin{cases} p_1(p_2 W_2 - C_2) + p_1 W_1 - C_1, & p_2 W_2 - C_2 \geqslant 0 \\ p_1 W_1 - C_1, & p_2 W_2 - C_2 \leqslant 0 \end{cases}$$

5. 考虑最大化如下目标函数：

$$F(\boldsymbol{\theta}) = \sum_x U(x) p(x | \boldsymbol{\theta}) \tag{10.19}$$

式中：$U(x) > 0$。

定义如下辅助分布：

$$\tilde{p}(x | \boldsymbol{\theta}) = \frac{U(x) p(x | \boldsymbol{\theta})}{F(\boldsymbol{\theta})}$$

对于变分分布函数 $q(x)$，根据 $\mathrm{KL}(q(x), \tilde{p}(x))$ 的非负特性可以得到如下不等式：

$$\log F(\boldsymbol{\theta}) \geqslant -\mathcal{E}_{q(x)}[\log q(x)] + \mathcal{E}_{q(x)}[\log U(x)] + \mathcal{E}_{q(x)}[\log p(x|\boldsymbol{\theta})]$$

若采用 EM 算法对参数 $\boldsymbol{\theta}$ 进行估计，其中 E 步旨在最大化如下能量函数：

$$\boldsymbol{\theta}_{\text{new}} = \arg\max_{\boldsymbol{\theta}} \mathcal{E}_{\tilde{p}(x|\boldsymbol{\theta}_{\text{old}})}[\log p(x|\boldsymbol{\theta})]$$

若 $p(x|\boldsymbol{\theta}) = \delta(x, f(\boldsymbol{\theta}))$，试证明 $\boldsymbol{\theta}_{\text{new}} = \boldsymbol{\theta}_{\text{old}}$。

附录 A

概率理论

A.1 随机变量与概率分布

离散随机变量 x 的取值有 N 种可能 $\{x_1, \cdots, x_N\}$，其概率分布 $p(x_n)$ 满足如下特征：

$$\sum_{n=1}^{N} p(x_n) = 1, \quad p(x_n) \geqslant 0 \tag{A.1}$$

常见的分布：

　　伯努利分布：$p(x) = \mathrm{Bern}(x|\mu) = \mu^x (1-\mu)^{1-x}, \ x \in \{0,1\}$

　　二项分布：$p(x=k) = \mathrm{Bin}(k|N,\mu) = \mathrm{C}_N^k \mu^k (1-\mu)^{N-k}, \ k \in \{0, \cdots, N\}$

　　连续随机变量 x 的概率密度函数 $p(x)$ 具有如下特征：

$$\int_{-\infty}^{\infty} p(x)\mathrm{d}x = 1, \quad p(x) \geqslant 0 \tag{A.2}$$

　　常见的分布：

　　均匀分布：$p(x) = \dfrac{1}{b-a}, \ a \leqslant x \leqslant b$

　　正态分布：$p(x) = \dfrac{1}{\sqrt{2\pi}\sigma} \exp\left(-\dfrac{(x-\mu)^2}{2\sigma^2}\right)$

A.2 随机向量与概率分布

对于 K 维离散随机向量 $\boldsymbol{x} = [x_1, \cdots, x_K]$，其联合概率分布 $p(\boldsymbol{x}) = p(x_1, \cdots, x_K)$ 满足

$$\sum_{x_1 \in \Omega_1, \cdots, x_K \in \Omega_K} p(x_1, x_2, \cdots, x_K) = 1, \quad p(x_1, \cdots, x_K) \geqslant 0 \tag{A.3}$$

常见的分布：

　　多项分布：

$$p(x_1, \cdots, x_K|\boldsymbol{\mu}) = \frac{N!}{x_1! \cdots x_K!} \mu_1^{x_1} \cdots \mu_K^{x_K} \tag{A.4}$$

式中：$\boldsymbol{\mu} = [\mu_1, \cdots, \mu_K]$ 为每次抽取第 $1, \cdots, K$ 种球的概率，满足 $\sum\limits_{k=1}^{K} \mu_k = 1$；$x_1, \cdots, x_K$ 为非负整数，满足 $\sum\limits_{k=1}^{K} x_k = N$。

　　多项分布也可以用 Gamma 函数表示：

$$p(x_1, \cdots, x_K|\boldsymbol{\mu}) = \frac{\Gamma\left(\sum\limits_{k} x_k + 1\right)}{\prod\limits_{k} \Gamma(x_k + 1)} \prod_{k=1}^{K} \mu_k^{x_k}$$

式中：$\Gamma(z) = \int_0^\infty t^{z-1}\mathrm{e}^{-t}\mathrm{d}t$ 满足 $\Gamma(z+1) = z\Gamma(z)$。

对于 K 维连续随机向量 $\boldsymbol{x} = [x_1, \cdots, x_K]$，其概率密度函数 $p(\boldsymbol{x}) = p(x_1, \cdots, x_K)$ 满足

$$\int_{-\infty}^\infty \cdots \int_{-\infty}^\infty p(x_1, \cdots, x_K)\mathrm{d}x_1 \cdots \mathrm{d}x_K = 1 \tag{A.5}$$

常见的分布：

多元正态分布：$p(\boldsymbol{x}|\boldsymbol{\mu}, \boldsymbol{\Sigma}) = \dfrac{1}{(2\pi)^{K/2}|\boldsymbol{\Sigma}|^{1/2}} \exp\left(-\dfrac{1}{2}(\boldsymbol{x} - \boldsymbol{\mu})^{\mathrm{T}}\boldsymbol{\Sigma}^{-1}(\boldsymbol{x} - \boldsymbol{\mu})\right)$

Dirichlet 分布：$p(\boldsymbol{x}|\boldsymbol{\alpha}) = \dfrac{\Gamma(\alpha_0)}{\Gamma(\alpha_1)\cdots\Gamma(\alpha_K)} \displaystyle\prod_{k=1}^K x_k^{\alpha_k - 1}$，其中

$$\alpha_0 = \sum_{k=1}^K \alpha_k, \quad \sum_{k=1}^K x_k = 1$$

在很多应用场景中，Dirichlet 分布通常为多项分布的参数向量 $\boldsymbol{\mu}$ 提供先验信息。

(A.3) 共轭先验分布

A.3.1　二项分布与 Beta 分布

二项分布：若非负整数变量 $m = x_1 + \cdots, x_N$，其中 $x_i \sim \mathrm{Bern}(x_i|\mu)$ 且 $\{x_i\}_{i=1}^N$ 相互独立。其对应的二项分布为

$$\mathrm{Bin}(m|N, \mu) = \mathrm{C}_N^m \mu^m (1-\mu)^{N-m} \tag{A.6}$$

变量 m 的均值为 $N\mu$，方差为 $N\mu(1-\mu)$。

Beta 分布：若随机变量 $\mu \in [0, 1]$ 为连续变量，其对应的 Beta 分布定义为

$$p(\mu) = \mathrm{Beta}(\mu|\alpha, \beta) = \frac{\Gamma[\alpha + \beta]}{\Gamma[\alpha]\Gamma[\beta]} \mu^{\alpha-1}(1-\mu)^{\beta-1} \tag{A.7}$$

式中：$\alpha, \beta \in [0, \infty]$ 为影响该分布形状的两个参数。变量 μ 的均值为 $\dfrac{\alpha}{\alpha + \beta}$、方差为 $\dfrac{\alpha\beta}{(\alpha+\beta)^2(\alpha+\beta+1)}$。

变量 μ 的后验概率可以由先验概率（式(A.7)）和条件概率（式(A.6)）相乘得到：

$$p(\mu|m, l, \alpha, \beta) \propto \mu^{m+\alpha-1}(1-\mu)^{l+\beta-1}$$

式中：$l = N - m$，并由此可以看出后验概率和先验概率关于 μ 具有相同的形式。因此，可以推断出后验概率分布具有如下形式：

$$p(\mu|m, l, \alpha, \beta) = \frac{\Gamma(m + \alpha + l + \beta)}{\Gamma(m + \alpha)\Gamma(l + \beta)} \mu^{m+\alpha-1}(1 - \mu)^{l+\beta-1}$$

由于先验概率和后验概率具有相同的形式，把 Beta 分布称为二项分布的**共轭先验分布**。

A.3.2 多项分布与 Dirichlet 分布

多项分布：对于随机向量 $\boldsymbol{x} \in \mathbb{R}^K$，其每个变量 $x_i \in \{0, 1\}$ 且满足 $\sum_{k=1}^{K} x_k = 1$。令参数向量 $\boldsymbol{\mu} = (\mu_1, \cdots, \mu_K)^{\mathrm{T}}$ 满足 $\sum_k \mu_k = 1$，其中 μ_k 为 $p(x_k = 1) = \mu_k$。若在 N 次观测中，向量 $\boldsymbol{x}$ 的每个变量出现 1 的次数 $m_1, \cdots, m_K$ 满足多项式分布：

$$\mathrm{Mult}(m_1, \cdots, m_K | \boldsymbol{\mu}, N) = \begin{pmatrix} N \\ m_1, m_2, \cdots, m_K \end{pmatrix} \prod_{k=1}^{K} \mu_k^{m_k} \tag{A.8}$$

式中：

$$\sum_{k=1}^{K} m_k = N$$

$$\begin{pmatrix} N \\ m_1, \cdots, m_K \end{pmatrix} = \frac{N!}{m_1! \cdots m_K!}$$

Dirichlet 分布：对于 K 个连续变量 $\mu_1, \cdots, \mu_K$ 满足 $\mu_k \in [0, 1]$ 和 $\sum_{k=1}^{K} \mu_k = 1$，其对应的 Dirichlet 分布定义为

$$\mathrm{Dir}(\boldsymbol{\mu}|\boldsymbol{\alpha}) = \frac{\Gamma(\alpha_0)}{\Gamma(\alpha_1) \cdots \Gamma(\alpha_K)} \prod_{k=1}^{K} \mu_k^{\alpha_k - 1} \tag{A.9}$$

式中：参数 $\boldsymbol{\alpha} = (\alpha_1, \cdots, \alpha_K)$ 满足 $\alpha_0 = \sum_{k=1}^{K} \alpha_k$。

变量 $\boldsymbol{\mu}$ 的后验概率可以由先验概率（式(A.9)）和条件（似然）概率（式(A.8)）相乘得到：

$$p(\boldsymbol{\mu}|\boldsymbol{m}, \boldsymbol{\alpha}) = \mathrm{Dir}(\boldsymbol{\mu}|\boldsymbol{\alpha} + \boldsymbol{m}) = \frac{\Gamma(\alpha_0 + N)}{\Gamma(\alpha_1 + m_1) \cdots \Gamma(\alpha_K + m_K)} \prod_{k=1}^{K} \mu_k^{\alpha_k + m_k - 1}$$

式中：$N = \sum_{k=1}^{K} m_k$。

由于先验概率和后验概率具有相同的形式，Dirichlet 分布称为多项式分布的共轭先验分布。

A.3.3　高斯分布与 Gamma 分布

一维高斯分布：对于单变量 x，其高斯分布可以写成

$$\mathcal{N}(x|\mu,\sigma^2) = \frac{1}{(2\pi\sigma^2)^{1/2}}\exp\left\{-\frac{1}{2\sigma^2}(x-\mu)^2\right\} \tag{A.10}$$

或者

$$\mathcal{N}(x|\mu,\lambda^{-1}) \propto \frac{\lambda^{1/2}}{(2\pi)^{1/2}}\exp\left\{-\frac{\lambda}{2}(x-\mu)^2\right\}$$

关于 λ 和 μ 的似然函数具有如下形式：

$$\begin{aligned}
p(x|\lambda,\mu) &= \prod_{n=1}^{N}\mathcal{N}(x_n|\mu,\lambda^{-1}) \\
&= \prod_{n=1}^{N}\left(\frac{\lambda}{2\pi}\right)^{1/2}\exp\left\{-\frac{\lambda}{2}(x_n-\mu)^2\right\} \\
&\propto \left[\lambda^{1/2}\exp\left(-\frac{\lambda\mu^2}{2}\right)\right]^N\exp\left\{\lambda\mu\sum_{n=1}^{N}x_n-\frac{\lambda}{2}\sum_{n=1}^{N}x_n^2\right\}
\end{aligned} \tag{A.11}$$

Gamma 分布：对于变量 λ，其 Gamma 分布可以写成

$$\text{Gam}(\lambda|a,b) = \frac{1}{\Gamma(a)}b^a\lambda^{a-1}\exp(-b\lambda) \tag{A.12}$$

式中：a、b 为影响分布形状的参数。

当 $a>0$ 时，分布函数有限可积；当 $a\geqslant 1$ 时，分布函数自身有界。λ 的均值和方差分别为

$$\mathcal{E}(\lambda) = \frac{a}{b}, \quad \text{var}(\lambda) = \frac{a}{b^2}$$

在方差 λ^{-1} 已知而均值 μ 未知的情况下，似然函数为

$$p(x|\mu) \propto \exp\left\{-\frac{\lambda}{2}(x_n-\mu)^2\right\}$$

关于 μ 的共轭先验也是高斯分布，具体形式为

$$p(\mu) \propto \exp\left(-\frac{1}{2\sigma_0^2}(\mu-\mu_0)^2\right)$$

后验分布为

$$p(\mu|x) \propto \exp\left(-\frac{1}{2\sigma_N^2}(\mu-\mu_N)^2\right)$$

式中

$$\mu_N = \frac{\sigma^2}{N\sigma_0^2+\sigma^2}\mu_0 + \frac{N\sigma_0^2}{N\sigma_0^2+\sigma^2}\frac{\sum\limits_n x_n}{N}, \sigma_N^2 = (\sigma_0^{-2}+N\sigma^{-2})^{-1}$$

在均值 μ 已知而方差 λ^{-1} 未知的情形下，似然函数为

$$p(x|\lambda) \propto \lambda^{N/2} \exp\left\{ -\frac{\lambda}{2} \sum_{n=1}^{N} (x_n - \mu)^2 \right\}$$

对应的共轭先验为 Gamma 分布，具体形式为

$$\mathrm{Gam}(\lambda|a, b) \propto \lambda^{a-1} \exp(-b\lambda)$$

后验分布为

$$p(\lambda|x) \propto \lambda^{a_0 + N/2 - 1} \exp\left\{ -\lambda \left(b_0 + \frac{1}{2} \sum_n (x_n - \mu)^2 \right) \right\}$$

在均值 μ 和方差 λ^{-1} 均未知的情形下，似然函数为

$$p(x|\mu, \lambda) \propto \left[\lambda^{1/2} \exp\left(-\frac{\lambda\mu^2}{2} \right) \right]^N \exp\left\{ \lambda\mu \sum_{n=1}^{N} x_n - \frac{\lambda}{2} \sum_{n=1}^{N} x_n^2 \right\}$$

根据式(A.11)，变量 λ、μ 的共轭先验分布具有如下形式：

$$p(\mu, \lambda) \propto \left[\lambda^{1/2} \exp\left(-\frac{\lambda\mu^2}{2} \right) \right]^\beta \exp\left\{ c\lambda\mu - d\lambda \right\}$$

$$= \exp\left\{ -\frac{\beta\lambda}{2} (\mu - c/\beta)^2 \right\} \lambda^{\beta/2} \exp\left\{ -\left(d - \frac{c^2}{2\beta} \right) \lambda \right\}$$

式中：c、d、β 为参数。

根据上述形式可以推断出归一化的分布函数：

$$p(\mu, \lambda) = p(\mu|\lambda)p(\lambda) = \mathcal{N}(\mu|\mu_0, (\beta\lambda)^{-1})\mathrm{Gam}(\lambda|a, b)$$

式中

$$\mu_0 = c/\beta,\ a = 1 + \beta/2,\ b = d - \frac{c^2}{2\beta}$$

上述概率分布称为正态 Gamma 分布或者高斯 Gamma 分布，是正态分布关于 λ、μ 的共轭先验概率。

A.4 多维高斯分布

对于 D 维向量 $\boldsymbol{x}$，其对应的高斯分布有如下形式：

$$\mathcal{N}_x(\boldsymbol{\mu}, \boldsymbol{\Sigma}) = \frac{1}{(2\pi)^{D/2} |\boldsymbol{\Sigma}|^{1/2}} \exp\left\{ -\frac{1}{2} (\boldsymbol{x} - \boldsymbol{\mu})^{\mathrm{T}} \boldsymbol{\Sigma}^{-1} (\boldsymbol{x} - \boldsymbol{\mu}) \right\}$$

若给定联合分布 $\mathcal{N}_x(\boldsymbol{\mu}, \boldsymbol{\Sigma})$，其中

$$\boldsymbol{x} = \left[\begin{array}{c} \boldsymbol{x}_a \\ \boldsymbol{x}_b \end{array} \right], \boldsymbol{\mu} = \left[\begin{array}{c} \boldsymbol{\mu}_a \\ \boldsymbol{\mu}_b \end{array} \right], \boldsymbol{\Sigma} = \left[\begin{array}{cc} \boldsymbol{\Sigma}_{aa} & \boldsymbol{\Sigma}_{ab} \\ \boldsymbol{\Sigma}_{ba} & \boldsymbol{\Sigma}_{bb} \end{array} \right], \boldsymbol{\Lambda} = \boldsymbol{\Sigma}^{-1} = \left[\begin{array}{cc} \boldsymbol{\Lambda}_{aa} & \boldsymbol{\Lambda}_{ab} \\ \boldsymbol{\Lambda}_{ba} & \boldsymbol{\Lambda}_{bb} \end{array} \right]$$

可得到如下条件概率分布：

$$\begin{cases} p(\boldsymbol{x}_a|\boldsymbol{x}_b) = \mathcal{N}_x(\boldsymbol{\mu}_{a|b}, \boldsymbol{\Lambda}_{aa}^{-1}) \\ \boldsymbol{\mu}_{a|b} = \boldsymbol{\mu}_a - \boldsymbol{\Lambda}_{aa}^{-1} \boldsymbol{\Lambda}_{ab}(\boldsymbol{x}_b - \boldsymbol{\mu}_b) = \boldsymbol{\mu}_a + \boldsymbol{\Sigma}_{a|b} \boldsymbol{\Sigma}_{b|b}^{-1}(\boldsymbol{x}_b - \boldsymbol{\mu}_b) \end{cases} \tag{A.13}$$

式中

$$\boldsymbol{\Lambda}_{aa} = (\boldsymbol{\Sigma}_{aa} - \boldsymbol{\Sigma}_{ab} \boldsymbol{\Sigma}_{bb}^{-1} \boldsymbol{\Sigma}_{ba})^{-1}, \boldsymbol{\Lambda}_{ab} = -(\boldsymbol{\Sigma}_{aa} - \boldsymbol{\Sigma}_{ab} \boldsymbol{\Sigma}_{bb}^{-1} \boldsymbol{\Sigma}_{ba})^{-1} \boldsymbol{\Sigma}_{ab} \boldsymbol{\Sigma}_{bb}^{-1}$$

若给定 $p_1(\boldsymbol{x}) = \mathcal{N}_{\boldsymbol{x}}(\boldsymbol{a}, \boldsymbol{A})$ 和 $p_2(\boldsymbol{x}) = \mathcal{N}_{\boldsymbol{x}}(\boldsymbol{b}, \boldsymbol{B})$，可以得到两个分布的乘积形式

$$\mathcal{N}_{\boldsymbol{x}}(\boldsymbol{a}, \boldsymbol{A})\mathcal{N}_{\boldsymbol{x}}(\boldsymbol{b}, \boldsymbol{B}) \propto \mathcal{N}_{\boldsymbol{x}}[(\boldsymbol{A}^{-1} + \boldsymbol{B}^{-1})^{-1}(\boldsymbol{A}^{-1}\boldsymbol{a} + \boldsymbol{B}^{-1}\boldsymbol{b}), (\boldsymbol{A}^{-1} + \boldsymbol{B}^{-1})^{-1}]$$

A.5 信息和熵

对于随机变量 x 的分布 $p(x)$，其熵值定义为

$$H(x) = -\sum_{x \in \mathcal{X}} p(x) \log p(x) \tag{A.14}$$

其中：约定 $0 \cdot \log 0 = 0$。熵值能够衡量分布 $p(x)$ 的信息量：熵越高，随机变量的信息越多（不确定度大）；熵越低，随机变量的信息越少（不确定度小）。对于一个确定信息，其熵值为零；反之，若概率分布为均匀分布，则熵值最大。同时，熵值也可以用于表示传递信息的最少编码，若要传递一段文本信息，其中字母 x 的出现概率为 $p(x)$，则其最佳编码长度为 $-\log_2 p(x)$，整段文本的平均编码长度为 $-\sum_x p(x) \log_2 p(x)$，上述熵值也称为最优的平均编码长度（高概率字母的编码长度越短），其对应的编码称为熵编码。常见的熵编码技术为霍夫曼编码。

对于变量 x, y 的联合概率分布 $p(x, y)$，其联合熵定义为

$$H(x, y) = -\sum_{x \in \mathcal{X}} \sum_{y \in \mathcal{Y}} p(x, y) \log p(x, y)$$

条件熵定义为

$$H(x|y) = -\sum_{x \in \mathcal{X}} \sum_{y \in \mathcal{Y}} p(x, y) \log p(x|y)$$

根据定义，条件熵也可以写成

$$H(x|y) = H(x, y) - H(y)$$

互信息定义为

$$I(x,y) = -\sum_{x \in \mathcal{X}} \sum_{y \in \mathcal{Y}} p(x,y) \log \frac{p(x,y)}{p(x)p(y)}$$

根据定义，互信息定义为

$$I(x,y) = H(x) - H(x|y) = H(y) - H(y|x)$$

互信息代表已知一个变量信息导致另一个变量不确定性的减少程度。

交叉熵是按照概率分布 q 的最优编码对真实分布为 p 的信息进行编码的长度，定义为

$$H(p,q) = \mathcal{E}_p[-\log q(x)] = -\sum_x p(x) \log q(x)$$

在给定 p 的情况下，p 和 q 越接近，交叉熵越小；q 和 p 越远，交叉熵越大。

KL 散度用于衡量概率分布 $p(x)$ 和 $q(x)$ 的距离（或者差异），定义为

$$\mathrm{KL}(p,q) = H(p,q) - H(p) = \sum_x p(x) \log \frac{p(x)}{q(x)}$$

KL 散度也可以理解为两种最优编码长度的差异。两个分布越接近，其对应的 KL 散度就越小；反之越大。值得注意的是：KL 散度不是一个真正度量或者距离，因为其不满足对称性和三角不等式性质。若 $p = \mathcal{N}_x(\boldsymbol{\mu}_1, \boldsymbol{\Sigma}_1)$ 和 $q = \mathcal{N}_y(\boldsymbol{\mu}_2, \boldsymbol{\Sigma}_2)$，则其对应的 KL 距离有如下表达形式：

$$2\mathrm{KL}(p,q) = \mathrm{tr}(\boldsymbol{\Sigma}_2^{-1}\boldsymbol{\Sigma}_1) + (\boldsymbol{\mu}_1 - \boldsymbol{\mu}_2)^{\mathrm{T}} \boldsymbol{\Sigma}_2^{-1}(\boldsymbol{\mu}_1 - \boldsymbol{\mu}_2) + \log|\boldsymbol{\Sigma}_2\boldsymbol{\Sigma}_1^{-1}| - \dim(x) \quad (\mathrm{A}.15)$$

JS 散度是衡量两个分布相似度的对称度量方式，定义为

$$\mathrm{JS}(p,q) = \frac{1}{2}\mathrm{KL}(p,m) + \frac{1}{2}\mathrm{KL}(q,m)$$

式中：$m = \frac{1}{2}(p+q)$。

JS 散度虽然对 KL 散度进行了改进，但是两种散度还存在着如下问题：当两个分布没有重叠或者重叠非常少时，KL 散度和 JS 散度都很难衡量两个分布的距离。

Wasserstein 距离用于衡量两个分布之间的距离，定义为

$$W_p(q_1, q_2) = \left(\inf_{\gamma(\boldsymbol{x},\boldsymbol{y}) \in \Gamma(q_1,q_2)} \mathcal{E}_{(\boldsymbol{x},\boldsymbol{y}) \sim \gamma(\boldsymbol{x},\boldsymbol{y})}[d^p(\boldsymbol{x},\boldsymbol{y})] \right)^{1/p}$$

式中：$\Gamma(q_1, q_2)$ 是边际分布为 q_1, q_2 的所有可能的联合分布集合；$d(\boldsymbol{x},\boldsymbol{y}) = \|\boldsymbol{x} - \boldsymbol{y}\|_p$。联合分布的边缘概率分布分别为 $q_1(\boldsymbol{x})$ 和 $q_2(\boldsymbol{y})$：

$$\sum_{\boldsymbol{x}} \gamma(\boldsymbol{x},\boldsymbol{y}) = q_2(\boldsymbol{y}), \quad \sum_{\boldsymbol{y}} \gamma(\boldsymbol{x},\boldsymbol{y}) = q_1(\boldsymbol{x})$$

$\mathcal{E}_{(\boldsymbol{x},\boldsymbol{y})\sim\gamma(\boldsymbol{x},\boldsymbol{y})}[d^p(\boldsymbol{x},\boldsymbol{y})]$ 可以理解为在联合分布 $\gamma(\boldsymbol{x},\boldsymbol{y})$ 下把形状为 $q_1(\boldsymbol{x})$ 的土堆搬到形状为 $q_2(\boldsymbol{y})$ 的土堆所需工作量:

$$\mathcal{E}_{(\boldsymbol{x},\boldsymbol{y})\sim\gamma(\boldsymbol{x},\boldsymbol{y})}[d^p(\boldsymbol{x},\boldsymbol{y})] = \sum_{\boldsymbol{x},\boldsymbol{y}} \gamma(\boldsymbol{x},\boldsymbol{y})d^p(\boldsymbol{x},\boldsymbol{y})$$

其中:土堆 q_1 中点 $\boldsymbol{x}$ 到土堆 q_2 中点 $\boldsymbol{y}$ 的移动土堆数量和距离分别为 $\gamma(\boldsymbol{x},\boldsymbol{y})$ 和 $d^p(\boldsymbol{x},\boldsymbol{y})$。因此,Wasserstein 距离也称为推土机距离。相比于 KL 散度和 JS 散度的优势在于:即使两个分布重叠非常少,Wasserstein 距离也能够反映出两个分布的远近。对于空间中的两个高斯分布 $p = \mathcal{N}(\boldsymbol{\mu}_1,\boldsymbol{\Sigma}_1)$ 和 $q = \mathcal{N}(\boldsymbol{\mu}_2,\boldsymbol{\Sigma}_2)$,它们的 2-Wasserstein 距离为

$$W_2(p,q) = \|\boldsymbol{\mu}_1 - \boldsymbol{\mu}_2\|^2 + \mathrm{tr}\left(\boldsymbol{\Sigma}_1 + \boldsymbol{\Sigma}_2 - 2(\boldsymbol{\Sigma}_2^{1/2}\boldsymbol{\Sigma}_1\boldsymbol{\Sigma}_2^{1/2})^{1/2}\right)$$

附录 B

矩阵理论

B.1 常用矩阵函数

矩阵 $\boldsymbol{A} \in \mathbb{R}^{N \times N}$ 的迹定义为

$$\mathrm{tr}(\boldsymbol{A}) = \sum_{i=1}^{N} a_{ii}$$

矩阵 $\boldsymbol{A} \in \mathbb{R}^{N \times N}$ 的行列式,代表由矩阵 $\boldsymbol{A}$ 的列向量所定义的超平行立方体的体积,定义为

$$\det(\boldsymbol{A}) = |\boldsymbol{A}| = \sum_{\pi} \mathrm{sgn}(\pi) \prod_{i=1}^{N} a_{i,\pi(i)}$$

式中：π 为 $\{1, 2, \cdots, N\}$ 的重排列序列；$\mathrm{sgn}(\pi)$ 定义为

$$\mathrm{sgn}(\pi) = \begin{cases} 1, & \pi\text{序列中有偶数个逆序对} \\ -1, & \pi\text{序列中有奇数个逆序对} \end{cases}$$

矩阵 $\boldsymbol{A} \in \mathbb{R}^{M \times N}$ 的秩定义为矩阵 $\boldsymbol{A}$ 的线性无关的行(列)向量数。一个矩阵的行秩和列秩是相等的。矩阵 $\boldsymbol{A}$ 的最大秩为 $\min\{M, N\}$,此时矩阵称为满秩。如果一个方阵不满秩,则其行列式为 0。

矩阵 $\boldsymbol{A} \in \mathbb{R}^{N \times N}$ 的逆定义为

$$\boldsymbol{A}^{-1} = \frac{\boldsymbol{A}^{\sharp}}{|\boldsymbol{A}|}$$

式中：$\boldsymbol{A}^{\sharp}$ 为伴随矩阵,其第 (i, j) 个元素定义为

$$[\boldsymbol{A}^{\sharp}]_{i,j} = (-1)^{i+j} |\boldsymbol{A}_{\backslash j, \backslash i}|, \quad i, j \in \{1, 2, \cdots, N\}$$

其中：$\boldsymbol{A}_{\backslash j, \backslash i}$ 为 $\boldsymbol{A}$ 矩阵去除第 j 行和第 i 列后的矩阵。

B.2 特征值和特征向量

矩阵 $\boldsymbol{A} \in \mathbb{R}^{N \times N}$ 的特征值为其特征多项式的零点：

$$p(x) = \det(\boldsymbol{A} - x\boldsymbol{I})$$

特征值集合记为

$$\lambda(\boldsymbol{A}) = \{x : \det(\boldsymbol{A} - x\boldsymbol{I}) = 0\}$$

若存在非奇异矩阵 $\boldsymbol{X}$ 使得 $\boldsymbol{B} = \boldsymbol{X}^{-1}\boldsymbol{A}\boldsymbol{X}$ 成立，则矩阵 $\boldsymbol{A}$ 和 $\boldsymbol{B}$ 相似，意味着矩阵 $\boldsymbol{A}$ 和 $\boldsymbol{B}$ 有相同的特征值。

若 $\lambda_0 \in \lambda(\boldsymbol{A})$，则存在着一个非零向量 $\boldsymbol{x}$ 使得 $\boldsymbol{A}\boldsymbol{x} = \lambda_0 \boldsymbol{x}$ 成立，则 $\boldsymbol{x}$ 称为特征值 λ_0 所对应的特征向量。如果矩阵 $\boldsymbol{A}$ 有 N 个线性独立的特征向量 $\boldsymbol{x}_1, \boldsymbol{x}_2, \cdots, \boldsymbol{x}_N$ 满足 $\boldsymbol{A}\boldsymbol{x}_i = \lambda_i \boldsymbol{x}_i, (i = 1, \cdots, N)$，则矩阵 $\boldsymbol{A}$ 为可对角化，即存在矩阵 $\boldsymbol{X} = [\boldsymbol{x}_1, \cdots, \boldsymbol{x}_N]$ 使得下式成立：

$$\boldsymbol{X}^{-1}\boldsymbol{A}\boldsymbol{X} = \mathrm{diag}(\lambda_1, \cdots, \lambda_N)$$

B.3 向量和矩阵范数

对于向量 $\boldsymbol{x} \in \mathbb{R}^N$，其 p 范数可以表示为

$$\|\boldsymbol{x}\|_p = \left(\sum_{i=1}^{N} |x_i|^p \right)^{1/p}$$

常见的向量范数有

$$\|\boldsymbol{x}\|_2 = \sqrt{\boldsymbol{x}^{\mathrm{T}}\boldsymbol{x}}$$
$$\|\boldsymbol{x}\|_1 = \sum_{i=1}^{N} |x_i|$$
$$\|\boldsymbol{x}\|_0 = \sum_{i=1}^{N} I(x_i \neq 0)$$
$$\|\boldsymbol{x}\|_\infty = \max_i |x_i|$$

它们之间存在关系 $\|\boldsymbol{x}\|_\infty \leqslant \|\boldsymbol{x}\|_2 \leqslant \|\boldsymbol{x}\|_1$。

对于矩阵 $\boldsymbol{A} \in \mathbb{R}^{M \times N}$，其 F 范数定义为

$$\|\boldsymbol{A}\|_F = \sqrt{\sum_{m=1}^{M} \sum_{n=1}^{N} |a_{m,n}|^2} = \sqrt{\mathrm{tr}(\boldsymbol{A}\boldsymbol{A}^{\mathrm{T}})}$$

矩阵 $\boldsymbol{A}$ 的 p 范数定义为

$$\|\boldsymbol{A}\|_p = \sup_{\boldsymbol{x} \neq 0} \frac{\|\boldsymbol{A}\boldsymbol{x}\|_p}{\|\boldsymbol{x}\|_p}$$

从上式可以得到 $\|\boldsymbol{A}\boldsymbol{x}\|_p \leqslant \|\boldsymbol{A}\|_p \|\boldsymbol{x}\|_p$。常见的 p 范数有

$$\|\boldsymbol{A}\|_1 = \max_m \left(\sum_{n=1}^{N} |a_{m,n}| \right)$$
$$\|\boldsymbol{A}\|_\infty = \max_n \left(\sum_{m=1}^{M} |a_{m,n}| \right)$$
$$\|\boldsymbol{A}\|_2 = \sqrt{\lambda_{\max}(\boldsymbol{A}^{\mathrm{T}}\boldsymbol{A})}$$

矩阵微积分是多元微积分的一种表达形式，即因变量关于自变量的偏导数用矩阵形式来表示。通常，在矩阵微分求解过程中，一个标量关于向量的导数写成列向量形式，而一个向量关于标量的导数写成行向量形式。

（1）标量关于向量的偏导数：对于 $\boldsymbol{x} \in \mathbb{R}^M$ 和函数 $y = f(\boldsymbol{x}) \in \mathbb{R}$，$y$ 关于 x 的偏导数记为

$$\frac{\partial y}{\partial \boldsymbol{x}} = \left[\frac{\partial y}{\partial x_1}, \cdots, \frac{\partial y}{\partial x_M} \right]^{\mathrm{T}}$$

（2）向量关于标量的偏导数：对于 $x \in \mathbb{R}$ 和函数 $\boldsymbol{y} = f(x) \in \mathbb{R}^N$，$y$ 关于 x 的偏导数记为

$$\frac{\partial \boldsymbol{y}}{\partial x} = \left[\frac{\partial y_1}{\partial x}, \cdots, \frac{\partial y_N}{\partial x} \right]$$

（3）向量关于向量的偏导数：对于 $\boldsymbol{x} \in \mathbb{R}^M$ 和函数 $\boldsymbol{y} = f(\boldsymbol{x}) \in \mathbb{R}^N$，$\boldsymbol{y}$ 关于 $\boldsymbol{x}$ 的偏导数记为

$$\frac{\partial \boldsymbol{y}}{\partial \boldsymbol{x}} = \begin{bmatrix} \dfrac{\partial y_1}{\partial x_1} & \cdots & \dfrac{\partial y_N}{\partial x_1} \\ \vdots & \ddots & \vdots \\ \dfrac{\partial y_1}{\partial x_M} & \cdots & \dfrac{\partial y_N}{\partial x_M} \end{bmatrix}$$

（4）标量关于向量的二阶偏导数：对于 $\boldsymbol{x} \in \mathbb{R}^M$ 和函数 $y = f(\boldsymbol{x}) \in \mathbb{R}$，$y$ 关于 $\boldsymbol{x}$ 的二阶偏导数 (Hessian 矩阵) 记为

$$\frac{\partial^2 y}{\partial \boldsymbol{x} \partial \boldsymbol{x}^{\mathrm{T}}} = \begin{bmatrix} \dfrac{\partial^2 y}{\partial x_1^2} & \cdots & \dfrac{\partial^2 y}{\partial x_1 \partial x_M} \\ \vdots & \ddots & \vdots \\ \dfrac{\partial^2 y}{\partial x_M \partial x_1} & \cdots & \dfrac{\partial^2 y}{\partial x_M^2} \end{bmatrix}$$

导数法则主要有如下两种：

（1）乘法法则：若 $\boldsymbol{x} \in \mathbb{R}^M, \boldsymbol{y} = f(\boldsymbol{x}) \in \mathbb{R}^S, \boldsymbol{z} = g(\boldsymbol{x}) \in \mathbb{R}^T$ 和 $\boldsymbol{A} \in \mathbb{R}^{S \times T}$，则

$$\frac{\partial \boldsymbol{y}^{\mathrm{T}} \boldsymbol{A} \boldsymbol{z}}{\partial \boldsymbol{x}} = \frac{\partial \boldsymbol{y}}{\partial \boldsymbol{x}} \boldsymbol{A} \boldsymbol{z} + \frac{\partial \boldsymbol{z}}{\partial \boldsymbol{x}} \boldsymbol{A}^{\mathrm{T}} \boldsymbol{y} \tag{B.1}$$

（2）链式法则：若 $\boldsymbol{x} \in \mathbb{R}^M, \boldsymbol{y} = g(\boldsymbol{x}) \in \mathbb{R}^K, \boldsymbol{z} = f(\boldsymbol{y}) \in \mathbb{R}^N$，则

$$\frac{\partial \boldsymbol{z}}{\partial \boldsymbol{x}} = \frac{\partial \boldsymbol{y}}{\partial \boldsymbol{x}} \frac{\partial \boldsymbol{z}}{\partial \boldsymbol{y}} \in \mathbb{R}^{M \times N} \tag{B.2}$$

常见的矩阵导数主要有

$$\frac{\partial \boldsymbol{AB}}{\partial x} = \frac{\partial \boldsymbol{A}}{\partial x}\boldsymbol{B} + \boldsymbol{A}\frac{\partial \boldsymbol{B}}{\partial x}$$

$$\frac{\partial \boldsymbol{A}^{-1}}{\partial x} = -\boldsymbol{A}^{-1}\frac{\partial \boldsymbol{A}}{\partial x}\boldsymbol{A}^{-1}$$

$$\frac{\partial \ln|\boldsymbol{A}|}{\partial x} = \mathrm{tr}\left(\boldsymbol{A}^{-1}\frac{\partial \boldsymbol{A}}{\partial x}\right)$$

$$\frac{\partial \mathrm{tr}(\boldsymbol{AB})}{\partial \boldsymbol{A}} = \boldsymbol{B}^{\mathrm{T}}$$

$$\frac{\partial \mathrm{tr}(\boldsymbol{A}^{\mathrm{T}}\boldsymbol{B})}{\partial \boldsymbol{A}} = \boldsymbol{B}$$

$$\frac{\partial \ln|\boldsymbol{A}|}{\partial \boldsymbol{A}} = \boldsymbol{A}^{-\mathrm{T}}$$

B.5 矩阵奇异值分解

一个秩为 r 的矩阵 $\boldsymbol{A} \in \mathbb{R}^{M \times N}$ 的奇异值分解可以写成

$$\boldsymbol{A} = \underbrace{\begin{bmatrix} u_1 & \cdots & u_r \end{bmatrix}}_{\boldsymbol{U}} \underbrace{\begin{bmatrix} \sigma_1 & & \\ & \ddots & \\ & & \sigma_r \end{bmatrix}}_{\boldsymbol{\Sigma}} \underbrace{\begin{bmatrix} v_1^{\mathrm{T}} \\ \vdots \\ v_r^{\mathrm{T}} \end{bmatrix}}_{\boldsymbol{V}^{\mathrm{T}}} \tag{B.3}$$

式中：$\sigma_1, \cdots, \sigma_r$ 为奇异值；$\boldsymbol{U}$ 满足 $\boldsymbol{U}^{\mathrm{T}}\boldsymbol{U} = \boldsymbol{I}$ 且其列向量称为左奇异向量；$\boldsymbol{V}$ 满足 $\boldsymbol{V}^{\mathrm{T}}\boldsymbol{V} = \boldsymbol{I}$ 且其列向量称为右奇异向量。

根据 (式 B.3) 可以得到如下结论：

（1）矩阵 $\boldsymbol{A}$ 的列空间由 $\boldsymbol{U}$ 的列向量张成，矩阵 $\boldsymbol{A}$ 的行空间由 $\boldsymbol{V}^{\mathrm{T}}$ 的行空间张成；

（2）矩阵 $\boldsymbol{A}$ 的秩由非零奇异值的个数来决定；

（3）矩阵 $\boldsymbol{A}$ 可以分解成 r 个秩 1 矩阵的和，$\boldsymbol{A} = \sum\limits_{i=1}^{r} \sigma_i \boldsymbol{u}_i \boldsymbol{v}_i^{\mathrm{T}}$；

（4）矩阵 $\boldsymbol{A}$ 的 2 范数 $\|\boldsymbol{A}\|_2 = \sqrt{\lambda_{\max}(\boldsymbol{A}\boldsymbol{A}^{\mathrm{T}})} = \sigma_1$；

（5）矩阵 $\boldsymbol{A}$ 的 F 范数 $\|\boldsymbol{A}\|_F = \sqrt{\mathrm{tr}(\boldsymbol{A}\boldsymbol{A}^{\mathrm{T}})} = \sqrt{\sum\limits_{i=1}^{r} \sigma_i^2}$。

附录 C

优化理论

无约束优化问题可以写成如下形式：

$$\boldsymbol{x}^* = \arg\min_{\boldsymbol{x}\in\mathcal{D}} f(\boldsymbol{x}) \tag{C.1}$$

式中：$f(\boldsymbol{x})$ 为关于变量 $\boldsymbol{x}$ 的目标函数；$\mathcal{D}$ 为变量 $\boldsymbol{x}$ 的定义域。

若 $\boldsymbol{x}^*$ 为全局最小解，则其需要满足 $f(\boldsymbol{x}^*) \leqslant f(\boldsymbol{x})$，$\boldsymbol{x} \in \mathcal{D}$。对于非线性函数 $f(\boldsymbol{x})$，其通常存在若干局部最小解 $\boldsymbol{x}^*$，即存在一个 ϵ 使得 $\boldsymbol{x}^*$ 邻域 $\|\boldsymbol{x} - \boldsymbol{x}^*\| \leqslant \epsilon$ 内的所有 $\boldsymbol{x}$ 满足 $f(\boldsymbol{x}^*) \leqslant f(\boldsymbol{x})$。

确认一个点 $\boldsymbol{x}^*$ 是否为局部最小解，需要比较 $\boldsymbol{x}^*$ 点与其邻域内其他点的目标函数值。若函数二阶可微，则可以通过检查目标函数 $f(\boldsymbol{x})$ 在点 $\boldsymbol{x}^*$ 处的导数 $\partial f(\boldsymbol{x}^*)$ 和 Hessian 矩阵 $\partial^2 f(\boldsymbol{x}^*)$ 来判断：

（1）若 $\boldsymbol{x}^*$ 满足 $\partial f(\boldsymbol{x}^*) = 0$，则 $\boldsymbol{x}^*$ 称为驻点或者临界点；

（2）若 $\boldsymbol{x}^*$ 满足 $\partial f(\boldsymbol{x}^*) = 0, \partial^2 f(\boldsymbol{x}^*) > 0$，则 $\boldsymbol{x}^*$ 称为局部最小解；

（3）对于在凸域 $\mathcal{D}$ 上的凸函数 $f(\boldsymbol{x})$，若 $\boldsymbol{x}^*$ 满足 $0 \in \partial f(\boldsymbol{x}^*)$，则 $\boldsymbol{x}^*$ 称为全局最小解。

等式约束优化可以写成如下形式：

$$\begin{aligned} &\min_{\boldsymbol{x}} f(\boldsymbol{x}) \\ &\text{s.t.} \quad h_i(\boldsymbol{x}) = 0, \quad i = 1, \cdots, m \end{aligned} \tag{C.2}$$

式中：$f(\cdot)$ 和 $h_i(\cdot)$ 为连续可导函数，同时矩阵 $[\partial h_1(\boldsymbol{x}'), \cdots, \partial h_m(\boldsymbol{x}')]$ 对于任意可行解 $\boldsymbol{x}'$ 具有满列秩特性。首先定义如下拉格朗日函数

$$\mathcal{L}(\boldsymbol{x}, \boldsymbol{\lambda}) = f(\boldsymbol{x}) + \sum_{i=1}^{m} \lambda_i h_i(\boldsymbol{x})$$

式中：λ_i 为拉格朗日乘子。

要确认一个点 $\boldsymbol{x}^*$ 是否为式(C.2)的局部最小解，有如下结论：

（1）必要性：若 $\boldsymbol{x}^*$ 为式(C.2)的局部最小解，则存在拉格朗日乘子 $\boldsymbol{\lambda}^* = [\lambda_1^*, \cdots, \lambda_m^*]$ 使得下式成立

$$\partial_{\boldsymbol{x}} \mathcal{L}(\boldsymbol{x}^*, \boldsymbol{\lambda}^*) = \partial_{\boldsymbol{x}} f(\boldsymbol{x}^*) + \sum_{i=1}^{m} \lambda_i^* \partial_{\boldsymbol{x}} h_i(\boldsymbol{x}^*) = 0$$

$$\partial_{\boldsymbol{\lambda}} \mathcal{L}(\boldsymbol{x}^*, \boldsymbol{\lambda}^*) = h_i(\boldsymbol{x}^*) = 0$$

$$\boldsymbol{v}^{\mathrm{T}}\partial^2_{\boldsymbol{x}\boldsymbol{x}^{\mathrm{T}}}\mathcal{L}(\boldsymbol{x}^*,\boldsymbol{\lambda}^*)\boldsymbol{v} = \boldsymbol{v}^{\mathrm{T}}\left(\partial^2_{\boldsymbol{x}\boldsymbol{x}^{\mathrm{T}}}f(\boldsymbol{x}^*) + \sum_{i=1}^{m}\lambda_i^*\partial^2_{\boldsymbol{x}\boldsymbol{x}}h_i(\boldsymbol{x}^*)\right)\boldsymbol{v} \geqslant 0$$

$$\forall\boldsymbol{v} : \boldsymbol{v}^{\mathrm{T}}\partial_{\boldsymbol{x}}h_i(\boldsymbol{x}^*) = 0, i = 1,\cdots,m$$

式中：$\boldsymbol{v}$ 为沿等式约束函数 $\partial_{\boldsymbol{x}}h_i(\boldsymbol{x}^*)$ 在 $\boldsymbol{x}^*$ 处的切线方向（在该方向上有很小的波动，不影响等式约束的成立）。

（2）充分性：若存在 $(\boldsymbol{x}^*,\boldsymbol{\lambda}^*)$ 使得

$$\partial_{\boldsymbol{x}}\mathcal{L}(\boldsymbol{x}^*,\boldsymbol{\lambda}^*) = 0$$

$$\partial_{\boldsymbol{\lambda}}\mathcal{L}(\boldsymbol{x}^*,\boldsymbol{\lambda}^*) = 0$$

$$\boldsymbol{v}^{\mathrm{T}}\partial^2_{\boldsymbol{x}\boldsymbol{x}^{\mathrm{T}}}\mathcal{L}(\boldsymbol{x}^*,\boldsymbol{\lambda}^*)\boldsymbol{v} \geqslant 0$$

$$\forall\boldsymbol{v} : \boldsymbol{v}^{\mathrm{T}}\partial_{\boldsymbol{x}}h_i(\boldsymbol{x}^*) = 0, \quad i = 1,\cdots,m$$

成立，则 $\boldsymbol{x}^*$ 为式(C.3)的局部最小解。

C.3 不等式约束优化

不等式约束优化可以写成如下形式：

$$\min_{\boldsymbol{x}} f(\boldsymbol{x})$$
$$\text{s.t.} \quad h_i(\boldsymbol{x}) = 0, \quad i = 1,\cdots,m \tag{C.3}$$
$$g_j(\boldsymbol{x}) \leqslant 0, \quad j = 1,\cdots,n$$

引入拉格朗日乘子 $\boldsymbol{\lambda} = (\lambda_1,\cdots,\lambda_m)^{\mathrm{T}}$ 和 $\boldsymbol{\mu} = (\mu_1,\cdots,\mu_n)^{\mathrm{T}}$ 可以得到如下拉格朗日函数：

$$\mathcal{L}(\boldsymbol{x},\boldsymbol{\lambda},\boldsymbol{\mu}) = f(\boldsymbol{x}) + \sum_{i=1}^{m}\lambda_i h_i(\boldsymbol{x}) + \sum_{j=1}^{n}\mu_j g_j(\boldsymbol{x}) \tag{C.4}$$

当不满足约束条件时，有 $\max\limits_{\boldsymbol{\lambda},\boldsymbol{\mu}}\mathcal{L}(\boldsymbol{x},\boldsymbol{\lambda},\boldsymbol{\mu}) = \infty$；当满足约束条件，且 $\boldsymbol{\mu} \geqslant 0$ 时，有 $\max\limits_{\boldsymbol{\lambda},\boldsymbol{\mu}}\mathcal{L}(\boldsymbol{x},\boldsymbol{\lambda},\boldsymbol{\mu}) = f(\boldsymbol{x})$。因此，原始约束优化问题等价于

$$\min_{\boldsymbol{x}}\max_{\boldsymbol{\lambda},\boldsymbol{\mu}}\mathcal{L}(\boldsymbol{x},\boldsymbol{\lambda},\boldsymbol{\mu})$$
$$\text{s.t.} \quad \boldsymbol{\mu} \geqslant 0$$

这个 min-max 优化问题称为主问题。在主问题难以求解的情形下，可以通过交换 min-max 顺序来简化，得到对偶函数

$$\Gamma(\boldsymbol{\lambda},\boldsymbol{\mu}) = \min_{\boldsymbol{x}}\mathcal{L}(\boldsymbol{x},\boldsymbol{\lambda},\boldsymbol{\mu})$$

根据式(C.4)，即使 $f(\boldsymbol{x})$ 为非凸函数，$\Gamma(\boldsymbol{\lambda}, \boldsymbol{\mu})$ 仍然是一个凹函数。因此，对应的拉格朗日对偶优化问题可以写成

$$\max_{\boldsymbol{\lambda}, \boldsymbol{\mu}} \Gamma(\boldsymbol{\lambda}, \boldsymbol{\mu})$$

$$\text{s.t.} \quad \boldsymbol{\mu} \geqslant 0$$

可以看出，拉格朗日对偶问题为凹优化问题。令 $\boldsymbol{x}^*$、$\boldsymbol{\lambda}^*$、$\boldsymbol{\mu}^*$ 分别为原问题和对偶问题的最优解，则有如下不等式：

$$\max_{\boldsymbol{\lambda}, \boldsymbol{\mu}} \mathcal{L}(\boldsymbol{x}^*, \boldsymbol{\lambda}, \boldsymbol{\mu}) \leqslant \mathcal{L}(\boldsymbol{x}^*, \boldsymbol{\lambda}^*, \boldsymbol{\mu}^*) \leqslant \inf_{\boldsymbol{x}} \mathcal{L}(\boldsymbol{x}, \boldsymbol{\lambda}^*, \boldsymbol{\mu}^*)$$

由此可以得到，对偶函数的最大值小于或等于原函数的最小值，等式成立的条件称为强对偶性。当强对偶性成立时，原问题和对偶问题的最优解满足如下 KKT 条件：

$$\partial_{\boldsymbol{x}} f(\boldsymbol{x}^*) + \sum_{i=1}^m \lambda_i^* \partial_{\boldsymbol{x}} h_i(\boldsymbol{x}^*) + \sum_{j=1}^n \mu_j^* \partial_{\boldsymbol{x}} g_j(\boldsymbol{x}^*) = 0$$

$$h_i(\boldsymbol{x}^*) = 0, \quad i = 1, \cdots, m$$

$$g_j(\boldsymbol{x}^*) \leqslant 0, \quad j = 1, \cdots, n$$

$$\mu_j^* g_j(\boldsymbol{x}^*) = 0, \quad j = 1, \cdots, n$$

$$\mu_i \geqslant 0, \quad i = 1, \cdots, n$$

其中：$\mu_j^* g_j(\boldsymbol{x}^*) = 0$ 为互补松弛条件：若 $\boldsymbol{x}^*$ 满足 $g_j(\boldsymbol{x}^*) < 0$，则约束 $g_j(\boldsymbol{x}) \leqslant 0$ 不起作用，可以直接通过 $\partial f(\boldsymbol{x}^*) + \sum_{i=1}^m \lambda_i^* \partial h_i(\boldsymbol{x}^*) = 0$ 来获得最优解，这等价于 $\mu_j = 0$；若 $\boldsymbol{x}^*$ 满足 $g_j(\boldsymbol{x}^*) = 0$，则根据最优几何特征可以得到 $\partial f(\boldsymbol{x}^*) + \sum_{i=1}^m \lambda_i^* \partial h_i(\boldsymbol{x}^*)$ 和 $\partial g_j(\boldsymbol{x}^*)$ 的方向相反，因此可以得到 $\mu_j > 0$。结合上述两种情况，可以得到互补松弛条件 $\mu_j^* g_j(\boldsymbol{x}^*) = 0$。

对于一般优化问题，强对偶性通常不成立。但是，若主问题为凸优化问题，$f(\boldsymbol{x})$、$g_j(\boldsymbol{x})$ 为凸函数，$h_i(\boldsymbol{x})$ 为仿射函数，且其可行域中至少有一点使不等式严格成立，则此时强对偶条件成立。

C.4 优化算法

C.4.1 牛顿法

对于最小化可导函数 $f(\boldsymbol{x})$，若采用迭代法进行优化，通常需要寻找方向向量 $\boldsymbol{v}$ 使得 $\boldsymbol{x}_{k+1} = \boldsymbol{x}_k + \boldsymbol{v}$ 满足

$$f(\boldsymbol{x}_{k+1}) < f(\boldsymbol{x}_k)$$

当 $\|\boldsymbol{v}\|$ 的值较小时，可以对 $f(\boldsymbol{x})$ 进行二阶泰勒展开得到

$$f(\boldsymbol{x}_{k+1}) - f(\boldsymbol{x}_k) = f(\boldsymbol{x}_k + \boldsymbol{v}) - f(\boldsymbol{x}_k) \approx \partial f(\boldsymbol{x}_k)^{\mathrm{T}} \boldsymbol{v} + \frac{1}{2} v^{\mathrm{T}} \partial_{\boldsymbol{x}\boldsymbol{x}^{\mathrm{T}}}^2 f(\boldsymbol{x}_k) \boldsymbol{v}$$

或者

$$\partial f(\boldsymbol{x}_{k+1}) \approx \partial f(\boldsymbol{x}_k) + \partial_{\boldsymbol{x}\boldsymbol{x}^{\mathrm{T}}}^2 f(\boldsymbol{x}_k) \boldsymbol{v}$$

为了得到 $f(\boldsymbol{x})$ 函数的极小值，希望上式左边的值为 0，从而得到

$$\boldsymbol{v} = - \left[\partial_{\boldsymbol{x}\boldsymbol{x}^{\mathrm{T}}}^2 f(\boldsymbol{x}_k) \right]^{-1} \partial f(\boldsymbol{x}_k)$$

综上所述，可以得到牛顿优化方法：

$$\boldsymbol{x}_{k+1} = \boldsymbol{x}_k - \left[\partial_{\boldsymbol{x}\boldsymbol{x}^{\mathrm{T}}}^2 f(\boldsymbol{x}_k) \right]^{-1} \partial f(\boldsymbol{x}_k)$$

虽然牛顿法具有二阶收敛速度，但是 Hessian 矩阵的求逆运算往往具有不稳定性。为此，拟牛顿法将构造一个与 Hessian 矩阵近似的正定矩阵作为替代品。令 $\boldsymbol{H}_k = \partial_{\boldsymbol{x}\boldsymbol{x}^{\mathrm{T}}}^2 f(\boldsymbol{x}_k)$。在 $k+1$ 时刻，对 k 时刻的 $\boldsymbol{H}_k$ 加上一个秩为 1 的矩阵或者两个秩为 1 的矩阵进行更新估计。在 $\boldsymbol{x}_{k+1}$ 附近进行展开可以得到

$$\partial f(\boldsymbol{x}_k) = \partial f(\boldsymbol{x}_{k+1}) + \boldsymbol{H}_{k+1}(\boldsymbol{x}_k - \boldsymbol{x}_{k+1})$$

令 $\boldsymbol{\delta}_k = \boldsymbol{x}_{k+1} - \boldsymbol{x}_k$，$\boldsymbol{\delta}_k' = \partial f(\boldsymbol{x}_{k+1}) - \partial f(\boldsymbol{x}_k)$，则有

$$\boldsymbol{H}_{k+1}\boldsymbol{\delta}_k = \boldsymbol{\delta}_k'$$

若 $\boldsymbol{H}_{k+1} = \boldsymbol{H}_k + \boldsymbol{a}\boldsymbol{a}^{\mathrm{T}}$ 进行秩为 1 的更新，代入上式可以得到

$$\boldsymbol{H}_{k+1} = \boldsymbol{H}_k + \frac{(\boldsymbol{\delta}_k' - \boldsymbol{H}_k\boldsymbol{\delta}_k)(\boldsymbol{\delta}_k' - \boldsymbol{H}_k\boldsymbol{\delta}_k)^{\mathrm{T}}}{\boldsymbol{\delta}_k^{\mathrm{T}}(\boldsymbol{\delta}_k' - \boldsymbol{H}_k\boldsymbol{\delta}_k)}$$

若 $\boldsymbol{H}_{k+1} = \boldsymbol{H}_k + \boldsymbol{a}\boldsymbol{a}^{\mathrm{T}} + \boldsymbol{b}\boldsymbol{b}^{\mathrm{T}}$ 进行秩为 2 的更新，可以得到

$$\boldsymbol{H}_{k+1} = \boldsymbol{H}_k + \frac{\boldsymbol{\delta}_k'(\boldsymbol{\delta}_k')^{\mathrm{T}}}{\boldsymbol{\delta}_k^{\mathrm{T}}\boldsymbol{\delta}_k'} - \frac{\boldsymbol{H}_k\boldsymbol{\delta}_k\boldsymbol{\delta}_k^{\mathrm{T}}\boldsymbol{H}_k^{\mathrm{T}}}{\boldsymbol{\delta}_k^{\mathrm{T}}\boldsymbol{H}_k\boldsymbol{\delta}_k}$$

上述迭代更新方法称为 BFGS 算法。通过对上式进行求逆运算可以得到 $\boldsymbol{B}_k = \boldsymbol{H}_k^{-1}$ 的更新方程：

$$\boldsymbol{B}_{k+1} = \left(\boldsymbol{I} - \frac{\boldsymbol{\delta}_k(\boldsymbol{\delta}_k')^{\mathrm{T}}}{\boldsymbol{\delta}_k^{\mathrm{T}}\boldsymbol{\delta}_k'} \right) \boldsymbol{B}_k \left(\boldsymbol{I} - \frac{\boldsymbol{\delta}_k'\boldsymbol{\delta}_k^{\mathrm{T}}}{\boldsymbol{\delta}_k^{\mathrm{T}}\boldsymbol{\delta}_k'} \right) + \frac{\boldsymbol{\delta}_k\boldsymbol{\delta}_k^{\mathrm{T}}}{\boldsymbol{\delta}_k^{\mathrm{T}}\boldsymbol{\delta}_k'}$$

同理，也可以通过秩 2 更新方法对 $\boldsymbol{H}_{k+1}^{-1}$ 通过等式 $\boldsymbol{H}_{k+1}^{-1}\boldsymbol{\delta}_k' = \boldsymbol{\delta}_k$ 进行更新。

C.4.2 梯度下降法

为了避免 Hessian 矩阵求逆运算，通常用梯度下降法来最小化 $f(\boldsymbol{x})$：

$$\boldsymbol{x}_{k+1} = \boldsymbol{x}_k - t\partial f(\boldsymbol{x}_k) \tag{C.5}$$

其中：t 可以通过直线搜索法来得到，即 $t = \arg\min\limits_{\tau \geqslant 0} f(\boldsymbol{x}_k - \tau\partial f(\boldsymbol{x}_k))$，或者通过回溯直线搜索法来获得：

（1）令 $t = 1, \alpha < 0.5, \beta < 1$，若 $f(\boldsymbol{x}_k - t\partial f(\boldsymbol{x}_k)) \geqslant f(\boldsymbol{x}_k) - \alpha \cdot t \cdot \partial^{\mathrm{T}} f(\boldsymbol{x}_k)\partial f(\boldsymbol{x}_k)$，则 $t = \beta \cdot t$；

（2）减小 t 的值，直到满足 $f(\boldsymbol{x}_k - t\partial f(\boldsymbol{x}_k)) < f(\boldsymbol{x}_k) - \alpha \cdot t \cdot \partial^{\mathrm{T}} f(\boldsymbol{x}_k)\partial f(\boldsymbol{x}_k)$ 为止。

在回溯直线法中，当 $f(\boldsymbol{x})$ 为凸函数且 $t \to 0$ 时，上述不等式一定成立。

梯度下降法收敛性分析之一：

假如可导凸函数 $f(\boldsymbol{x})$ 的导数 $\partial f(\boldsymbol{x})$ 满足 L-Lipschitz 特性：

$$\|\partial f(\boldsymbol{x}) - \partial f(\boldsymbol{x}')\| \leqslant L\|\boldsymbol{x} - \boldsymbol{x}'\|, \quad \forall \boldsymbol{x}, \boldsymbol{x}'$$

根据式(C.5)对 $f(\boldsymbol{x})$ 进行二阶泰勒展开，可以得到

$$f(\boldsymbol{x}_{k+1}) \leqslant f(\boldsymbol{x}_k) - t\|\partial f(\boldsymbol{x}_k)\|^2 + \frac{t^2 L}{2}\|\partial f(\boldsymbol{x}_k)\|^2$$

取 $t = 1/L$ 时，有

$$f(\boldsymbol{x}_{k+1}) \leqslant f(\boldsymbol{x}_k) - \frac{1}{2L}\|\partial f(\boldsymbol{x}_k)\|^2 \leqslant f(\boldsymbol{x}_k) \tag{C.6}$$

利用凸函数特性，可以得到不等式：

$$f(\boldsymbol{x}_k) \leqslant f(\boldsymbol{x}^*) - \partial^{\mathrm{T}} f(\boldsymbol{x}_k) \cdot (\boldsymbol{x}^* - \boldsymbol{x}_k)$$

将其代入(C.6)，再进行化简可以得到

$$f(\boldsymbol{x}_{k+1}) - f(\boldsymbol{x}^*) \leqslant \frac{L}{2}\|\boldsymbol{x}_k - \boldsymbol{x}^*\|^2 - \frac{L}{2}\|\boldsymbol{x}_{k+1} - \boldsymbol{x}^*\|^2$$

或者

$$\sum_{t=1}^{k} f(\boldsymbol{x}_t) - f(\boldsymbol{x}^*) \leqslant \frac{L}{2}\|\boldsymbol{x}_k - \boldsymbol{x}^*\|^2$$

又由于 $f(\boldsymbol{x}_k)$ 随着 k 的增大而减小，因此上式可以写成

$$f(\boldsymbol{x}_k) - f(\boldsymbol{x}^*) \leqslant \frac{L}{2k}\|\boldsymbol{x}_k - \boldsymbol{x}^*\|^2$$

因此，函数 $f(\boldsymbol{x}_k) - f(\boldsymbol{x}^*)$ 跟 $1/k$ 成正比，呈现次线性收敛速度。

梯度下降法收敛性分析之二：

假设 $f(\boldsymbol{x})$ 为强凸（光滑）函数，即存在光滑常数 $l \geqslant 0$ 满足

$$
\begin{aligned}
f(\boldsymbol{x}_{k+1}) &\geqslant f(\boldsymbol{x}_k) + \partial f^{\mathrm{T}}(\boldsymbol{x}_k)[\boldsymbol{x}_{k+1} - \boldsymbol{x}_k] + \frac{l}{2}\|\boldsymbol{x}_{k+1} - \boldsymbol{x}_k\|^2 \\
&= f(\boldsymbol{x}_k) - t\|\partial f(\boldsymbol{x}_k)\|^2 + \frac{lt^2}{2}\|\partial f(\boldsymbol{x}_k)\|^2 \\
&= f(\boldsymbol{x}_k) + \left[\frac{l}{2}(t - 1/l)^2 - \frac{1}{2l}\right]\|\partial f(\boldsymbol{x}_k)\|^2 \\
&\geqslant f(\boldsymbol{x}_k) - \frac{1}{2l}\|\partial f(\boldsymbol{x}_k)\|^2
\end{aligned}
\tag{C.7}
$$

将 x_{k+1} 看成函数 $f(\cdot)$ 的变量，上述不等式可得 $f(\cdot)$ 的下界，即 $f^* \geqslant f(x_k) - \dfrac{1}{2l}\|\partial f(x_k)\|^2$。将其代入式(C.6)可得

$$
f(\boldsymbol{x}_{k+1}) \leqslant f(\boldsymbol{x}_k) - \frac{1}{2L}\|\partial f(\boldsymbol{x}_k)\|^2 \leqslant f(\boldsymbol{x}_k) + \frac{l}{L}[f^* - f(\boldsymbol{x}_k)]
$$

或者

$$
f(\boldsymbol{x}_{k+1}) - f^* \leqslant \left(1 - \frac{l}{L}\right)[f(\boldsymbol{x}_k) - f^*]
$$

由于函数 $f(\boldsymbol{x}_{k+1}) - f^*$ 与 $\left(1 - \dfrac{l}{L}\right)^k$ 成正比，可以看出梯度下降法呈现线性收敛速度。

C.4.3　加速梯度下降法

为了加快梯度下降法的收敛速度，可以利用历史梯度信息来进行更新：

$$
\begin{cases}
\boldsymbol{x}_{k+1} = \boldsymbol{x}_k - s\boldsymbol{z}_k \\
\boldsymbol{z}_k = \beta\boldsymbol{z}_{k-1} + \partial f(\boldsymbol{x}_k)
\end{cases}
\tag{C.8}
$$

其中更新方向考虑的历史梯度信息，而 s、β 分别为步长和遗忘因子。上述更新方程可写成

$$
\begin{cases}
\boldsymbol{x}_{k+1} = \boldsymbol{x}_k - s\boldsymbol{z}_k \\
\boldsymbol{z}_{k+1} - \partial f(\boldsymbol{x}_{k+1}) = \beta\boldsymbol{z}_k
\end{cases}
\tag{C.9}
$$

对于二次型函数 $f(\boldsymbol{x}) = \dfrac{1}{2}\boldsymbol{x}^{\mathrm{T}}\boldsymbol{S}\boldsymbol{x}$，有 $\partial f(\boldsymbol{x}_k) = \boldsymbol{S}\boldsymbol{x}_k$。若 $\boldsymbol{S}\boldsymbol{q} = \lambda\boldsymbol{q}, \boldsymbol{x}_k = c_k\boldsymbol{q}, \boldsymbol{z}_k = d_k\boldsymbol{q}$，则有 $\partial f(\boldsymbol{x}_k) = \boldsymbol{S}\boldsymbol{x}_k = \lambda c_k\boldsymbol{q}$。代入式(C.9)可得

$$
\begin{bmatrix} 1 & 0 \\ -\lambda & 1 \end{bmatrix}\begin{bmatrix} c_{k+1} \\ d_{k+1} \end{bmatrix} = \begin{bmatrix} 1 & -s \\ 0 & \beta \end{bmatrix}\begin{bmatrix} c_k \\ d_k \end{bmatrix}
$$

或者

$$\begin{bmatrix} c_{k+1} \\ d_{k+1} \end{bmatrix} = \underbrace{\begin{bmatrix} 1 & -s \\ \lambda & \beta - \lambda \cdot s \end{bmatrix}}_{\boldsymbol{R}} \begin{bmatrix} c_k \\ d_k \end{bmatrix}$$

可以看出矩阵 $\boldsymbol{R}$ 的特征值依赖 $\lambda \in [\lambda_{\min}(\boldsymbol{S}), \lambda_{\max}(\boldsymbol{S})]$。接下来讨论如何选择 s 和 β 使得 $\boldsymbol{R}$ 的两个特征值尽量小：

$$\min_{s,\beta} \max\{|\lambda_1(\boldsymbol{R})|, |\lambda_2(\boldsymbol{R})|\}$$

$$\text{s.t.} \quad \lambda_{\min}(\boldsymbol{S}) \leqslant \lambda \leqslant \lambda_{\max}(\boldsymbol{S})$$

上述优化问题具有如下解析解：

$$s = \left(\frac{2}{\sqrt{\lambda_{\max}} + \sqrt{\lambda_{\min}}} \right)^2, \quad \beta = \left(\frac{\sqrt{\lambda_{\max}} - \sqrt{\lambda_{\min}}}{\sqrt{\lambda_{\max}} + \sqrt{\lambda_{\min}}} \right)^2$$

结合上式 s、β 的表达式和式(C.8)的更新规则，可以得到加速梯度算法。

另外一种加速算法为 Nestrov 算法，其更新公式为

$$\begin{cases} \boldsymbol{x}_{k+1} = \boldsymbol{y}_k - s\nabla f(\boldsymbol{y}_k) \\ \boldsymbol{y}_{k+1} = \boldsymbol{x}_{k+1} + \beta(\boldsymbol{x}_{k+1} - \boldsymbol{x}_k) \end{cases} \tag{C.10}$$

对于二次型函数 $f(x) = \frac{1}{2}\boldsymbol{x}^{\mathrm{T}}\boldsymbol{S}\boldsymbol{x}$，可以得到如下迭代公式：

$$\begin{bmatrix} c_{k+1} \\ d_{k+1} \end{bmatrix} = \underbrace{\begin{bmatrix} 0 & 1 - s\lambda \\ -\beta & (1+\beta)(1-s\lambda) \end{bmatrix}}_{\boldsymbol{R}} \begin{bmatrix} c_k \\ d_k \end{bmatrix}$$

类似地，最优 s, β 的值满足

$$s = \frac{1}{\lambda_{\max}}, \quad \beta = \frac{\sqrt{\lambda_{\max}} - \sqrt{\lambda_{\min}}}{\sqrt{\lambda_{\max}} + \sqrt{\lambda_{\min}}}$$

并且有

$$\max\{|\lambda_1(\boldsymbol{R})|, |\lambda_2(\boldsymbol{R})|\} = \frac{\sqrt{\lambda_{\max}} - \sqrt{\lambda_{\min}}}{\sqrt{\lambda_{\max}}}$$

结合上式 s、β 的表达式和式(C.10)的更新规则，可以得到另一种加速梯度算法。

C.4.4 非光滑优化问题求解

当目标函数是凸函数但不可导时，存在如下不等式：

$$f(\boldsymbol{y}) \geqslant f(\boldsymbol{x}) + \langle \partial f(\boldsymbol{x}), \boldsymbol{y} - \boldsymbol{x} \rangle \tag{C.11}$$

式中：$\partial f(\boldsymbol{x})$ 为次梯度，其值可能不唯一。针对非光滑优化问题，可以设计次梯度下降算法来进行迭代求解

$$\boldsymbol{x}_{k+1} = \boldsymbol{x}_k - t_k \partial f(\boldsymbol{x}_k)$$

由于次梯度下降法不能保证每一步迭代的函数值都下降，因此在更新的过程中进行如下操作：

$$f_{\text{best}} = \min_{1 \leqslant k \leqslant K} f(\boldsymbol{x}_k)$$

为了说明其收敛性能，假设 $\|f(\boldsymbol{y}) - f(\boldsymbol{x})\| \leqslant G \|\boldsymbol{y} - \boldsymbol{x}\|$ 或者 $\|\partial f(\boldsymbol{x})\| \leqslant G$。

首先根据凸函数的性质得到如下不等式：

$$\partial f^{\mathrm{T}}(\boldsymbol{x}_{k+1})[\boldsymbol{x}_{k+1} - \boldsymbol{x}_k] \geqslant f(\boldsymbol{x}_{k+1}) - f(\boldsymbol{x}_k) \geqslant \partial f^{\mathrm{T}}(\boldsymbol{x}_k)[\boldsymbol{x}_{k+1} - \boldsymbol{x}_k]$$

然后采用不等式 $\|\partial f(\boldsymbol{x})\| \leqslant G$ 得到

$$G\|\boldsymbol{x}_{k+1} - \boldsymbol{x}_k\| \geqslant f(\boldsymbol{x}_{k+1}) - f(\boldsymbol{x}_k) \geqslant -G\|\boldsymbol{x}_{k+1} - \boldsymbol{x}_k\|$$

对于一次迭代，可得到如下不等式：

$$
\begin{aligned}
\|\boldsymbol{x}_{k+1} - \boldsymbol{x}^*\|^2 &= \|\boldsymbol{x}_k - t_k \partial f(\boldsymbol{x}_k) - \boldsymbol{x}^*\|^2 \\
&= \|\boldsymbol{x}_k - \boldsymbol{x}^*\|^2 - 2t_k \partial f^{\mathrm{T}}(\boldsymbol{x}_k)[\boldsymbol{x}_k - \boldsymbol{x}^*] + t_k^2 \|\partial f(\boldsymbol{x}_k)\|^2 \\
&\leqslant \|\boldsymbol{x}_k - \boldsymbol{x}^*\|^2 - 2t_k[f(\boldsymbol{x}_k) - f(\boldsymbol{x}^*)] + t_k^2 \|\partial f(\boldsymbol{x}_k)\|^2
\end{aligned}
$$

上述式子可以等价写成

$$
\begin{aligned}
2\sum_{k=1}^{K} t_k[f_{\text{best}} - f(\boldsymbol{x}^*)] &\leqslant \|\boldsymbol{x}_1 - \boldsymbol{x}^*\|^2 - \|\boldsymbol{x}_{K+1} - \boldsymbol{x}^*\|^2 + \sum_{k=1}^{K} t_k^2 \|\partial f(\boldsymbol{x}_k)\|^2 \\
&\leqslant \|\boldsymbol{x}_1 - \boldsymbol{x}^*\|^2 + \sum_{k=1}^{K} t_k^2 G^2
\end{aligned}
$$

若 $t_k = t$ 为固定步长，则有

$$f_{\text{best}} - f(\boldsymbol{x}^*) \leqslant \frac{\|\boldsymbol{x}_1 - \boldsymbol{x}^*\|^2}{2Kt} + \frac{t}{2} G^2$$

上式中的迭代值并不能保证收敛到最优解。若选择 $t_k \to 0, \sum_{k=1}^{\infty} t_k = \infty, \sum_{k=1}^{\infty} t_k^2 < \infty$，则有

$$f_{\text{best}} - f(\boldsymbol{x}^*) \leqslant \frac{\|\boldsymbol{x}_1 - \boldsymbol{x}^*\|^2}{2\sum\limits_{k=1}^{K} t_k} + \frac{\sum\limits_{k=1}^{K} t_k^2}{2\sum\limits_{k=1}^{K} t_k} G^2 \to \frac{\|\boldsymbol{x}_1 - \boldsymbol{x}^*\|^2}{2\sum\limits_{k=1}^{K} t_k}$$

可以看出,次梯度下降法呈现次线性收敛速率。

对于优化形如 $f(\boldsymbol{x}) = f_1(\boldsymbol{x}) + f_2(\boldsymbol{x})$ 的问题,其中 $f_1(\boldsymbol{x})$ 为光滑凸函数且 $f_2(\boldsymbol{x})$ 为非光滑凸函数,可以采用如下近端算子方法进行求解:

$$\boldsymbol{x}_{k+1} = \arg\min_{\boldsymbol{x}} f_2(\boldsymbol{x}) + \frac{1}{2t}\|\boldsymbol{x} - \boldsymbol{x}_k + t\partial f_1(\boldsymbol{x}_k)\|^2$$

$$= \arg\min_{\boldsymbol{x}} f_2(\boldsymbol{x}) + f_1(\boldsymbol{x}_k) + \partial f_1^{\mathrm{T}}(\boldsymbol{x}_k)[\boldsymbol{x} - \boldsymbol{x}_k] + \frac{1}{2t}\|\boldsymbol{x} - \boldsymbol{x}_k\|^2$$

上述近端算子方法是将可导函数 $f_1(\boldsymbol{x})$ 在 $\boldsymbol{x}_k$ 处进行二阶展开,从而使得非光滑优化转换成了光滑优化。

C.4.5 带约束优化

对于带定义域约束的优化问题:

$$\min_{\boldsymbol{x}} f(\boldsymbol{x})$$

$$\text{s.t.} \quad \boldsymbol{x} \in \mathcal{C}$$

可以采用梯度投影算法进行迭代计算

$$\boldsymbol{x}_{k+1} = \mathcal{P}_{\mathcal{C}}[\boldsymbol{x}_k - t_k \partial f(\boldsymbol{x}_k)] = \arg\min_{\boldsymbol{x} \in \mathcal{C}} \|\boldsymbol{x} - \boldsymbol{x}_k + t_k \partial f(\boldsymbol{x}_k)\|^2$$

式中:$\mathcal{P}_{\mathcal{C}}[\cdot]$ 为投影算子。

对于带等式约束的优化问题:

$$\min_{\boldsymbol{x}} f(\boldsymbol{x})$$
$$\text{s.t.} \quad h(\boldsymbol{x}) = 0 \tag{C.12}$$

可以将其转化成如下带惩罚的无约束优化问题:

$$\min_{\boldsymbol{x}} f(\boldsymbol{x}) + \frac{\mu}{2}\|h(\boldsymbol{x})\|^2$$

式中:μ 为惩罚系数。当 μ 趋向于 ∞ 时,上述无约束优化问题的最优解趋向于带约束优化问题的最优解。但是当 μ 变大时,其 Lipschitz 常数变得很大,导致优化问题变得难以解决。另外一种解决优化问题(C.12)的方法为拉格朗日算法:

$$\max_{\boldsymbol{\lambda}} \min_{\boldsymbol{x}} \mathcal{L}(\boldsymbol{x}, \boldsymbol{\lambda}) \tag{C.13}$$

式中: 拉格朗日函数 $\mathcal{L}(\boldsymbol{x}, \boldsymbol{\lambda})$ 定义为

$$\mathcal{L}(\boldsymbol{x}, \boldsymbol{\lambda}) = f(\boldsymbol{x}) + \boldsymbol{\lambda}^{\mathrm{T}} h(\boldsymbol{x}) \tag{C.14}$$

可以通过交替更新来迭代计算

$$\boldsymbol{x}_{k+1} = \arg\min_{\boldsymbol{x}} \mathcal{L}(\boldsymbol{x}, \boldsymbol{\lambda}_k)$$

$$\boldsymbol{\lambda}_{k+1} = \arg\max_{\boldsymbol{\lambda}} \mathcal{L}(\boldsymbol{x}_{k+1}, \boldsymbol{\lambda})$$

采用上述方法去寻找拉格朗日函数 $\mathcal{L}(\boldsymbol{x}, \boldsymbol{\lambda})$ 的鞍点, 不能保证整个流程是收敛的。为了解决该问题, 可以采用增广拉格朗日函数:

$$\mathcal{L}_{\mu}(\boldsymbol{x}, \lambda) = f(\boldsymbol{x}) + \boldsymbol{\lambda}^{\mathrm{T}} h(\boldsymbol{x}) + \frac{\mu}{2} \|h(\boldsymbol{x})\|^2$$

式中: $\mu > 0$ 为已知参数。

该优化问题可以采用交替更新来迭代求解:

$$\boldsymbol{x}_{k+1} = \arg\min_{\boldsymbol{x}} \mathcal{L}_{\mu}(\boldsymbol{x}, \boldsymbol{\lambda}_k)$$

$$\boldsymbol{\lambda}_{k+1} = \arg\max_{\boldsymbol{\lambda}} \mathcal{L}_{\mu}(\boldsymbol{x}_{k+1}, \boldsymbol{\lambda})$$

通过选择合适的 μ 值, 上述迭代计算能够收敛到鞍点。

对于带不等式优化问题:

$$\min_{\boldsymbol{x}} f(\boldsymbol{x})$$
$$\text{s.t.} \quad g_i(\boldsymbol{x}) \leqslant 0, \ i = 1, 2, \cdots, m \tag{C.15}$$
$$\boldsymbol{A}\boldsymbol{x} = \boldsymbol{b}$$

可以将不等式约束 $g_i(\boldsymbol{x}) \leqslant 0$ 作为惩罚函数放到目标函数里, 得到

$$\boldsymbol{x}(t) = \arg\min_{\boldsymbol{x}} f(\boldsymbol{x}) - \frac{1}{t} \sum_{i=1}^{m} \log[-g_i(\boldsymbol{x})]$$

$$\text{s.t.} \quad \boldsymbol{A}\boldsymbol{x} = \boldsymbol{b}$$

或者

$$\boldsymbol{x}_t^* = \arg\min_{\boldsymbol{x}} t \cdot f(\boldsymbol{x}) - \sum_{i=1}^{m} \log[-g_i(\boldsymbol{x})]$$
$$\text{s.t.} \quad \boldsymbol{A}\boldsymbol{x} = \boldsymbol{b} \tag{C.16}$$

式中：$1/t$ 为惩罚因子。

在不同 t 值选择情况下，通过对上述等式优化问题进行求解可以得到最优解 $\boldsymbol{x}_t^*$，其应满足式(C.16)的 KKT 条件：

$$t\partial f(\boldsymbol{x}_t^*) - \sum_{i=1}^{m} \frac{\partial g_i(\boldsymbol{x})}{g_i(\boldsymbol{x})} + \boldsymbol{A}^\mathrm{T}\boldsymbol{w} = 0, \quad \boldsymbol{A}\boldsymbol{x}_t^* = \boldsymbol{b}$$

式中：w 为拉格朗日乘子。

上述 $\boldsymbol{x}_t^*$ 也满足如下函数的最优解：

$$\mathcal{L}(\boldsymbol{x}, \boldsymbol{\lambda}_t^*, \boldsymbol{\nu}_t^*) = f(\boldsymbol{x}) + \sum_{i=1}^{m} \lambda_{i,t}^* g_i(\boldsymbol{x}_t^*) + (\boldsymbol{\nu}_t^*)^\mathrm{T}(\boldsymbol{A}\boldsymbol{x}_t^* - \boldsymbol{b})$$

式中

$$\lambda_{i,t}^* = -\frac{1}{t g_i(\boldsymbol{x}_t^*)}, \boldsymbol{\nu}_t^* = \boldsymbol{w}/t$$

这也意味着当 $t \to \infty$ 时，$f(\boldsymbol{x}_t^*) \to p^*$，即趋向于原问题的最优解。根据原问题和对偶问题的关系可以得到

$$\mathcal{L}(\boldsymbol{x}_t^*, \boldsymbol{\lambda}_t^*, \boldsymbol{\nu}_t^*) = f(\boldsymbol{x}_t^*) - m/t$$

其中：m/t 可以看成原优化问题最优解和对偶优化问题最优解之间的差值。因此，带不等式优化方法（障碍函数法）可以总结如下：

（1）给定初值 $t := t^0 > 0, \mu > 1$ 和容忍误差 $\epsilon > 0$；

（2）采用牛顿法重复求解如下优化问题：

$$\boldsymbol{x}_t^* = \arg\min_{\boldsymbol{x}} t \cdot f(\boldsymbol{x}) - \sum_{i=1}^{m} \log[-g_i(\boldsymbol{x})]$$

$$\text{s.t.} \quad \boldsymbol{A}\boldsymbol{x} = \boldsymbol{b}$$

并不断更新 $\boldsymbol{x} := \boldsymbol{x}_t^*$ 和 $t := \mu \cdot t$，直到 $m/t < \epsilon$。

参考文献

[1] 周志华. 机器学习 [M]. 北京: 清华大学出版社, 2016.

[2] 郭宪, 方勇纯. 深入浅出强化学习: 原理入门 [M]. 北京: 电子工业出版社, 2018.

[3] 邱锡鹏. 神经网络与深度学习 [M]. 北京: 机械工业出版社, 2020.

[4] 马耀, 汤继良. 图深度学习 [M]. 北京: 电子工业出版社, 2021.

[5] 张学工, 汪小我. 模式识别 [M]. 4 版. 北京: 清华大学出版社, 2021.

[6] 李航. 机器学习方法 [M]. 北京: 清华大学出版社, 2022.

[7] Adler J, Lunz S. Banach Wasserstein GAN[J]. Advances in Neural Information Processing Systems, 2018, 31.

[8] Barber D. Bayesian reasoning and machine learning[M]. Cambridge: Cambridge University Press, 2012.

[9] Comon P. Independent component analysis, a new concept[J]. Signal Processing, 1994, 36(3):287-314.

[10] Goodfellow I J, Pouget-Abadie J, Mirza M, et al. Generative adversarial networks[J]. CoRR, 2014.

[11] Hastie T, Tibshirani R, Friedman J H, et al. The elements of statistical learning: data mining, inference, and prediction[M]. Spinger, 2009.

[12] Haykin S O. Neural networks and learning machines, 3/E[J]. Pearson Education India, 2010.

[13] Hebb D. Organization of behavior[J]. Science Edition, 1961.

[14] Ho J, Ermon S. Generative adversarial imitation learning[J]. Advances in Neural Information Processing Systems, 2016, 29.

[15] Hopfield J J. Neural networks and physical systems with emergent collective computational abilities[J]. PNAS, 1982, 79:2554-2558.

[16] Ljung L. System Identification: Theory for the User 2nd Edition[M]. London: Pearson, 1998.

[17] Minsky M, Papert S. Perceptrons: An Introduction to Computational Geometry[M]. Cambridge, MA: MIT Press, 1969.

[18] Monro R S. A stochastic approximation method[J]. Annals of Mathematical Statistics, 1951, 22(3):400-407.

[19] Suykens J, Gestel T V, Brabanter J D, et al. Least squares support vector machines[J]. World Scientific, 2002.

[20] Nocedal J, Wright S. Numerical optimization[M]. New York: Springer Science & Business Media, 2006.

[21] Papoulis A, Pillai S U. Probability, random variables, and stochastic processes[M]. Tata McGraw-Hill Education, 2002.

[22] Prince S. Computer vision: models, learning, and inference[M]. Cambridge: Cambridge University Press, 2012.

[23]   Rosenblatt F. The perceptron: A probabilistic model for information storage and organization in the brain[J]. Psychological Review, 1958, 65:386-408.

[24]   Kirkpatrick J, Pascanu R, Rabinowitz N, et al.   Overcoming catastrophic forgetting in neural networks[J]. Proceedings of the National Academy of Sciences, 2017, 114(13):3521-3526.

[25]   Informatik F F, Bengio Y, Frasconi P, et al.   Gradient flow in recurrent nets: The difficulty of learning long-term dependencies[M]. New York: John Wiley & Sons, 2001.

[26]   Theodoridis S, Koutroumbas K. Pattern recognition[M]. 3rd ed. Amsterdam: Elsevier, 2006.

[27]   Theodoridis S. Machine learning: A Bayesian and optimization perspective[M]. New York: Academic Press, 2015.

[28]   Verhaegen M, Verdult V. Filtering and System Identification: A Least Squares Approach[M]. Cambridge: Cambridge University Press, 2007.

[29]   Werbos P J. Beyond Regression: New Tools for Predicition and Analysis in the Behavioral Sciences[D]. Cambridge: Harvard University, 1974.